教材+教案+授课资源+考试系统+题库+教学辅助案例

一站式 iT 系列就业应用教程

PHP 程序设计高级教程

传智播客高教产品研发部　编著

中国铁道出版社有限公司
CHINA RAILWAY PUBLISHING HOUSE CO., LTD.

内 容 简 介

PHP 是一种运行于服务器端并完全跨平台的嵌入式脚本编程语言，是目前开发各类 Web 应用的主流语言之一。本书就是面向具备 PHP 编程基础的学习者推出的一本进阶教材，以精心设计的应用案例、阶段案例和项目实战，全面讲解了 PHP 中级项目的开发技术。

本书共 10 章，分类介绍了 PHP 各方面高级应用。本书附有配套视频、源代码、习题、教学课件等资源，而且为了帮助初学者更好地学习本书讲解的内容，还提供了在线答疑，希望得到更多读者的关注。

本书适合作为高等院校计算机相关专业程序设计或者 Web 项目开发的教材，也可作为 PHP 进阶培训的教材，是一本适合广大计算机编程爱好者的优秀读物。

图书在版编目（CIP）数据

PHP 程序设计高级教程 / 传智播客高教产品研发部编著. —北京 : 中国铁道出版社，2015.1（2023.8 重印）
"十二五"高等教育规划教材
ISBN 978-7-113-19571-7

Ⅰ. ①P… Ⅱ. ①传… Ⅲ. ①PHP 语言-程序设计-高等学校-教材 Ⅳ. ①TP312

中国版本图书馆 CIP 数据核字(2014)第 306233 号

书　　名：PHP 程序设计高级教程
作　　者：传智播客高教产品研发部

策　　划：翟玉峰　　**编辑部电话：**（010）83517321
责任编辑：翟玉峰　何　佳
封面设计：徐文海
封面制作：白　雪
责任校对：汤淑梅
责任印制：樊启鹏

出版发行：中国铁道出版社有限公司（100054，北京市西城区右安门西街 8 号）
网　　址：http://www.tdpress.com/51eds/
印　　刷：三河市航远印刷有限公司
版　　次：2015 年 1 月第 1 版　2023 年 8 月第 12 次印刷
开　　本：787 mm×1 092 mm 1/16　**印张：**22.75　**字数：**552 千
印　　数：33 001～35 000 册
书　　号：ISBN 978-7-113-19571-7
定　　价：45.00 元

PREFACE

序

本书的创作公司——江苏传智播客教育科技股份有限公司（简称“传智教育”）作为第一个实现 A 股 IPO 上市的教育企业，是一家培养高精尖数字化专业人才的公司，公司主要培养人工智能、大数据、智能制造、软件、互联网、区块链、数据分析、网络营销、新媒体等领域的人才。公司成立以来紧随国家科技发展战略，在讲授内容方面始终保持前沿先进技术，已向社会高科技企业输送数十万名技术人员，为企业数字化转型、升级提供了强有力的人才支撑。

公司的教师团队由一批拥有 10 年以上开发经验，且来自互联网企业或研究机构的 IT 精英组成，他们负责研究、开发教学模式和课程内容。公司具有完善的课程研发体系，一直走在整个行业的前列，在行业内树立起了良好的口碑。公司在教育领域有两个子品牌：黑马程序员和院校邦。

一、黑马程序员——高端 IT 教育品牌

“黑马程序员”的学员多为大学毕业后想从事 IT 行业，但各方面条件还不成熟的年轻人。“黑马程序员”的学员筛选制度非常严格，包括了严格的技术测试、自学能力测试，还包括性格测试、压力测试、品德测试等。百里挑一的残酷筛选制度确保了学员质量，并降低了企业的用人风险。

自“黑马程序员”成立以来，教学研发团队一直致力于打造精品课程资源，不断在产、学、研三个层面创新自己的执教理念与教学方针，并集中“黑马程序员”的优势力量，有针对性地出版了计算机系列教材百余种，制作教学视频数百套，发表各类技术文章数千篇。

二、院校邦——院校服务品牌

院校邦以“协万千名校育人、助天下英才圆梦”为核心理念，立足于中国职业教育改革，为高校提供健全的校企合作解决方案。主要包括：原创教材、高校教辅平台、师资培训、院校公开课、实习实训、协同育人、专业共建、传智杯大赛等，形成了系统的高校合作模式。院校邦旨在帮助高校深化教学改革，实现高校人才培养与企业发展的合作共赢。

（一）为大学生提供的配套服务

（1）请同学们登录“高校学习平台”，免费获取海量学习资源。平台可以帮助高校学生解决各类学习问题。

高校学习平台

（2）针对高校学生在学习过程中的压力等问题，院校邦面向大学生量身打造了 IT 学习

小助手——“邦小苑”，可提供教材配套学习资源。同学们快来关注“邦小苑”微信公众号。

“邦小苑”微信公众号

（二）为教师提供的配套服务

（1）院校邦为所有教材精心设计了“教案+授课资源+考试系统+题库+教学辅助案例”的系列教学资源。高校老师可登录“高校教辅平台”免费使用。

高校教辅平台

（2）针对高校教师在教学过程中存在的授课压力等问题，院校邦为教师打造了教学好帮手——“传智教育院校邦”，可搜索公众号“传智教育院校邦”，也可扫描“码大牛”老师微信（或 QQ：2770814393），获取最新的教学辅助资源。

“码大牛”老师微信号

三、意见与反馈

为了让教师和同学们有更好的教材使用体验，如有任何关于教材的意见或建议请扫描下方二维码进行反馈，感谢对我们工作的支持。

“教材使用体验感反馈”二维码

黑马程序员

前 言

PHP 是一种运行于服务器端并完全跨平台的嵌入式脚本编程语言，具有开源免费、易学易用、开发效率高等特点，是目前 Web 应用开发的主流语言之一。

PHP 广泛应用于动态网站开发，在互联网中常见的网站类型，如门户、微博、论坛、电子商务、SNS（社交）等都可以用 PHP 实现。目前，从各大招聘网站的信息来看，PHP 的人才需求量还远远没有被满足。PHP 程序员还可以通过混合式开发 App 的方式，将业务领域扩展到移动端的开发（兼容 Android 和 iOS），未来发展前景广阔。

为什么要学习本书

对于网站开发而言，在浏览器端使用 HTML、CSS、JavaScript 语言，在服务器端使用 PHP 语言、MySQL 数据库，就能够完整开发一个网站。

本书讲解了基于 PHP + MySQL 的网站开发进阶技术，包括 PHP 数据库操作（mysql、mysqli、PDO 三种扩展）、MVC 开发模式、Smarty 模板引擎、Ajax 异步交互、jQuery 前端技术、ThinkPHP 框架，以及 Linux 操作系统和 LAMP 环境。通过精心设计的应用案例、阶段案例和电子商务网站项目实战，可以帮助读者迅速掌握各种技术的应用，积累项目开发经验。

如何使用本书

本书是面向具有 HTML+CSS+JavaScript 网页制作、MySQL 数据库和 PHP 编程基础的读者推出的一本进阶教材，配合本书的同系列教材《HTML+CSS+JavaScript 网页制作案例教程》《MySQL 数据库入门》《PHP 程序设计基础教程》可以更好地学习。

本书围绕 PHP 网站开发的相关技术进行讲解，对每个知识点都进行了深入分析，并针对每个知识点精心设计了相关案例，然后模拟这些知识点在实际工作中的运用，真正做到了知识的由浅入深、由易到难。

全书共分为 10 章，接下来分别对每章进行简单地介绍，具体如下：

- 第 1 章主要介绍了 PHP 的数据库操作，即 PHP 的 mysql、mysqli 和 PDO 三个扩展的使用。其中，mysql 扩展在早期项目中比较常用，PDO 扩展适合在新项目中使用，读者应重点掌握这两种扩展的使用。
- 第 2 章主要讲解 MVC 开发模式。通过对 MVC 框架的典型实现，可以帮助读者更直观地学习 MVC 的设计思想和开发流程。本章还具有完整的留言板项目开发案例，可以帮助读者将 MVC 运用到项目开发中。
- 第 3 章主要讲解 Smarty 模板引擎。Smarty 的逻辑显示分离和缓存功能非常实用，通过学习可以使读者体会到 Smarty 的优势。本章还讲解了迷你版 Smarty 的实现和 Smarty 在 MVC 项目中的整合，将使读者对 Smarty 有更深入的理解。
- 第 4 章、第 5 章主要讲解了 Ajax 和 jQuery。通过这两章的学习可以使读者深入理解 Ajax 技术，并能运用 jQuery 简化 JavaScript 和 Ajax 的操作。
- 第 6 章、第 7 章主要讲解了 ThinkPHP 框架的使用。通过学习 ThinkPHP，读者可以更加高效的开发 PHP 程序。
- 第 8 章、第 9 章为项目实战，综合运用前面章节的知识来开发一个电子商务网站。通过这两章的学习，读者可以积累更多的 PHP 项目开发经验。

- 第10章主要讲解了Linux操作系统的安装使用、vi编辑器的使用和LAMP环境的搭建与配置，同时讲解了项目部署，使读者具备LAMP环境下的开发经验。

在上面所提到的10个章节中，第1章、第3~7章和第10章主要是讲解新内容，这些章节的知识点多而细，大家需要多动手练习，奠定扎实的基础。第2、8、9章是对知识点的综合运用，这些章的内容比较复杂，希望初学者多加思考，认真完成教材中所讲解的每个案例。

在学习过程中，读者一定要亲自实践本书中的案例代码。如果不能完全理解书中所讲知识，读者可以登录高校学习平台，通过平台中的教学视频进行深入学习。学习完一个知识点后，要及时在高校学习平台上进行测试，以巩固学习内容。

另外，如果读者在理解知识点的过程中遇到困难，建议不要纠结于某个地方，可以先往后面学习。通常来讲，通过逐渐的学习，前面不懂和疑惑的知识也就能够理解了。在学习编程语言的过程中，一定要多动手实践，如果在实践的过程中遇到问题，建议多思考，理清思路，认真分析问题发生的原因，并在问题解决后总结出经验。

致谢

本教材的编写和整理工作由传智播客教育科技有限公司高教产品研发部完成，主要参与人员有徐文海、张绍娟、韩冬、乔治铭、梅杰、韩顺平、韩忠康、王超平、郭冠召等，全体人员在这近一年的编写过程中付出了很多辛勤的汗水，在此一并表示衷心的感谢。

意见反馈

尽管我们尽了最大的努力，但本教材中难免会有不妥之处，欢迎各界专家和读者朋友们来信来函给予宝贵意见，我们将不胜感激。您在阅读本书时，如发现任何问题或有不认同之处可以通过电子邮件与我们取得联系。

请发送电子邮件至：itcast_book@vip.sina.com

传智播客教育科技有限公司　高教产品研发部

2014年11月25日　于北京

CONTENTS

目 录

第 1 章 PHP 操作数据库 1

1.1 PHP 访问 MySQL 1

1.1.1 PHP 访问 MySQL 的基本步骤 1

1.1.2 PHP 相关扩展介绍 2

1.2 mysql 扩展的使用 4

1.2.1 连接 MySQL 服务器 4

1.2.2 选择数据库 5

1.2.3 执行 SQL 语句 6

1.2.4 处理结果集 7

1.2.5 释放资源与关闭连接 13

1.3 mysqli 扩展的使用 15

1.3.1 mysqli 连接并选择数据库....... 15

1.3.2 mysqli 操作数据库 16

1.4 PDO 扩展的使用 18

1.4.1 什么是 PDO 18

1.4.2 PDO 连接数据库 18

1.4.3 PDO 执行 SQL 语句 19

1.4.4 PDO 处理结果集 24

1.4.5 PDO 错误处理机制 30

本章小结 32

第 2 章 MVC 设计模式 33

2.1 什么是 MVC 33

2.2 MVC 典型实现 34

2.2.1 模型 34

2.2.2 控制器 40

2.2.3 框架 45

2.3 阶段案例——留言板 50

2.3.1 案例分析 50

2.3.2 前台模块实现 53

2.3.3 数据安全处理 67

2.3.4 后台模块实现——用户登录 69

2.3.5 后台模型实现——留言管理 74

本章小结 81

第 3 章 Smarty 模板引擎 82

3.1 Smarty 入门 82

3.1.1 什么是模板引擎 82

3.1.2 Smarty 的下载与配置 83

3.1.3 案例——Smarty 模板简单应用 85

3.2 Smarty 实现原理 86

3.2.1 深入分析 Smarty 实现原理 86

3.2.2 案例——动手实现迷你版 Smarty 87

3.3 Smarty 详解 89

3.3.1 Smarty 的基础语法 89

3.3.2 变量修饰器 94

3.3.3 内置函数 104

3.3.4 自定义函数 108

3.3.5 缓存 112

3.4 阶段案例——优化留言板 117

本章小结 121

第 4 章 Ajax 技术 122

4.1 什么是 Ajax 122

4.2 Ajax 具体使用 123

4.2.1 Ajax 对象创建 123

4.2.2 常用方法和属性 126

4.3 JSON 数据格式 134

4.3.1 JSON 的介绍与使用 134

4.3.2 案例——获取天气预报信息 137
4.4 Ajax 应用案例 140
4.4.1 案例——Ajax 实现无刷新分页 140
4.4.2 案例——实现进度条文件上传 144
本章小结 146

第 5 章 jQuery 框架 147

5.1 jQuery 入门 147
5.1.1 什么是 jQuery 147
5.1.2 jQuery 的下载与使用 147
5.2 jQuery 选择器 149
5.2.1 基本选择器 149
5.2.2 层次选择器 150
5.2.3 过滤选择器 152
5.2.4 表单选择器 160
5.3 DOM 文档操作 162
5.3.1 元素遍历 162
5.3.2 元素属性操作 163
5.3.3 元素内容操作 167
5.3.4 元素样式操作 169
5.3.5 文档结点操作 170
5.4 事件和动画效果 177
5.4.1 常用事件 177
5.4.2 页面加载事件 178
5.4.3 事件绑定与切换 180
5.4.4 动画效果 182
5.5 jQuery 的 Ajax 操作 183
5.6 常用 jQuery 插件 187
5.6.1 日历插件 187
5.6.2 在线编辑器 189
本章小结 190

第 6 章 ThinkPHP 框架 191

6.1 ThinkPHP 入门 191
6.1.1 什么是 ThinkPHP 191
6.1.2 案例——实现用户登录 193
6.2 ThinkPHP 目录结构 196
6.3 ThinkPHP 配置详解 197
6.3.1 入口文件的配置 197
6.3.2 配置文件的配置 199
6.4 ThinkPHP 实现 MVC 203
6.4.1 控制器（Controller） 203
6.4.2 模型（Model） 207
6.4.3 视图（View） 220
本章小结 229

第 7 章 ThinkPHP 框架进阶 230

7.1 ThinkPHP 路由 230
7.1.1 什么是路由 230
7.1.2 路由规则定义 233
7.1.3 案例——实现规则路由 236
7.2 数据过滤 238
7.2.1 输入过滤 238
7.2.2 数据验证 242
7.3 ThinkPHP 扩展功能 248
7.3.1 案例——上传文件 248
7.3.2 案例——制作缩略图 250
7.3.3 案例——实现分页 251
7.3.4 案例——生成验证码 254
本章小结 257

第 8 章 电子商务网站项目实战（上） ... 258

8.1 项目分析 258
8.1.1 需求分析 258
8.1.2 系统分析 258
8.1.3 数据库设计 260
8.2 开发前准备 261
8.3 后台管理员模块开发 263
8.4 后台商品模块开发 267
8.4.1 商品分类 267
8.4.2 商品属性 274

8.4.3 商品添加 279
8.4.4 商品列表 286
8.4.5 商品回收站 295
8.5 会员管理模块开发 299
本章小结 301

第 9 章 电子商务网站项目实战（下）... 302

9.1 前台首页模块开发 302
9.1.1 前台首页概述 302
9.1.2 分类导航实现 303
9.1.3 商品推荐实现 305
9.2 前台会员模块开发 306
9.2.1 会员注册功能 306
9.2.2 会员登录功能 308
9.2.3 会员中心功能 311
9.3 前台商品列表模块开发 317
9.4 前台商品信息模块开发 322
9.5 购物车模块开发 326
本章小结 328

第 10 章 LAMP 环境 329

10.1 Linux 入门 329
10.1.1 什么是 Linux 329
10.1.2 Linux 的安装 330
10.1.3 Linux 目录结构 333
10.1.4 Linux 常用命令 334
10.1.5 vi 编辑器 342
10.1.6 网络配置 345
10.2 LAMP 环境搭建 346
10.2.1 环境搭建前的准备工作 346
10.2.2 Apache 服务器的安装 347
10.2.3 PHP 的安装 349
10.2.4 MySQL 的安装 350
10.2.5 LAMP 后续配置 351
10.3 项目部署 353
10.3.1 phpMyAdmin 的安装 353
10.3.2 项目部署 353
本章小结 354

第1章 PHP 操作数据库

学习目标

- 掌握 PHP 访问数据库的基本步骤，可对访问 MySQL 数据库进行描述
- 掌握 mysql 扩展，会使用 PHP 对 MySQL 数据库进行增、删、改、查操作
- 熟悉 mysqli 扩展，能够使用面向对象语法的方式操作 MySQL 数据库
- 掌握 PDO 扩展，学会使用 PDO 的统一接口对不同数据库进行操作

任何一种编程语言都需要对数据进行处理，PHP 语言也不例外。PHP 所支持的数据库类型较多，在这些数据库中，由于 MySQL 的跨平台性、可靠性、访问效率较高以及免费开源等特点，备受 PHP 开发者的青睐，一直以来被认为是 PHP 的最佳搭档。本章将针对 PHP 如何操作 MySQL 数据库进行详细讲解。

1.1 PHP 访问 MySQL

1.1.1 PHP 访问 MySQL 的基本步骤

PHP 提供了大量的 MySQL 数据库操作函数，可以方便地实现访问 MySQL 数据库的各种需要，从而轻松完成 Web 应用程序开发。本节主要讲解 PHP 访问 MySQL 数据库的基本步骤，具体如图 1-1 所示。

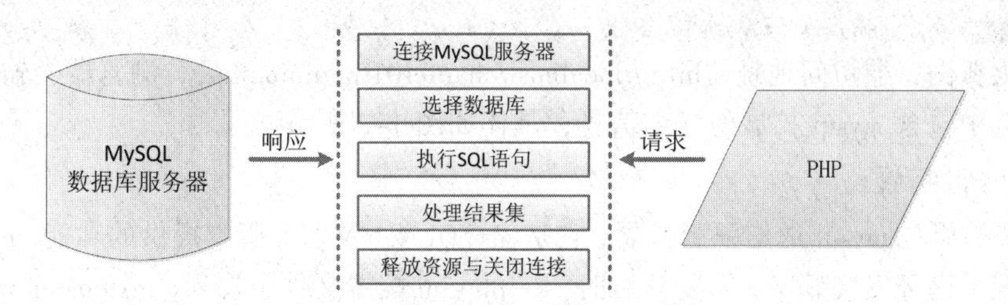

图 1-1 PHP 访问 MySQL 数据库的基本步骤

为了让读者更好地理解，接下来对图 1-1 中的步骤分别进行讲解。

1. 连接 MySQL 服务器

使用 mysql_connect()函数建立与 MySQL 服务器的连接。有关 mysql_connect()函数的使用会在本章 1.2.1 节中介绍。

2. 选择数据库

使用 mysql_select_db()函数选择 MySQL 数据库服务器上的数据库，并与该数据库建立连接。有关 mysql_select_db()函数的使用会在本章 1.2.2 节中介绍。

3. 执行 SQL 语句

在所选择的数据库中使用 mysql_query()函数执行 SQL 语句。有关 mysql_query()函数的使用会在本章 1.2.3 节中介绍。

4. 处理结果集

执行完 SQL 语句后，使用 mysql_fetch_array()、mysql_fetch_row()、mysql_fetch_object()等函数对结果集进行相关操作，有关处理结果集的相关函数会在本章 1.2.4 节中介绍。

5. 释放资源与关闭连接

处理完结果集后，需要使用 mysql_free_result()函数关闭结果集，以释放系统资源。为了避免多用户连接造成系统性能下降甚至死机，在完成数据库的操作后，应使用 mysql_close()函数断开与 MySQL 服务器的连接，有关 mysql_free_result()和 mysql_close()函数的使用会在本章 1.2.5 节中介绍。

1.1.2 PHP 相关扩展介绍

PHP 中提供了操作不同数据库的扩展，这里只介绍其中常用的 mysql 扩展、mysqli 扩展以及抽象层的 PDO 扩展。

1. mysql 扩展

在默认情况下，mysql 扩展已经安装好了，但没有开启。要想开启 mysql 扩展，需要打开 php.ini 文件，将文件中“;extension=php_mysql.dll”语句的分号删除，同时保存修改后的文件，重新启动 Apache 服务器即可启动 mysql 扩展。

在成功启动 mysql 扩展后，可以通过 phpinfo()函数获取 mysql 扩展的相关信息，验证 mysql 扩展是否开启成功。在 Apache 服务器的根目录下创建一个 phpinfo.php 文件，并在文件中编写下列代码：

```
<?php
phpinfo();//输出 PHP 配置信息
```

使用火狐浏览器访问地址“http://localhost/chapter01/phpinfo.php”，浏览器会输出 PHP 相关信息，其中包含 mysql 扩展的详细信息，具体如图 1-2 所示。

2. mysqli 扩展

mysqli 扩展是 mysql 的增强版扩展，它是 MySQL 4.1 及以上版本提供的功能。mysqli 扩展在默认情况下已经安装好了，需要开启时，在 php.ini 配置文件中找到“;extension=php_mysqli.dll”去掉分号注释即可。修改后重新启动 Apache，然后通过 phpinfo()函数查看 mysqli 扩展是否开启成功，具体如图 1-3 所示。

3. PDO 扩展

在早期的 PHP 版本中，由于不同数据库扩展的应用程序接口互不兼容，导致用 PHP 所开发的程序维护困难、可移植性差。为了解决这个问题，PHP 开发人员编写了一种轻型、便利的 API 来统一操作各种数据库，即数据库抽象层——PDO 扩展。

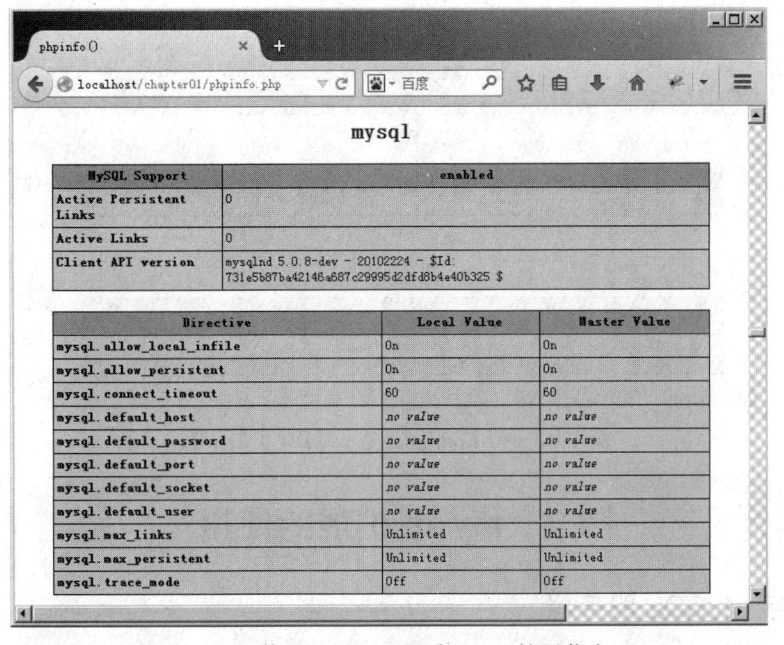

图 1-2　使用 phpinfo()查看 mysql 扩展信息

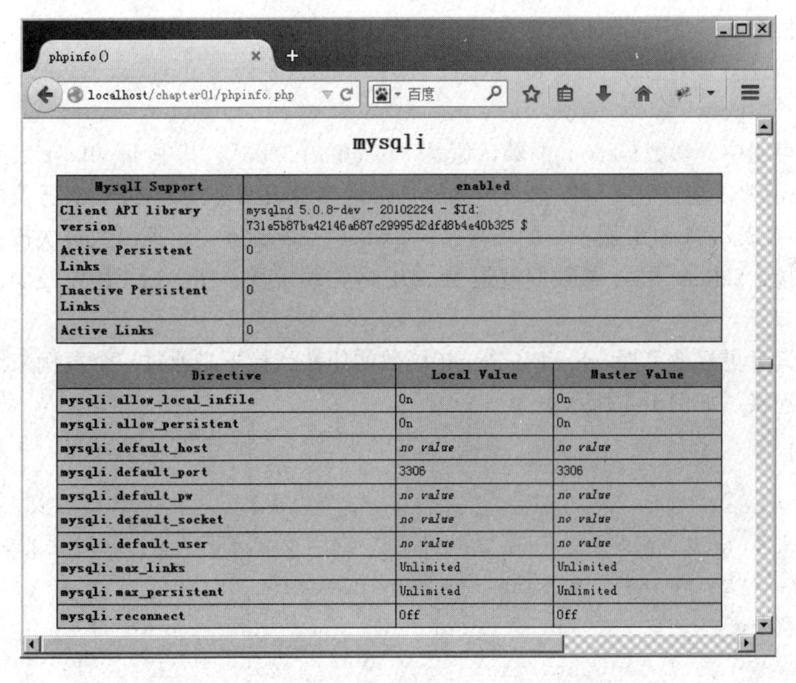

图 1-3　使用 phpinfo()查看 mysqli 扩展信息

PHP 从 5.1 版本开始，在安装文件中含有 PDO，在 PHP 5.2 中默认为开启状态，但是若要启动对 MySQL 数据库驱动程序的支持，仍需要进行相应的配置操作。需要开启时，在 php.ini 配置文件中找到“;extension=php_pdo_mysql.dll”去掉分号注释即可。修改完成后重新启动 Apache，可通过 phpinfo()函数查看 PDO 扩展是否开启成功，具体如图 1-4 所示。

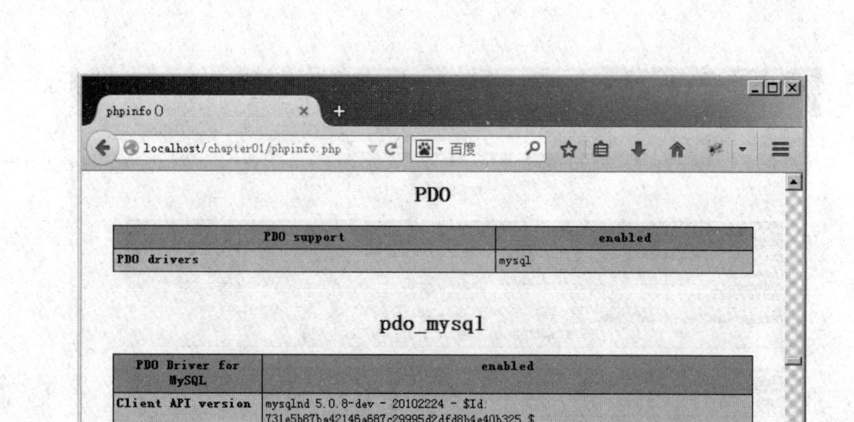

图 1-4　使用 phpinfo()查看 PDO 扩展信息

1.2　mysql 扩展的使用

1.2.1　连接 MySQL 服务器

在操作 MySQL 数据库之前，需要先与 MySQL 数据库服务器建立连接。在 PHP 的 mysql 扩展中通常使用 mysql_connect()函数与其建立连接，其声明方式如下：

```
resource mysql_connect ([ string $server [, string $username [, string $password [, bool $new_link [, int $client_flags ]]]]] )
```

在上述声明中，参数$server 的默认值是“localhost:3306”，其中 localhost 表示本地服务器，3306 表示默认端口号（可以省略）。$username 参数表示登录 MySQL 服务器的用户名，$password 参数表示 MySQL 服务器的用户密码，$new_link 参数表示该函数每次被调用时总是打开新的连接，$client_flags 参数的值是 MySQL 客户端常量，在实际使用中较少，具体参考 PHP 手册。

为了让读者更好地掌握 mysql_connect()函数的用法，接下来通过一个案例来演示如何进行数据库的连接，如例 1-1 所示。

【例 1-1】

```
1 <?php
2 //当文件的默认编码是 utf-8 时,要同时设定网页字符集为 utf-8,防止中文乱码
3 header("Content-Type:text/html;charset=utf-8");
4 //连接数据库
5 $link = mysql_connect('localhost:3306','root','123456');
6 //判断数据库是否连接正确
7 if($link){
8     echo '数据库连接正确';
9 }else{
10    echo '数据库连接失败';
11}
```

运行结果如图 1-5 所示。

在例 1-1 中，第 5 行代码用于连接数据库，其中 MySQL 服务器的主机名是 localhost，端口号是 3306，用户名是 root，用户密码是 123456。如果连接正确，则返回值类型是资源类型，否则返回值类型是布尔类型 FALSE。

图 1-5　例 1-1 运行结果

注意：在连接数据库发生错误时，会出现错误信息，但在上线项目中建议对错误信息进行屏蔽，并可以自定义错误提示，通常有如下两种方式：

① 在 mysql_connect()函数前面添加符号“@”，可以用于屏蔽这个函数出错信息的显示。

② 当需要自定义错误提示时，可以写成如下形式：

```
mysql_connect('localhost:3306','root','123456') or die('数据库服务器连接失败！')
```

在上述代码中，如果调用函数出错，将执行 or 后面的语句，其中 die()函数用于停止脚本执行并向用户输出错误信息。建议在程序开发阶段不要屏蔽错误信息，避免出错后难以找到问题。

1.2.2　选择数据库

连接 MySQL 数据库成功之后，接下来使用 mysql_select_db()函数选择数据库，其声明方式如下：

```
bool mysql_select_db ( string $database_name [, resource $link_identifier ] )
```

在上述声明中，参数$database_name 表示要选择的数据库名称，可选参数$link_identifier 表示 MySQL 连接，默认使用最近打开的连接；如果没有找到该连接，则尝试不带参数调用 mysql_connect()来创建；如果没有找到并无法建立该连接，则会生成 E_WARNING 级别的错误。

为了让读者更好地掌握 mysql_select_db()函数的用法，接下来通过一个案例来演示如何使用此函数选择数据库，如例 1-2 所示。

【例 1-2】

```
1 <?php
2 //设定字符集
3 header('Content-Type:text/html;charset=utf-8');
4 //连接数据库服务器
5 $link = mysql_connect('localhost:3306','root','123456');
6 $db_selected = mysql_select_db('itcast',$link);
7 //判断选择数据库是否成功
8 if($db_selected){
9     echo '数据库选择成功！';
10}
```

运行结果如图 1-6 所示。

图 1-6　例 1-2 运行结果

在例 1-2 中，第 6 行代码表示使用名字为$link 的 MySQL 数据库连接，选择名字为“itcast”的数据库，并对返回的布尔类型结果进行判断，如果选择数据库成功，则显示提示信息“数据库选择成功”，否则没有任何输出。

1.2.3　执行 SQL 语句

完成数据库的选择后，就是对 SQL 语句进行操作。利用 mysql 扩展操作数据库时，通常使用 mysql_query()函数执行 SQL 语句，其声明方式如下：

```
resource mysql_query ( string $query [, resource $link_identifier = NULL] )
```

在上述声明中$query 表示 SQL 查询语句，$link_idenifier 是可选项，表示 MySQL 连接标识，若省略，则使用最近打开的连接。

需要注意的是，该函数仅对 SELECT、SHOW、EXPLAIN 或 DESCRIBE 语句执行成功时返回一个资源标识符，如果查询执行失败则返回 FALSE。如果 SQL 语句是 INSERT、DELETE、UPDATE 等操作指令，成功则返回 TRUE，否则返回 FALSE。

为了让读者更好地掌握 mysql_query()函数的用法，接下来通过一个案例来演示如何使用此函数执行 SQL 语句，如例 1-3 所示。

【例 1-3】

```
1 <?php
2 //设定字符集
3 header('Content-Type:text/html;charset=utf-8');
4 //连接数据库服务器
5 $link = mysql_connect('localhost:3306','root','123456');
6 //选择数据库
7 $db_selected = mysql_select_db('itcast',$link);
8 //执行 SQL 语句
9 if(mysql_query('set names utf8')){// 告知 MySQL 服务器使用 utf8 编码进行通信
10    $sql = 'show tables';
11    $result = mysql_query($sql);
12    var_dump($result);
13}else{
14     echo '设定字符集失败';
15}
```

运行结果如图 1-7 所示。

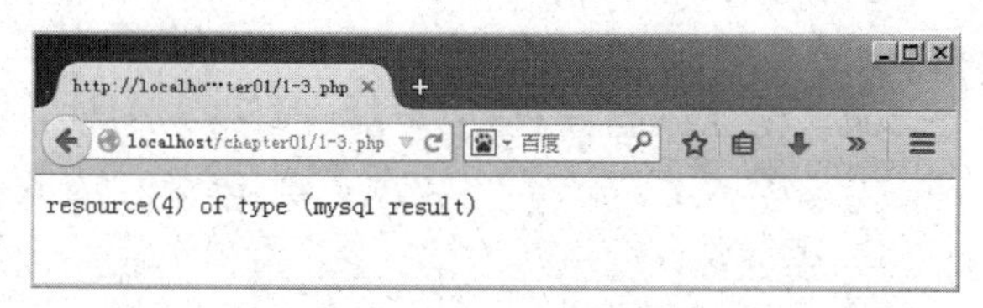

图 1-7　例 1-3 运行结果

在例 1-3 中，第 9 行代码用于判断设定字符集是否成功，若结果为 FALSE，则输出提示语句“设定字符集失败”，若结果为 TRUE，则继续执行 SQL 语句，从图 1-7 中可知结果为 resource 资源类型，说明执行 SHOW 操作成功。

注意：选择数据库的操作也可使用 mysql_query ('use 数据库名称')。

1.2.4　处理结果集

执行完 SQL 语句后，需要使用函数从结果集中获取信息，在 PHP 中常用的处理结果集的函数有 mysql_fetch_row()函数、mysql_fetch_assoc()函数、mysql_fetch_array()函数以及 mysql_fetch_object()函数。下面分别介绍这几个函数的具体使用方法。

1. mysql_fetch_row ()函数

首先了解一下 mysql_fetch_row()函数，其声明方式如下：

```
array  mysql_fetch_row ( resource $result )
```

从上述声明中可知，该函数的返回值是数组类型，参数$result 表示资源型结果集。每执行一次该函数都将从结果集资源中取出一条记录放入到一维数组中，下标从 0 开始，并且内部数据指针自动指向下一条数据，直到没有更多行时返回 FALSE。

为了让读者更好地掌握 mysql_fetch_row ()函数的用法，接下来通过从 itcast 数据库中获取图书列表来演示如何使用该函数获取结果集，如例 1-4 所示。

【例 1-4】

```
1 <?php
2 //设定字符集
3 header('Content-Type:text/html;charset=utf-8');
4 //连接数据库服务器
5 $link = mysql_connect('localhost:3306','root','123456') or die('连接
  数据库失败！'.mysql_error());
6 //选择 itcast 数据库
7 mysql_select_db('itcast',$link);
8 //设置数据库编码格式为 utf8
9 mysql_query('set names utf8');
10 //执行 SQL 语句
11 $sql = "select * from book_list";
12 $result = mysql_query($sql,$link);
13 //显示图书的标题行
14 echo "<table border='1' cellspacing='1'  align='CENTER' width='720'>";
```

```
15 echo "<tr height='50' bgcolor='#ccc'>";
16         echo "<td width='50' align='center'>ID</td>";
17         echo "<td width='210' align='center'>图书名称</td>";
18         echo "<td width='210' align='center'>出版日期</td>";
19         echo "<td width='50' align='center'>价格</td>";
20         echo "<td width='200' align='center'>作者</td>";
21 echo "</tr>";
22 //使用mysql_fetch_row()函数处理结果集
23 while($row = mysql_fetch_row($result)){
24     //取出结果集中相关内容
25     echo "<tr height='40'>";
26         echo "<td width='50' align='center'>".$row[0]."</td>";
27         echo "<td width='250' align='center'>".$row[1]."</td>";
28         echo "<td width='150' align='center'>".date('Y-m',$row[2])."</td>";
29         echo "<td width='50' align='center'>".$row[3]."</td>";
30         echo "<td width='200' align='center'>".$row[4]."</td>";
31     echo "</tr>";
32 }
33 echo "</table>";
```

运行结果如图 1-8 所示。

http://localho⋯ter01/1-4.php
localhost/chapter01/1-4.php

ID	图书名称	出版日期	价格	作者
1	《PHP程序设计基础教程》	2014-08	40	传智播客高教产品研发部
2	《网页设计与制作》	2014-08	45	传智播客高教产品研发部
3	《C#程序设计基础入门教程》	2014-09	45	传智播客高教产品研发部
4	《C语言开发入门教程》	2014-09	39.8	传智播客高教产品研发部
5	《Java基础入门》	2014-05	44.5	传智播客高教产品研发部

图 1-8　例 1-4 运行结果

在例 1-4 中，第 5 行代码中 mysql_error()函数用于返回 MySQL 连接的错误信息，如果没有出错则返回空字符串。第 15~21 行代码定义了图书列表的标题行，由于 mysql_fetch_row()函数每次只能取出一条数据，所以要和 while 循环配合使用。从第 26~30 行代码可以看出，mysql_fetch_row()函数只能通过数字索引下标的形式输出数据。

2. mysql_fetch_assoc()函数

mysql_fetch_assoc()函数也可以获取结果集，与 mysql_fetch_row()函数的唯一区别是通过字段名称来获取数据，其声明方式如下：

```
array mysql_fetch_assoc ( resource $result )
```

在上述声明中，array 表示该函数的返回值类型是数组，参数$result 表示资源型结果集。

每执行一次该函数都将从结果集资源中取出一条记录放入到一维数组中，并且内部数据指针自动指向下一条数据，直到没有更多行时返回 FALSE。

为了让读者更好地掌握 mysql_fetch_assoc()函数的用法，接下来使用此函数来获取结果集实现例 1-4 的功能，具体如例 1-5 所示。

【例 1-5】

```
1 <?php
2 //设定字符集
3 header('Content-Type:text/html;charset=utf-8');
4 //连接数据库服务器
5 $link = mysql_connect('localhost:3306','root','123456') or die('连接数
  据库失败! '.mysql_error());
6 //选择 itcast 数据库
7 mysql_select_db('itcast',$link);
8 //设置数据库编码格式 utf8
9 mysql_query('set names utf8');
10 //执行 SQL 语句
11 $sql = "select * from book_list";
12 $result = mysql_query($sql,$link);
13 //显示图书的标题行
14 echo "<table border='1' cellspacing='1'  align='CENTER' width='720'>";
15   echo "<tr height='50' bgcolor='#ccc'>";
16         echo "<td width='50' align='center'>ID</td>";
17         echo "<td width='210' align='center'>图书名称</td>";
18         echo "<td width='210' align='center'>出版日期</td>";
19         echo "<td width='50' align='center'>价格</td>";
20         echo "<td width='200' align='center'>作者</td>";
21   echo "</tr>";
22   //使用 mysql_fetch_assoc()函数处理结果集
23   while($row = mysql_fetch_assoc($result)){
24      //取出结果集中相关内容
25      echo "<tr height='40'>";
26         echo "<td width='50' align='center'>".$row['id']."</td>";
27         echo "<td width='250' align='center'>".$row['bname']."</td>";
28         echo "<td width='150' align='center'>".date('Y-m',$row['pub_
           time'])."</td>";
29         echo "<td width='50' align='center'>".$row['price']."</td>";
30         echo "<td width='200' align='center'>".$row['author']."</td>";
31      echo "</tr>";
```

```
32   }
33   echo "</table>";
```

运行结果与图 1-8 相同。

在例 1-5 中，通过字段名称的方式获取数据，好处是能很清晰地了解程序员获取每条数据的含义，使用方式参照第 26~30 行代码。

注意：

由于 mysql 扩展自 PHP 5.5.0 起已废弃，并在将来会被移除，所以 mysql_fetch_assoc()函数可使用 PDO_MySQL 扩展中的 PDOStatement::fetch(PDO::FETCH_ASSOC)或 MySQLi 中的 mysqli_fetch_assoc()函数来替换。

3. mysql_fetch_array()函数

使用 mysql_fetch_array()函数同样可以获取结果集中的数据，其声明如下所示：

```
array mysql_fetch_array ( resource $result [, int $result_type ] )
```

在上述声明中，$result 是资源类型的参数，传入的是由 mysql_query()函数返回的数据指针。$result_type 是可选的常量，其值可以是 MYSQL_BOTH（默认参数）、MYSQL_ASSOC 或 MYSQL_NUM 中的一种，其中 MYSQL_ASSOC 只得到关联索引形如 mysql_fetch_assoc()，MYSQL_NUM 只得到数字索引形如 mysql_fetch_row()。

接下来通过一个简单的案例来演示 mysql_fetch_array()函数的用法，如例 1-6 所示。

【例 1-6】

```
1 <?php
2 //设定字符集
3 header('Content-Type:text/html;charset=utf-8');
4 //连接数据库服务器
5 $link = mysql_connect('localhost:3306','root','123456') or die('连接数
  据库失败! '.mysql_error());
6 //选择 itcast 数据库
7 mysql_select_db('itcast',$link);
8 //设置数据库编码格式 utf8
9 mysql_query('set names utf8');
10 //执行 SQL 语句
11 $sql = "select * from classinfo";
12 $result = mysql_query($sql,$link);
13 //使用 mysql_fetch_array()函数处理结果集
14 while($row = mysql_fetch_array($result)){
15   print_r($row);
16   echo "<br>";
17 }
```

运行结果如图 1-9 所示。

从图 1-9 中可以看出，使用 mysql_fetch_array()函数在默认的情况下可以同时获取数字索

引的数组以及以字段名命名的关联索引数组。

需要注意的是，mysql_fetch_array()函数返回的字段名区分大小写，这是初学者最容易忽略的问题。同时，如果结果中的两个或以上的列具有相同的字段名，最后一列优先级最高，要访问其他列，必须用该列的数字索引或给该列起别名。

4. mysql_fetch_object()函数

函数 mysql_fetch_object 与 mysql_fetch_array()类似，只有一点区别，即前者返回的是一个对象而不是数组，其声明方式如下所示：

```
object mysql_fetch_object ( resource $result )
```

在上述声明中，参数$result 是调用 mysql_query()函数返回的结果集，由于该函数的返回值类型是 object 类型，所以只能通过字段名来访问数据，并且此函数返回的字段名大小写敏感。

为了让读者更好地理解 mysql_fetch_object()函数，将例 1-6 中获取结果集的方式换成此函数，具体代码如例 1-7 所示。

【例 1-7】

```
1 <?php
2 //设定字符集
3 header('Content-Type:text/html;charset=utf-8');
4 //连接数据库服务器
5 $link = mysql_connect('localhost:3306','root','123456') or die('连接数
  据库失败！'.mysql_error());
6 //选择 itcast 数据库
7 mysql_select_db('itcast',$link);
8 //设置数据库编码格式 utf8
9 mysql_query('set names utf8');
10 //执行 SQL 语句
11 $sql = "select * from classinfo";
12 $result = mysql_query($sql,$link);
13 //使用 mysql_fetch_abject()函数处理结果集
14 while($row = mysql_fetch_object($result)){
15   print_r($row);
16 }
```

运行结果如图 1-10 所示。

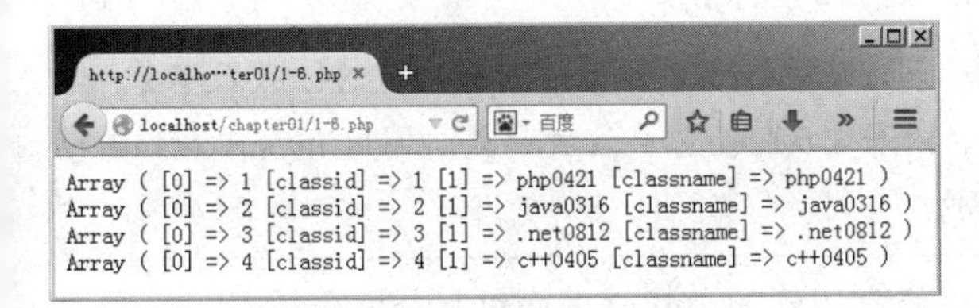

图 1-9　例 1-6 运行结果

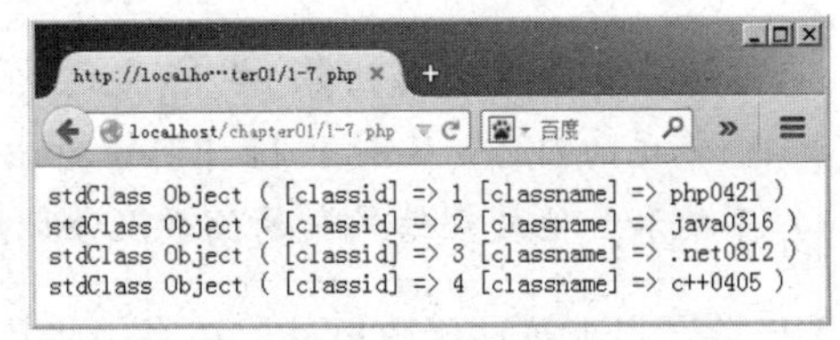

图 1-10　例 1-7 运行结果

从图 1-10 中可以看出，使用函数 mysql_fetch_object()函数获取的数据的类型是对象类型，

需要注意的是，在输出具体某个字段数据时一定要使用“对象->字段名”的方式来输出数据。

多学一招：mysql_result()

函数 mysql_result()可从结果集中获取一个单元的内容，其声明方式如下所示：

```
mixed mysql_result ( resource $result , int $row [, mixed $field ] )
```

在上述声明中，获取内容的字段参数可以是字段的偏移量$row 或者是字段名$field，其中$field 是可选参数，先来看一段代码，具体如例 1-8 所示。

【例 1-8】

```
1 <?php
2 //设定字符集
3 header('Content-Type:text/html;charset=utf-8');
4 //连接数据库服务器
5 $link = mysql_connect('localhost:3306','root','123456') or die('
  连接数据库失败！'.mysql_error());
6 //选择 itcast 数据库
7 mysql_select_db('itcast',$link);
8 //设置数据库编码格式 utf8
9 mysql_query('set names utf8');
10 //执行 SQL 语句
11 $sql = "select * from classinfo";
12 $result = mysql_query($sql,$link);
13 //使用 mysql_result()函数处理结果集
14 echo mysql_result($result,0); echo " ";
15 echo mysql_result($result,0,'classid'); echo "<br>";
16 echo mysql_result($result,1); echo " ";
17 echo mysql_result($result,1,'classname');
```

运行结果如图 1-11 所示。

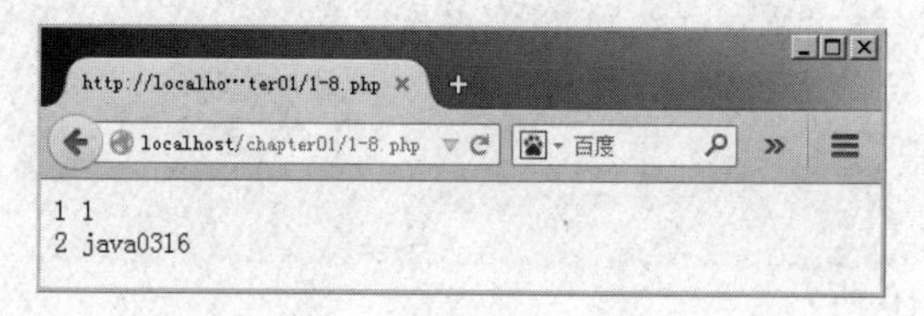

图 1-11　例 1-8 运行结果

在例 1-8 中，在第 14~15 分别使用了偏移量 0 和字段名“classid”的方式获取第一个单元的内容，从图 1-11 中可以看出，结果都为 1。需要注意的是，调用 mysql_result()不能和其他处理结果集的函数混合调用。

除了以上这些函数以外，还有一些其他经常用到的函数，下面对其分别介绍。

（1）mysql_num_rows()

在执行 SELECT 查询语句时，使用 mysql_num_rows()函数可以返回查询的记录数，其声明方式如下：

```
int mysql_num_rows ( resource $result )
```

在上述声明中，$result 表示查询时返回的结果集资源。需要注意的是，此函数仅仅对 SELECT 查询语句有效。

（2）mysql_affected_rows()

当需要取得 INSERT、UPDATE 或者 DELETE 语句执行后影响的行数时，可以使用 mysql_affected_rows()函数，其声明方式如下：

```
int mysql_affected_rows ([ resource $link_identifier = NULL ] )
```

在上述声明中，int 表示执行成功则返回受影响行的数目，如果最近一次查询失败，则函数返回-1。参数$link_identifier 表示 MySQL 连接。如果不指定，则使用最近打开的连接。

需要注意的是，mysql_affected_rows()函数在 PHP 5.5.0 起将废弃，它可由 mysqli_affected_rows()函数或 PDOStatement::rowCount()方法来代替。

（3）mysql_insert_id()

在项目中，经常要取得上一次插入操作时产生的 ID 号，这时可以使用 mysql_insert_id()函数，其声明方式如下：

```
int mysql_insert_id ([ resource $link_identifier ] )
```

从上述声明中可知，此函数只有一个可选参数$link_identifier，即返回的资源结果集，需要注意的是，如果上一查询没有产生 AUTO_INCREMENT 的 ID 值，则该函数的返回值为 0。

1.2.5 释放资源与关闭连接

1. mysql_free_result()

处理完结果集后，若考虑到返回很大的结果集会占用多少内存时，需调用 mysql_free_result()函数以释放系统资源，其声明方式如下：

```
bool mysql_free_result ( resource $result )
```

在上述声明方式中，函数的返回值类型是布尔类型，执行成功返回 TRUE，执行失败返回 FALSE。

为了让读者更好地理解 mysql_free_result()函数的用法，接下来，通过一个案例来演示此函数的用法，如例 1-9 所示。

【例 1-9】

```
1 <?php
2 //设定字符集
3 header('Content-Type:text/html;charset=utf-8');
4 //连接数据库服务器
5 $link = mysql_connect('localhost:3306','root','123456');
6 //选择 itcast 数据库
7 mysql_select_db('itcast',$link);
8 //设置数据库编码格式 utf8
9 mysql_query('set names utf8');
```

```
10 //执行SQL语句
11 $result = mysql_query("SELECT * FROM member WHERE id = '4'");
12 //判断执行SQL语句是否正确
13 if (!$result) {
14     echo 'Could not run query: ' . mysql_error();
15     exit;
16 }
17 //处理结果集
18 $row = mysql_fetch_assoc($result);
19 //释放内存
20 if(mysql_free_result($result)){
21   echo '释放内存成功'.'<br>';
22   echo '编号: '.$row['id'].'<br>';
23   echo '姓名: '.$row['name'].'<br>';
24   echo '工资: '.$row['money'].'元';
25 }else{
26   echo '释放内存失败';
27 }
```

运行结果如图1-12所示。

从图1-12可知，释放资源成功，但是需要注意的是，mysql_free_result()释放所有与结果标识符result所关联的内存，而结果赋值给了另一个变量$row，所以并不影响其输出。

图1-12　例1-9运行结果

2. mysql_close()

当一次性返回的结果集比较大，或网站访问量比较多时，最好用mysql_close()函数手动进行释放，其声明方式如下：

```
bool mysql_close ([ resource $link_identifier = NULL ])
```

在上述声明中，函数的返回值类型是布尔型，成功时返回TRUE，失败时返回FALSE。$link_identifer代表要关闭的MySQL连接资源。如果没有指定$link_identifer，则关闭上一个打开的连接。

接下来，通过一个案例来演示mysql_close()函数的使用，如例1-10所示。

【例1-10】

```
1 <?php
2 //设定字符集
3 header('Content-Type:text/html;charset=utf-8');
4 //连接数据库服务器
5 $link = mysql_connect('localhost:3306','root','123456');
6 //选择数据库
```

```
7 mysql_select_db('itcast',$link);
8 //关闭连接
9 mysql_close($link);
10 mysql_select_db('test',$link);
```

运行结果如图 1-13 所示。

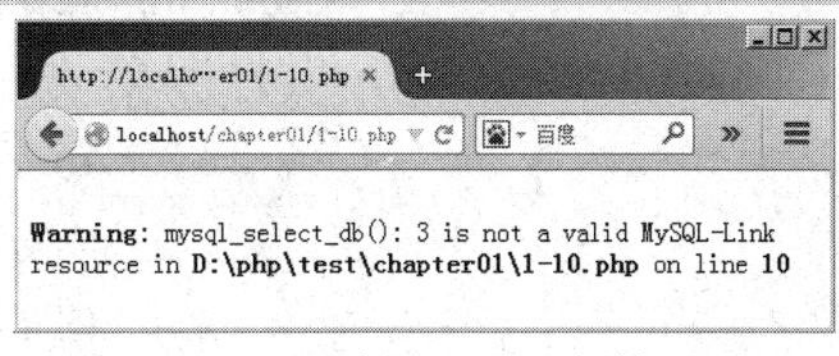

图 1-13　例 1-10 运行结果

从图 1-13 中可以看出，当关闭了数据连接后，再次使用这个连接将产生一个 E_WARNING 错误。

注意：

通常不需要使用 mysql_close()，因为已打开的非持久连接会在脚本执行完毕后自动关闭。且自 PHP 5.5.0 起该函数已废弃，并在将来会被移除，本函数可由 mysqli_close()函数或在 PDO 中为 PDO 对象设置一个 NULL 值来代替。

1.3　mysqli 扩展的使用

mysqli 是 mysql 扩展的增强版，相较于 mysql 面向过程的语法形式，mysqli 是面向对象语法形式，接下来将对 mysqli 扩展的使用进行详细讲解。

1.3.1　mysqli 连接并选择数据库

在面向对象的模式中，mysqli 是一个封装好的类，使用前需要先实例化对象，具体示例如下：

```
<?php
$db = new mysqli();
```

实例化后就可以使用内置的方法连接数据库。连接数据库使用 mysqli 中的构造方法 __construct()，具体声明如下所示：

```
mysqli::__construct ([ string $host = ini_get("mysqli.default_host") [,
 string $username = ini_get("mysqli.default_user") [, string $passwd =
 ini_get("mysqli.default_pw") [, string $dbname = "" [, int $port = ini_get
("mysqli.default_port") [, string $socket = ini_get("mysqli.default_socket")
]]]]]] )
```

在上述声明中，构造方法__construct()有 6 个可选参数，省略时都使用其默认形式，其中参数$host 表示主机名或 IP，$username 参数表示用户名，$passwd 表示密码，参数$dbname 表示要操作的数据库，$port 表示端口号，$socket 表示套接字。

接下来，通过一个案例来演示 mysqli 构造方法连接数据库的使用，具体如例 1-11 所示。

【例 1-11】

```
1 <?php
2 //使用构造方法连接并选择数据库
3 $db = new mysqli('localhost','root','123456','itcast','3306');
4 //输出连接资源
5 print_r($db);
```

运行结果如图 1-14 所示。

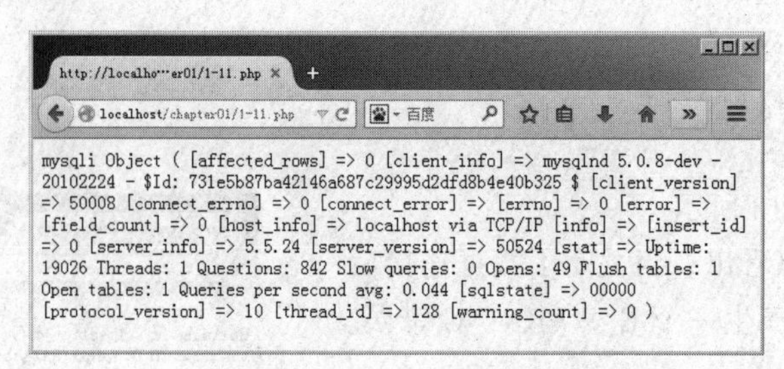

图 1-14　例 1-11 运行结果

从图 1-14 中可以看出，已经正确连接并选择数据库，另外，还可以使用面向过程语法连接数据库，例如：mysqli_connect()，其用法和前面学习的 mysql_connect()类似。

1.3.2　mysqli 操作数据库

连接并选择数据库后，就可以进行数据库的具体操作了，例如执行 SQL 语句，处理结果集，释放资源并关闭连接，下面分别对这些功能在 mysqli 扩展中的使用进行介绍。

1. 执行 SQL 语句

在 mysqli 中使用 query()方法来执行 SQL 语句，具体声明方式如下：

```
mixed mysqli::query ( string $query [, int $resultmode = MYSQLI_STORE_RESULT ] )
```

在上述声明中，参数$query 表示要执行的 SQL 语句，$resultmode 是可选参数。需要注意的是，该方法仅在成功执行 SELECT、SHOW、DESCRIBE 或 EXPLAIN 语句时会返回一个 mysqli_result 对象，而其他查询语句执行成功时返回 TRUE，失败返回 FALSE。

2. 处理结果集

在 mysqli 扩展中，MySQLi_RESULT 类提供了常用处理结果集的属性和方法，如表 1-1 所示。

表 1-1　常见处理结果集的属性和方法

面向对象接口	面向过程接口	描　　述	备注
mysqli_result->num_rows	mysqli_num_rows()	获取结果中行的数量	属性
mysqli_result->fetch_all()	mysqli_fetch_all()	获取所有的结果并以关联数据、数值索引数组，或两者皆有的方式返回	方法
mysqli_result->fetch_array()	mysqli_fetch_array()	获取一行结果，并以关联数组、数值索引返回	方法
mysqli_result->fetch_assoc()	mysqli_fetch_assoc()	获取一行结果并以关联数组返回	方法
mysqli_result->fetch_fields()	mysqli_fetch_fields()	返回一个代表结果集字段的对象数组	方法
mysqli_result->fetch_object()	mysqli_fetch_object()	以一个对象的方式返回一个结果集中的当前行	方法
mysqli_result->fetch_row()	mysqli_fetch_row()	以一个枚举数组方式返回一行结果	方法
mysqli_result->free(), mysqli_result->close(), mysqli_result->free_result()	mysqli_free_result()	释放结果集	方法

表 1-1 中列举了常用的处理结果集的属性和方法，为了让读者能更熟练掌握如何使用 mysqli 相关属性和方法操作数据库，接下来通过一个案例来演示如何使用 MySQLi_RESULT 类的属性和方法，具体如例 1-12 所示。

【例 1-12】

```
1 <?php
2 header("Content-Type:text/html;charset=utf-8");
3 //连接并选择数据库
4 $mysqli = new mysqli('localhost','root','123456','itcast');
5 //判断是否有错误
6 if($mysqli->connect_errno){
7     //输出错误代码并退出当前脚本
8     die("连接失败: %s\n".$mysqli->connect_error);
9 }
10 //执行 SQL 语句
11 $sql = "select studentname,classname from studentinfo where studentname
  like 'Z%'";
12 $result = $mysqli->query($sql);
13 //输出结果中行的数量
14 echo '结果集中总的记录数: '.$result->num_rows.'个<hr>';
15 //获取字段名称
16 $finfo = $result->fetch_fields();
17 foreach($finfo as $val){
18   echo $val->name.' ';
19 }
20 echo '<p>';
21 //使用 fetch_array()处理结果集
22 while($row = $result->fetch_array()){
23   echo $row[0].'      '.$row['classname'].
   '<br>';
24 }
25 // 释放结果集资源
26 $result->free();
27 //关闭数据库连接
28 $mysqli->close();
```

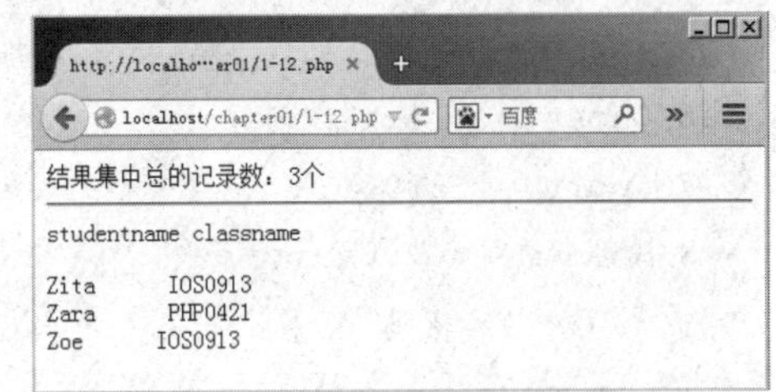

图 1-15　例 1-12 运行结果

运行结果如图 1-15 所示。

在例 1-12 中，查询结果返回的是一个 mysqli_result 对象，通过调用此对象的 num_rows 属性可以获取结果中的记录数，调用方法

fetch_fields()可以获取结果集中字段的对象数组，使用 foreach 循环输出即可，效果如图 1-15 所示。fetch_array()方法默认情况下返回关联和索引数组，其用法如 22~24 行代码所示。对于表 1-1 中其他方法读者可参考例 1-12 练习。

需要注意的是，在使用 mysqli 的面向对象语法时，一定要使用对象操作符即“->”调用相关的属性或方法。

1.4 PDO 扩展的使用

1.4.1 什么是 PDO

PDO 是 PHP Data Object（PHP 数据对象）的简称，它是与 PHP5.1 版本一起发布的，目前支持的数据库包括 Firebird、FreeTDS、Interbase、MySQL、MS SQL Server、ODBC、Oracle、Postgre SQL、SQLite 和 Sybase。当操作不同数据库时，只需要修改 PDO 中的 DSN（数据库源），即可使用 PDO 的统一接口进行操作。

1.4.2 PDO 连接数据库

使用 PDO 扩展连接数据库，需要实例化 PDO 类，同时传递数据库连接参数，具体声明方式如下所示：

```
PDO::__construct ( string $dsn [, string $username [, string $password [,
array $driver_options ]]] )
```

在上述声明中，参数$dsn 用于表示数据源名称，包括 PDO 驱动名、主机名、端口号、数据库名称。其他都是可选参数，其中$username 表示$dsn 中数据库的用户名，$password 表示$dsn 中数据库的密码，而$driver_options 表示一个具体驱动连接的选项（键值对数组）。该函数执行成功时返回一个 PDO 对象，失败时则抛出一个 PDO 异常（PDO Exception）。

为了让读者更好地理解 PDO 连接数据库的操作，接下来通过一个案例来演示如何使用 PDO 连接 MySQL 数据库，如例 1-13 所示。

【例 1-13】

```
1 <?php
2 header('Content-Type:text/html;charset=utf-8');
3 //数据库服务器类型是 MySQL
4 $dbms = 'mysql';
5 //数据库服务器主机名，端口号，选择的数据库
6 $host = 'localhost';
7 $port = '3306';
8 $dbname = 'itcast';
9 //用户名和密码
10 $user = 'root';
11 $pwd = '123456';
12 $dsn = "$dbms:host=$host;port=$port;dbname=$dbname";
```

```
13 //设定字符集
14 $options = array(PDO::MYSQL_ATTR_INIT_COMMAND => 'SET NAMES \'UTF8\'');
15 //创建数据库连接
16 try{
17   $pdo = new PDO($dsn,$user,$pwd,$options);
18   echo 'PDO连接MySQL数据库成功';
19 }catch(PDOException $e){
20   //输出异常信息
21   echo $e->getMessage().'<br>';
22 }
```

运行结果如图 1-16 所示。

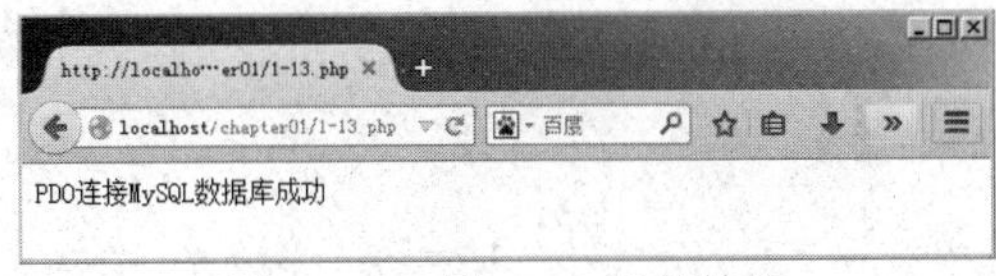

图 1-16　例 1-13 运行结果

例 1-13 通过实例化 PDO 类创建了数据库连接，当连接发生错误时通过异常捕获可以查看错误信息。其中，第 14 行设定字符集为 UTF8。从图 1-16 中可以看出，使用 PDO 扩展连接 MySQL 数据库成功，读者还可以按照例 1-13 的方式，使用 PDO 连接其他数据库，这里不再赘述。

注意：在使用 PDO 连接数据库时，需要了解以下三点：

① 数据源中的 PDO 驱动名即要连接的数据库服务器类型，如 mysql、oracle 等。

② 数据源中的端口号和数据库的位置也是可以互换的。

③ 对于字符集的设置，除了使用例 1-13 中设置 PDO 的具体驱动连接选项的方式，还可以在 PDO 的 DSN 中进行设置，具体如下：

```
$dsn = "$dbms:host=$host;dbname=$dbname;charset=utf8";
```

PHP 的版本大于 5.3.6 时，才可以使用 DSN 中的 charset 属性进行设置字符集。

1.4.3　PDO 执行 SQL 语句

1. query()方法

连接并选择数据库后，即可通过 PDO 类的 query()方法执行 SQL 操作，其声明方式如下：

```
PDOStatement PDO::query ( string $statement )
```

在上述声明中，$statement 用于表示要执行的 SQL 语句。执行该方法成功则返回一个 PDOStatement 类的对象，失败则返回 FALSE。

接下来通过一个案例来演示如何使用 query()方法执行 SQL 语句，如例 1-14 所示。

【例 1-14】

```
1 <?php
2 header('Content-Type:text/html;charset=utf-8');
3 //数据库服务器类型是 MySQL
4 $dbms = 'mysql';
5 //数据库服务器主机名、端口号、选择的数据库
```

```
6 $host = 'localhost';
7 $port = '3306';
8 $dbname = 'itcast';
9 //用户名和密码
10 $user = 'root';
11 $pwd = '123456';
12 $dsn = "$dbms:host=$host;port=$port;dbname=$dbname;charset=utf8";
13 try{
14   //创建数据库连接
15   $pdo = new PDO($dsn,$user,$pwd);
16     //执行SQL语句
17   $sql = "insert into classinfo values(6,'UI0912')";
18   $result = $pdo->query($sql);
19   var_dump($result);
20   //输出受影响的记录ID号
21   echo '<br>最后插入行的ID为: '.$pdo->lastInsertId();
22 }catch(PDOException $e){
23   //输出异常信息
24   echo $e->getMessage().'<br>';
25 }
```

运行结果如图 1-17 所示。

从图 1-17 中可以看出，query()方法执行 SQL 语句成功并返回一个 PDOStatement 对象，然后通过 PDO 对象调用 lastInsertId()方法即可取得最后插入的 ID。

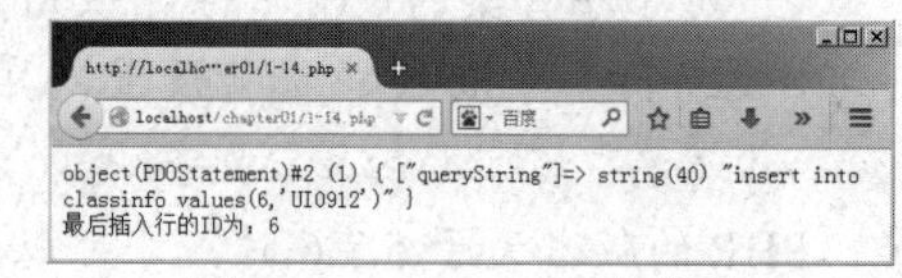

图 1-17　例 1-14 运行结果

多学一招：exec()方法

query()方法主要用于有记录结果返回的操作，特别是 SELECT 操作；exec()主要是针对没有结果集返回的操作，比如 INSERT、UPDATE、DELETE 等操作，它用于执行一条 SQL 语句并返回执行后受影响的行数，具体如例 1-15 所示。

【例 1-15】

```
1 <?php
2 header('Content-Type:text/html;charset=utf-8');
3 //数据库服务器类型是MySQL
4 $dbms = 'mysql';
5 //数据库服务器主机名、端口号、选择的数据库
6 $host = 'localhost';
7 $port = '3306';
8 $dbname = 'itcast';
```

```
9 //用户名和密码
10 $user = 'root';
11 $pwd = '123456';
12 $dsn = "$dbms:host=$host;port=$port;dbname=$dbname;charset=utf8";
13 try{
14   //创建数据库连接
15   $pdo = new PDO($dsn,$user,$pwd);
16   //执行SQL语句并输出受影响的记录数
17   $sql = "update classinfo set classname='C++0815' where classid = 6";
18   $num = $pdo->exec($sql);
19   echo '执行更新操作后，有'.$num.'行记录受到影响';
20 }catch(PDOException $e){
21   //输出异常信息
22   echo $e->getMessage().'<br>';
23 }
```

运行结果如图 1-18 所示。

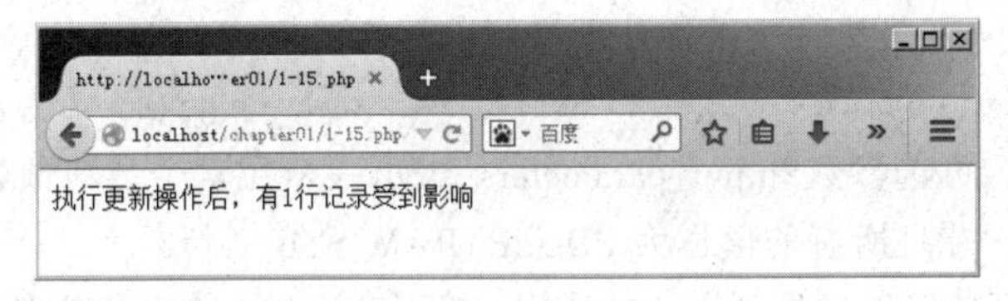

图 1-18　exec()方法

在例 1-15 中，第 18 行代码使用 exec()方法执行更新操作，从图 1-18 可以看出，程序执行成功并返回了受影响的记录数。

2. **预处理语句**

PDO 提供了对预处理语句的支持。所谓预处理语句，用户可以想象成一种编译过的待执行的 SQL 语句模板，在执行时，只需在服务器和客户端之间传输有变化的数据即可，以此可以防止 SQL 注入，避免重复分析、编译等问题。例如，要插入 1000 条记录，如果使用 exec()方法则需执行 1000 条 INSERT 语句，而使用预处理语句则只要编译执行 1 条插入语句。

执行预处理语句的过程如下：

① 使用 prepare()方法准备执行预处理语句，该方法将返回一个 PDOStatement 类对象，其语法格式如下：

```
PDOStatement PDO::prepare ( string $statement [, array $driver_options = array() ] )
```

在上述声明中，参数$statement 表示预处理的 SQL 语句，在 SQL 语句中可以添加占位符，PDO 支持两种占位符，即问号占位符（？）和命名参数占位符（:参数名称），$driver_options 是可选参数，表示设置一个或多个 PDOStatement 对象的属性值。

值得一提的是，通过 query()方法返回的 PDOStatement 是一个结果集对象；而通过 prepare()方法返回的 PDOStatement 是一个查询对象，本书使用“$stmt”来表示 prepare()方法返回的查询对象。

② 使用 bindParam()方法将参数绑定到准备好的查询占位符上，其语法格式如下：

```
bool PDOStatement::bindParam ( mixed $parameter , mixed &$variable [, int $data_type = PDO::PARAM_STR [, int $length [, mixed $driver_options ]]] )
```

在上述声明中，参数$parameter 用于表示参数标识符，$variable 用于表示参数标识符对应的变量名，可选参数$data_type 用于明确参数类型，其值使用 PDO::PARAM_*常量来表示，如表 1-2 所示，$length 是可选参数，用于表示数据类型的长度。该方法执行成功时返回 TRUE，执行失败则返回 FALSE。

表 1-2 PDO::PARAM_*系列常量

常 量 名	说 明
PDO::PARAM_NULL	代表 SQL 空数据类型
PDO::PARAM_INT	代表 SQL 整数数据类型
PDO::PARAM_STR	代表 SQL 字符串数据类型
PDO::PARAM_LOB	代表 SQL 中大对象数据类型
PDO::PARAM_BOOL	代表一个布尔值数据类型

③ 使用 execute()方法执行一条预处理语句，其语法格式如下：

```
bool PDOStatement::execute ([ array $input_parameters ] )
```

在上述声明中，可选参数$input_parameters 表示一个元素个数与预处理语句中被绑定的参数一样多的数组，并且所有的值作为 PDO::PARAM_STR 对待。

为了让读者更好地掌握预处理语句的使用，接下来通过一个案例来学习，如例 1-16 所示。

【例 1-16】

```
1 <?php
2 header('Content-Type:text/html;charset=utf-8');
3 try{
4     //实例化 PDO 创建数据库服务器连接
5     $pdo = new PDO("mysql:host=127.0.0.1;dbname=itcast;charset=utf8",
      "root","123456");
6     //执行 SQL 语句
7     $stmt = $pdo->prepare("insert into`member`(id,name,money) values
      (:id,:name,:money)");
8     //设置变量
9     $id = "1";
10    $name = "Nicole";
11    $money = "5000";
12    //绑定变量
13    $stmt->bindParam(":id",$id,PDO::PARAM_INT);
```

```
14   $stmt->bindParam(":name",$name,PDO::PARAM_STR);
15   $stmt->bindParam(":money",$money,PDO::PARAM_INT);
16   //打印执行结果
17   var_dump($stmt->execute());
18   //设置变量
19   $id = "2";
20   $name = "Candice";
21   $money = "9000";
22   //打印使用一个含有插入值的数组的执行结果
23   var_dump($stmt->execute(array(':id'=>$id,':name'=>$name,':money'
   =>$money)));
24 }catch(PDOException $e){
25   //输出异常信息
26   echo $e->getMessage().'<br>';
27 }
```

打开火狐浏览器，在地址栏中输入 http://localhost/chapter01/1-16.php，如图 1-19 所示。

在例 1-16 中，第 6~17 行代码在 INSERT 语句中使用了命名参数占位符，并使用 bindParam() 方法将设置好的变量绑定到相应的占位符上，最后执行 execute()方法插入数据；而第 19~26 行代码虽然也是执行 INSERT 操作，但却通过设置一个元素个数与预处理语句中被绑定的参数一样多的键值对数组的方式执行预处理语句。从图 1-19 中可以看出，两种方法都执行成功。

图 1-19　例 1-16 运行结果

多学一招：问号占位符（?）

PHP 中在执行预处理语句时，还可以使用问号占位符的方式，它与参数占位符在使用时有些不同。接下来通过使用问号占位符来实现与例 1-16 一样的功能，如例 1-17 所示。

【例 1-17】

```
1 <?php
2 header('Content-Type:text/html;charset=utf-8');
3 try{
4    //实例化 PDO 创建数据库服务器连接
5    $pdo = new PDO("mysql:host=127.0.0.1;dbname=itcast;charset=utf8",
     "root","123456");
6    //执行 SQL 语句
7    $stmt = $pdo->prepare("insert into `member`(id,name,money)values
    (?,?,?)");
8    //设置变量
9    $id = "1";
10   $name = "Nicole";
```

```
11   $money = "5000";
12   //绑定变量
13   $stmt->bindParam(1, $id, PDO::PARAM_INT);
14   $stmt->bindParam(2, $name, PDO::PARAM_STR);
15   $stmt->bindParam(3, $money, PDO::PARAM_INT);
16   //打印执行结果
17   var_dump($stmt->execute());
18   //设置变量
19   $id = "2";
20   $name = "Candice";
21   $money = "9000";
22   //打印使用一个含有插入值的数组的执行结果
23   var_dump($stmt->execute(array($id,$name,$money)));
24 }catch(PDOException $e){
25   //输出异常信息
26   echo $e->getMessage().'<br>';
27 }
```

运行结果如图 1-20 所示。

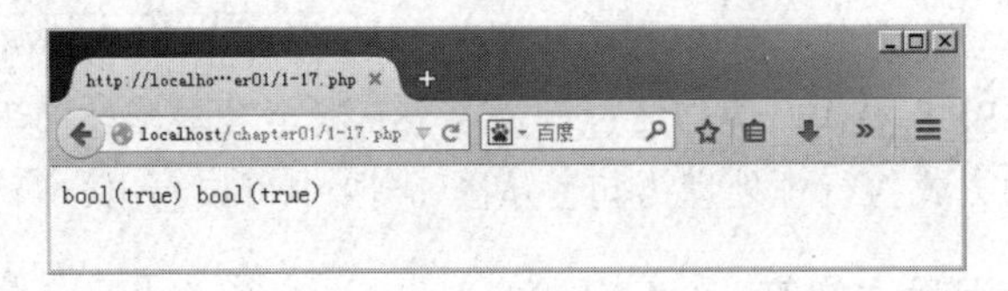

图 1-20　运行结果

在例 1-17 中，由于第 7 行代码使用的是问号占位符，所以在第 13~15 行代码中 bindParam()方法的第一个参数是以 1 开始的索引。另外，也可以通过为 execute()方法传递一个元素个数与占位符数相同的数字索引数组参数，来为占位符进行参数绑定，如第 23 行代码所示。

1.4.4 PDO 处理结果集

执行完 SQL 语句后，就可以对结果集进行处理，在 PDO 中常用获取结果集的方式有 3 种：fetch()、fetchColumn()及 fetchAll()，下面分别详细介绍这 3 种方式的用法和区别。

1. fetch()

PDO 中的 fetch()方法可以从结果集中获取下一行数据，其声明方式如下：

```
mixed PDOStatement::fetch ([ int $fetch_style [, int $cursor_orientation = PDO::FETCH_ORI_NEXT [, int $cursor_offset = 0 ]]] )
```

在上述声明中，所有参数都为可选参数，其中$fetch_style 参数用于控制结果集的返回方式，其值必须是 PDO::FETCH_*系列常量中的一个，其可选常量如表 1-3 所示。参数

$cursor_orientation 是 PDOStatement 对象的一个滚动游标，可用于获取执行的一行，$cursor_offset 参数表示游标的偏移量。

表 1-3　PDO::FETCH_*系列常量

常　量　名	说　　明
PDO::FETCH_ASSOC	返回一个键为结果集字段名的关联数组
PDO::FETCH_BOTH（默认）	返回一个索引为结果集列名和以 0 开始的列号的数组
PDO::FETCH_BOUND	返回 TRUE，并分配结果集中的列值给 bindColumn()方法绑定的 PHP 变量
PDO::FETCH_CLASS	返回一个请求类的新实例，映射结果集中的列名到类中对应的属性名
PDO::FETCH_INTO	更新一个已存在的实例，映射结果集中的列到类中命名的属性
PDO::FETCH_LAZY	返回一个包含关联数组、数字索引数组和对象的结果
PDO::FETCH_NUM	返回一个索引以 0 开始的结果集列号的数组
PDO::FETCH_OBJ	返回一个属性名对应结果集列名的匿名对象

接下来通过案例来演示如何使用 fetch()方法获取结果集中的数据，具体如例 1-18 所示。

【例 1-18】

```
1 <?php
2 header('Content-Type:text/html;charset=utf-8');
3 try{
4    //实例化 PDO 创建数据库服务器连接
5    $pdo = new PDO("mysql:host=127.0.0.1;dbname=itcast;charset=utf8",
     "root","123456");
6    //执行 SQL 语句
7    $stmt = $pdo->prepare("select * from `member`");
8    $stmt->execute();
9    }catch(PDOException $e){
10   //输出异常信息
11   echo $e->getMessage().'<br>';
12 }
13 ?>
14 <!DOCTYPE html PUBLIC "-//W3C//DTD XHTML 1.0 Transitional//EN"
   "http://www.w3.org/TR/xhtml1/DTD/xhtml1-transitional.dtd">
15 <html xmlns="http://www.w3.org/1999/xhtml" xml:lang="en">
16 <head>
17   <meta http-equiv="Content-Type" content="text/html; charset=UTF-8" />
18   <title>员工工资列表</title>
19   <style type="text/css">
20      table{ width:600px;cellspacing:2px; background-color:#333333;}
21      tr{height:30px;}
22      td{width:200px; background-color:#FFFFFF; text-align:center;}
23      h2{ text-align:center}
```

```
24   </style>
25 </head>
26
27 <body>
28 <h2>员工工资列表</h2>
29 <table width="600" border="1" cellspacing="0" cellpadding="1">
30  <tr>
31     <td>ID 编号</td>
32     <td>姓名</td>
33     <td>工资</td>
34   </tr>
35 <?php
36   //循环输出查询结果集，并且设置结果集为关联数组形式
37   while($row = $stmt->fetch(PDO::FETCH_ASSOC)){
38 ?>
39   <tr>
40     <td><?php echo $row['id'];?></td>
41     <td><?php echo $row['name'];?></td>
42     <td><?php echo $row['money'];?></td>
43   </tr>
44 <?php
45   }
46 ?>
47 </table>
48 </body>
49 </html>
```

运行结果如图 1-21 所示。

在例 1-18 中，首先通过 PDO 连接 MySQL 数据库；然后，定义 SELECT 查询语句，使用预处理语句 prepare()和 execute()方法执行查询操作。接着，使用 fetch()方法返回结果集中下一行数据，同时设置结果集以关联数组形式返回；最后，通过 while 循环输出。

员工工资列表

ID编号	姓名	工资
1	Nicole	5000
2	Candice	9000
3	Yohanna	4500
4	Quinn	9600

图 1-21　例 1-18 运行结果

注意：fetchObject()方法是 fetch()使用 PDO::FETCH_CLASS 或 PDO::FETCH_OBJ 这两种数据返回方式的一种替代。

2. fetchColumn()

在项目中，如果想要获取结果集中单独一列，则可以使用 PDO 提供的 fetchColumn()方法，其语法格式如下：

```
string PDOStatement::fetchColumn ([ int $column_number = 0 ] )
```

在上述声明中，可选参数$column_number 用于设置行中列的索引号，该值从 0 开始。如果省略该参数，则获取第一列。该方法执行成功则返回单独的一列，否则返回 FALSE。

接下来，通过一个案例来演示如何使用 fetchColumn()方法获取一列数据，如例 1-19 所示。

【例 1-19】

```
1 <?php
2 header('Content-Type:text/html;charset=utf-8');
3 try{
4    //实例化 PDO 创建数据库服务器连接
5    $pdo = new PDO("mysql:host=127.0.0.1;dbname=itcast;charset=utf8 ",
     "root","123456");
6    //执行 SQL 语句
7    $stmt = $pdo->prepare("select * from `member`");
8    $stmt->execute();
9 }catch(PDOException $e){
10   //输出异常信息
11   echo $e->getMessage().'<br>';
12 }
13 ?>
14 <!DOCTYPE html PUBLIC "-//W3C//DTD XHTML 1.0 Transitional//EN"
   "http://www.w3.org/TR/xhtml1/DTD/xhtml1-transitional.dtd">
15 <html xmlns="http://www.w3.org/1999/xhtml" xml:lang="en">
16 <head>
17   <meta http-equiv="Content-Type" content="text/html; charset=UTF-8" />
18   <title>员工姓名列表</title>
19   <style type="text/css">
20      table{ width:200px;cellspacing:2px; background-color:#333333;
        margin:auto; }
21      tr{height:30px;}
22      td{background-color:#FFFFFF; text-align:center;}
23      h2{text-align:center}
24   </style>
25 </head>
26 <body>
27 <h2>员工姓名列表</h2>
28 <table width="600" border="1" cellspacing="0" cellpadding="1">
29  <tr>
```

```
30     <td>姓名（第二列）</td>
31   </tr>
32  <?php for($i=0;$i<$stmt->rowCount();$i++){
33  ?>
34   <tr>
35     <td><?php echo $stmt->fetchColumn(1);?></td>
36   </tr>
37  <?php
38   }
39  ?>
40 </table>
41 </body>
42 </html>
```

运行结果如图 1-22 所示。

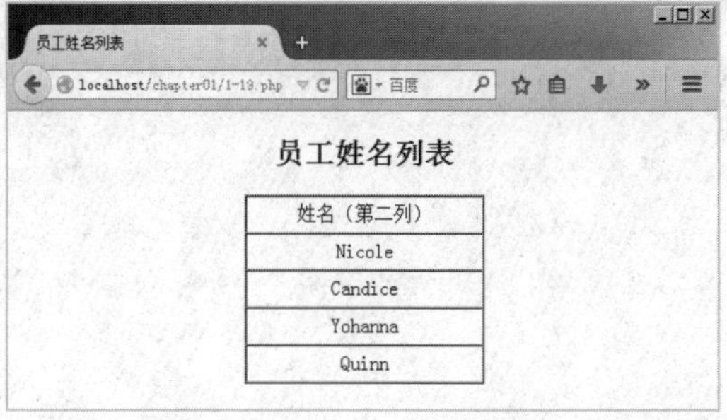

图 1-22　例 1-19 运行结果

在例 1-19 中，第 33 行代码通过判断 rowCount()方法获取的结果集中行数，依次循环输出每行对应的姓名列。需要注意的是，调用 fetchColumn()方法后，则没有办法返回同一行的另外一列。

3. fetchAll()

在项目中，如若想要获取结果集中所有的行，则可以使用 PHP 提供的 fetchAll()方法，其语法格式如下：

```
array PDOStatement::fetchAll ([ int $fetch_style [, mixed $fetch_argument
[, array $ctor_args = array() ]]] )
```

在上述声明中，$fetch_style 参数用于控制结果集中数据的返回方式，默认值为 PDO::FETCH_BOTH，参数$fetch_argument 根据$fetch_style 参数的值的变化而有不同的意义，具体如表 1-4 所示。参数$ctor_args 用于表示当$fetch_style 参数的值为 PDO::FETCH_CLASS 时，自定义类的构造函数的参数。

表 1-4　fetch_argument 参数的意义

fetch_style 参数取值	fetch_argument 参数的意义
PDO::FETCH_COLUMN	返回指定以 0 开始索引的列
PDO::FETCH_CLASS	返回指定类的实例，映射每行的列到类中对应的属性名
PDO::FETCH_FUNC	将每行的列作为参数传递给指定的函数，并返回调用函数后的结果

接下来通过一个案例来演示 fetchAll()函数的使用，如例 1-20 所示。

【例 1-20】

```
1 <?php
2 header("Content-Type:text/html;charset=utf-8");
3 try{
```

```
4    //实例化 PDO 创建数据库服务器连接
5    $pdo = new PDO("mysql:host=127.0.0.1;dbname=itcast;charset=utf8",
     "root","123456");
6    //执行 SQL 语句
7    $stmt = $pdo->prepare("select * from 'member' order by money desc");
8    $stmt->execute();
9    //处理结果集
10   $res = $stmt->fetchAll(PDO::FETCH_ASSOC);
11 }catch(PDOException $e){
12   //输出异常信息
13   echo $e->getMessage().'<br>';
14 }
15 ?>
16 <!DOCTYPE html PUBLIC "-//W3C//DTD XHTML 1.0 Transitional//EN"
17  "http://www.w3.org/TR/xhtml1/DTD/xhtml1-transitional.dtd">
18  <html xmlns="http://www.w3.org/1999/xhtml" xml:lang="en">
19 <head>
20  <meta http-equiv="Content-Type" content="text/html; charset=UTF-8" />
21  <title>员工工资排序表</title>
22  <style type="text/css">
23   table{ width:200px;cellspacing:2px; background-color:#333333;
     margin:auto; }
24   tr{height:30px;}
25   td{background-color:#FFFFFF; text-align:center;}
26   h2{text-align:center}
27  </style>
28 </head>
29 <body>
30  <h2>员工工资排序表</h2>
31  <table width="600" border="1" cellspacing="0" cellpadding="1">
32   <tr>
33      <td>ID 编号</td>
34      <td>姓名</td>
35      <td>工资</td>
36   </tr>
37    <?php for($i=0;$i<count($res);$i++){
38    ?>
39     <tr>
40      <td><?php echo $res[$i]['id'];?></td>
41      <td><?php echo $res[$i]['name'];?></td>
```

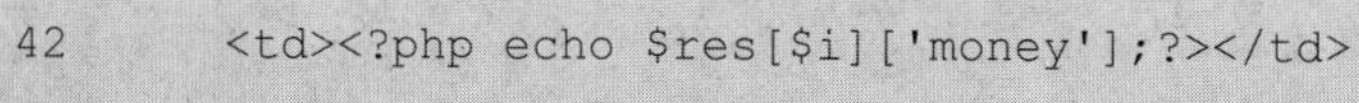

```
42      <td><?php echo $res[$i]['money'];?></td>
43     </tr>
44    <?php
45   }
46    ?>
47  </table>
48 </body>
49 </html>
```

运行结果如图 1-23 所示。

在例 1-20 中，使用 fetchAll()获取结果集中的所有行，并且通过 for 循环语句读取二维数组中的数据，完成员工工资降序排序的输出。其中，第 10 行代码表示返回的数据为关联数组。

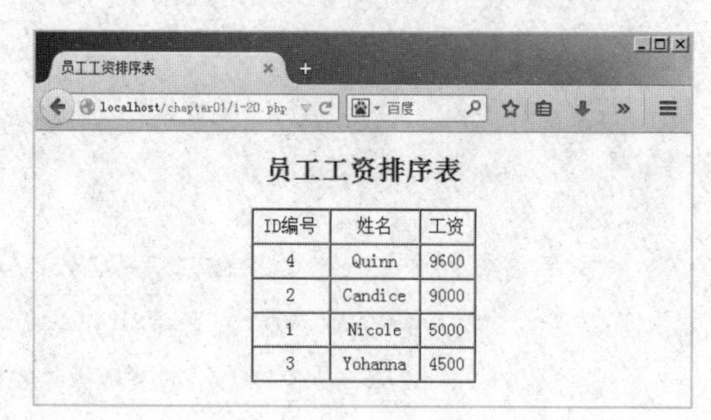

图 1-23　例 1-20 运行结果

需要注意的是，当数据量过大时，使用 fetchAll()方法获取的结果集可能会占用大量的网络资源；而小量的数据则效率高（例如有了 limit 之后），请读者慎重使用此方法。

1.4.5　PDO 错误处理机制

人们常说：“金无足赤，人无完人”，所以再健壮的程序，也难免会出现各种各样的错误，比如语法错误、逻辑错误等。在 PDO 的错误处理机制中，提供了 3 种不同的错误处理模式，以满足不同环境的程序开发。

1. PDO::ERRMODE_SILENT

此模式在错误发生时不进行任何操作，只简单地设置错误代码，程序员可以通过 PDO 提供的 errorCode()和 errorInfo()这两个方法对语句和数据库对象进行检查。如果错误是由于调用语句对象 PDOStatement 而产生的，那么可以使用这个对象调用这两个方法；如果错误是由于调用数据库对象而产生的，那么可以使用数据库对象调用上述两个方法。

2. PDO::ERRMODE_WARNING

当错误发生时，除了设置错误代码外，PDO 还将发出一条 E_WARNING 信息，所以在项目的调试或测试期间，如果想要查看发生了什么问题且不中断应用程序的流程，则可以使用 PDO::setAttribute()方法来设置，具体使用方式如下：

```
PDO::setAttribute(PDO::ATTR_ERRMODE,PDO::ERRMODE_WARNING);
```

为了让读者更好地理解以上两种错误处理模式的区别，接下来通过一个案例来演示这两种方式的用法，如例 1-21 所示。

【例 1-21】

```
1 <?php
2 header("Content-Type:text/html;charset=utf-8");
3 //实例化 PDO 创建数据库服务器连接
```

```
4 $pdo = new PDO("mysql:host=127.0.0.1;dbname=itcast;charset=utf8","root",
  "123456");
5 $pdo->setAttribute(PDO::ATTR_ERRMODE,PDO::ERRMODE_WARNING);
6 //执行 SQL 语句
7 $sql = "insert into itcast_pu_book(b_name,b_author)values(?,?)";
8 $b_name="Java";
9 $b_author="itcast";
10 $stmt = $pdo->prepare($sql);
11 $stmt->execute(array($b_name,$b_author));
12 //获取 SQLSTATE 值
13 $code = $stmt->errorCode();
14 if((int)$code){
15   echo '添加数据失败: '.'<br>';
16   echo 'error code:'.$sql.'<br>';
17   print_r($stmt->errorInfo());
18 }else{
19   echo '添加数据成功';
20 }
```

运行结果如图 1-24 所示。

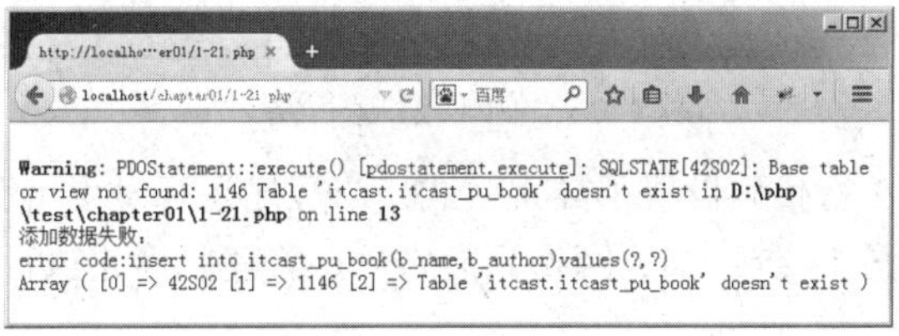

http://localho···er01/1-21.php
localhost/chapter01/1-21.php
Warning: PDOStatement::execute() [pdostatement.execute]: SQLSTATE[42S02]: Base table or view not found: 1146 Table 'itcast.itcast_pu_book' doesn't exist in D:\php\test\chapter01\1-21.php on line 13
添加数据失败：
error code:insert into itcast_pu_book(b_name,b_author)values(?,?)
Array ([0] => 42S02 [1] => 1146 [2] => Table 'itcast.itcast_pu_book' doesn't exist)

图 1-24　例 1-21 运行结果

在例 1-21 中，第 5 行代码用于表示当错误发生时，发出一个警告信息，但不影响程序继续执行。而第 13~20 行代码则采用的是 PDO 默认的错误模式 PDO::ERRMODE_SILENT，即当错误发生时只设置错误代码，若想要看到相关的错误信息，则需要通过 PDOStatement::errorInfo()方法进行输出。

3. PDO::ERRMODE_EXCEPTION

当错误发生时需要抛出相关异常，可以使用 PDO 提供的 PDO::ERRMODE_EXCEPTION 错误模式，它在项目调试当中较为实用，可以快速地找到代码中问题的潜在区域，与其他发出警告的错误模式相比，用户可以自定义异常，而且检查每个数据库调用的返回值时，异常模式需要的代码更少。具体使用方式如下：

```
PDO::setAttribute(PDO::ATTR_ERRMODE,PDO::ERRMODE_EXCEPTION);
```

为了让读者更好地理解抛出异常错误模式，接下来使用 PDO::ERRMODE_EXCEPTION 实现例 1-21 中的错误处理，如例 1-22 所示。

【例 1-22】

```
1 <?php
2 try{
```

```
3    //实例化 PDO 创建数据库服务器连接
4    $pdo = new PDO("mysql:host=127.0.0.1;dbname=itcast;charset=utf8","root",
     "123456");
5    $pdo->setAttribute(PDO::ATTR_ERRMODE,PDO::ERRMODE_EXCEPTION);
6    //执行 SQL 语句
7    $sql = "insert into itcast_pu_book(b_name,b_author)values(?,?)";
8    $b_name="Java";
9    $b_author="itcast";
10   $stmt = $pdo->prepare($sql);
11   $stmt->execute(array($b_name,$b_author));
12   echo "传智播客";
13 }catch(PDOException $e){
14   echo '执行出错: '.$e->getMessage();
15 }
```

运行结果如图 1-25 所示。

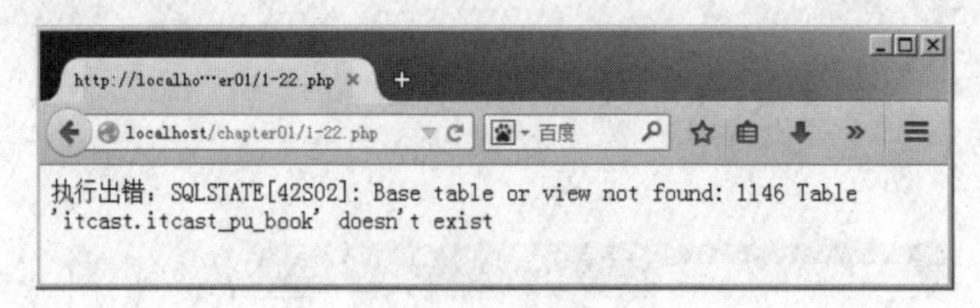

图 1-25　例 1-22 运行结果

在例 1-22 中，第 5 行代码设置了异常模式，当程序运行发生错误时，抛出异常并将相关的错误信息输出，从图 1-25 可知，当抛出异常后，程序将停止执行之后的代码。

本 章 小 结

本章首先介绍了 PHP 访问 MySQL 的基本步骤，然后讲解了 PHP 的相关数据库扩展，主要包括 mysql 扩展、mysqli 扩展以及 PDO 扩展的使用，最后讲解了 PDO 的错误处理机制。通过本章的学习，读者应该能够了解 PHP 操作 MySQL 的基本步骤及相关扩展，重点掌握 mysql 扩展和 PDO 扩展的使用。

思 考 题

在 Web 应用开发中，项目中的数据都是使用数据库进行存储的，但是使用命令行的方式查看和管理数据库很不方便。请用 PHP 实现一个在线管理 MySQL 数据库的功能，实现对数据库的创建、查看和删除等操作。

说明：思考题参考答案可从中国铁道出版社有限公司网站（http://www.tdpress.com/51eds/）下载。

MVC 设计模式

学习目标

- 了解 MVC 的概念，可以描述 MVC 思想和工作流程
- 掌握模型、控制器和视图的创建
- 掌握 MVC 框架的实现，理解自动加载与请求分发机制
- 掌握 MVC 在项目中的使用，能够运用 MVC 开发留言板项目

MVC 是目前广泛流行的一种软件开发模式。利用 MVC 设计模式可以将程序中的功能实现、数据处理和界面显示分离，从而在开发复杂的应用程序时，开发者可以专注于其中的某个方面，进而提高开发效率和项目质量。本章将针对 MVC 进行详细讲解。

2.1 什么是 MVC

MVC 是 Xerox PRAC（施乐帕克研究中心）在 20 世纪 80 年代为编程语言 Smalltalk－80 发明的一种软件设计模式，至今已被广泛使用。MVC 设计模式强制性地使应用程序中的输入、处理和输出分开，将软件系统分成了三个核心部件：模型（Model）、视图（View）、控制器（Controller），它们各自处理自己的任务，MVC 这个名称就是由 Model、View、Controller 这三个单词的首字母组成的。

在用 MVC 进行的 Web 程序开发中，模型是指处理数据的部分，视图是指显示在浏览器中的网页，控制器是指处理用户交互的程序。例如，提交表单时，由控制器负责读取用户提交的数据，然后向模型发送数据，再通过视图将处理结果显示给用户。接下来通过一个图例来演示 MVC 的工作流程，如图 2-1 所示。

从图 2-1 中可以看出，客户端向服务器端的控制器发送了 http 请求，控制器就会调用模型来取得数据，然后调用视图，将数据分配到网页模板中，再将最终结果的 HTML 网页返回给客户端。另外，这里演示的只是在 Web 开发中比较常见的形式，MVC 模式在其他方面的软件开发中也很常用。

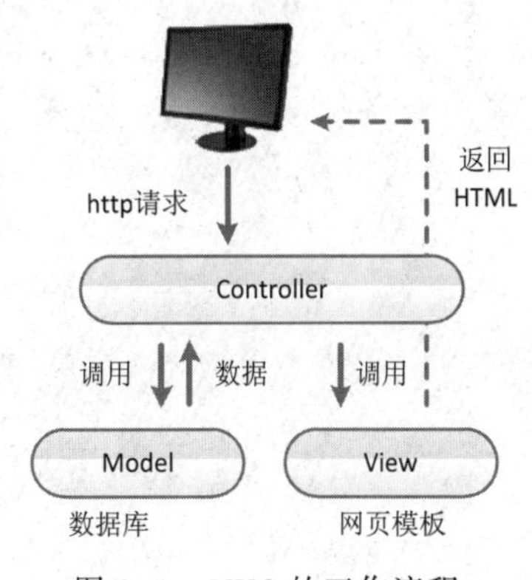

图 2-1　MVC 的工作流程

MVC 是优秀的设计思想，使开发团队能够更好的分工协作，显著提高工作效率。但是任何事物都有两面性，MVC 也存在一些缺点。对于小型项目，如果严格遵循 MVC，会增加结构的复杂性，增加工作量，降低运行的

效率，因此MVC不适用于小型项目。MVC提倡模型和视图分离，这样也会给调试程序带来一定困难，每个构件在使用之前都需要经过彻底的测试。尽管MVC有一些缺点，但其带来的好处远远超过了这些缺点，对于大型的Web应用程序，MVC开发模式可以发挥出巨大的优势。

2.2 MVC典型实现

前面介绍了MVC的基本概念。由于MVC是用在实际项目中的开发模式，为了更好地学习这种模式，本节将结合实际项目，从模型、控制器、框架三个方面来讲解MVC的典型实现。

2.2.1 模型

在面对复杂问题时，面向对象编程可以更好地描述现实中的业务逻辑，所以MVC的程序也是通过面向对象的方式实现的。本节就以面向对象的思想来讲解MVC中的模型。

1. 数据库操作类

模型是处理数据的，而数据是存储在数据库里的。在项目中，所有对数据库的直接操作，都应该封装到一个数据库操作类中。运用前面学过的面向对象、单例模式、PDO等相关知识，就可以封装一个PDO的数据库操作类。接下来，通过一个案例来演示如何封装数据库操作类，如例2-1所示。

【例2-1】

```
1 <?php
2 /**
3  * PDO-MySQL 数据库操作类
4  */
5 class MySQLPDO{
6    //数据库默认连接信息
7    private $dbConfig = array(
8       'db'   => 'mysql', //数据库类型
9       'host' => 'localhost', //服务器地址
10      'port' => '3306', //端口
11      'user' => 'root', //用户名
12      'pass' => '', //密码
13      'charset' => 'utf8', //字符集
14      'dbname' => '', //默认数据库
15   );
16   //单例模式 本类对象引用
17   private static $instance;
18   //PDO 实例
19   private $db;
20   /**
```

```
21     * 私有构造方法
22     * @param $params array 数据库连接信息
23     */
24    private function __construct($params){
25       //初始化属性
26       $this->dbConfig = array_merge($this->dbConfig,$params);
27       //连接服务器
28       $this->connect();
29    }
30    /**
31     * 获得单例对象
32     * @param $params array 数据库连接信息
33     * @return object 单例的对象
34     */
35    public static function getInstance($params = array()){
36       if(!self::$instance instanceof self){
37          self::$instance = new self($params);
38       }
39       return self::$instance; //返回对象
40    }
41    /**
42     * 私有克隆
43     */
44     private function __clone() {}
45    /**
46     * 连接目标服务器
47     */
48    private function connect(){
49       try{
50          //连接信息
51          $dsn = "{$this->dbConfig['db']}:host={$this->dbConfig['host']};
            port={$this->dbConfig['host']};dbname={$this->dbConfig['d
            bname']};charset={$this->dbConfig['charset']}";
52          //实例化 PDO
53          $this->db = new PDO($dsn,$this->dbConfig['user'],$this->
            dbConfig['pass']);
54          //设定字符集
55          $this->db->query("set names {$this->dbConfig['charset']}");
56       }catch (PDOException $e){
```

```
57          //错误提示
58          die("数据库操作失败: {$e->getMessage()}");
59       }
60    }
61    /**
62     * 执行 SQL
63     * @param $sql string 执行的 SQL 语句
64     * @return object PDOStatement
65     */
66    public function query($sql){
67       $rst = $this->db->query($sql);
68       if($rst===false){
69          $error = $this->db->errorInfo();
70          die("数据库操作失败: ERROR {$error[1]}({$error[0]}): {$error[2]}");
71       }
72       return $rst;
73    }
74    /**
75     * 取得一行结果
76     * @param $sql string 执行的 SQL 语句
77     * @return array 关联数组结果
78     */
79    public function fetchRow($sql){
80       return $this->query($sql)->fetch(PDO::FETCH_ASSOC);
81    }
82    /**
83     * 取得所有结果
84     * @param $sql string 执行的 SQL 语句
85     * @return array 关联数组结果
86     */
87    public function fetchAll($sql){
88       return $this->query($sql)->fetchAll(PDO::FETCH_ASSOC);
89    }
90 }
```

在例 2-1 中，使用单例模式定义了一个 MySQLPDO 类，类中有连接数据库、执行 SQL 语句和处理结果集三个主要功能。第 7 行代码中，成员变量$dbConfig 保存的是数据库默认连接信息。第 35 行代码中的 getInstance()方法用于实例化本类对象，参数是数据库的连接信息，如果省略了这个参数，就会自动使用默认的连接信息。第 66 行的 query()方法用于执行 SQL，返回结果集。第 79 行和第 87 行的方法用于执行 SQL 并处理结果集，返回关联数组结果。

将上述数据库操作类定义好之后，接下来通过一个案例分步骤演示如何使用这个类，如例 2-2 所示。

【例 2-2】

① 启动 MySQL 命令行工具，准备测试数据。具体的 SQL 语句如下所示。

```
1 create database mvc_study;
2 use mvc_study;
3 create table `student` (
4   `id` int unsigned NOT NULL AUTO_INCREMENT,
5   `name` varchar(32) NOT NULL,
6   `gender` enum('male','female') NOT NULL DEFAULT 'male',
7   `age` int unsigned NOT NULL,
8   PRIMARY KEY (`id`)
9 );
10  insert into `student` values
11    (NULL, 'Leon', 'male', '20'),
12    (NULL, 'Claire', 'female', '18');
```

上述 SQL 语句中，第 1~2 行创建并使用了 mvc_study 数据库，第 3~9 行创建了 student 表，表中有 id、name、gender、age 四个字段，第 10~12 行插入了两条测试数据。

② 将前面封装的数据库操作类保存为 MySQLPDO.class.php。然后在相同目录下创建一个 index.php，用于实例化并调用数据库操作类。具体代码如下：

```
1 <?php
2 header('Content-Type:text/html; charset=utf8');
3 //载入类文件
4 require('MySQLPDO.class.php');
5 //配置数据库连接信息（读者需要根据自身环境修改此处配置）
6 $dbConfig = array('user'=>'root','pass'=>'123456','dbname'=>'mvc_study');
7 //实例化 MySQLPDO 类
8 $db = MySQLPDO::getInstance($dbConfig);
9 //执行 SQL 查询，取得全部结果
10$data = $db->fetchAll('select * from `student`');
11//输出查询结果
12echo '<pre>';
13print_r($data);
14echo '</pre>';
```

运行结果如图 2-2 所示。

在上述程序中，第 4 行代码载入数据库操作类，第 8 行实例化这个类，第 10 行执行 SQL 语句并取得全部结果，第 13 行输出了结果。第 6 行的代码用于配置数据库连接信息，数组元素参照 MySQLPDO 类中的$dbConfig 属性，这里的配置会覆盖默认的数据库连接信息。

2. **模型类**

在实际项目中，通常是在一个数据库中建立多个表来管理数据。MVC中的模型，其实就是为项目中的每个表建立一个模型。如果用面向对象的思想，那么每个模型都是一个模型类，对表的所有操作，都要放到模型类中完成。

接下来通过一个图例来演示模型与数据表的关系，如图2-3所示。

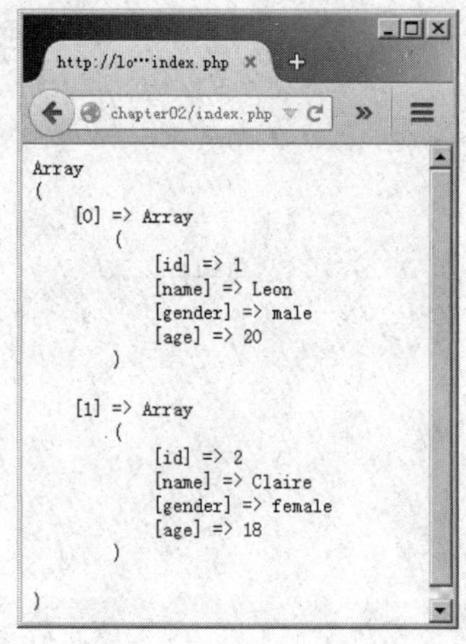

图2-2　例2-2运行结果

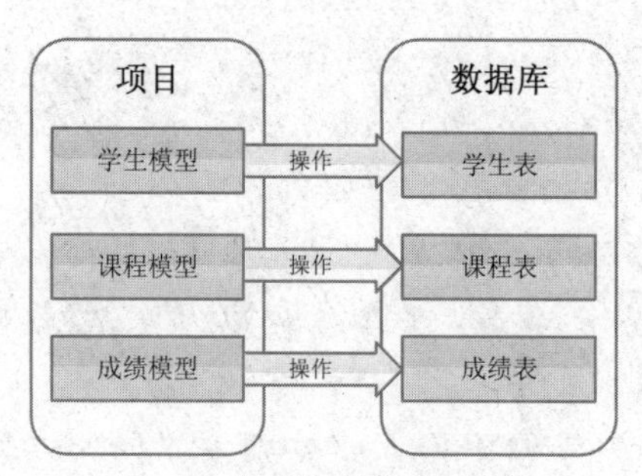

图2-3　模型与数据表的关系

从图2-3可以看出，项目中的学生、课程、成绩三张表都有相应的模型来操作，一个模型对应一个表。

前面学习了数据库操作类，实例化数据库操作类是所有模型类都要经历的一步，因此需要一个基础模型类来完成这个任务。接下来通过一个案例分步骤来实现模型类的创建和使用，如例2-3所示。

【例2-3】

① 创建基础模型类，将文件命名为model.class.php。代码如下：

```
1 <?php
2 /**
3  * 基础模型类
4  */
5 class model {
6    protected $db; //保存数据库对象
7    public function __construct(){
8       $this->initDB(); // 初始化数据库
9    }
10      private function initDB(){
11          //配置数据库连接信息
12          $dbConfig = array('user'=>'root','pass'=>'123456','dbname'=>
            'mvc_study');
13          //实例化数据库操作类
```

```
14          $this->db = MySQLPDO::getInstance($dbConfig);
15      }
16  }
```

② 创建 student 模型类，将文件命名为 studentModel.class.php。代码如下：

```
1 <?php
2 /**
3  * student 表的操作类，继承基础模型类
4  */
5 class studentModel extends model{
6    /* 查询所有学生 */
7    public function getAll(){
8       $data = $this->db->fetchAll('select * from `student`');
9       return $data;
10      }
11      /* 查询指定 id 的学生 */
12      public function getByID($id){
13         $data = $this->db->fetchRow("select * from `student` where id=
           {$id}");
14         return $data;
15      }
16  }
```

③ 测试模型类。编辑 index.php，代码如下：

```
1 <?php
2 header('Content-Type:text/html; charset=utf8');
3 //载入数据库操作类
4 require('MySQLPDO.class.php');
5 //载入模型类
6 require('model.class.php');
7 require('studentModel.class.php');
8 //实例化 student 模型
9 $stu = new studentModel();
10 //调用模型中的方法取得结果
11 echo '<pre>';
12 print_r($stu->getAll());
13 print_r($stu->getById(1));
14 echo '</pre>';
```

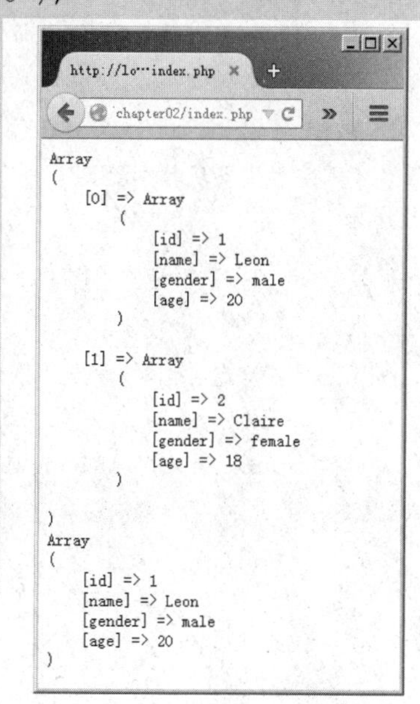

图 2-4　例 2-3 运行结果

在浏览器中访问 index.php，运行结果如图 2-4 所示。

在例 2-3 中，基础模型类负责实例化数据库操作类，student 模型类负责处理与 student 表相关的数据，最后在

index.php 中只需调用 student 模型中的方法即可获得数据。由此可见，将所有与数据相关的操作交给模型类之后，处理数据的代码就被分离出来，使代码更易于管理，开发团队能更好地分工协作。

2.2.2 控制器

控制器是 MVC 应用程序中的指挥官，它接收用户的请求，并决定需要调用哪些模型进行处理，再用相应的视图显示从模型返回的数据，最后通过浏览器呈现给用户。本节将针对控制器的典型实现进行详细讲解。

1. 模块

如果用面向对象的方式实现控制器，就需要先理解模块（Module）的概念。一个成熟的项目是由多个模块组成的，每个模块又是一系列相关功能的集合。接下来通过一个图例来演示项目中的模块，如图 2-5 所示。

在图 2-5 中，一个教务管理系统分成了学生、课程、班级、教师四个模块，在学生模块下有“查看学生”“添加学生”“删除学生”“编辑学生”四个功能。从图中可以看出，学生模块是学生相关功能的集合。

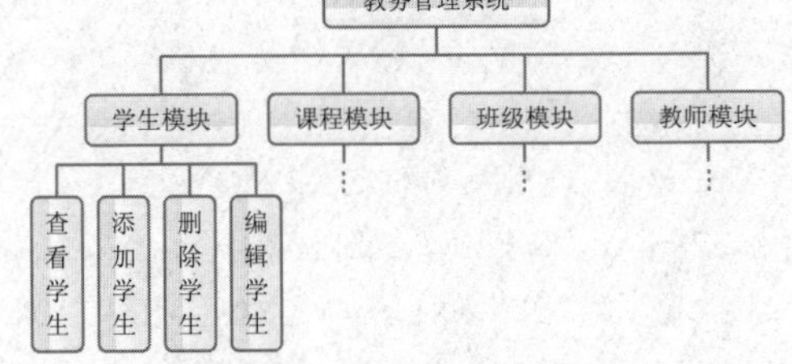

图 2-5　项目中的模块

2. 控制器类

正如模型是根据数据表创建的，控制器则是根据模块创建的，即每个模块对应一个控制器类，模块中的功能都在控制器类中完成。因此，控制器类中定义的方法，就是模块中的功能（Action）。

接下来通过一个案例分步骤来学习控制器类的创建和使用，如例 2-4 所示。

【例 2-4】

① 创建一个 student 控制器类，将文件命名为 studentController.class.php。代码如下：

```
1 <?php
2 /**
3  * 学生模块控制器类
4  */
5 class studentController{
6     /**
7      * 学生列表
8      */
9     public function listAction(){
10            //实例化模型，取出数据
11            $stu = new studentModel();
12            $data = $stu->getAll();
13            //载入视图文件
14            require 'student_list.html';
```

```
15      }
16      /**
17       * 查看指定学生信息
18       */
19      public function infoAction(){
20         //接收请求参数
21         $id = $_GET['id'];
22         //实例化模型，取出数据
23         $stu = new studentModel();
24         $data = $stu->getById($id);
25         //载入视图文件
26         require 'student_info.html';
27      }
28   }
```

② 为学生列表功能创建视图文件，文件名为 student_list.html，代码如下：

```
1 <!DOCTYPE html PUBLIC "-//W3C//DTD XHTML 1.0 Transitional//EN"
2  "http://www.w3.org/TR/xhtml1/DTD/xhtml1-transitional.dtd">
3 <html xmlns="http://www.w3.org/1999/xhtml">
4 <head>
5 <meta http-equiv="Content-Type" content="text/html; charset=UTF-8" />
6 <style type="text/css">
7 table{border-collapse:collapse;text-align:center;}
8 a{text-decoration:none;}
9 </style>
10 </head>
11 <body>
12 <h1>学生列表</h1>
13 <table width="300" border="1">
14   <tr><th>ID</th><th>姓名</td><th>操作</th></tr>
15   <?php foreach($data as $v): ?>
16   <tr>
17     <td><?php echo $v['id']; ?></td>
18     <td><?php echo $v['name']; ?></td>
19     <td><a href="index.php?id=<?php echo $v['id']; ?>">查看</a></td>
20   </tr>
21   <?php endForeach; ?>
22 </table>
23 </body>
24 </html>
```

③ 为查看学生信息功能创建视图文件，文件名为 student_info.html，代码如下：

```
1 <!DOCTYPE html PUBLIC "-//W3C//DTD XHTML 1.0 Transitional//EN"
2  "http://www.w3.org/TR/xhtml1/DTD/xhtml1-transitional.dtd">
3 <html xmlns="http://www.w3.org/1999/xhtml">
4 <head>
5 <meta http-equiv="Content-Type" content="text/html; charset=UTF-8" />
6 <style type="text/css">
7 table{border-collapse:collapse;text-align:center;}
8 a{text-decoration:none;}
9 </style>
10 </head>
11 <body>
12 <h1>查看学生信息</h1>
13 <table width="300" border="1">
14   <tr><th>ID</th><td><?php echo $data['id']; ?></td></tr>
15   <tr><th>姓名</th><td><?php echo $data['name']; ?></td></tr>
16   <tr><th>性别</th><td><?php echo $data['gender']; ?></td></tr>
17   <tr><th>年龄</th><td><?php echo $data['age']; ?></td></tr>
18 </table>
19 <a href="index.php">返回</a>
20 </body>
21 </html>
```

④ 测试 student 控制器类。编辑 index.php，代码如下：

```
1 <?php
2 header('Content-Type:text/html; charset=utf8');
3 //载入数据库操作类
4 require('MySQLPDO.class.php');
5 //载入模型文件
6 require 'model.class.php';
7 require 'studentModel.class.php';
8 //载入控制器类
9 require 'studentController.class.php';
10 $stu = new StudentController();
11 //根据有无 get 参数调用不同的 Action
12 if(empty($_GET)){
13   $stu->listAction();
14 }else{
15   $stu->infoAction();
16 }
```

在浏览器中访问 index.php，运行结果如图 2-6 所示。

单击“查看”链接，运行结果如图 2-7 所示。

图 2-6　例 2-4 运行结果

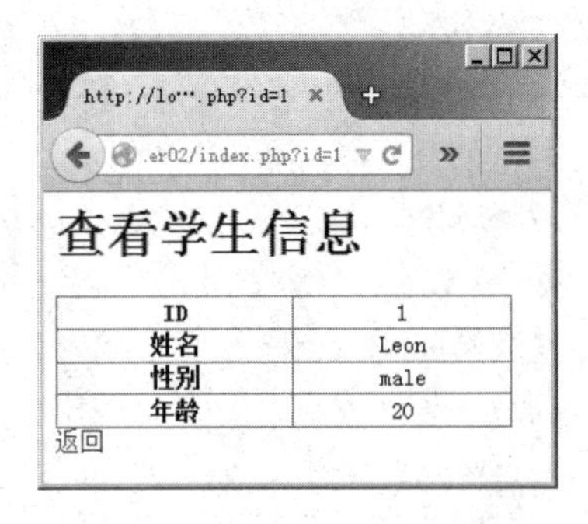

图 2-7　例 2-4 运行结果

在例 2-4 中，第一步创建了 student 控制器类，类中有两个方法：listAction()和 infoAction()，用于查看学生列表和学生信息。在 listAction()中，首先载入模型文件，然后实例化模型，调用 getAll()方法取得数据，最后载入 student_list.html 视图。第二步创建了 student_list.html 视图文件，使用 PHP 替代语法和 HTML 结合的形式，输出$data 数组中的数据。第三步也是创建视图文件。第四步创建了 index.php 入口文件，用于载入和实例化 student 控制器，根据有无 GET 参数调用不同的方法。至此，模型、视图和控制器三者的分离已经实现了。

3. 前端控制器

前端控制器是指的项目的入口文件 index.php。使用 MVC 开发的是一种单一入口的应用程序，传统的 Web 程序是多入口的，即通过访问不同的文件来完成用户请求。例如教务管理系统，管理学生时访问 student.php，管理教师时访问 teacher.php。单入口程序只有一个 index.php 提供用户访问。

前端控制器又称请求分发器（Dispather），通过 URL 参数判断用户请求了哪个功能，然后完成相关控制器的加载、实例化、方法调用等操作。接下来通过一个图例来演示请求分发的流程，如图 2-8 所示。

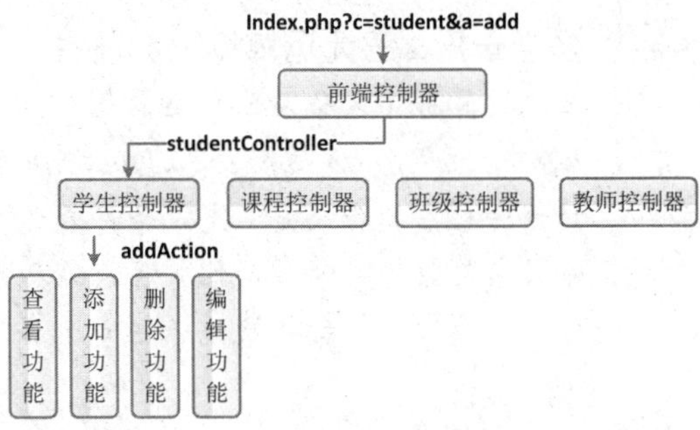

图 2-8　请求分发的流程

在图 2-8 中，前端控制器 index.php 接收到两个 GET 参数：c 和 a。c 代表 Controller，a 代表 Action，所以“c=student&a=add”表示 student 控制器里的 add 方法。

接下来通过一个案例分步骤来实现前端控制器的请求分发，如例 2-5 所示。

【例 2-5】

① 编辑入口文件 index.php，代码如下：

```
1 <?php
2 /**
3  * 前端控制器
4  */
5 header('Content-Type:text/html; charset=utf8');
```

```
6 //载入数据库操作类
7 require('MySQLPDO.class.php');
8 //载入模型文件
9 require 'model.class.php';
10 require 'studentModel.class.php';
11 //得到控制器名
12 $c = isset($_GET['c']) ? $_GET['c'] : 'student';
13 //载入控制器文件
14 require './'.$c.'Controller.class.php';
15 //实例化控制器（可变变量）
16 $controller_name = $c.'Controller';
17 $controller = new $controller_name;
18 //得到方法名
19 $action = isset($_GET['a']) ? $_GET['a'] : 'list';
20 //调用方法（可变方法）
21 $action_name = $action.'Action';
22 $controller->$action_name();
```

② 修改视图文件中的链接。将 student_list.html 的第 19 行修改为：

```
    <td><a href="index.php?c=student&a=info&id=<?php echo $v['id']; ?>">
查看</a></td>
```

③ 在浏览器中访问 index.php，运行结果与图 2-7 相同。

在例 2-5 的程序中，第 12 行获取 GET 参数中的控制器名，默认为 student；第 19 行获取 GET 参数中的方法名，默认为 list。所以访问 index.php 时，没有 GET 参数访问到的是默认的“学生列表”方法，而“学生信息”需要完整的 GET 参数才能访问。以上就是一个典型的前端控制器的实现。

多学一招：三元运算符

三元运算符（又称“三目运算符”）是一种特殊的运算符，其语法格式如下：

```
<条件表达式>?<表达式 1>:<表达式 2>
```

该语法格式的含义是：先求条件表达式的值，如果为真，则返回表达式 1 的执行结果；如果条件表达式的值为假，则返回表达式 2 的执行结果。

接下来通过一个案例来演示三元运算符的使用，如例 2-6 所示。

【例 2-6】

```
1 <?php
2 $a=1;
3 $b=2;
4 //使用三元运算符
5 $result = $a > $b ? $a : $b;
6 echo "三元运算符结果：{$result}<br>";
```

```
7 //使用 if 流程控制语句
8 if($a > $b){
9    $result = $a;
10   }else{
11       $result = $b;
12   }
13 echo "if语句执行结果：{$result}";
```

运行结果如图 2-9 所示。

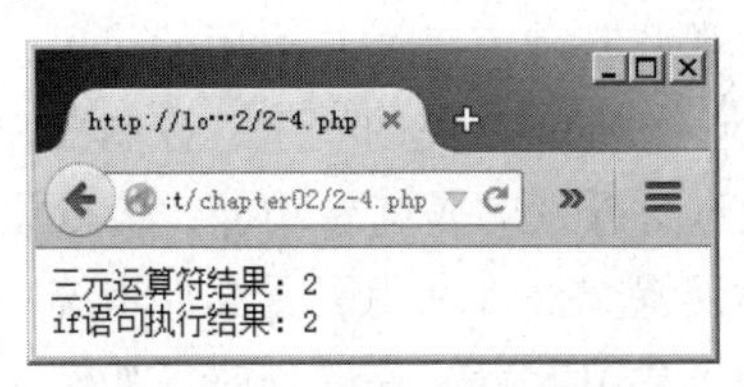

图 2-9　例 2-6 运行结果

从例 2-6 中可以看出，三元运算符的运行结果与 if 流程控制语句一致，但它只需要一行代码。在 PHP 程序中恰当地使用三元运算符能够使脚本更加简洁、高效。

2.2.3　框架

MVC 开发模式将整个项目分成了应用（Application）与框架（Framework）两部分，在应用中处理与当前站点相关的业务逻辑，在框架中封装所有项目公用的底层代码，形成了一个框架式的开发模式。本节将针对 MVC 框架进行详细讲解。

1. 项目布局

前面创建的模型、控制器、视图文件，都保存到了同一个目录中，在实际项目中显然不能这样做，我们需要一个合理的目录结构来管理这些文件。接下来演示一种常见的 MVC 目录划分方式，如图 2-10 所示。

在图 2-10 中，项目首先划分成 application 和 framework 两个目录，application 存放与当前站点的业务逻辑相关的文件，framework 存放与业务逻辑无关的底层库文件。application 下的 config 目录用于保存当前项目的配置文件，admin 和 home 目录代表了网站的平台，其中 admin 表示后台，为网站管理员提供管理功能，home 表示前台，为用户提供服务。前台和后台下都有 controller、model 和 view 三个目录，用于存放与之相关的代码文件。

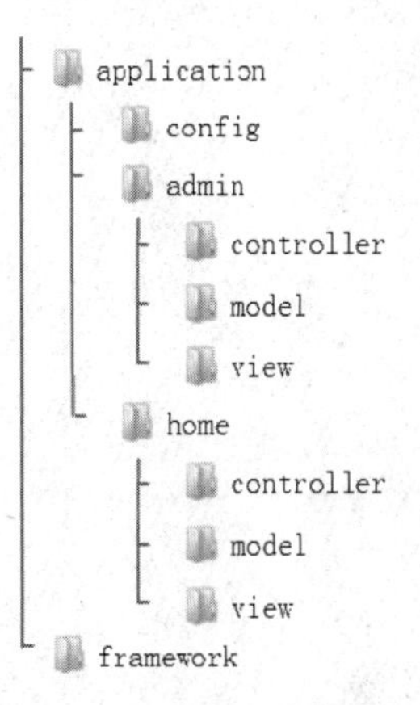

图 2-10　MVC 的目录划分

接下来，将前面创建的数据库操作类、基础模型类、student 模型类、student 控制器类、视图文件、入口文件，以图 2-10 所示的目录结构进行分配。分配后的结果如表 2-1 所示。

表 2-1 项 目 布 局

文 件 路 径	文 件 描 述
\index.php	入口文件
\framework\MySQLPDO.class.php	数据库操作类
\framework\model.class.php	基础模型类
\application\home\model\studentModel.class.php	student 模型类
\application\home\controller\studentController.class.php	student 控制器类
\application\home\view\student_list.html	student_list 视图文件
\application\home\view\student_info.html	student_info 视图文件

在表 2-1 中，数据库操作类和基础模型类是通用的代码，在任何项目中都可以用，因此应该放到 framework 目录中。与 student 相关的模型、控制器和视图都和当前项目有关，因此放到 application 目录中。假设这里开发的是前台功能，所以放在 home 平台下。

此外，还需要为项目创建配置文件，利用配置文件来统一管理项目中所有可修改的参数和设置。接下来通过一个案例来学习配置文件的创建，如例 2-7 所示。

【例 2-7】

在 application 下的 config 目录中创建配置文件 app.conf.php，代码如下：

```
1 <?php
2 return array(
3    //数据库配置
4    'db' => array(
5       //读者需要根据自身环境修改此处配置
6       'user' => 'root',
7       'pass' => '123456',
8       'dbname' => 'mvc_study',
9    ),
10      //整体项目
11      'app' => array(
12         'default_platform' => 'home',//默认平台
13      ),
11      //前台配置
15      'home' => array(
16         'default_controller' => 'student',//默认控制器
17         'default_action' => 'list',//默认方法
18      ),
19      //后台配置
20      'admin' => array(
21         'default_controller' => '',//默认控制器
22         'default_action' => '',//默认方法
```

```
23      )
24   );
```

在例 2-7 中，使用多维数组的方式，分组保存了数据库配置、整体项目配置、前后台配置。将默认的平台、控制器、方法指定为 home 平台下 student 控制器中的 list 方法。

在调整好项目布局之后，还需要解决类文件的加载问题。在项目中大量使用 require 语句显然是不可取的，下面将会讲解如何用自动加载机制解决这个问题。

2. **框架基础类**

在程序的初始化阶段，需要完成读取配置、载入类库、请求分发等操作，这些都是项目中的底层代码，我们可以封装一个框架基础类来完成这些任务。

接下来通过一个图例来演示框架基础类的工作流程，如图 2-11 所示。

在图 2-11 中，框架基础类封装了读取配置、自动加载和请求分发的工作，而入口文件只需要调用框架基础类即可完成作为前端控制器的所有任务。

接下来通过一个案例分步骤来学习框架基础类的封装与使用，如例 2-8 所示。

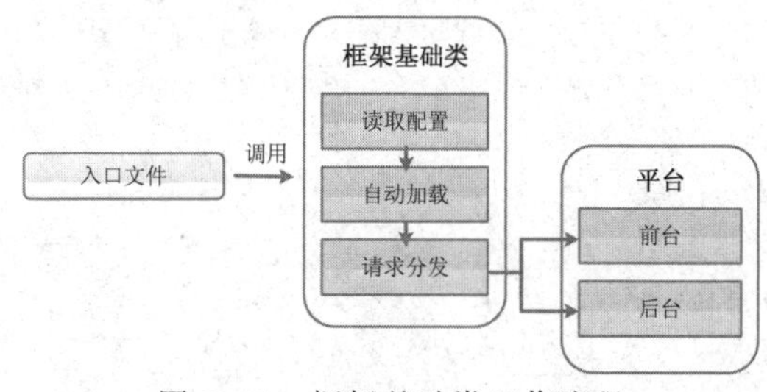

图 2-11　框架基础类工作流程

【例 2-8】

① 在 framework 目录下新建一个框架基础类 framework.class.php。代码如下：

```
1 <?php
2 /**
3  * 框架基础类
4  */
5 class framework{
6    public function runApp(){
7       $this->loadConfig();         //加载配置
8       $this->registerAutoLoad();  //注册自动加载方法
9       $this->getRequestParams();  //获得请求参数
10         $this->dispatch();          //请求分发
11      }
12      /**
13       * 注册自动加载方法
14       */
15      private function registerAutoLoad(){
16         spl_autoload_register(array($this,'user_autoload'));
17      }
18   /**
19    * 自动加载方法
20    * $param $class_name string 类名
```

```
21   */
22  public function user_autoload($class_name){
23     //定义基础类列表
24     $base_classes = array(
25        //类名 => 所在位置
26        'model' => './framework/model.class.php',
27        'MySQLPDO' => './framework/MySQLPDO.class.php',
28     );
29     //依次判断 基础类、模型类、控制器类
30     if (isset($base_classes[$class_name])){
31        require $base_classes[$class_name];
32     }elseif (substr($class_name,-5) == 'Model'){
33        require './application/'.PLATFORM."/model/{$class_name}.class.
          php";
34     }elseif (substr($class_name, -10) == 'Controller'){
35        require './application/'.PLATFORM."/controller/{$class_name}.class.
          php";
36     }
37  }
38     /**
39      * 载入配置文件
40      */
41     private function loadConfig(){
42        //使用全局变量保存配置
43        $GLOBALS['config'] = require './application/config/app.conf.php';
44     }
45     /**
46      * 获取请求参数，p=平台 c=控制器 a=方法
47      */
48     private function getRequestParams(){
49        //当前平台
50        define('PLATFORM', isset($_GET['p']) ? $_GET['p'] : $GLOBALS
          ['config']['app']['default_platform']);
51        //得到当前控制器名
52        define('CONTROLLER', isset($_GET['c']) ? $_GET['c'] : $GLOBALS
          ['config'][PLATFORM]['default_controller']);
53        //当前方法名
54        define('ACTION', isset($_GET['a']) ? $_GET['a'] : $GLOBALS
          ['config'][PLATFORM]['default_action']);
```

```
55      }
56      /**
57       * 请求分发
58       */
59      private function dispatch(){
60          //实例化控制器
61          $controller_name = CONTROLLER.'Controller';
62          $controller = new $controller_name;
63          //调用当前方法
64          $action_name = ACTION . 'Action';
65          $controller->$action_name();
66      }
67  }
```

上述代码封装了读取配置、自动加载、请求分发三大功能，并提供了一个 runApp()方法，只需一次调用即可完成所有的操作。在读取配置时，将配置文件中的数组保存到了全局变量$GLOBALS['config']中。自动加载使用了 spl_autoload_register()函数，参数 array($this,'user_autoload')代表本类对象中的 user_autoload()方法。请求分发实现了从 GET 参数中获取平台、控制器、方法三个请求参数，并支持配置文件中的默认参数，例如访问 home 平台下的 student 控制器中的 list 方法，可以直接访问 index.php，也可以用完整的 URL 地址 "index.php?p=home&c=student&a=list" 进行访问。

② 修改基础模型类 model.class.php 中的 initDB()方法，修改结果如下：

```
private function initDB() {
    //实例化数据库操作类
    $this->db = MySQLPDO::getInstance($GLOBALS['config']['db']);
}
```

通过以上修改，使模型类在实例化数据库操作类时，直接使用全局的数据库配置信息。

③ 修改控制器 studentController.class.php 中载入视图的代码，具体如下：

listAction()方法中的载入视图代码修改为：

```
require './application/home/view/student_list.html';
```

infoAction()方法中的载入视图代码修改为：

```
require './application/home/view/student_info.html';
```

④ 修改入口文件 index.php，具体代码如下：

```
1 <?php
2 require './framework/framework.class.php';
3 $app = new framework;
4 $app->runApp();
```

⑤ 在浏览器中访问 index.php，运行结果与图 2-7 相同。

在例 2-8 中，框架基础类封装了读取配置、自动加载、请求分发三大功能，入口文件只需要实例化框架基础类，调用其中的 runApp()方法即可完成前端控制器的所有任务。

2.3 阶段案例——留言板

留言板在网络中随处可见，是网站中重要的交流平台。利用留言板，站长可以随时倾听访客们的评论和意见，并给予答复。本节将以留言板为例，结合 MVC 开发模式，讲解留言板系统的完整开发过程。

2.3.1 案例分析

当用户访问留言板时，首先看到的是历史留言的列表，并且可以发表新的留言。当用户发表留言时，需要填写自己的名称和联系方式。管理员可以从后台登录留言管理系统，对留言进行回复、修改和删除等操作。接下来讲解留言板的模块划分、数据库设计、文件目录结构和配置文件。

1. **模块划分**

根据留言板项目的基本需求，整个系统的功能模块划分如图 2-12 所示。

从图 2-12 中可以看出，留言板系统分为前台和后台，前台留言模块有留言列表、发表留言两个功能，后台留言模块有留言列表、回复留言、编辑留言、删除留言四个功能,后台管理员模块有登录和退出两个功能。

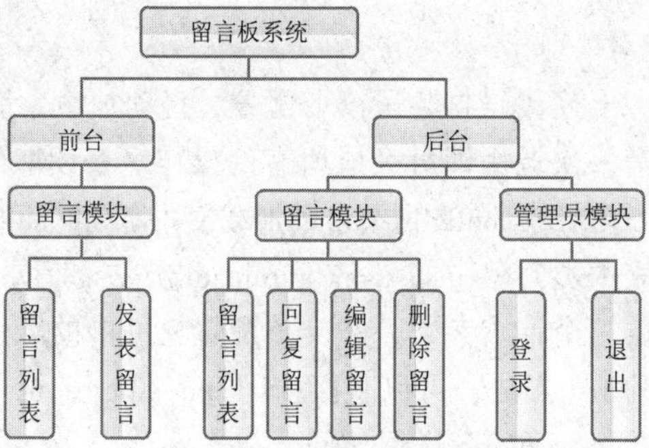

图 2-12　功能模块划分

2. **数据库设计**

接下来在数据库中建表，本系统需要创建“留言表”和“管理员表”。其中，留言表用于记录所有的留言和发表人的信息，管理员表用于后台系统登录。具体表结构如表 2-2 和表 2-3 所示。

表 2-2　留言表的结构

字 段 名	数 据 类 型	描　　述
id	int unsigned	主键 ID，自动增长
date	datetime	发表日期
poster	varchar(20)	留言者名称
mail	varchar(60)	留言者邮箱
comment	text	留言内容
reply	text	留言的回复
ip	char(15)	留言者 IP 地址

表 2-3　管理员表的结构

字 段 名	数 据 类 型	描　　述
id	int unsigned	主键 ID，自动增长
username	varchar(20)	用户名
password	varchar(32)	密码
salt	char(4)	密码加密 salt

根据以上数据表结构，建表的SQL语句如以下代码所示。

```
1    USE 'mvc_study';
2    CREATE TABLE 'comment' (
3      'id' int unsigned NOT NULL PRIMARY KEY AUTO_INCREMENT,
4      'date' datetime NOT NULL,
5      'poster' varchar(20) NOT NULL,
6      'comment' text NOT NULL,
7      'reply' text NOT NULL,
8      'mail' varchar(60) NOT NULL,
9      'ip' varchar(15) NOT NULL
10   ) DEFAULT CHARSET=utf8;
11   CREATE TABLE 'admin' (
12       'id' int unsigned NOT NULL PRIMARY KEY AUTO_INCREMENT,
13       'username' varchar(20) NOT NULL,
14       'password' varchar(32) NOT NULL,
15       'salt' char(4) NOT NULL
16   ) DEFAULT CHARSET=utf8;
```

上述SQL语句在mvc_study数据库中建立了comment和admin两张表，分别是留言表和管理员表。具体字段和表中的结构一致。

3. 文件目录结构

为了对MVC留言板的项目文件有一个清晰的认识，接下来通过表2-4展示本项目的文件目录结构。

表2-4　文件目录结构

文件路径	文件描述
\index.php	入口文件
\framework\framework.class.php	框架基础类
\framework\MySQLPDO.class.php	数据库操作类
\framework\model.class.php	基础模型类
\application\config\app.conf.php	项目配置文件
\application\home\model\commentModel.class.php	前台comment模型
\application\home\controller\commentController.class.php	前台comment控制器
\application\home\controller\platformController.class.php	前台平台控制器
\application\home\view\comment_list.html	前台comment_list视图文件
\application\admin\model\adminModel.class.php	后台admin模型
\application\admin\model\commentModel.class.php	后台comment模型
\application\admin\controller\commentController.class.php	后台comment控制器
\application\admin\controller\platformController.class.php	后台平台控制器
\application\admin\controller\adminController.class.php	后台admin控制器

续表

文 件 路 径	文 件 描 述
\application\admin\view\admin_login.html	后台 admin_login 视图文件
\application\admin\view\comment_list.html	后台 comment_list 视图文件
\application\admin\view\comment_reply.html	后台 comment_reply 视图文件
\public\	公共文件目录

在表 2-4 中，入口文件 index.php 和整个 framework 目录可以直接使用 2.2 小节创建的 MVC 框架，本项目的开发主要在 application 目录中完成。public 是公共文件目录，用于存放图片、css 文件、js 文件、用户上传的文件等。MVC 项目是单入口程序，可以将 application 和 framework 目录的权限配置为禁止访问，仅开放项目根目录和 public 目录的访问，以提高安全性。

4. **配置文件**

在项目的 application 下的 config 目录中创建配置文件 app.conf.php，代码如下：

```
1 <?php
2 return array(
3    //数据库配置
4    'db' => array(
5       //读者需要根据自身环境修改此处配置
6       'user' => 'root',
7       'pass' => '123456',
8       'dbname' => 'mvc_study',
9    ),
10   //整体项目
11   'app' => array(
12      'default_platform' => 'home',//默认平台
13   ),
14   //前台配置
15   'home' => array(
16      'default_controller' => 'comment',//默认控制器
17      'default_action' => 'list',//默认方法
18      'pagesize' => 5,//每页评论数
19   ),
20   //后台配置
21   'admin' => array(
22      'default_controller' => 'comment',//默认控制器
23      'default_action' => 'list',//默认方法
24      'pagesize' => 10,//每页评论数
25   )
26 );
```

上述代码配置了数据库的连接信息、项目默认的平台、控制器和方法，以及每页显示的评论数。

2.3.2 前台模块实现

前台模块包括留言列表和发表留言两个功能，留言列表需要分页显示，同时支持正序和倒序两种排序方式。接下来分步骤详细讲解前台模块具体功能的开发。

1. 页面展示

前台页面是留言的列表页，同时具有发表留言的表单。为了使读者更直观地看到完成效果，接下来通过例 2-9 对前台的静态页面进行展示。

【例 2-9】

① 制作留言板前台页面的视图文件。

创建文件\application\home\view\comment_list.html，具体代码如下：

```
1 <!DOCTYPE html PUBLIC "-//W3C//DTD XHTML 1.0 Transitional//EN"
2  "http://www.w3.org/TR/xhtml1/DTD/xhtml1-transitional.dtd">
3 <html xmlns="http://www.w3.org/1999/xhtml">
4 <head>
5 <meta http-equiv="Content-Type" content="text/html; charset=UTF-8" />
6 <title>留言板</title>
7 <link rel="stylesheet" href="./public/css/home.css" />
8 </head>
9 <body>
10 div id="box">
11 <h1>留言板</h1>
12 <div class="postbox">
13   <ul class="userbox">
14   <li>名称: </li><li class="user_name" ><input type="text" /></li>
15      <li>邮箱: </li><li class="user_email" ><input type="text"
        /></li>
16      <li class="user_post"><input type="submit" class="post_button"
              value="发布" /></li>
17   </ul>
18 <textarea>在此处输入留言</textarea>
19 </div>
20 <div class="comment_info">
21   留言数: 2
22   <span class="sort">
23      排序方式: <a href="#" class="curr">正序</a> <a href="#">倒序</a>
24   </span>
```

```
25 </div>
26 <ul class="comments">
27   <li>
28       <p>用户名: 测试者 01</p>
29       <p>这里是留言正文，欢迎来到传智播客。</p>
30       <p>发表日期: 2000-00-00 00:00</p>
31       <ul class="comment_reply">
32          <li>
33              <p>管理员回复: </p>
34              <p>这里是留言正文</p>
35          </li>
36       </ul>
37   </li>
38   <li>
39       <p>用户名: 测试者 02</p>
40       <p>这里是留言正文，欢迎来到传智播客。</p>
41       <p>发表日期: 2000-00-00 00:00</p>
42   </li>
43 </ul>
44 <div class="comments_footer">
45   <a href="#" class="curr">1</a>
46   <a href="#">2</a>
47   <a href="#">3</a>
48 </div>
49 /div>
50 /body>
51 </html>
```

② 将 css 样式文件保存到公共文件目录 public 中的 css 目录中。

创建文件\public\css\home.css，具体代码如下：

```
1 body,h1,textarea,input,ul,p{margin:0;padding:0;}
2 ul{list-style:none;}
3 body{background:#eaedee;text-align:center;font-size:13px;}
4 h1{margin:20px;}
5 #box{color:#666;width:70%;background:#fff;margin:20px auto;padding:
  10px 5% 40px;}
6 #box textarea{border:1px solid #ccc;width:96%;padding:2%;height:54px;
  outline: none;font-size:14px;color:#777;border-top:0;}
7 #box .userbox{width:98%;border:1px solid #ccc;height:32px;line-height:
  31px;text-align:left;padding-left:2%;float:left;background:#fbfbfb;}
```

```
8 #box .userbox li{float:left;}
9 #box .userbox input{border:0;border-bottom:1px solid #ddd;color:#777;
  padding-left:1%;height:22px;outline: none;width:100%;background:#fbfbfb;}
10 #box .userbox .user_name{width:20%;margin-right:20px;}
11 #box .userbox .user_email{width:25%;}
12 #box .userbox .user_post{width:58px;height:100%;float:right;line-
   height:0;}
13 #box .userbox .post_button{width:100%;height:100%;text-align:center;
   padding:0;background:#909faf;border:0;color:#fff;font-size:12px;cu
   rsor:pointer;}
14 #box .comment_info{height:35px;line-height:35px;text-align:left;
   border-bottom: 1px dotted #ddd;}
15 #box .comment_info .sort{float:right;}
16 #box .comment_info a{text-decoration:none;color:#666;}
17 #box .comment_info a:hover{color:#315F99;}
18 #box .comment_info .curr{color:#315F99;}
19 #box .comments{text-align:left;}
20 #box .comments li{border-bottom: 1px dotted #ddd;}
21 #box .comments p{margin: 20px auto;}
22 #box .comments_footer{height:35px;line-height:35px;}
23 #box .comments_footer a{border:1px solid #fff;text-decoration:none;
   color:#999;padding:2px 4px;margin:0 2px;line-height:20px;}
24 #box .comments_footer a:hover{background:#f0f0f0;border:1px solid
   #999;}
25 #box .comments_footer .curr{background:#f0f0f0;border:1px solid #999;}
26 #box .comment_reply{margin-left:50px;}
27 #box .comment_reply li{border:0;border-top: 1px dotted #ddd;}
```

③ 创建前台默认的 comment 控制器和 listAction()方法。

创建文件\application\home\controller\commentController.class.php，具体代码如下：

```
1 <?php
2 /**
3  * 留言模块控制器类
4  */
5 class commentController{
6     /**
7      * 留言列表
8      */
9     public function listAction(){
10        //载入视图文件
```

```
11        require './application/home/view/comment_list.html';
12    }
13 }
```

在浏览器中访问，运行效果如图 2-13 所示。

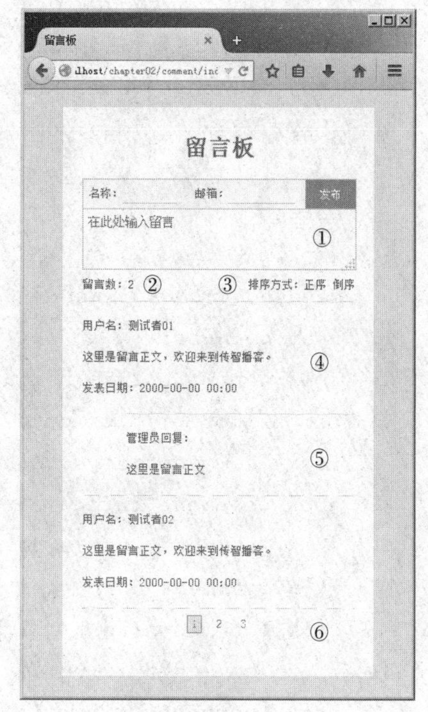

图 2-13　留言板前台页面

从图 2-13 中可以看出，留言板的前台页面已经展示成功。其中第一部分是发表留言的表单，第二部分是留言总数,第三部分是留言列表排列选项，第四部分是留言列表，第五部分是管理员回复，第六部分是分页导航。

2. 发表留言

发表留言是留言板系统的基本功能，用户通过表单填写留言，然后提交给相关的控制器和模型处理即可。接下来通过例 2-10 分步骤讲解发表留言功能的开发。

【例 2-10】

① 在视图文件 comment_list.html 发表留言的位置添加 form 标签，并为表单域添加 name 属性。

打开文件\application\home\view\comment_list.html，将发表留言处的代码修改为：

```
1 <form method="post" action="index.php?p=home&c=comment&a=add">
2    <ul class="userbox">
3       <li>名称: </li><li class="user_name" ><input type="text" name=
        "poster" /></li>
4       <li>邮箱: </li><li class="user_email" ><input type="text" name=
        "mail" /></li>
5       <li class="user_post"><input type="submit" class="post_button"
        value="发布" /></li>
6    </ul>
7    <textarea name="comment" required="required" >在此处输入留言</textarea>
8 </form>
```

在上述代码中，表单的提交位置指定为前台 comment 控制器中的 add 方法。表单中的名称、邮箱、留言内容分别以 poster、mail、comment 命名。通过 required 属性指定 comment 为必填项。

② 在 comment 控制器中的 addAction()方法中处理表单。

打开文件\application\home\controller\commentController.class.php，添加以下代码：

```
1    /**
2     * 发表留言
3     */
4    public function addAction(){
```

```
5          //判断是否是 POST 方式提交
6          if(empty($_POST)){
7             return false;
8          }
9          //实例化 comment 模型
10         $commentModel = new commentModel();
11         //调用 insert 方法
12         $pass = $commentModel->insert();
13         //判断是否执行成功
14         if($pass){
15            //成功时
16            echo '发表留言成功';
17         }else{
18            //失败时
19            echo '发表留言失败';
20         }
21     }
```

在上述代码中，首先判断是否收到 POST 方式提交的表单，如果收到则继续执行程序，如果没有收到则返回 false。然后实例化 comment 模型，调用模型中的 insert()方法并传入 POST 数据。最后判断 insert()方法是否执行成功，输出成功或者失败的结果。

③ 创建 comment 模型类并实现 insert()方法。

创建文件\application\home\model\commentModel.class.php，具体代码如下：

```
1 <?php
2 /**
3  * comment 模型类
4  */
5 class commentModel extends model{
6    /**
7     * 添加留言
8     */
9    public function insert(){
10       //接收输入数据
11       $data['poster'] = $_POST['poster'];
12       $data['mail'] = $_POST['mail'];
13       $data['comment'] = $_POST['comment'];
14       //为其他字段赋值
15       $data['reply'] = '';
16       $data['date'] = date('Y-m-d H:i:s');
17       $data['ip'] = $_SERVER["REMOTE_ADDR"];
```

```
18      //拼接 SQL 语句
19      $sql = "insert into `comment` set ";
20      foreach($data as $k=>$v){
21         $sql .= "`$k`='$v',";
22      }
23   $sql = rtrim($sql,','); //去掉最右边的逗号
24      //执行 SQL 并返回
25      return $this->db->query($sql);
26   }
27 }
```

在上述代码中，insert()方法用于将新留言的相关数据插入到数据库的 comment 表中。第 11~17 行使用$data 数组准备了要插入的数据，第 19~23 行拼接 SQL 语句，第 25 行执行 SQL 语句，完成了添加留言的数据库操作。需要注意的是，第 11~13 行的$data 数组在接收外部数据时没有进行过滤，会带来安全问题，后面小节会详细讲解如何对数据进行安全处理。

④ 测试留言发表功能。

在表单中输入测试数据，如图 2-14 所示。

图 2-14　输入测试数据

单击“发布”按钮提交表单，程序处理成功后会显示“留言发表成功”，如图 2-15 所示。

启动 MySQL 命令行工具，查询留言数据是否已经存入数据库，如图 2-16 所示。

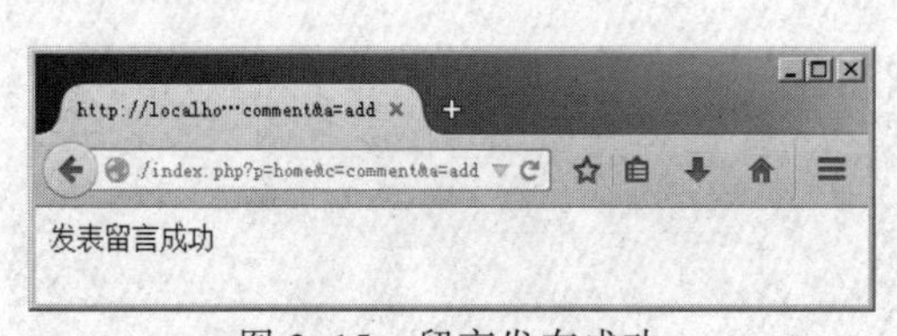

图 2-15　留言发布成功

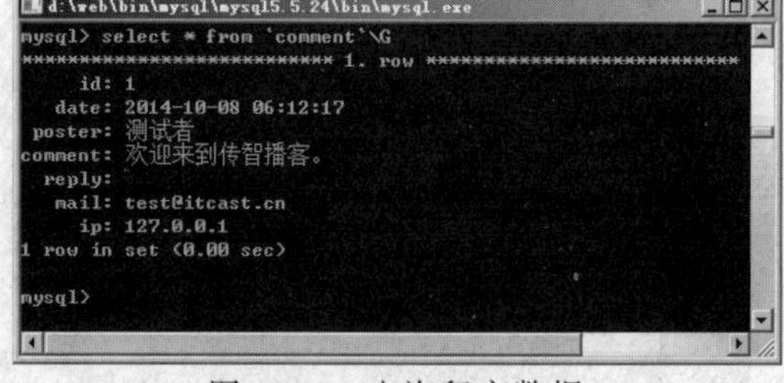

图 2-16　查询留言数据

从图 2-16 中可以看出，留言数据已经成功保存到数据库中。

3. 留言列表

留言列表是留言板系统的默认首页，除了显示网站中所有的留言，还可以显示留言总数和排序链接。接下来通过例 2-11 分步骤讲解留言列表功能的开发。

【例 2-11】

① 修改 comment 控制器中的 listAction()方法，调用模型获取需要的数据。

打开文件\application\home\controller\commentController.class.php，修改代码如下：

```
1     /**
```

```
2      * 留言列表
3      */
4     public function listAction(){
5        //实例化 comment 模型
6        $commentModel = new commentModel();
7        //取得所有留言数据
8        $data = $commentModel->getAll();
9        //取得留言总数
10       $num = $commentModel->getNumber();
11       //载入视图文件
12       require './application/home/view/comment_list.html';
13    }
```

在上述代码中，通过调用模型取得了需要的数据。其中，留言数据保存到了$data 中，留言总数保存到了$num 数组中。

② 在 comment 模型中添加 getAll()方法和 getNumber()方法。

打开文件\application\home\model\commentModel.class.php，添加代码如下：

```
1     /**
2      * 留言列表
3      */
4     public function getAll(){
5        //获得排序参数
6        $order = '';
7        if(isset($_GET['sort']) && $_GET['sort']=='desc'){
8           $order = 'order by id desc';
9        }
10       //拼接 SQL
11       $sql = "select `poster`,`comment`,`date`,`reply` from `comment`
         $order";
12       //查询结果
13       $data = $this->db->fetchAll($sql);
14       return $data;
15    }
16    /**
17     * 留言总数
18     */
19    public function getNumber(){
20       $data = $this->db->fetchRow("select count(*) from `comment`");
21       return $data['count(*)'];
22    }
```

在上述代码中，getAll()方法用于查询留言列表，当收到用 GET 方式传递的 sort 排序参数时，就在查询的 SQL 语句中增加“order by”进行排序。getNumber()方法用于查询留言总数。

③ 修改视图文件 comment_list.html，在 HTML 中嵌入 PHP 代码输出数据。

打开文件\application\home\view\comment_list.html，修改留言列表部分。修改代码如下：

```
1    <div class="comment_info">
2       留言数: <?php echo $num; ?>
3       <span class="sort">
4          排序方式: <a href="index.php" <?php if(!isset($_GET['sort']))
           echo 'class="curr"';?>>正序</a> <a href="index.php?sort=desc"
           <?php if(isset($_GET['sort']) && $_GET['sort']=='desc') echo
           'class="curr"';?>>倒序</a>
5       </span>
6    </div>
7    <ul class="comments">
8       <?php foreach($data as $v): ?>
9       <li>
10         <p>用户名: <?php echo $v['poster']; ?></p>
11         <p><?php echo $v['comment']; ?></p>
12         <p>发表日期: <?php echo $v['date']; ?></p>
13         <?php if($v['reply']!==''): ?>
14         <ul class="comment_reply">
15            <li>
16               <p>管理员回复: </p>
17               <p><?php echo $v['reply']; ?></p>
18            </li>
19         </ul>
20         <?php endIf; ?>
21      </li>
22      <?php endForeach; ?>
23   </ul>
```

在上述代码中，第 2 行输出留言总数。第 4 行是排序链接，默认为正序排列，当使用倒序排列时传递“sort=desc”参数，根据$_GET['sort'] 参数为符合当前排序的链接添加选中样式。第 8~22 行是留言列表，通过循环输出所有的留言。第 13 行判断该条评论是否有管理员的回复，如果有则显示回复。

④ 测试留言列表功能。

通过多次发表留言，查看留言列表的输出结果，如图 2-17 所示。

单击“倒序”链接，查看倒序的输出结果，如图 2-18 所示。

从图 2-17 和图 2-18 中可以看出，留言列表功能和列表排序功能已经实现。

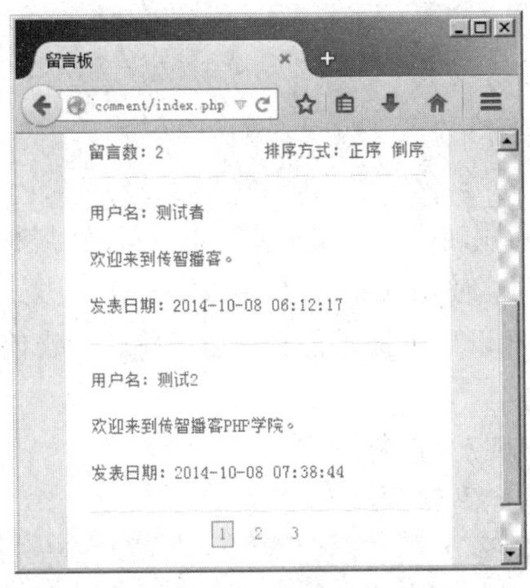

图 2-17　留言列表输出结果

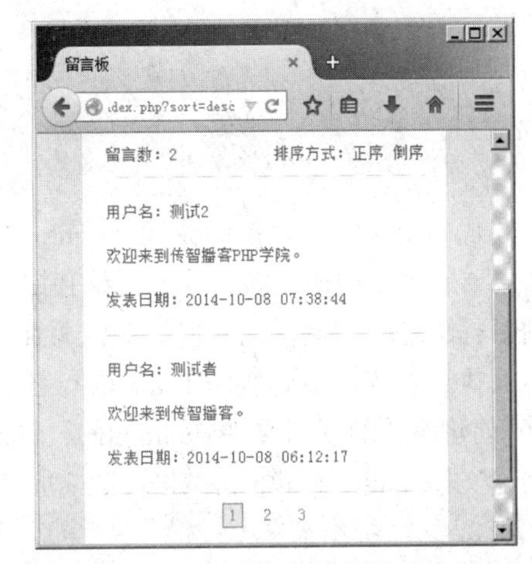

图 2-18　留言列表倒序输出结果

4. 页面跳转

当发表留言的 addAction()方法执行完成后，为了提升用户体验，应该自动跳转到留言列表页面。因为跳转是公用的功能，因此我们需要在平台级的控制器中定义跳转方法。接下来通过例 2-12 讲解页面跳转功能的实现。

【例 2-12】

① 创建前台的平台控制器并实现跳转。

创建文件\application\home\controller\platformController.class.php，具体代码如下：

```
1 <?php
2 /**
3  * home 平台控制器
4  */
5 class platformController{
6    /**
7     * 跳转
8     * @param $url      目标 URL
9     * @param $msg=''  提示信息
10    * @param $time=2  提示停留秒数
11    */
12   protected function jump($url,$msg='',$time=2){
13      if($msg==''){
14         //没有提示信息
15         header('Location: $url');
16      }else{
17         //有提示信息
18         require('./application/home/view/jump.html');
19      }
```

```
20      //终止脚本执行
21      die;
22   }
23 }
```

上述代码定义了平台控制器 platformController 和跳转方法 jump()。第 13 行代码判断有无提示信息，使用不同的跳转方式。当没有提示信息时，使用 header('Location: $url'); 方式直接跳转到目标地址，有提示信息时，载入页面视图文件以显示提示信息。由于跳转后当前程序不用继续执行，所以最后使用了 die 语句终止了脚本。

② 创建跳转的视图文件 jump.html，输出提示信息并进行跳转。

创建文件\application\home\view\jump.html，具体代码如下：

```
1 <!DOCTYPE html PUBLIC "-//W3C//DTD XHTML 1.0 Transitional//EN"
2  "http://www.w3.org/TR/xhtml1/DTD/xhtml1-transitional.dtd">
3 <html xmlns="http://www.w3.org/1999/xhtml">
4 <head>
5 <meta http-equiv="Content-Type" content="text/html; charset=UTF-8" />
6 <meta http-equiv="refresh" content="<?php echo $time ?>;url=<?php echo
  $url; ?>">
7 <title>留言板</title>
8 <link rel="stylesheet" href="./public/css/home.css" />
9 </head>
10 <body>
11 <div id="box">
12   <h1>留言板</h1>
13   <div style="font-size:14px;margin:40px;">
14      <?php echo $msg; ?> 正在跳转...
15   </div>
16 </div>
17 </body>
18 </html>
```

上述代码使用 HTML 的方式进行跳转，第 6 行指定跳转的停留秒数和目标地址，第 14 行输出提示信息。

③ 修改 comment 控制器，继承平台控制器，调用 jump()方法进行跳转。

打开文件\application\home\controller\commentController.class.php，修改内容如下。

使 comment 控制器继承平台控制器：

```
class commentController extends platformController{
```

添加留言执行后，使用 jump()方法进行跳转：

```
1    //判断是否执行成功
2    if($pass){
3       //成功时
```

```
4        $this->jump('index.php','发表留言成功');
5     }else{
6        //失败时
7        $this->jump('index.php','发表留言失败');
8     }
```

上述代码在调用 jump()方法时传递了两个参数，第一个是要跳转的目标地址，第二个是跳转时提示的信息。jump()方法的第三个参数是停留的秒数，如果省略这个参数，默认为 2 秒。

④ 测试跳转功能。发表留言，页面跳转时的效果如图 2-19 所示。

在图 2-19 中，这个跳转页面会停留 2 秒，然后自动跳转到留言列表页。这样就完成了页面的跳转。

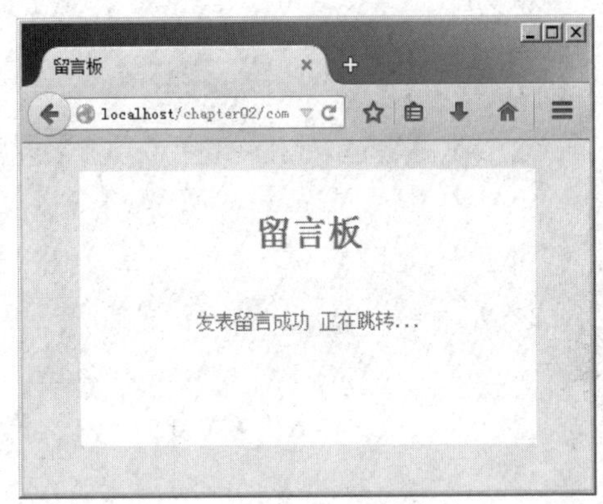

图 2-19　页面跳转效果

5. **数据分页**

当留言数量过多时，留言列表应该以分页的形式展示留言，例如一共 100 条留言，每页显示 15 条留言，则一共需要 7 页进行显示。由于数据分页是项目公用的功能，所以可以在框架中封装一个分页类，用于处理页面导航链接和 SQL 语句中的 LIMIT 条件。接下来通过例 2-13 讲解分页类的创建和使用。

【例 2-13】

① 在框架中封装一个分页类，实现自动生成 LIMIT 和分页导航链接。

创建文件\framework\page.class.php，具体代码如下：

```
1 <?php
2 class page{
3    private $total;   //总页数
4    private $size; //每页记录数
5    private $url;  //URL 地址
6    private $page; //当前页码
7    /**
8     * 构造方法
9     * @param $total 总记录数
10    * @param $size  每页记录数
11    * @param $url   URL 地址
12    */
13   public function __construct($total,$size,$url=''){
14      //计算页数，向上取整
15      $this->total = ceil($total / $size);
```

```
16      //每页记录数
17      $this->size = $size;
18      //为 URL 添加 GET 参数
19      $this->url = $this->setUrl($url);
20      //获得当前页码
21      $this->page = $this->getNowPage();
22   }
23   /**
24    * 获得当前页码
25    */
26   private function getNowPage(){
27      $page = empty($_GET['page']) ? 1 : $_GET['page'];
28      if($page < 1){
29         $page = 1;
30      }else if($page > $this->total){
31         $page = $this->total;
32      }
33      return $page;
34   }
35   /**
36    * 为 URL 添加 GET 参数，去掉 page 参数
37    */
38   private function setUrl($url){
39      $params = $_GET;                          //获取所有参数
40      unset($params['page']);                   //去掉 page 参数
41      $url = http_build_query($params);  //重新构造 GET 字符串
42      return $url ? "?$url&" : '?';
43   }
44   /**
45    * 获得分页导航
46    */
47   public function getPageList(){
48      //总页数不超过 1 时直接返回空结果
49      if($this->total<=1){
50         return '';
51      }
52      //拼接分页导航的 HTML
53      $html = '';
```

```
54      if($this->page>4){
55         $html = "<a href=\"{$this->url}page=1\">1</a> ... ";
56      }
57      for($i=$this->page-3,$len=$this->page+3; $i<=$len && $i<=$this
        ->total; $i++){
58         if($i>0){
59            if($i==$this->page){
60               $html .= " <a href=\"{$this->url}page=$i\" class=\
                 "curr\">$i</a>";
61            }else{
62               $html .= " <a href=\"{$this->url}page=$i\">$i</a> ";
63            }
64         }
65      }
66      if($this->page+3<$this->total){
67         $html .= " ... <a href=\"{$this->url}page={$this->total}\"
           >{$this->total}</a>";
68      }
69      //返回拼接结果
70      return $html;
71   }
72 /**
73  * 获得 SQL 中的 limit
74  */
75  public function getLimit(){
76    if($this->total==0){
77       return '0, 0';
78    }
79    return ($this->page - 1) * $this->size . ", {$this->size}";
80  }
81 }
```

在上述代码中，第 13 行的构造方法接收 3 个参数，分别是总记录数、每页显示的记录数和 URL 地址。第 47 行的 getPageList()方法用于获取分页导航链接。第 75 行的 getLimit()方法用于获取 SQL 中的 LIMIT 条件。

② 在框架基础类中，将分页类添加到自动加载方法的基础类列表中。

打开文件\framework\framework.class.php，具体修改如下：

```
1    //定义基础类列表
2    $base_classes = array(
```

```
3      //类名 => 所在位置
4      'model'      => './framework/model.class.php',
5      'MySQLPDO'  => './framework/MySQLPDO.class.php',
6      'page'       => './framework/page.class.php',
7   );
```

③ 在 comment 控制器的 listAction()方法中实例化并调用分页类。

打开文件\application\home\controller\commentController.class.php，具体修改如下：

```
1   /**
2    * 留言列表
3    */
4   public function listAction(){
5      //实例化 comment 模型
6      $commentModel = new commentModel();
7      //取得留言总数
8      $num = $commentModel->getNumber();
9      //实例化分页类
10     $page = new page($num,$GLOBALS['config'][PLATFORM]['pagesize']);
11     //取得所有留言数据
12     $data = $commentModel->getAll($page->getLimit());
13     //取得分页导航链接
14     $pageList = $page->getPageList();
15     //载入视图文件
16     require './application/home/view/comment_list.html';
17  }
```

④ 在 comment 模型的 getAll()方法中的 SQL 查询语句中添加 limit 限制。

打开文件\application\home\model\commentModel.class.php，修改内容如下：

修改 getAll()方法的参数，接收一个$limit 参数。

```
public function getAll($limit){
```

修改 SQL 查询语句，拼接$limit 条件。

```
$sql = "select `poster`,`comment`,`date`,`reply` from `comment` $order
limit $limit";
```

⑤ 在视图文件 comment_list.html 中输出分页导航链接。

打开文件\application\home\view\comment_list.html，修改页面导航代码如下：

```
1   <div class="comments_footer">
2      <?php echo $pageList; ?>
3   </div>
```

⑥ 测试数据分页是否成功。准备测试数据，分页导航效果如图 2-20 所示。

从图 2-20 中可以看出，当前页是第 8 页，最多有 17 页。留言列表的分页效果已经实现。

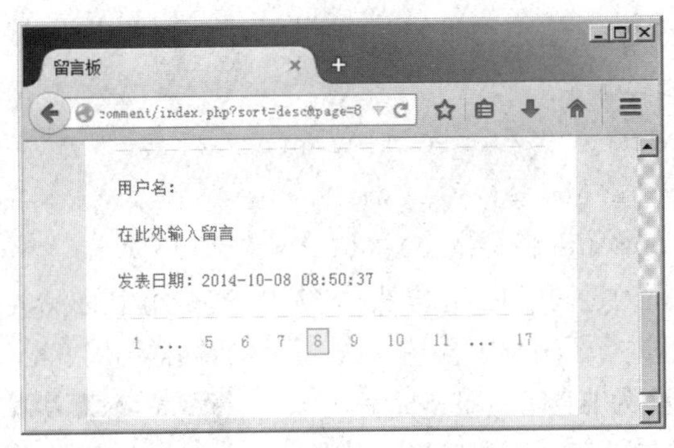

图 2-20　分页导航效果

2.3.3　数据安全处理

在接收到用户提交的表单后，还需要对输入数据进行验证，防止用户输入不合法的数据。数据过滤和防止 SQL 注入是项目中处理数据安全的重点。

1. 数据过滤

为了防止用户输入的数据不合法，需要对每个输入字段进行验证。接下来演示一种简单的过滤方式，将用户输入的 HTML 代码转换成实体字符，如例 2-14 所示。

【例 2-14】

① 在基础模型类中增加输入过滤方法，实现对$_POST 数组的过滤。

打开文件\framework\model.class.php，新增输入过滤方法的代码如下：

```
1    /**
2     * 输入过滤
3     * @param $arr array 需要处理的字段
4     * @param $func callback 用于处理的函数
5     */
6    protected function filter($arr,$func){
7       foreach($arr as $v){
8          //指定默认值
9          if(!isset($_POST[$v])){
10            $_POST[$v] = '';
11         }
12         //调用函数处理
13         $_POST[$v] = $func($_POST[$v]);
14      }
15   }
```

② 在 comment 模型的 insert()方法中，对输入数据进行过滤。

打开文件\application\home\model\commentModel.class.php，调用输入过滤方法，代码如下：

```
1       //输入过滤
2       $this->filter(array('poster','mail','comment'),'htmlspecialchars');
```

```
3        $this->filter(array('comment'),'nl2br');
4        //接收输入数据
5        $data['poster'] = $_POST['poster'];
6        $data['mail'] = $_POST['mail'];
7        $data['comment'] = $_POST['comment'];
```

在上述代码中，第 2 行通过调用 filter()方法，将$_POST 数组中的 poster、mail 和 comment 元素使用 htmlspecialchars()函数进行了 HTML 实体转换。第 3 行同样调用 filter()方法，使用 nl2br()函数将留言内容中的换行符转换为 HTML 的
标签。

③ 测试过滤功能。在留言中输入 HTML 代码，提交后如图 2-21 所示。

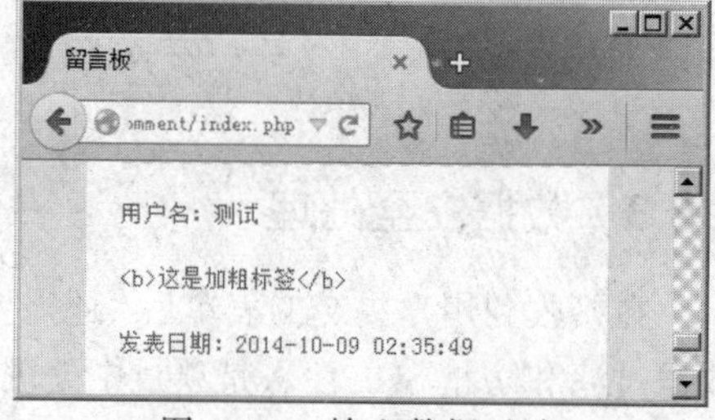

图 2-21　输入数据过滤

从图 2-21 中可以看出，用户输入的 HTML 代码没有被浏览器解析。本例演示的是基本输入过滤，在真实项目中还需要验证每个输入字段的长度、格式等是否符合要求。

2. **防止 SQL 注入**

当 PHP 接收到用户提交的表单后，如果没有进行安全处理，直接拼接到 SQL 语句中执行，就会产生严重的安全漏洞。SQL 注入就是利用这一漏洞，通过提交恶意代码，破坏原有的 SQL 语句执行，从而威胁网站的安全。

运用前面学过的 PDO 预处理语句，可以有效防止 SQL 注入，具体步骤见例 2-15。

【例 2-15】

① 在 MySQLPDO 类中加入预处理语句的支持。

打开文件\framework\MySQLPDO.class.php，增加代码如下：

```
1     /**
2      * 预处理方式执行 SQL
3      * @param $sql string 执行的 SQL 语句
4      * @param $data array 数据数组
5      * @param &$flag bool 是否执行成功
6      * @return object PDOStatement
7      */
8      public function execute($sql,$data,&$flag=true){
9        $stmt = $this->db->prepare($sql);
10       $flag = $stmt->execute($data);
11       return $stmt;
12     }
```

上述代码定义了一个 execute()方法，该方法用预处理的方式执行 SQL 语句。参数$sql 表示需要执行的 SQL 语句，参数$data 表示需要保存到数据库中的数据，参数$flag 是可选参数，表示 SQL 是否执行成功。返回结果为 PDOStatment 对象。

在完成预处理执行 SQL 的方法后，将 fetchRow()和 fetchAll()两个方法也替换为预处理的方式，修改后的代码如下：

```
1    public function fetchRow($sql,$data=array()){
2        return $this->execute($sql,$data)->fetch(PDO::FETCH_ASSOC);
3    }
4    public function fetchAll($sql,$data=array()){
5        return $this->execute($sql,$data)->fetchAll(PDO::FETCH_ASSOC);
6    }
```

上述代码将 query()方法修改为更安全的 execute()方法，并增加可选参数$data，用于传送数据。

② 在 comment 模型的 insert()方法中调用预处理执行 SQL 的方法。

打开文件\application\home\model\commentModel.class.php，修改代码如下：

```
1    //拼接 SQL 语句
2    $sql = "insert into 'comment' set ";
3    foreach($data as $k=>$v){
4        $sql .= "`$k`=:$k,";
5    }
6    $sql = rtrim($sql,',');//去掉最右边的逗号
7    //通过预处理执行 SQL
8    $this->db->execute($sql,$data,$flag);
9    //返回是否执行成功
10       return $flag;
```

在上述代码中，拼接的 SQL 语句已经修改为预处理的格式，然后调用 MySQLPDO 对象中的 execute()方法，将预处理的 SQL 语句和需要保存的数据分开传送，从而实现了防止 SQL 注入。

③ 测试系统能否防止 SQL 注入。

在留言中输入 SQL 语句中的特殊字符（例如单引号），运行结果如图 2-22 所示。

从例 2-22 中可以看出，带有特殊字符的留言已经发表成功，说明本系统可以防止 SQL 注入。

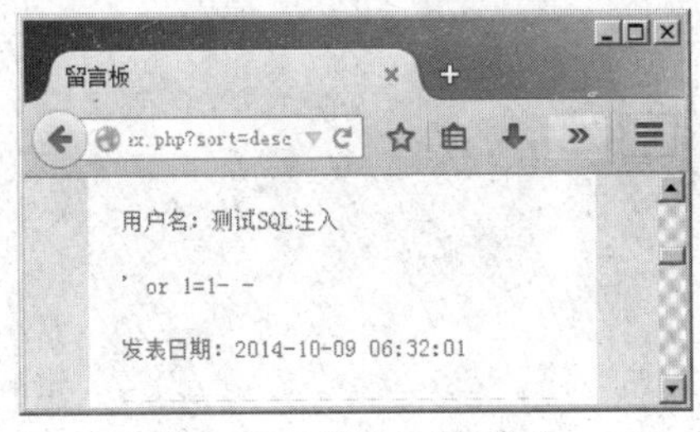

图 2-22　防止 SQL 注入

2.3.4　后台模块实现——用户登录

后台是管理留言的平台，只有管理员有权限进入后台。所以在访问后台时，需要先验证管理员的账号和密码，只有登录后才能进入后台。接下来讲解如何在 MVC 项目中实现后台用户登录，如例 2-16 所示。

【例 2-16】

① 在后台的平台控制器中验证用户是否登录。

创建文件\application\admin\controller\platformController.class.php，具体代码如下：

```
1 <?php
2 /**
3  * admin 平台控制器
```

```
4  */
5 class platformController{
6    /**
7     * 构造方法
8     */
9    public function __construct(){
10       $this->checkLogin();
11   }
12   /**
13    * 验证当前用户是否登录
14    */
15   private function checkLogin(){
16       //login方法不需要验证
17       if(CONTROLLER=='admin' && ACTION=='login'){
18          return ;
19       }
20       //通过SESSION判断是否登录
21       session_start();
22       if(!isset($_SESSION['admin'])){
23          //未登录跳转到login方法
24          $this->jump('index.php?p=admin&c=admin&a=login');
25       }
26   }
27   /**
28    * 跳转方法
29    */
30   protected function jump($url){
31      header("Location: $url");
32      die;
33   }
34 }
```

在上述代码中，当后台的控制器类被实例化时，就会自动调用构造方法，构造方法调用checkLogin()方法检查当前用户是否登录。第21~25行代码通过判断SESSION验证用户是否登录，未登录时跳转到admin控制器中的login()方法，然后在第17~19行代码中排除了不需要验证的login()方法。

② 创建admin控制器并实现用户登录和退出的方法。

创建文件\application\admin\controller\adminController.class.php，具体代码如下：

```
1 <?php
2 /**
```

```
3  * 管理员模块控制器类
4  */
5 class adminController extends platformController{
6    /**
7     * 登录方法
8     */
9    public function loginAction(){
10           //判断是否有表单提交
11           if(!empty($_POST)){
12               //实例化 admin 模型
13               $adminModel = new adminModel();
14               //调用验证方法
15               if($adminModel->checkByLogin()){
16                   //登录成功
17                   session_start();
18                   $_SESSION['admin'] = 'yes';
19                   //跳转
20                   $this->jump('index.php?p=admin');
21               }else{
22                   //登录失败
23                   die('登录失败，用户名或密码错误。');
24               }
25           }
26           //载入视图文件
27           require('./application/admin/view/admin_login.html');
28       }
29    /**
30     * 退出方法
31     */
32    public function logoutAction(){
33        $_SESSION = null;
34        session_destroy();
35        //跳转
36        $this->jump('index.php?p=admin');
37    }
38 }
```

在上述代码中，当 loginAction()方法没有收到 POST 请求时，就会载入视图文件显示登录页面，反之，则对接收到的登录表单进行验证。验证成功时创建 SESSION 并跳转到后台默认的控制器和方法，验证失败则输出失败提示并停止脚本，此处读者可参考前台的跳转方法自

行完善后台的页面跳转。

③ 创建 admin 模型并实现 checkByLogin()方法。

创建文件\application\admin\model\adminModel.class.php，具体代码如下：

```
1 <?php
2 /**
3  * admin 模型类
4  */
5 class adminModel extends model{
6     /**
7      * 验证登录
8      */
9     public function checkByLogin(){
10        //过滤输入数据
11        $this->filter(array('username','password'),'trim');
12        //接收输入数据
13        $username = $_POST['username'];
14        $password = $_POST['password'];
15        //通过用户名查询密码信息
16        $sql = 'select `password`,`salt` from `admin` where `username`=:
          username';
17        $data = $this->db->fetchRow($sql,array(':username'=>$username));
18        //判断用户名和密码
19        if(!$data){
20           //用户名不存在
21           return false;
22        }
23        //返回密码比较结果
24        return md5($password.$data['salt']) == $data['password'];
25    }
26 }
```

在上述代码中，第 11 行代码使用 trim 函数过滤输入数据。第 16 行代码通过用户名查询密码和 salt 信息。第 24 行代码将用户输入的密码加密后同数据库中的加密密码进行比较，即将原文密码与 salt 字符串连接，然后使用 md5()函数加密，从而生成难以逆向破解的加密密码。

④ 在数据库 admin 表中插入管理员记录。

启动 MySQL 命令行工具，选择 mvc_study 数据库，执行以下 SQL 语句：

```
insert into `admin` values (null, 'admin', MD5('123456iTca'),'iTca');
```

在上述 SQL 语句中，管理员的用户名为 admin，密码为 123456，密码的 salt 为“iTca”，密码使用 MD5 的方式进行加密。

⑤ 制作后台登录页面视图文件。

创建文件\application\admin\view\admin_login.html，具体代码如下：

```
1 <!DOCTYPE html PUBLIC "-//W3C//DTD XHTML 1.0 Transitional//EN"
2  "http://www.w3.org/TR/xhtml1/DTD/xhtml1-transitional.dtd">
3 <html xmlns="http://www.w3.org/1999/xhtml">
4 <head>
5 <meta http-equiv="Content-Type" content="text/html; charset=UTF-8" />
6 <title>留言板后台</title>
7 <link rel="stylesheet" href="./public/css/admin.css" />
8 </head>
9 <body>
10 <div id="box">
11   <h1>留言板后台</h1>
12   <div id="loginbox">
13      <form method="post" action="">
14      用户名: <input name="username" type="text" class="input" />
15      密码: <input name="password" type="password" class="input" />
16      <input type="submit" value="登录" class="button" />
17      </form>
18   </div>
19 </div>
20 </body>
21 </html>
```

上述代码是一个简单的 HTML 登录页面，其中外链了后台公用样式文件 admin.css。以下是样式文件 admin.css 的具体代码：

```
1 body,h1,textarea,input,ul{margin:0;padding:0;}
2 ul{list-style:none;}
3 body{background:#eaedee;text-align:center;font-size:13px;}
4 h1{margin:20px;}
5 a{text-decoration:none; color:#416FA9;}
6 a:hover{text-decoration:none; color:#618FC9;}
7 .button{width:45px;height:22px;margin:0 5px;}
8 .center{text-align:center;}
9 #box{color:#666;width:70%;background:#fff;margin:20px auto;padding:
  10px 5% 40px;}
10 #loginbox .input{width:120px;height:18px;}
11 #info{margin-bottom:10px;}
12 #comment .list{text-align:left;margin-bottom:15px;border:1px dotted
   #999;border-bottom:0;}
13 #comment .list li{padding:10px;border-bottom:1px dotted #999;}
```

```
14 #comment .right{float:right;}
15 #comment .reply{text-align:left; width:80%;margin:0 auto;}
16 #comment .reply li{padding:10px;}
17 #comment .reply .top{vertical-align:top;}
18 #comment .reply textarea{width:80%;height:50px;}
19 #comment .reply .input{width:150px;}
20 #footer a{border:1px solid #fff;color:#999;padding:2px 4px;margin:0
   2px;line-height:20px;}
21 #footer a:hover{background:#f0f0f0;border:1px solid #999;}
22 #footer .curr{background:#f0f0f0;border:1px solid #999;}
```

⑥ 测试用户登录功能。使用浏览器访问后台，运行结果如图 2-23 所示。

当输入正确的用户名和密码后，单击“登录”按钮提交表单，登录成功后自动跳转到后台 comment 控制器中的 list 方法，说明登录成功。至此就实现了后台的用户登录。

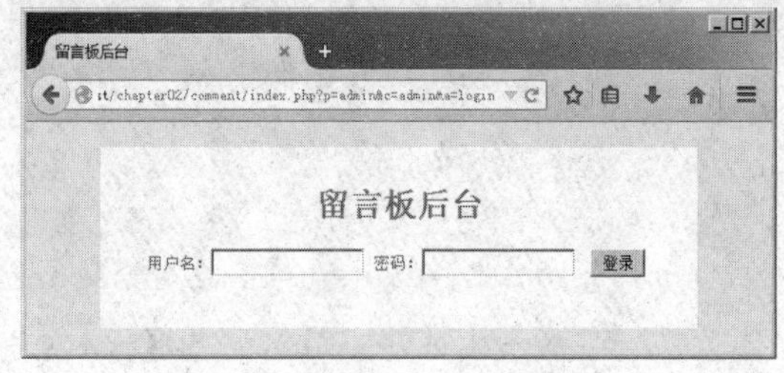

图 2-23　后台登录界面

2.3.5　后台模型实现——留言管理

留言管理是对留言进行查看、修改、回复、删除等操作，接下来详细讲解如何在 MVC 项目中实现留言管理的各项功能。

1. 留言列表

留言列表是后台的默认首页，管理员在留言列表中可以查看留言者的邮箱和 IP 地址等信息，同时能够在列表中通过链接对留言进行管理操作。实现后台留言列表的步骤和前台类似，具体如例 2-17 所示。

【例 2-17】

① 创建后台 comment 控制器和 listAction()方法。

创建文件\application\admin\controller\commentController.class.php，具体代码如下：

```
1 <?php
2 /**
3  * 留言模块控制器类
4  */
5 class commentController extends platformController{
6     /**
7      * 留言列表
8      */
9     public function listAction(){
10        //实例化 comment 模型
```

```
11      $commentModel = new commentModel();
12      //取得留言总数
13      $num = $commentModel->getNumber();
14      //实例化分页类
15      $page = new page($num,$GLOBALS['config'][PLATFORM]['pagesize']);
16      //取得所有留言数据
17      $data = $commentModel->getAll($page->getLimit());
18      //取得分页导航链接
19      $pageList = $page->getPageList();
20      //载入视图文件
21      require './application/admin/view/comment_list.html';
22   }
23 }
```

② 创建后台 comment 模型和控制器中用到的相关方法。

创建文件\application\admin\model\commentModel.class.php，具体代码如下：

```
1 <?php
2 /**
3  * comment 模型类
4  */
5 class commentModel extends model{
6    /**
7     * 留言列表
8     */
9    public function getAll($limit){
10      //拼接 SQL
11      $sql = "select `id`,`poster`,`comment`,`date`,`reply`,`mail`,`ip`
        from `comment` order by id desc limit $limit";
12      //查询结果
13      $data = $this->db->fetchAll($sql);
14      return $data;
15      }
16      /**
17       * 留言总数
18       */
19      public function getNumber(){
20         $data = $this->db->fetchRow("select count(*) from `comment`");
21         return $data['count(*)'];
22      }
23   }
```

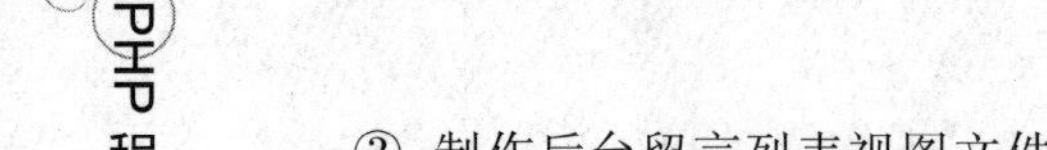

③ 制作后台留言列表视图文件。

创建文件\application\admin\view\comment_list.html，具体代码如下：

```
1 <!DOCTYPE html PUBLIC "-//W3C//DTD XHTML 1.0 Transitional//EN"
2  "http://www.w3.org/TR/xhtml1/DTD/xhtml1-transitional.dtd">
3 <html xmlns="http://www.w3.org/1999/xhtml">
4 <head>
5 <meta http-equiv="Content-Type" content="text/html; charset=UTF-8" />
6 <title>留言板后台</title>
7 <link rel="stylesheet" href="./public/css/admin.css" />
8 </head>
9 <body>
10   <div id="box">
11      <h1>留言板后台</h1>
12      <div id="info">欢迎您: admin <a href="index.php?p=admin&c=admin&a=
        logout">退出</a></div>
13      <div id="comment">
14         <?php foreach($data as $v): ?>
15         <ul class="list">
16            <li>作者:<?php echo $v['poster'] ?> 邮箱:<?php echo $v['mail'];
              ?> IP: <?php echo $v['ip']; ?>
17               <span class="right">
18               <a href="index.php?p=admin&c=comment&a=reply&id=<?php echo
                 $v['id']; ?>">回复/修改</a>
19               <a href="index.php?p=admin&c=comment&a=delete&id=<?php
                 echo $v['id']; ?>">删除</a>
20               </span>
21            </li>
22            <li><?php echo $v['comment']; ?></li>
23            <li>
24               <span class="right">发表时间: <?php echo $v['date']; ?></span>
25               管理员回复: <br /><?php echo $v['reply']; ?>
26            </li>
27         </ul>
28         <?php endForeach; ?>
29      </div>
30      <div id="footer">
31         <?php echo $pageList; ?>
32      </div>
33   </div>
34   </body>
35   </html>
```

④ 在浏览器中访问，运行结果如图 2-24 所示。

从图 2-24 中可以看出，留言列表功能已经实现。同时此页面还加入了管理员退出链接，每条留言的回复、修改和删除链接，以便于使用。其中，“退出”指向 admin 控制器下的 logout 方法；“回复/修改”指向 comment 控制器下的 reply 方法，并传递留言 ID；“删除”指向 comment 控制器下的 delete 方法，并传递留言 ID。

图 2-24　后台留言列表

2. 留言回复与修改

留言的回复与修改都是对数据表中的记录进行更新操作。修改时，首先通过 GET 参数传递需要修改的留言 ID，然后在表单中显示该条留言的原数据，当提交表单后更新数据表中的值。实现留言回复与修改的具体步骤如例 2-18 所示。

【例 2-18】

① 在 comment 控制器中增加 replyAction()方法和 saveAction()方法，分别用于展示表单和接收表单。

打开文件\application\admin\controller\commentController.class.php，新增方法如下：

```
1    /**
2     * 回复/修改
3     */
4    public function replyAction(){
5       if(!isset($_GET['id'])){
6          return false;
7       }
8       //实例化 comment 模型
9       $commentModel = new commentModel();
10      //取得指定 ID 的记录
11      $data = $commentModel->getById();
12      if($data==false){
13         die('找不到这条记录。');
14      }
15      //载入视图文件
16      require './application/admin/view/comment_reply.html';
17   }
18 /**
19 * 更新留言
20 */
```

```
21 public function updateAction(){
22   if(empty($_POST)){
23      return false;
24   }
25   //实例化 comment 模型
26   $commentModel = new commentModel();
27   //更新记录
28   if( $commentModel->save() ){
29      $this->jump('index.php?p=admin&c=comment&a=list');
30   }else{
31      die('更新记录失败。');
32   }
33 }
```

② 在 comment 模型中增加 getById()方法和 save()方法，分别用于取得指定 ID 记录和更新记录。

打开文件\applicatin\admin\model\commentModel.class.php，新增方法如下：

```
1    /**
2     * 取得指定 ID 记录
3     */
4    public function getById(){
5       $id = (int)$_GET['id'];
6       $sql = "select `poster`,`comment`,`reply`,`mail` from `comment`
        where id=$id";
7       $data = $this->db->fetchRow($sql);
8       //处理换行符
9       if($data!=false){
10         $data['comment'] = str_replace('<br />','',$data['comment']);
11         $data['reply'] = str_replace('<br />','',$data['reply']);
12      }
13      return $data;
14   }
15 /**
16  * 更新记录
17  */
18 public function save(){
19   //输入过滤
20   $this->filter(array('id'),'intval');
21   $this->filter(array('poster','mail','comment','reply'),'htmlspecialchars');
22   $this->filter(array('comment','reply'),'nl2br');
23   //接收输入变量
24   $id = $_POST['id'];
```

```
25   $data['poster'] = $_POST['poster'];
26   $data['mail'] = $_POST['mail'];
27   $data['comment'] = $_POST['comment'];
28   $data['reply'] = $_POST['reply'];
29   //拼接 SQL 语句
30   $sql = "update `comment` set ";
31   foreach($data as $k=>$v){
32      $sql .= "`$k`=:$k,";
33   }
34   $sql = rtrim($sql,',');//去掉最右边的逗号
35   $sql .= " where id=$id";
36   //通过预处理执行 SQL
37   $this->db->execute($sql,$data,$flag);
38   //返回是否执行成功
39   return $flag;
40 }
```

③ 制作留言回复与修改的视图文件。

创建文件\application\admin\view\comment_reply.html，具体代码如下：

```
1 <!DOCTYPE html PUBLIC "-//W3C//DTD XHTML 1.0 Transitional//EN"
2  "http://www.w3.org/TR/xhtml1/DTD/xhtml1-transitional.dtd">
3 <html xmlns="http://www.w3.org/1999/xhtml">
4 <head>
5 <meta http-equiv="Content-Type" content="text/html; charset=UTF-8" />
6 <title>留言板后台</title>
7 <link rel="stylesheet" href="./public/css/admin.css" />
8 </head>
9 <body>
10 <div id="box">
11   <h1>留言板后台</h1>
12   <div id="comment">
13      <form method="post" action="index.php?p=admin&c=comment&a=update">
14      <ul class="reply">
15         <li>用户: <input name="poster" type="text" class="input"
           value="<?php echo $data['poster']; ?>" /></li>
16         <li>邮箱: <input name="mail" type="text" class="input" value="
           <?php echo $data['mail']; ?>" /></li>
17         <li class="top">留言: <textarea name="comment"><?php echo
           $data['comment']; ?></textarea></li>
18         <li class="top">回复: <textarea name="reply"><?php echo $data
           ['reply']; ?></textarea></li>
19         <li class="center">
```

```
20              <input type="reset" value="重置" class="button" />
21              <input type="submit" value="保存" class="button" />
22          </li>
23      </ul>
24      <input type="hidden" name="id" value="<?php echo $_GET['id']; ?>" />
25      </form>
26   </div>
27 </div>
28 </body>
29 </html>
```

④ 测试留言回复与修改功能。运行结果如图 2-25 和图 2-26 所示。

从图 2-26 中可以看出，留言回复和修改功能已经实现。

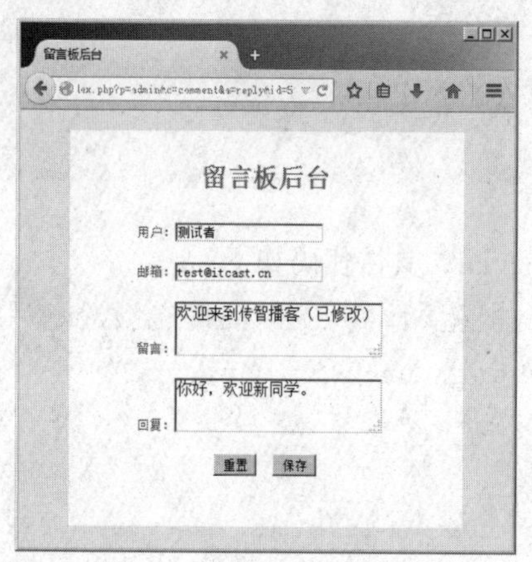

图 2-25　修改和回复留言

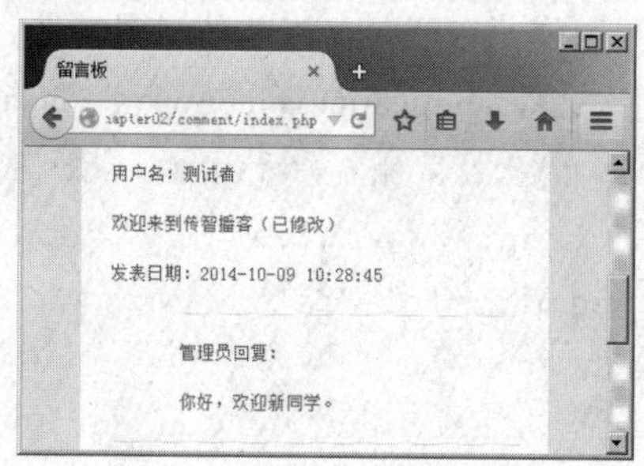

图 2-26　前台显示结果

3. 留言删除

留言删除的原理和留言修改类似，都是通过 GET 参数决定需要操作的留言的 ID。留言删除的具体实现步骤如例 2-19 所示。

【例 2-19】

① 在 comment 控制器中增加 deleteAction()方法，用于删除指定 ID 的留言。

打开文件\application\admin\controller\commentController.class.php，新增方法如下。

```
1    /**
2     * 删除留言
3     */
4    public function deleteAction(){
5       if(!isset($_GET['id'])){
6          return false;
7       }
8       //实例化 comment 模型
9       $commentModel = new commentModel();
```

```
10      //删除指定 ID 记录
11      if( $commentModel->deleteById() ){
12          //完成后跳转
13          $this->jump('index.php?p=admin&c=comment&a=list');
14      }else{
15          die('删除留言失败。');
16      }
17  }
```

② 在 comment 模型中增加 deleteById()方法。

打开文件\application\admin\model\commentModel.class.php，新增方法如下：

```
1   /**
2    * 删除指定 ID 记录
3    */
4   public function deleteById(){
5       $id = (int)$_GET['id'];
6       $sql = "delete from `comment` where id=:id";
7       //通过预处理执行 SQL
8       $this->db->execute($sql,array(':id'=>$id),$flag);
9       //返回是否执行成功
10          return $flag;
11      }
```

③ 测试删除功能。当删除成功后跳转到后台 comment 控制器中的 list 方法，指定 ID 的留言记录已经从数据库中删除。

至此，留言板项目的后台管理功能已经完成。本项目还可以继续扩展更多的功能，例如前台用户注册、验证码等，但是项目结构不会发生改变，这也是使用 MVC 框架模式开发的优势之一。

本章小结

本章首先介绍了 MVC 的概念，然后讲解了 MVC 的典型实现，主要包括模型、控制器、框架。最后讲解了阶段案例——留言板。通过本章的学习读者应该能够掌握 MVC 设计模式，可以运用 MVC 设计模式开发自己的 MVC 框架和项目。

思考题

在开发留言板项目的用户登录功能时，为了防止用户的登录密码被暴力破解，可以在登录时要求用户输入验证码。请尝试为留言板项目的登录模块添加一个验证码功能，完善用户登录模块。

说明：思考题参考答案可从中国铁道出版社有限公司网站（http://www.tdpress.com/51eds/）下载。

Smarty 模板引擎

学习目标

- 掌握 Smarty 的基本配置，能够根据实际需求修改相关配置
- 掌握 Smarty 基本语法及内置函数，学会 Smarty 模板语法的使用
- 掌握 Smarty 变量修饰器，并根据需求使用变量修饰器改变数据显示格式
- 了解 Smarty 自定义函数，对 Smarty 提供的快捷功能有所认识
- 掌握 Smarty 缓存机制，能够配置并简单使用缓存

Smarty 是一个非常完善、强大的 PHP 模板引擎，实现了项目中 PHP 代码与 HTML 代码的分离。虽然 MVC 框架的出现同样实现了代码分离的功能，但 Smarty 凭借稳定的性能、灵活的扩展机制使其仍然具有不可替代的作用。本章将围绕 Smarty 模板引擎的使用进行详细讲解。

3.1 Smarty 入门

Smarty 是一个使用 PHP 语言编写的模板引擎，是目前业界最著名的 PHP 模板引擎之一，本节将针对 Smarty 的基本使用进行讲解。

3.1.1 什么是模板引擎

在讲解什么是模板引擎前，让我们先来回忆一下在前面的章节中，是如何将数据展现在页面中的：首先通过控制器获取用户请求；再根据需要调用相应的模型并传入相关参数；最后载入视图用以显示数据。下面就这一过程做一个简单的案例演示，如例 3-1 所示。

【例 3-1】

```
1 <?php
2    header('content-type:text/html;charset=utf-8');
3    $name='itcast';//用于显示模板中的数据
4    require './view.php';//载入视图页面
5 ?>
```

创建视图页面 view.php，具体代码如下：

```
1 <html>
2 <head>
3 <meta http-equiv='content-type' content='text/html;charset=utf-8' />
4 </head>
```

```
5 <body>
6     <h1> <?php echo $name; ?></h1>
7 </body>
8 </html>
```

打开浏览器，访问 index.php 页面，运行结果如图 3-1 所示。

在上述案例中，视图文件 view.php 用于显示数据，此文件中混合了 HTML 代码和 PHP 代码，这种编写方式在开发流程中容易产生分工不明问题，例如美工人员要懂 PHP 代码，而 PHP 程序员要会网页设计等。显然，这样的项目让美工人员和程序员都很头痛，如果能够让美工人员不用面对复杂的 PHP 代码，程序员也不再需要调试页面布局，做到各司其职、各尽其责，那么开发效率将得到极大的提升。基于这种需求，模板引擎技术应运而生。

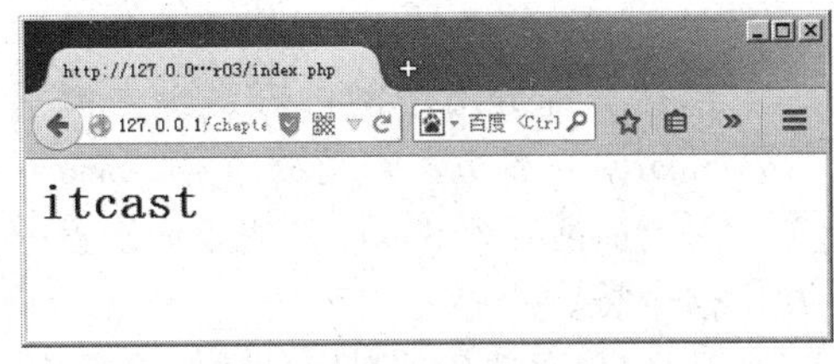

图 3-1　例 3-1 运行结果

模板引擎的功能是实现逻辑与显示相分离，使程序设计者可以专注于程序功能的开发，而网页设计师专注于页面的设计。也可以让网站的维护和更新变得更容易，创造一个更加良好的开发环境。

3.1.2　Smarty 的下载与配置

在 PHP 中，并没有内置 Smarty 模板引擎，因此需要手动下载。需要注意的是，Smarty 3.x 要求服务器上的 PHP 版本最低为 5.2。用户可以通过 Smarty 官方网站下载最新版本的 Smarty 压缩包，本书采用的版本是 Smarty 3.1.19。Smarty 模板引擎下载页面如图 3-2 所示。

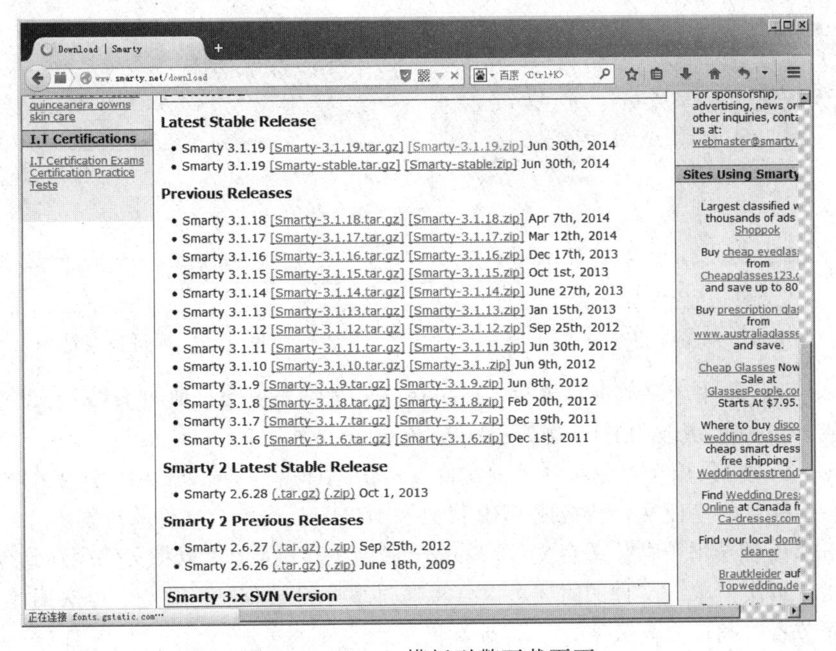

图 3-2　Smarty 模板引擎下载页面

将压缩包解压后，得到一个 libs 目录，其中包含了 Smarty 的核心文件，如图 3-3 所示。

- Smarty.class.php：Smarty 功能类文件，Smarty 模板引擎功能的实现主要是通过实例化该类的对象，调用对象相关方法来完成。
- SmartyBC .class.php：因为 Smarty 3 相对于 Smarty 2 存在一定的变化，其中包括一部分新增的内容，也去掉了 Smarty 一部分不规范的内容，Smarty 为了向前兼容 Smarty 2 版本而设置了这个类。

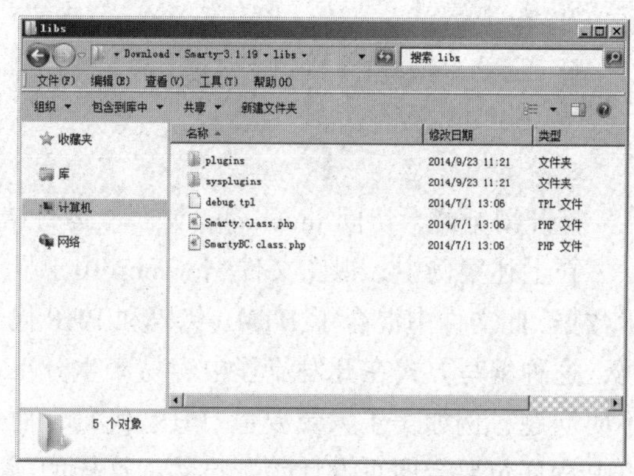

图 3-3　Smarty 核心目录文件

- plugins：存放各类自定义插件的目录。
- sysplugins：存放系统函数文件的目录。

在解压了 Smarty 之后，只需将 libs 目录复制到项目目录中即可。为了在项目中区分，建议将 libs 重命名为 Smarty，本章所用的 Smarty 都是重命名之后的。至此，Smarty 模板引擎就部署完成。

此时 Smarty 虽然已经可以使用，但要使其与项目完美的配合，还需要进一步的配置。具体操作如下：

① 确定 Smarty 目录的所在位置。由于在项目的许多地方都会用到 Smarty，因而可以将 Smarty 目录放置在服务器的根目录下。本章将 C:\wamp\apache2\htdocs\chapter03 作为服务器根目录，所有程序都放在该目录下，如图 3-4 所示。

② 在 chapter03 下创建项目目录 project，在该目录中分别创建 view、view_c 以及 cache 目录，如图 3-5 所示。

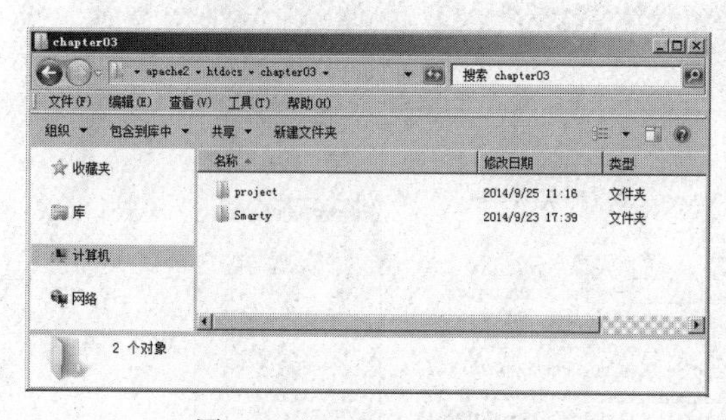

图 3-4　Smarty 目录位置

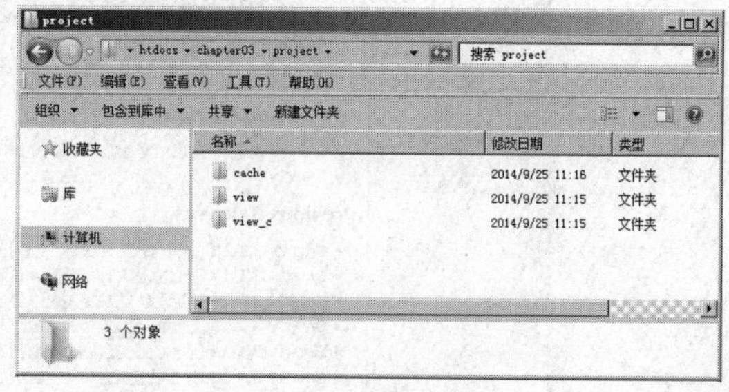

图 3-5　项目目录结构

- view：该目录用于存放项目模板，所谓模板就是代表视图页面的 HTML 文件，在这里一般将 html 后缀改为 tpl，例如：index.html 就改为 index.tpl。
- view_c：该目录用于存放编译后的文件。所谓编译就是通过 Smarty 模板引擎，将包含 Smarty 标签的模板文件转换成 PHP 代码和 HTML 代码混合文件的过程。
- cache：该目录用于存放缓存文件。Smarty 提供缓存机制，可以将文件缓存到该目录下，当用户再次请求该文件的时候可以直接通过缓存目录获取，避免了再次编译的过程，从而节省时间、提高效率。

值得注意的是，这些目录的名称不是固定的，可以根据实际需要进行修改。只要在配置文件中设置正确的路径即可。

③ 创建配置文件。当不同的项目都用到 Smarty 时，需要根据实际情况对 Smarty 进行不同的配置。我们可以借助配置文件来解决这个问题。只需将 Smarty 的配置信息统一写入到配置文件中，当项目需要使用 Smarty 时加载该配置文件即可。通常我们将这样的配置文件命名为 config.php，配置完成后将其保存在 Smarty 目录下。配置文件 config.php 的代码如下：

```
1 <?php
2   define('BASE_PATH',$_SERVER['DOCUMENT_ROOT']);
3   define('SMARTY_PATH',BASE_PATH.'/chapter03/Smarty/');
4   define('RUN_PATH',dirname($_SERVER['SCRIPT_FILENAME']));
5   require SMARTY_PATH.'Smarty.class.php';
6   $smt=new Smarty;
7   $smt->template_dir=RUN_PATH.'/view/';
8   $smt->compile_dir=RUN_PATH.'/view_c/';
9   $smt->caching=true;
10  $smt->cache_dir=RUN_PATH.'/cache/';
11  $smt->left_delimiter='{{';
12  $smt->right_delimiter='}}';
13 ?>
```

以下是对上述配置文件的说明：

- BASE_PATH：定义服务器的路径。
- SMARTY_PATH：定义 Smarty 目录的路径。
- RUN_PATH：定义当前脚本所在目录的路径。
- require：加载 Smarty 类文件 Smarty.class.php。
- $smt：实例化 Smarty 类，获得对象。
- $smt->template_dir：定义模板文件所在目录的路径。
- $smt->compile_dir：定义编译文件所在目录的路径。
- $smt->caching：设置 Smarty 缓存是否开启，true 为开启，false 为关闭。
- $smt->cache_dir：定义缓存文件所在目录的路径。
- $smt->left_delimiter：定义 Smarty 标签的开始定界符。
- $smt->right_delimiter：定义 Smarty 标签的结束定界符。

3.1.3 案例——Smarty 模板简单应用

为了让读者对 Smarty 有一个更为直观的认识，接下来使用 Smarty 代替原有的 PHP 代码，对例 3-1 进行修改，如例 3-2 所示。

【例 3-2】

```
1 <?php
2   header('content-type:text/html;charset=utf-8');
3   //准备数据
4   $name='itcast';
5   //加载 Smarty 类文件
```

```
6    require './Smarty/Smarty.class.php';
7    //实例化Smarty对象
8    $smt=new Smarty;
9    //为模板分配变量
10   $smt->assign('name',$name);
11   //调用模板视图
12   $smt->display('./view.tpl');
13 ?>
```

使用Smarty模板引擎后，在显示数据时也需要符合Smarty的语法要求，因此要对视图页面进行修改，首先将视图文件名改为view.tpl，再修改文件内容，修改后的视图页面代码如下：

```
1 <html>
2 <head>
3 <meta http-equiv='content-type' content='text/html;charset=utf-8' />
4 </head>
5 <body>
6    <h1>{$name}</h1>
7 </body>
8 </html>
```

运行结果如图3-6所示。

从图3-6中可以看出，运行结果与例3-1完全相同。有关assign()和display()方法的使用将在3.3.1节中进行详细讲解。

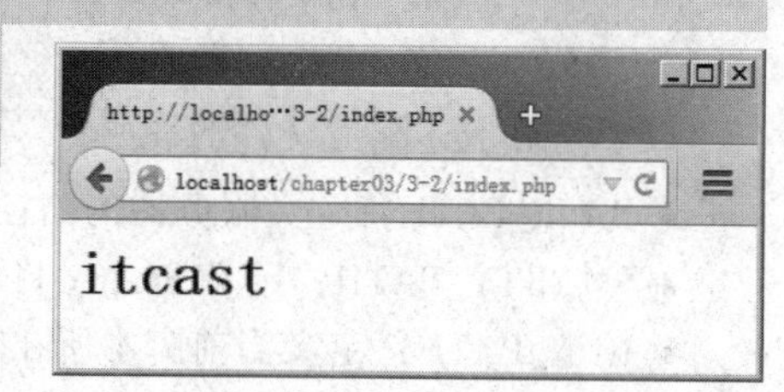

图3-6 例3-2运行结果

3.2 Smarty实现原理

在初步使用过Smarty模板引擎后，请读者思考：Smarty如何实现PHP代码与HTML代码分离显示，实现原理是什么？如何自己实现一个简单的Smarty模板引擎。下面将围绕这几个问题进行深入分析。

3.2.1 深入分析Smarty实现原理

Smarty实现PHP与HTML代码分离的本质是将PHP代码替换为Smarty模板语法，如图3-7所示。

```
<html>                              <html>
<head>                              <head>
</head>                             </head>
<body>                              <body>
     <?php echo $school; ?>              {$school}
</body>                             </body>
</html>                             </html>
```

图3-7 PHP与Smarty对比

在美工人员设计前台页面时，看到的就是上图左侧这样的 Smarty 模板语法。而这样的视图代码在经过 Smarty 编译后就会将会变成上图右侧这样的 PHP 与 HTML 混编的代码。

以上便是 Smarty 模板引擎实现代码分离的核心原理，但 Smarty 的执行流程却并非这么简单，其具体实现过程如图 3-8 所示。

当第一次访问一个页面的时候，Smarty 的执行流程如图 3-8 的路径 1 所示。当再次访问该页面的时候，Smarty 会先判断是否开启了缓存，如果开启了缓存且缓存文件没有过期，则会访问缓存文件并将缓存文件以最终结果返回给用户，如图 3-8 的路径 2 所示。

如果没有开启缓存或者缓存文件已经过期，则会判断模板文件是否被改变。如果模板文件没有改变则访问上次编译后的文件，并将该文件以最终结果返回给用户。如果模板文件已经改变，则重新加载模板文件并进行编译，最后再将编译后的文件以最终结果返回给用户，如图 3-8 的路径 3 所示。

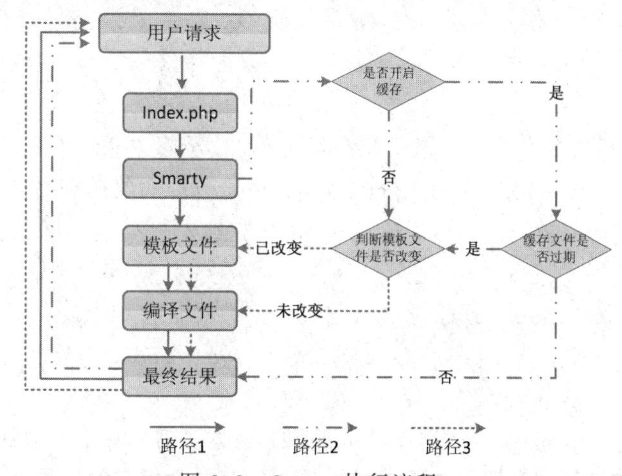

图 3-8　Smarty 执行流程

3.2.2　案例——动手实现迷你版 Smarty

通过对 Smarty 的深入分析可以知道，Smarty 的核心原理就是将 Smarty 标签替换为 PHP 标签。下面根据这一核心原理来实现一个迷你版的 Smarty，通过这一案例读者将对 Smarty 模板引擎有更为透彻的认识，如例 3-3 所示。

【例 3-3】

1. 创建迷你版 Smarty 类文件

由 3.1.3 节例 3-2 可以看出，Smarty 有两个常用方法：assign()、display()。接下来就创建 MiniSmarty 类和这两个方法。

创建文件\chapter03\MiniSmarty.class.php，具体代码如下：

```
1  <?php
2    class MiniSmarty{
3       /**
4        * 为模板分配数据
5        * $name 模板中的变量名
6        * $value 该变量的值
7        */
8       public function assign($name,$value){
9       }
10      /**
```

```
11          * 显示视图
12          * $tpl 模板文件名
13          */
14        public function display($tpl){
15        }
16    }
17 ?>
```

assign()方法用于分配数据，由于分配的数据需要被其他方法访问，所以应该将其保存为类的成员属性，然后通过 assign()方法为其赋值，具体代码如下：

```
1 private $data=array();//分配的数据可能有多个，因此保存为数组
2 public function assign($name,$value){
3     $this->data[$name]=$value;
4 }
```


display()方法用于显示视图，该方法需要一个参数$tpl，表示需要显示的视图模板。为了方便管理和调用，通常将该类文件存放到指定的目录中，并在 MiniSmarty 类中设置一个私有属性用以保存视图文件路径，这里把视图模板放在/chapter03/view/下：

```
private $view_path="./view/";
```

Smarty 中应该还有一个用于编译模板文件的方法 complie()，编译的作用是将包含 MiniSmarty 标签语法的模板代码修改为 PHP 与 HTML 的混编代码，并将这个混编代码保存到一个文件中。与视图模板一样，将此类混编文件保存到指定目录中，并在 MiniSmarty 类中设置一个私有属性用以保存混编文件路径，这里把混编文件放在/chapter03/view_c/下：

```
private $view_c_path="./view_c/";
```

然后实现 complie()编译方法，并在 display()方法中调用，具体代码如下：

```
1       private function compile($tpl){
2         $tpl_file=$this->view_path.$tpl;
3         $com_file=$this->view_c_path.$tpl.".php";
4         //获取视图页面内容
5         $content=file_get_contents($tpl_file);
6         //替换代码中的"{""}"
7         $content=str_replace("{\$","<?php echo \$this->data['",$content);
          //注意不要遗忘中括号后面的单引号
8         $content=str_replace("}","']; ?>",$content);
9         //将替换后的代码写入文件
10        file_put_contents($com_file,$content);
11        return $com_file;
12    }
```

上述代码中第 2 行代码用于拼接视图模板文件的路径，第 3 行代码用于拼接编译文件的路径，第 5 行代码用于获取视图模板的内容，第 7 行代码将视图模板中的“{$”替换为“<?php echo $this->data['”，需要注意的是，“$”符号在双引号中会被解析，因此需要使用“\”符号

进行转义让其变为普通字符，第 8 行代码将视图模板中的“}”替换为“']; ?>”。第 10 行代码将全部替换后的内容写入编译文件中，第 11 行将编译文件路径返回。

2. **创建 index.php，用于测试 MiniSmarty 类**

创建文件\chapter03\index.php，具体代码如下：

```
1 <?php
2    header("Content-Type:text/html;charset=utf-8");
3    require "./MiniSmarty.class.php";
4    $smt=new MiniSmarty;
5    $smt->assign("school","itcast");
6    $smt->display("view.tpl");
7 ?>
```

3. **创建视图模板文件**

创建文件\chapter03\view\view.tpl，具体代码如下：

```
1 <html>
2 <head>
3 </head>
4 <body>
5    {$school}
6 </body>
7 </html>
```

运行结果如图 3-9 所示。

从图 3-9 中可以看出，迷你版 Smarty 成功实现了模板解析。而真正的 Smarty 模板引擎远比上述案例复杂得多，这个案例只是对 Smarty 原理的简单实现，目的只是借这样一个案例让读者对 Smarty 模板引擎有比较深入的了解。

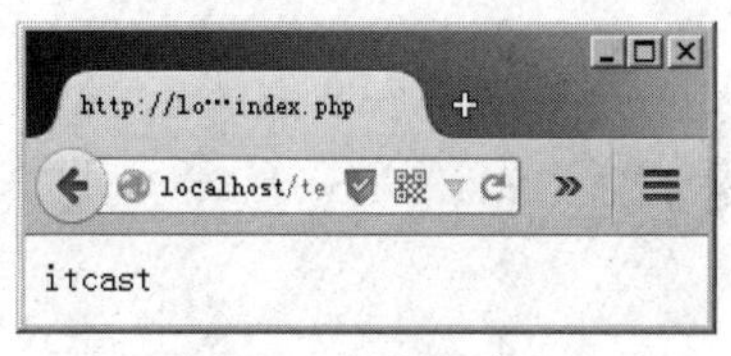

图 3-9　测试页面

3.3　Smarty 详解

通过之前章节的学习，相信读者对 Smarty 模板引擎已经有了较为具体的认识，下面将对 Smarty 的实际运用做详细讲解。

3.3.1　Smarty 的基础语法

与 PHP 一样，Smarty 也有其独特的语法格式，本节将对 Smarty 的基本语法进行详细讲解。

1. **定界符**

定界符是用于标注 Smarty 模板语法开始及结束的标记，只有在定界符内的内容才会被 Smarty 模板引擎解析。需要注意的是，Smarty 默认的开始及结束定界符为“{”和“}”，但在一些特殊情况下，以“{”开始，以“}”结束的代码并不一定就是 Smarty 标签语法，例如在模板文件中加载了经过压缩的 Javascript 脚本文件，因该脚本文件包含“{”、“}”符号，Smarty

解析将会出错，接下来在例 3-2 的基础上进行演示，如例 3-4 所示。

【例 3-4】

```
1 <html>
2 <head>
3    <meta http-equiv='content-type' content='text/html;charset=utf-8' />
4 </head>
5 <body>
6    <h1>{$name}</h1>
7 <script type='text/javascript'>
8 function SayHello(name){alert('Hello'+name);}SayHello('PHP');SayHello
  ('{$name}');
9 </script>
10 </body>
11 </html>
```


运行结果如图 3-10 所示。

要解决这种问题，可以通过 Smarty 的配置文件修改定界符，或者在载入 Smarty 类文件时，对 Smarty 对象的 left_delimiter 和 right_delimiter 属性进行修改，如例 3-5 所示。

【例 3-5】

```
1  <?php
2    header('content-type:text/html;charset=utf-8');
3    $name='itcast';
4    require './Smarty/Smarty.class.php';
5    $smt=new Smarty;
6    $smt->left_delimiter='{{';   //修改 Smarty 开始定界符
7    $smt->right_delimiter='}}';  //修改 Smarty 结束定界符
8    $smt->assign('name',$name);
9    $smt->display('./view.tpl');
10 ?>
```

在例 3-5 中，第 6~7 行代码用于修改 Smarty 的开始及结束定界符。修改完 Smarty 定界符后，还需要对视图内容进行修改，具体代码如下：

```
1 <html>
2 <head>
3 <meta http-equiv='content-type' content='text/html;charset=utf-8' />
4 </head>
5 <body>
6    <h1>{{$name}}</h1>
7  <script type='text/javascript'>
8  function SayHello(name){alert('Hello'+name);}SayHello('PHP');SayHello
```

```
    ('{{$name}}');
9  </script>
10 </body>
11 </html>
```

运行结果如图 3-11 所示。

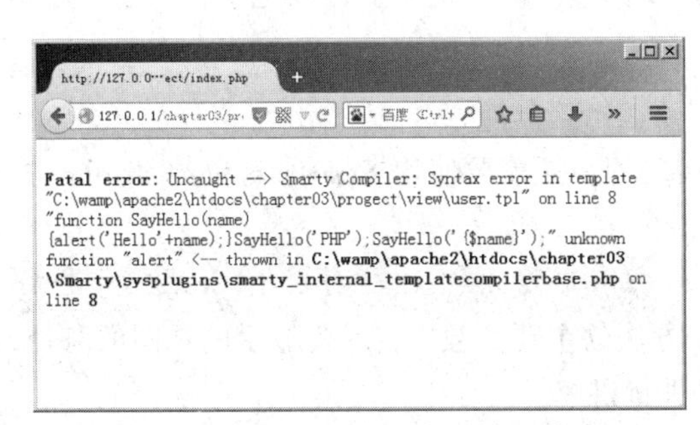

图 3-10 例 3-4 默认定界符的结果

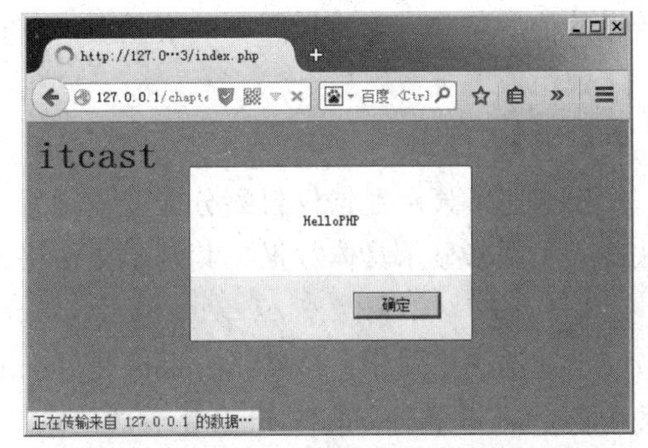

图 3-11 例 3-5 修改定界符后的结果

常见的自定义定界符还有“<{”、“}>”，“<!—{”、“}-->”等。定界符的设置没有强制规定，开发者可以指定任意格式的定界符，只需要注意不与其他标签发生冲突即可。

2. **注释符**

与 HTML、PHP 一样，Smarty 中也有注释符，其语法格式如下：

```
{* 这里是注释 *}
```

与 HTML 注释不同的是，Smarty 的注释不会显示在源代码中。因此出于安全考虑，使用 Smarty 注释代替 HTML 注释是一个比较好的方法，接下来以例 3-2 为基础进行演示，如例 3-6 所示。

【例 3-6】

修改视图文件 view.tpl，具体代码如下：

```
1 <html>
2 <head>
3     <meta http-equiv='content-type' content='text/html;charset=utf-8' />
4 </head>
5 <body>
6     <!--这是 html 注释-->
7     {*这是 Smarty 注释*}
8     <h1>{$name}</h1>
9 </body>
10 </html>
```

以上代码运行后，使用浏览器查看源文件功能查看结果，如图 3-12 所示。

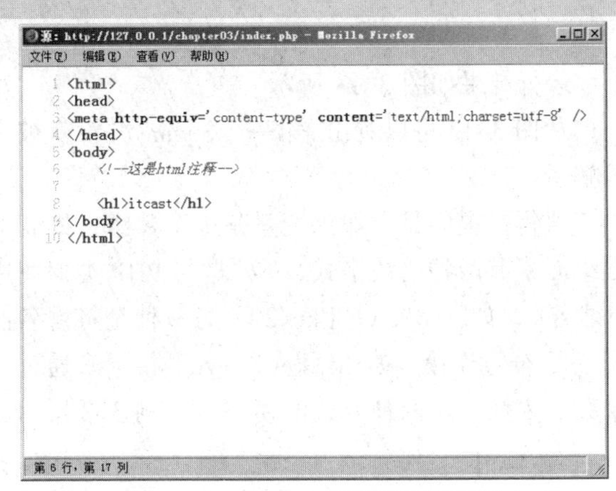

图 3-12 例 3-6 视图页面源代码

从图 3-12 可以看出，HTML 注释被显示在源代码中，而 Smarty 注释并不会显示。

3. 变量分配

在例 3-6 中，Smarty 将变量$name 解析成了“itcast”，这是因为调用了 Smarty 的 assign()方法。该方法的作用是将某个变量或值以名/值的方式分配给视图页面，其基本语法格式如下：

```
$Smarty->assign(string $varname, mixed $var);
```

上述语法格式中，$Smarty 是实例化的 Smarty 对象，assign 为方法名。参数$varname 是要传递的值的名称，即是视图中的变量名。$var 是要传递的值，这个值可以是字符串也可以是一维数组或二维数组。

4. 载入视图

要想正常显示数据仅仅靠分配变量是无法实现的，还需要使用 Smarty 对象的 display 方法载入视图来显示具体数据，其基本语法格式如下：

```
$Smarty->display(string $template, string $cache_id, string $compile_id);
```

上述语法格式中，参数$template 是 display()方法的主要参数，表示要显示的视图的路径，关于$cache_id 和$compile_id 会在后面的章节中进行讲解。

5. 显示变量

在视图文件中显示变量，其语法格式如下：

```
{$variable}
```

上述语法格式中，variable 为 assign()方法设置的变量名。需要注意的是，定界符“{”之后一定要紧跟“$”符号，否则将无法解析，如例 3-7 所示。

【例 3-7】

```
1 <html>
2 <head>
3 <meta http-equiv='content-type' content='text/html;charset=utf-8' />
4 </head>
5 <body>
6     <h1>{ $name}</h1>//此处在“$”符号与“{”之间有一个空格
7     <h1>{$name}</h1>
8 </body>
9 </html>
```

运行结果如图 3-13 所示。

从图 3-13 可以看出，第一个$name 并没有被正确解析。

值得一提的是，如果变量是一个数组，则获取数组元素有两种语法格式，一种是与 PHP 类似使用“[键名]”，如$arr['key1']['key2']。另一种是将键名使用“.”符号连接，如$arr.key1.key2。接下来通过一个案例来演示这两种方式的使用，如例 3-8 所示。

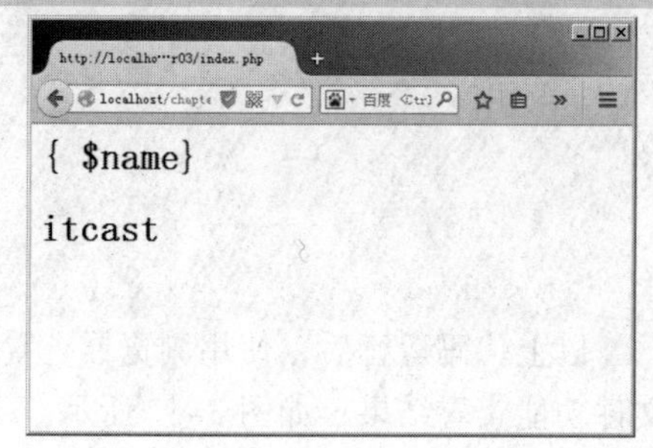

图 3-13　例 3-7 运行结果

【例 3-8】

```
1 <?php
```

```
2    header('content-type:text/html;charset=utf-8');
3    $arr=array(
4       'info'=>array(
5          'name'=>'Tom',
6          'age'=>24
7       ),
8       'stu'=>array(
9          'clanum'=>'5-2',
10         'claname'=>'php'
11         )
12      );
13      require './Smarty/Smarty.class.php';
14      $smt=new Smarty;
15      $smt->assign('row',$arr);
16      $smt->display('./view.tpl');
17   ?>
```

在例 3-8 中，第 3~12 行代码用于创建一个二维数组，并赋值给$arr，第 13 行代码用于载入 Smarty 类文件，第 14 行代码用于实例化 Smarty 对象，第 15 行代码用于分配变量，第 16 行代码用于显示视图。其中视图页面代码如下：

```
1 <html>
2 <head>
3 <meta http-equiv='content-type' content='text/html;charset=utf-8' />
4 </head>
5 <body>
6    <h1>{$row['info']['name']}</h1><!-- 方式一 -->
7    <h1>{$row.stu.claname}</h1><!-- 方式二 -->
8 </body>
9 </html>
```

打开浏览器，访问 index.php 页面，运行结果如图 3-14 所示。

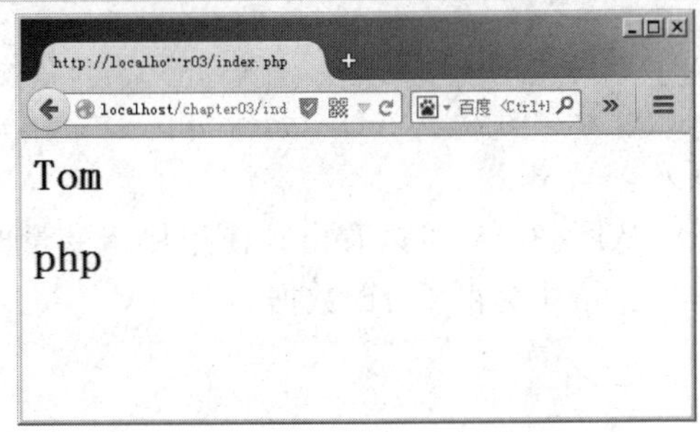

图 3-14　例 3-8 运行结果

从图 3-14 可以看出，这两种方式都可以正确访问数组中的元素。

6. 保留变量

在 Smarty 中有些变量无须使用 assign()方法传值，可以在视图中直接使用，该类变量被称为保留变量。Smarty 中常用的保留变量如表 3-1 所示。

表 3-1　Smarty 常见的保留变量

保留变量名	说　　明
get、post、server、session、cookie、request	相当于 PHP 中的$_GET、$_POST、$_SERVER、$_COOKIE、$_REQUEST
now	获取当前时间戳，相当于 PHP 中的 time()
const	获取定义的常量
ldelim、rdelim	用于获取 Smarty 定界符的字面值

表 3-1 列举了一些 Smarty 中常见的保留变量，接下来，通过一个案例来演示这些变量的使用，如例 3-9 所示。

【例 3-9】

```
1 <?php
2    header('content-type:text/html;charset=utf-8');
3    define('PI','3.14');
4    require './Smarty/Smarty.class.php';
5    $smt=new Smarty;
6    $smt->display('./view.tpl');
7 ?>
```

上述代码中第 3 行定义了一个常量 PI，但并没有使用 assign()方法分配该常量，也没有分配任何其他数据。第 6 行载入视图页面以显示，该页面代码如下：

```
1  <html>
2  <head>
3  <meta http-equiv='content-type' content='text/html;charset=utf-8' />
4  </head>
5  <body>
6    <h1>当前脚本为：{$smarty.server.PHP_SELF}</h1>
7    <h1>当前时间戳：{$smarty.now}</h1>
8    <h1>圆周率为：{$smarty.const.PI}</h1>
9    <h1>Smarty 的定界符是：{$smarty.ldelim}{$smarty.rdelim}</h1>
10 </body>
11 </html>
```

打开浏览器，运行 index.php，运行结果如图 3-15 所示。

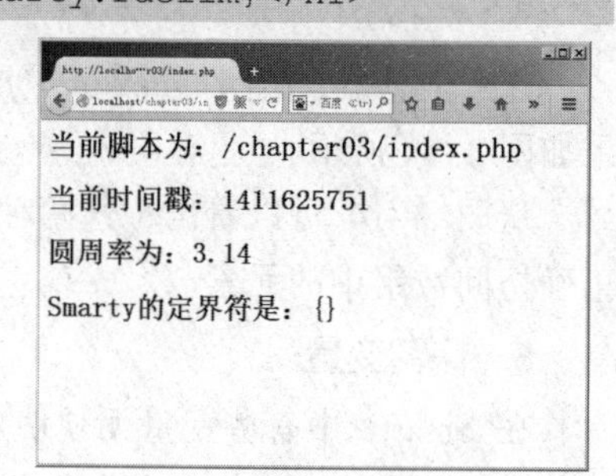

图 3-15　例 3-8 运行结果

从图 3-15 可以看出，使用保留变量时，不需要在 index.php 中为视图分配数据。

3.3.2　变量修饰器

在 3.3.1 节中介绍如何在 Smarty 模板中调用变量，但有时候，不仅要取得变量值，还需要对其进一步的处理以得到需要的结果，接下来介绍几个常用的变量修饰器。

1. date_format

当我们希望将获取的时间戳以易读的格式显示时，可以使用 date_format 调整格式，如例 3-10 所示。

【例 3-10】

```
1 <html>
2 <head>
3 <meta http-equiv='content-type' content='text/html;charset=utf-8' />
4 </head>
5 <body>
6     <h1>当前时间为: {$smarty.now|date_format:"%Y-%m-%d %T"}</h1>
7 </body>
8 </html>
```

运行结果如图 3-16 所示。

图 3-16 例 3-10 运行结果

例 3-10 中第 6 行代码就是变量修饰器的简单运用，其中$smarty.now 表示要处理的变量，date_format 是表示进行何种处理，可以把它理解为 PHP 中的方法，$smarty.now 与 date_format 两者间以“|”分隔。“:”之后是 date_format“方法”的参数，多个参数间使用“:”分开。

date_format 的作用是格式化时间，与 PHP 中的 strftime()函数类似。date_format 有许多转换标记，如表 3-2 所示。

表 3-2 date_format 转换标记

标记字符	说　　明
%a	当前区域星期几的简写
%A	当前区域星期几的全称
%b	当前区域月份的简写
%B	当前区域月份的全称
%c	当前区域首选的日期时间表达
%C	世纪值（年份除以 100 后取整，范围从 00 到 99）
%d	月份中的第几天，十进制数字（范围从 01 到 31）
%D	和 %m/%d/%y 一样
%e	月份中的第几天，十进制数字，一位的数字前会加上一个空格（范围从 '1' 到 '31'）
%g	和 %G 一样，但是没有世纪
%G	4 位数的年份，符合 ISO 星期数（参见 %V）。和 %V 的格式和值一样，只除了如果 ISO 星期数属于前一年或者后一年，则使用该年
%h	和 %b 一样
%H	24 小时制的十进制小时数（范围从 00 到 23）

续表

标记字符	说明
%I	12 小时制的十进制小时数（范围从 00 到 12）
%j	年份中的第几天，十进制数（范围从 001 到 366）
%m	十进制月份（范围从 01 到 12）
%M	十进制分钟数
%n	换行符
%p	根据给定的时间值为 'am' 或 'pm'，或者当前区域设置中的相应字符串
%r	用 a.m. 和 p.m. 符号的时间
%R	24 小时符号的时间
%S	十进制秒数
%t	制表符
%T	当前时间，和 %H:%M:%S 一样
%u	星期几的十进制数表达 [1,7]，1 表示星期一
%U	本年的第几周，从第一周的第一个星期天作为第一天开始
%V	本年的第几周范围从 01 到 53，第 1 周是本年第一个至少还有 4 天的星期，星期一作为每周的第一天（用 %G 或者 %g 作为指定时间戳相应周数的年份组成）
%W	本年的第几周数，从第一周的第一个星期一作为第一天开始
%w	星期中的第几天，星期天为 0
%x	当前区域首选的时间表示法，不包括时间
%X	当前区域首选的时间表示法，不包括日期
%y	没有世纪数的十进制年份（范围从 00 到 99）
%Y	包括世纪数的十进制年份
%Z 或 %z	时区名或缩写
%%	文字上的 '%' 字符

2. truncate

有些时候我们需要让一段文字只显示部分，例如电影网站的电影简介等，如图 3-17 所示。

而每部电影的简介长度是不一样的，如何才能够让众多简介能够像图 3-17 那样省略显示？Smarty 变量调节器中的 truncate 就可以轻松地解决这个问题，如例 3-11 所示。

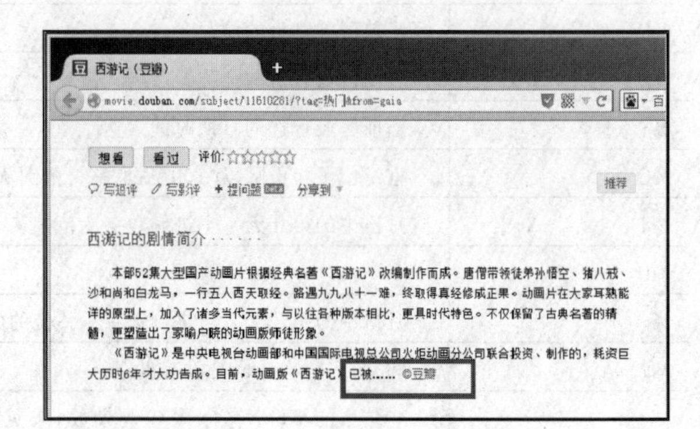

图 3-17　豆瓣网电影介绍

【例 3-11】

```
1 <?php
2   header('content-type:text/html;charset=utf-8');
3   require './Smarty/Smarty.class.php';
```

```
4    $vdoc=array(
5        0=>array(
6            'vname'=>'绣春刀',
7            'vinfo'=>'明崇祯皇帝登基，大太监魏忠贤（金世杰 饰）及其"阉党"被锦衣卫
             倾巢覆灭。',
8        ),
9        1=>array(
10           'vname'=>'驯龙高手2',
11           'vinfo'=>'年轻英勇的维京勇士小嗝嗝 （杰伊·巴鲁切尔 Jay Baruchel 配
             音）驯服受伤的龙，更与它成为好友。'
12           ),
13       );
14       $smt=new Smarty;
15       $smt->assign('vdoc',$vdoc);
16       $smt->display('./view.tpl');
17   ?>
```

在例 3-11 中，第 4~13 行代码用于模拟两组电影的相关数据，第 16 行代码用于显示视图，视图页面代码如下：

```
1  <html>
2  <head>
3  <meta http-equiv='content-type' content='text/html;charset=utf-8' />
4  </head>
5  <body>
6    {foreach $vdoc as $value}
7    <h5>电影：{$value['vname']}</h5>
8    <h5>电影简介：{$value['vinfo']|truncate:"20":"..":true}</h5>
9    {/foreach}
10 </body>
11 </html>
```

运行结果如图 3-18 所示。

在视图页面中，第 8 行代码是对变量进行截取操作，其中 truncate 的作用是截取字符串，它有四个参数。第一个参数是定义要截取的字符串长度，第二个参数定义在截取后追加在末尾的字符串，第三个参数设置截取到词的边界（false），或是精准到字符（true），如果设置为 false，则效果如图 3-19 所示。

truncate 还有第四个参数，该参数如果设置为 false 将截取至字符串末尾，设置为 true 则截取到中间，下面对例 3-10 稍作修改，添加第四个参数且为 true，则效果如图 3-20 所示。

需要注意的是，truncate 截取字符串所采用的长度单位与 PHP 的配置有关，在默认情况下按照字符所占字节来计算，例如{$value['vinfo']|truncate:"20"}将截取长度为二十个字节的字符串。

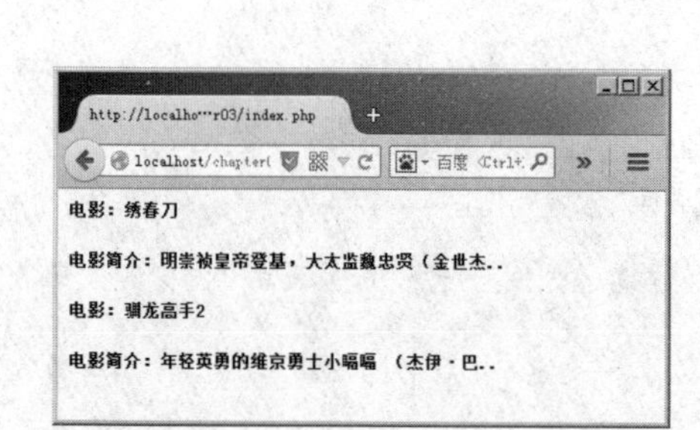

图 3-18　例 3-11 运行结果

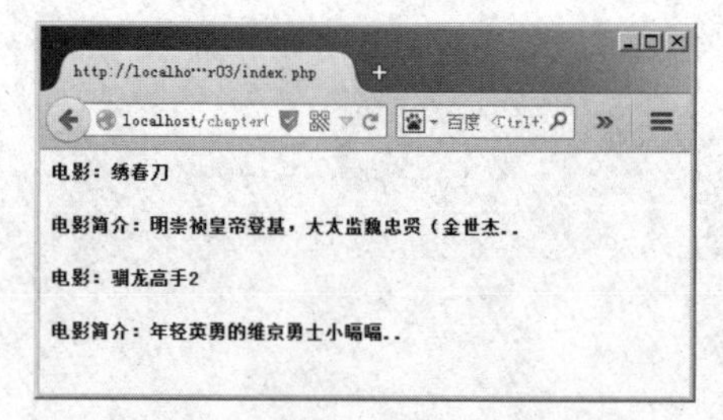

图 3-19　参数三为 false 的结果

而中文属于多字节字符，在 UTF-8 编码下一个字符占用三个字节的长度，那么按照这种计算方式截取的字符很容易出现乱码的情况。要解决这个问题，只需开启 php_mbstring.dll 扩展，再重启 Apache 服务器即可，如图 3-21 所示。

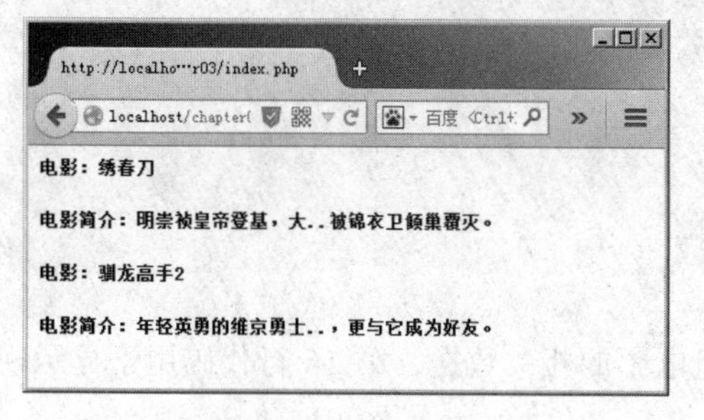

图 3-20　参数四为 true 的结果

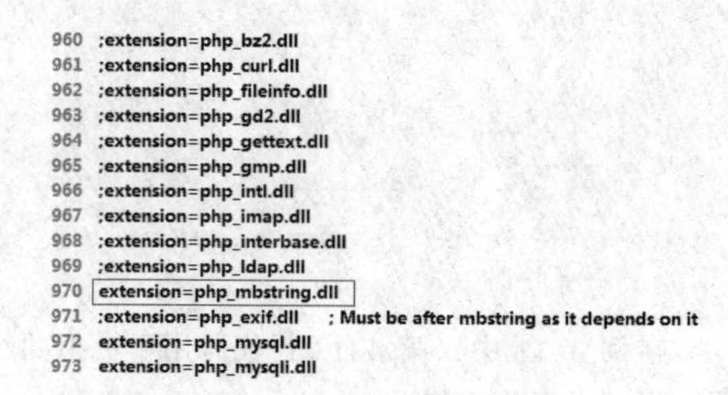

图 3-21　开启 php_mbstring.dll 扩展

3. nl2br

为获取用户输入的长篇内容，表单中往往会采用<textarea>标签。但在<textarea>标签中，用户输入的换行（即回车）是以“\n”的方式存在，此时我们再输出这些内容就会没有换行效果，如例 3-12 所示。

【例 3-12】

```
1 <?php
2    header('content-type:text/html;charset=utf-8');
3    require './Smarty/Smarty.class.php';
4    if($_POST){
5       $doc=$_POST['doc'];
6       $smt=new Smarty;
7       $smt->assign('doc',$doc);
8       $smt->display('./view.tpl');
9       die;
10   }
11 ?>
12 <html>
13 <head>
14 <meta http-equiv='content-type' content='text/html;charset=utf-8' />
15 </head>
```

```
16 <body>
17   <form action='index.php' method='post'>
18       <textarea name='doc'>
19       </textarea><br />
20       <input type='submit' value='提交' />
21   </form>
22 </body>
23 </html>
```

在例 3-12 中，第 17 行代码指定向何处发送表单数据，这里将数据发送给 index.php 页面本身，第 4 行代码用于判断页面是否接收到表单提交的数据，并根据判断结果决定是否运行第 5~9 行代码。第 8 行代码用于载入视图页面，其代码如下所示：

```
1 <html>
2 <head>
3 <meta http-equiv='content-type' content='text/html;charset=utf-8' />
4 </head>
5 <body>
6     {$doc}
7 </body>
8 </html>
```

打开浏览器，访问 index.php 页面，并输入测试数据，如图 3-22 所示。

单击“提交”按钮，运行结果如图 3-23 所示。

图 3-22　index.php 显示结果

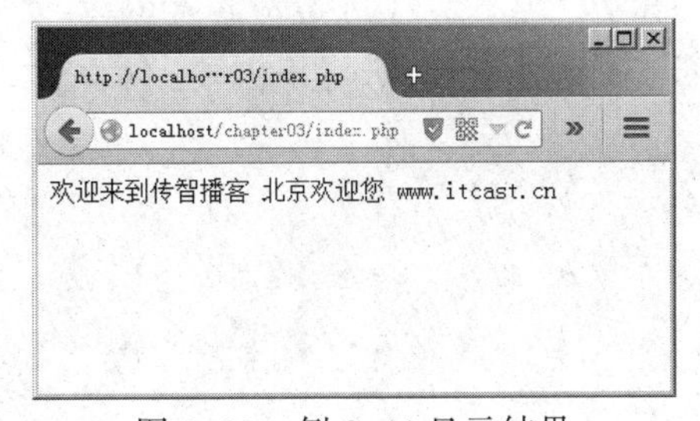

图 3-23　例 3-11 显示结果

从图 3-23 可以看出，显示结果与输入时的格式不一致。为解决这种显示问题，在视图中使用 Smarty 模板显示变量时就可以使用 nl2br 将“\n”转换为“
”，view.tpl 页面重新修改后代码如下所示：

```
1 <html>
2 <head>
3 <meta http-equiv='content-type' content='text/html;charset=utf-8' />
4 </head>
5 <body>
6     {$doc|nl2br}
7 </body>
8 </html>
```

重新访问 index.php 页面，并输入相同的数据，运行结果如图 3-24 所示。

4. default

从数据库获取数据时，某条数据的某些字段可能没有值或者为空值，此时如果在页面中显示这些数据可能会对程序造成破坏，因此需要大量的逻辑判断来保证程序的正常运行。而在 Smarty 变量修饰器中的 default 可以在变量没有值或为空值时，为其分配一个指定的值，从而省去大段的逻辑判断，如例 3-13 所示。

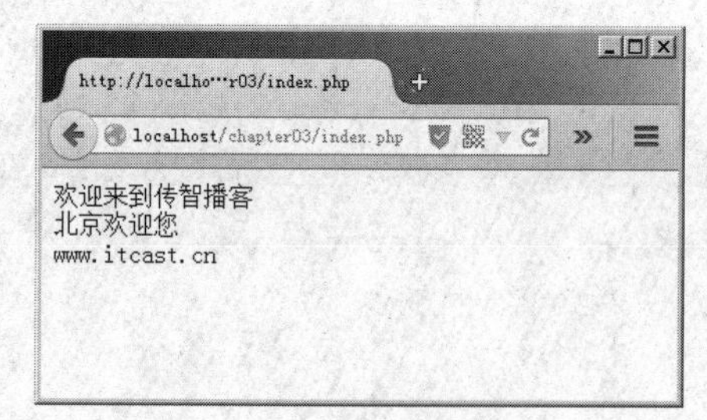

图 3-24　修改后的结果

【例 3-13】

```
1  <?php
2      header('content-type:text/html;charset=utf-8');
3      require './Smarty/Smarty.class.php';
4      $phinfo=array(
5          0=>array(
6              'ph_name'=>'iphone',//手机名
7              'ph_weight'=>'350g',//手机重量
8              'ph_sys'=>'IOS'//手机系统
9          ),
10         1=>array(
11             'ph_name'=>'小米',
12             'ph_weight'=>'370g',
13             'ph_sys'=>''//该字段没有值
14         ),
15         2=>array(
16             'ph_weight'=>'400g',
17             'ph_sys'=>'Symbian'//缺少 ph_name 字段
18         ),
19     );
20     $smt=new Smarty;
21     $smt->assign('phinfo',$phinfo);
22     $smt->display('./view.tpl');
23 ?>
```

在例 3-13 中，第 4~19 行代码用于模拟手机信息数据，第 21 行代码用于分配数据，第 22 行代码用于载入视图以显示数据，视图页面代码如下：

```
1  <html>
2  <head>
3  <meta http-equiv='content-type' content='text/html;charset=utf-8' />
```

```
4 </head>
5 <body>
6   <table border="1" cellspacing="0" align="center">
7   {foreach $phinfo as $value}
8      <tr>
9         <td>{$value['ph_name']|default:"诺基亚"}</td>
10           <td>{$value['ph_weight']|default:"300g"}</td>
11           <td>{$value['ph_sys']|default:"Android"}</td>
12        </tr>
13     {/foreach}
14     </table>
15 </body>
16 </html>
```

在视图页面代码中，第 7 行、第 13 行代码组成了一个循环遍历数组的语句，该语句的具体使用会在 3.3.3 节进行详细讲解，第 9~11 行代码即是对 default 的使用，结果如图 3-25 所示。

从图 3-25 可以看出，小米的重量属性虽然是空值，但仍然显示出了“Android”的字样，而第三条数据是没有手机名这个字段的，也显示出了“诺基亚”的字样。

5. indent

有些时候我们需要让数据在显示时进行首行缩进，例如一篇站内信或文章等。Smarty 变量修饰器提供了一种简便的方式：indent，接下来通过一个案例来学习 indent 的用法，如例 3-14 所示。

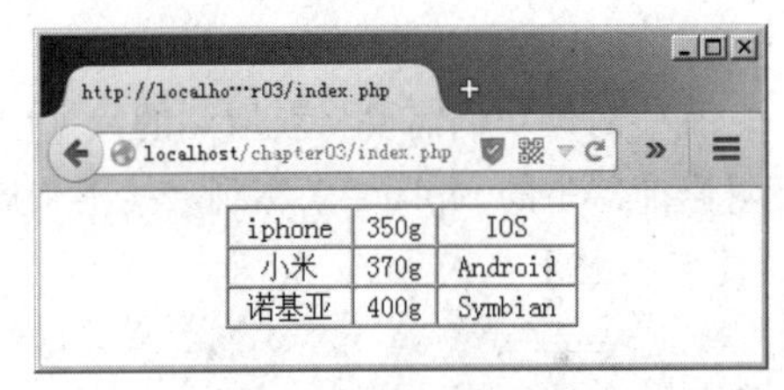

图 3-25　例 3-13 运行结果

【例 3-14】

```
1 <?php
2    header('content-type:text/html;charset=utf-8');
3    require './Smarty/Smarty.class.php';
4    $doc='PHP 最主要的作用就是用于 WEB 网站开发，而 WEB 开发的基石是 HTTP 协议，一
     些培训机构根本不讲 HTTP 协议有的培训机构会讲一点的 HTTP 的基础，但对 HTTP 底层的
     原理却只是一点皮毛，这很容易造成同学们知其然而不知其所以然。学员不知道如何利用
     Http 请求的消息头 Referer 实现防盗链,如何使用 Http 响应的状态码来控制浏览器的行
     为. 如何使用 Socke 来发送 Http 请求并配合正则表达式去采集指定数据（比如图片、视
     频、链接）。';
5    $smt=new Smarty;
6    $smt->assign('doc',$doc);
7    $smt->display('./view.tpl');
8 ?>
```

在例 3-14 中，第 4 行代码用于模拟一篇短文，第 6 行代码用于分配数据，第 7 行代码

用于载入视图以显示数据，视图页面代码如下：

```
1 <html>
2 <head>
3 <meta http-equiv='content-type' content='text/html;charset=utf-8' />
4 </head>
5 <body>
6    {$doc|indent:4:" "} <!-- 使用 指定缩进字符 -->
7 </body>
8 </html>
```

运行效果如图3-26所示。

在视图页面中，第6行代码使用indent对变量进行缩进，indent有2个参数，第1个参数决定缩进多少个字符，默认为4个字符。第2个参数用于指定使用什么字符进行缩进。

需要注意的是，在HTML中进行缩进，需要使用“ ”作为缩进字符，否则在页面显示的时候没有缩进效果。

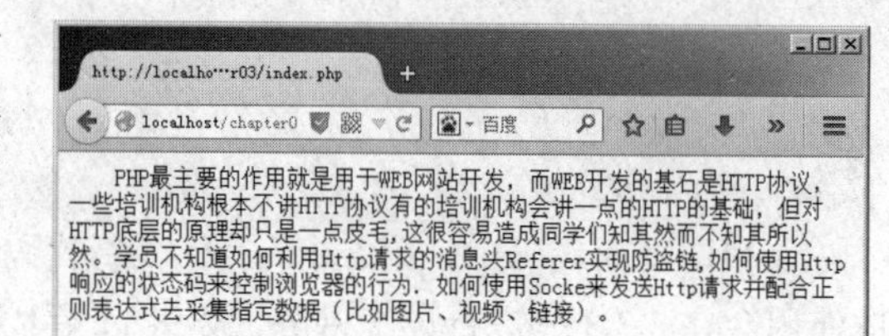

图3-26　例3-14运行结果

6. replace

有些时候我们需要将获取到的数据中的某些字符替换为其他字符，此时就可以使用Smarty变量修饰器中的replace来实现。接下来通过一个案例来学习replace的用法，如例3-15所示。

【例3-15】

```
1 <?php
2    header('content-type:text/html;charset=utf-8');
3    require './Smarty/Smarty.class.php';
4    $doc='传智播客 ITCAST';
5    $smt=new Smarty;
6    $smt->assign('doc',$doc);
7    $smt->display('./view.tpl');
8 ?>
```

在例3-15中，第4行代码定义变量并赋值，第6行代码用于分配数据，第7行代码用于载入视图以显示数据，视图页面代码如下：

```
1  <html>
2  <head>
3  <meta http-equiv='content-type' content='text/html;charset=utf-8' />
4  </head>
5  <body>
6    {$doc}
7    <hr>
8    {$doc|replace:'ITCAST':'ITCAST-PHP'}
```

```
9 </body>
10 </html>
```

打开浏览器，访问 index.php 页面，运行结果如图 3-27 所示。

在视图页面中，第 6 行代码用于输出未修改的数据，第 8 行代码用于输出替换后的数据。从该行代码可以看出，replace 有 2 个参数，第 1 个参数用于指定将被替换的文本字符串，第 2 个参数指定用来替换的字符串。从图 3-27 可以看出，横线下的字符串“ITCAST”被替换为了“ITCAST-PHP”。

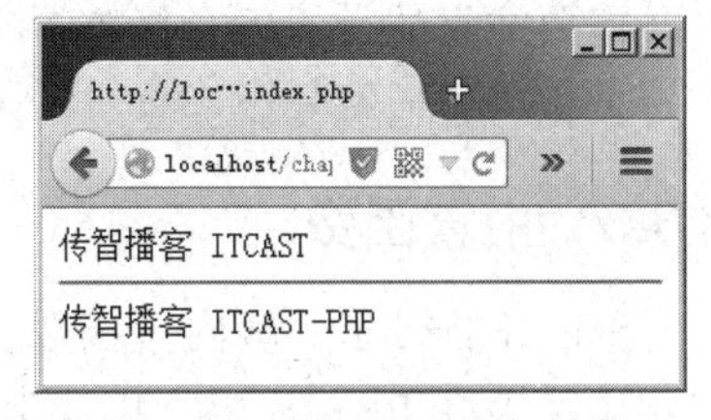

图 3-27　例 3-15 运行结果

7. **组合修饰器**

组合修饰器并不是一个有特定功能的修饰器，而是多个修饰器组合使用的一种方式。对于一个变量，可以使用多个修饰器，它们将按照从左到右的顺序被依次调用。使用时必须要用“|”字符作为它们之间的分隔符。接下来通过一个案例来学习组合修饰器的用法，如例 3-16 所示。

【例 3-16】

```
1 <?php
2    header('content-type:text/html;charset=utf-8');
3    require './Smarty/Smarty.class.php';
4    $doc='welcome come to beijing,beijing is a lovely city.';
5    $smt=new Smarty;
6    $smt->assign('doc',$doc);
7    $smt->display('./view.tpl');
8 ?>
```

在例 3-16 中，第 4 行代码定义变量并赋值，第 6 行代码用于分配数据，第 7 行代码用于载入视图以显示数据，视图页面代码如下：

```
1  <html>
2  <head>
3  <meta http-equiv='content-type' content='text/html;charset=utf-8' />
4  </head>
5  <body>
6    {$doc}
7    <hr>
8    {$doc|capitalize|truncate:30:"...":true}
9  </body>
10 </html>
```

打开浏览器，访问 index.php 页面，运行结果如图 3-28 所示。

图 3-28　例 3-16 运行结果

在视图页面中，第 6 行代码用于输出未修改的数据。

第 8 行代码用于输出组合修饰器修改后的数据，其中 capitalize 表示将变量中的所有单词首字母大写，truncate 表示截取字符。从图 3-28 也可以看出，横线下的字符串中所有单词的首字母全部大写，并且字符串长度为 30，最后以“...”结束。

需要注意的是，组合修饰器在有些地方也被称为复合修饰器，而连接修饰器之间的“|”字符被称为管道符号。

3.3.3 内置函数

Smarty 自带了一些内置函数，这些内置函数是 Smarty 模板引擎的组成部分。它们被编译成相应的内嵌 PHP 代码，以获得最大性能。所谓内置函数就是在 Smarty 模板中，用以实现某些特定功能的标签。下面对内置函数中常用的几个进行详细讲解。

1. {if}...{elseif}...{else}

与 PHP 中的 if 结构语句类似，Smarty 中可以使用{if}结构语句实现流程控制，每一个{if}必须与一个{/if}成对出现，允许使用{else}和{elseif}，所有 PHP 条件和函数在这里同样适用，如||、or、&&、and、is_array()等。如果开启安全策略，只支持符合$php_functions 的安全策略属性的 PHP 函数。

下面列举了在{if}中使用的限定符，它们的左右必须用空格分隔开，注意表格中方括号代表该参数是可选的，在适用情况下使用相应的等号（全等或不全等），如表 3-3 所示。

表 3-3　限定符及说明

限定符	备用词	语法用例	说　明	PHP 等同表达
==	eq	$a eq $b	equals	==
!=	ne,neq	$a neq $b	not equals	!=
>	gt	$a gt $b	greater than	>
<	lt	$a lt $b	less than	<
>=	gte,ge	$a ge $b	greater than or equal	>=
<=	lte,le	$a le $b	less than or equal	<=
===		$a === 0	check for identity	===
!	not	not $a	negation(unary)	!
%	mod	$a mod $b	modulous	%
is[not] div by		$a is not div by 4	divisible by	$a%$b==0
is[not] even		$a is not even	[not] an even number (unary)	$a%2==0
is[not] even by		$a is not even by $b	grouping level [not] even	($a/$b)%2==0
is[not] odd		$a is not odd	[not] an odd number (unary)	$a%2!=0
is[not] odd by		$a is not odd by $b	[not] an odd grouping	($a/$b)%2!=0

表 3-3 列举了在{if}中有效的限定符，接下来，通过一个判断变量奇偶性的案例来学习{if}结构语句及限定符的用法，如例 3-17 所示。

【例 3-17】

```
1 <?php
2     header('content-type:text/html;charset=utf-8');
3     require './Smarty/Smarty.class.php';
4     $number=21;
5     $smt=new Smarty;
6     $smt->assign('number',$number);
7     $smt->display('./view.tpl');
8 ?>
```

在例 3-17 中，第 4 行代码定义了一个变量$number 并赋值 21，第 6 行代码用于分配数据，第 7 行代码用于载入视图以显示数据，视图页面代码如下：

```
1  <html>
2  <head>
3  <meta http-equiv='content-type' content='text/html;charset=utf-8' />
4  </head>
5  <body>
6    {if $number is even}
7      {$number}是一个偶数
8    {else}
9      {$number}是一个奇数
10   {/if}
11 </body>
12 </html>
```

运行结果如图 3-29 所示。

在视图页面中，第 6~10 行就是{if}结构语句。其中第 6 行代码用于判断$number 是否是偶数，如果是偶数，则执行第 7 行代码，如果不是偶数则执行第 9 行代码。

图 3-29 例 3-17 运行结果

2. {foreach}

通常在进行数据显示的时候无可避免地要使用到数组，要想获取数组信息，在 PHP 中可以使用 foreach 语法结构，该语法结构提供了遍历数组的功能。而在 Smarty 模板中同样存在类似的语法结构，那就是{foreach}。

{foreach}有两种语法结构，如下所示：

```
结构一：{foreach $arrayvar as $itemvar}
结构二：{foreach $arrvar as $keyvar=>$itemvar}
```

在 3.3.2 节例 3-12 中，已经对{foreach}有了初步的使用。接下来通过一个案例来学习{foreach}的用法，如例 3-18 所示。

【例 3-18】

```
1 <?php
```

```
2    header('content-type:text/html;charset=utf-8');
3    require './Smarty/Smarty.class.php';
4    $user_info=array(
5       0 => array(
6          'uname'=>'tom',
7          'phone'=>'123-456-7890',
8          'tal'=>'010-80080008'
9       ),
10      1 => array(
11         'uname'=>'gerry',
12         'phone'=>'098-765-4321',
13         'tal'=>'020-60060006'
14      ),
15      );
16      $smt=new Smarty;
17      $smt->assign('user_info',$user_info);
18      $smt->display('./view.tpl');
19   ?>
```

在例 3-18 中，第 4~15 行代码使用数组保存了两条用户信息，第 17 行代码用于分配数据，第 18 行代码用于载入视图以显示数据，视图页面代码如下：

```
1  <html>
2  <head>
3  <meta http-equiv='content-type' content='text/html;charset=utf-8' />
4  </head>
5  <body>
6     <table border="1" cellspacing="0" align="center">
7        {foreach $user_info as $user}
8        <tr align="center">
9           {foreach $user as $user_key => $user_value}
10            <td>{$user_key}</td>
11           <td>{$user_value}</td>
12           {/foreach}
13       </tr>
14       {/foreach}
15    </table>
16 </body>
17 </html>
```

uname	tom	phone	123-456-7890	tal	010-80080008
uname	gerry	phone	098-765-4321	tal	020-60060006

图 3-30　例 3-18 运行结果

运行结果如图 3-30 所示。

视图页面第 7~14 行代码即是{foreach}的循环遍

历，且这里使用了{foreach}循环的嵌套。其中第 7 行、第 14 行组成了外层循环，由于$user_info 是一个二维数组，因此这个外层循环的目的是确定数组元素个数，同时循环遍历$user_info 数组中的每个元素，再将该元素赋值给$user 并交由内层循环再次遍历。第 9 行、第 12 行组成了内层循环，用以循环遍历$user 中每个元素，$user 是关联数组，可以使用{foreach}的第二种结构将数组的键和值同时获取到。

需要注意的是，在 Smarty3 中，{foreach}语法不需要任何属性名。但 Smarty 2.x 中的{foreach form=$marray key="mykey" item="myitem"}语法仍受支持。

{foreach}结构语句与 PHP 中 foreach 不同的是，{foreach}还有一些属性，如表 3-4 所示。

表 3-4 Smarty 中{foreach}的属性

属性	语法用例	说明
@index	$value@index	index 包含当前数组元素的下标，开始为 0
@iteration	$value@iteration	iteration 包含当前循环的迭代，总是以 1 开始，这点与 index 不同。每迭代一次值自动加 1
@first	$value@first	当{foreach}循环第一个时 first 为真
@last	$value@last	当{foreach}迭代到最后时 last 为真
@show	$value@show	show 属性用在检测{foreach}循环是否无数据显示，show 是个布尔值（true or false）
@total	$value@total	total 包含{foreach}循环的总数（整数），可以用在{forach}里面或后面

接下来通过一个偶数行表格高亮显示的案例学习@iteration 的使用，如例 3-19 所示。

【例 3-19】

```
1 <?php
2   header('content-type:text/html;charset=utf-8');
3   require './Smarty/Smarty.class.php';
4   $user_info=array(
5      0 => array('country' => '蜀国', 'name' => '诸葛亮',),
6      1 => array('country' => '魏国', 'name' => '司马懿',),
7      2 => array('country' => '吴国', 'name' => '周瑜',),
8      3 => array('country' => '蜀国', 'name' => '马超',),
9      4 => array('country' => '魏国', 'name' => '典韦',),
10     5 => array('country' => '吴国', 'name' => '黄盖',),
11     );
12     $smt=new Smarty;
13     $smt->assign('user_info',$user_info);
14     $smt->display('./view.tpl');
15  ?>
```

在例 3-19 中，第 4~11 行代码将要显示的数据以数组的形式赋值给$user_info 变量，第 13 行代码用于分配数据，第 14 行代码用于载入视图以显示数据，视图页面代码如下：

```
1 <html>
2 <head>
3 <meta http-equiv='content-type' content='text/html;charset=utf-8' />
4 </head>
5 <body>
6   <table border="1" cellspacing="0" align="center">
7      {foreach $user_info as $value}
8        {if $value@iteration is even}
9          <tr bgcolor="#D4D0C8">
10       {else}
11         <tr>
12       {/if}
13             <td>{$value['country']}</td>
14             <td>{$value['name']}</td>
15           </tr>
16       {/foreach}
17     </table>
18   </body>
19   </html>
```

运行结果如图 3-31 所示。

在视图页面中，第 7 行、第 16 行代码组成了{foreach}循环遍历语句，第 8~12 行代码是{if}结构语句，其中第 8 行代码即使用了{foreach}的属性@iteration，$value@iteration 可以看作获取到的表格当前行的行号，该行的作用就是判断表格当前行是否为偶数行，如果是则执行第 9 行代码；如果不是则执行第 11 行代码。这样就实现了偶数行高亮显示的效果。

图 3-31　例 3-19 运行结果

3.3.4　自定义函数

Smarty 中包含很多自定义函数，通过这些自定义函数可以实现许多功能，下面对其中常用的几个函数进行详细讲解。

1. {cycle}

在例 3-18 中，通过{if}判断语句判断表格当前行的奇偶性，并为奇数行和偶数行分配不同的颜色产生高亮效果。那么如何将更多的背景颜色按次序分给表格的每一行呢，Smarty 提供了一个内置函数{cycle}，该函数用于交替使用一组值。下面对例 3-18 的视图页面代码稍作修改，使用{cycle}代替{if}结构语句完成高亮显示，如例 3-20 所示。

【例 3-20】

```
1 <html>
```

```
2 <head>
3 <meta http-equiv='content-type' content='text/html;charset=utf-8' />
4 </head>
5 <body>
6    <table border="1" cellspacing="0" align="center">
7       {foreach $user_info as $value}
8       <tr bgcolor="{cycle values="#EEE,#CCC,#AAA"}">
9          <td>{$value['country']}</td>
10         <td>{$value['name']}</td>
11      </tr>
12      {/foreach}
13   </table>
14 </body>
15 </html>
```

运行结果如图 3-32 所示。

在例 3-20 中，第 8 行代码即是{cycle}的运用。从图 3-32 可以看出，表格的所有行都是以#EEE、#CCC、#AAA 三种颜色循环显示的。

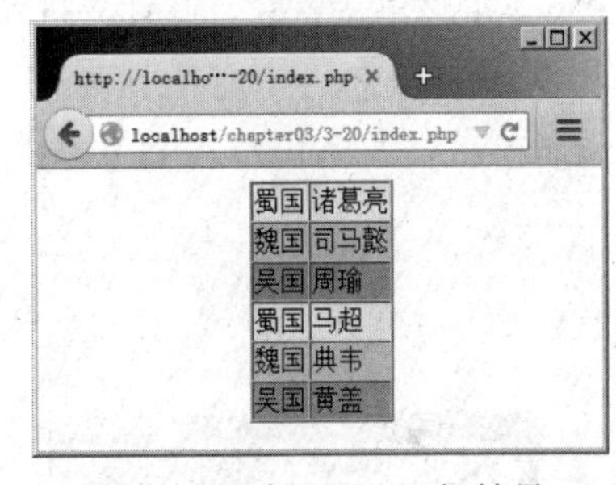

图 3-32　例 3-20 运行结果

值得一提的是，如果希望每行的样式更为丰富，可以定义 class 样式，让{cycle}的 values 值为样式名即可。

2. {mailto}

在有些网站上经常能够看到“联系我们”这样的链接，单击该链接通常会自动打开当前计算机系统中默认的电子邮件客户端软件，用以发送邮件给网站管理人员，这是因为该链接使用了 mailto 邮件链接。Smarty 中的{mailto}函数也可以实现这样的功能，下面通过一个案例学习{mailto}的用法，如例 3-21 所示。

【例 3-21】

```
1 <?php
2    header('content-type:text/html;charset=utf-8');
3    require './Smarty/Smarty.class.php';
4    $smt=new Smarty;
5    $to="administration@itcast.cn";
6    $smt->assign("to",$to);
7    $smt->display('./view.tpl');
8 ?>
```

在上述代码中，第 5 行代码用于定义接收人的电子邮件地址，第 6 行代码用于分配数据，第 7 行代码用于载入视图以显示数据，视图页面代码如下：

```
1 <html>
```

```
2 <head>
3 <meta http-equiv='content-type' content='text/html;charset=utf-8' />
4 </head>
5 <body>
6    {mailto address="$to" subject="反馈意见" cc="test@itcast.cn" text="
     联系我们"}
7 </body>
8 </html>
```

运行结果如图 3-33 所示。

在视图页面代码中，第 6 行代码即是对{mailto}的使用，代码解释如下：

- address：接收人电子邮件地址。
- subject：邮件主题。
- cc：邮件抄送地址，多条地址信息以逗号分隔。
- text：邮件链接上显示的文本，默认为电子邮件地址。

以上四个参数是{mailto}函数的常用参数。

单击该链接就会打开计算机默认的电子邮件客户端软件，此处演示的是 foxmail 客户端，如图 3-34 所示。

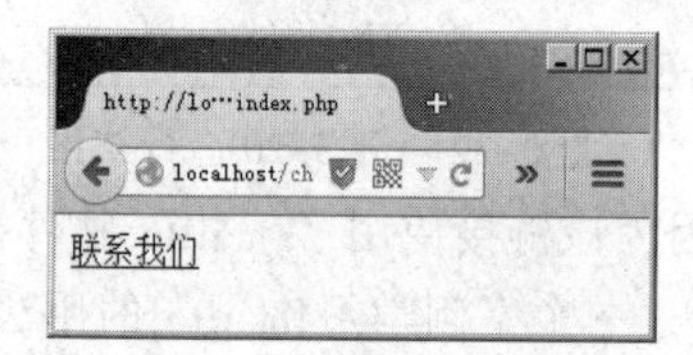

图 3-33　例 3-21 运行结果

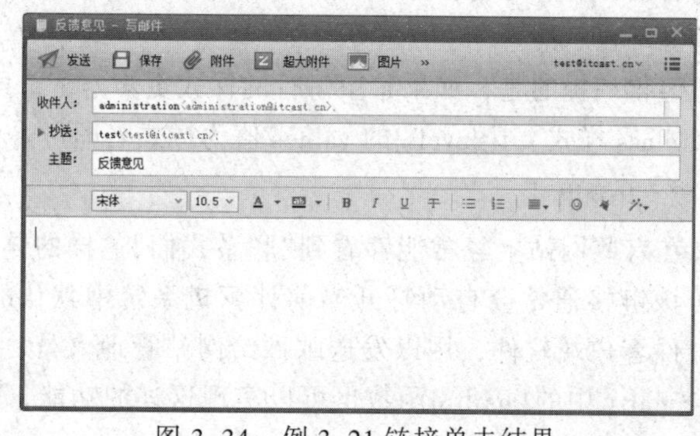

图 3-34　例 3-21 链接单击结果

3. {html_checkboxes}

在某些网站中需要经常使用复选框，例如音乐网站需要在乐曲列表的每首音乐前设置复选框，以供用户选择自己喜爱的音乐播放，如图 3-35 所示。

这些歌曲数据通常是从数据库中得到的，并且以数组的形式返回给 PHP 脚本。如果希望像图 3-35 那样显示，就需要使用<foreach>循环语句进行循环遍历。而 Smarty 提供了一个便捷的函数{html_checkboxes}以实现同样的功能，接下来通过一个案例来学习{html_checkboxes}的用法，如例 3-22 所示。

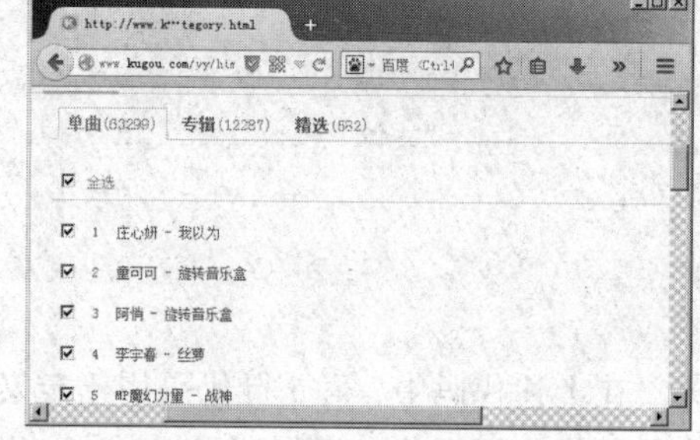

图 3-35　酷狗音乐网站页面

【例 3-22】

```
1  <?php
2    header('content-type:text/html;charset=utf-8');
```

```
 3    require './Smarty/Smarty.class.php';
 4    $smt=new Smarty;
 5    $hobby_name=array("架子鼓","电子琴","吉他","贝斯","萨克斯");//爱好名
 6    $hobby_id=array(1001,1002,1003,1004,1005);//爱好 id
 7    $default_id="1003";//默认爱好 id
 8    $smt->assign("hobby_name",$hobby_name);
 9    $smt->assign("hobby_id",$hobby_id);
10    $smt->assign("default_id",$default_id);
11    $smt->display('./view.tpl');
12 ?>
```

在例 3-22 中，第 5~7 行代码用于定义相关数据，第 8~10 行代码用于分配数据，第 11 行代码用于载入视图以显示数据，视图页面代码如下：

```
1 <html>
2 <head>
3 <meta http-equiv='content-type' content='text/html;charset=utf-8' />
4 </head>
5 <body>
6    {html_checkboxes name='id' values=$hobby_id output=$hobby_name selected=
     $default_id separator=" "}
7 </body>
8 </html>
```

运行结果如图 3-36 所示。

在视图页面中，第 6 行代码即是对{html_checkboxes}的使用，代码解释如下：

图 3-36　例 3-22 运行结果

- name：复选框按钮的名称。
- values：包含复选框按钮值的数组。
- output：包含复选按钮组显示值的数组。
- selected：已选定的元素或元素数组。
- separator：分隔每个复选按钮的字符串。

值得一提的是，通常$hobby_id 和$hobby_name 是以关联数组的键和值的组合形式出现，此时就不能使用例 3-22 的方式创建复选按钮，下面对例 3-22 的代码稍作修改令其能够针对关联数组创建复选按钮，如例 3-23 所示。

【例 3-23】

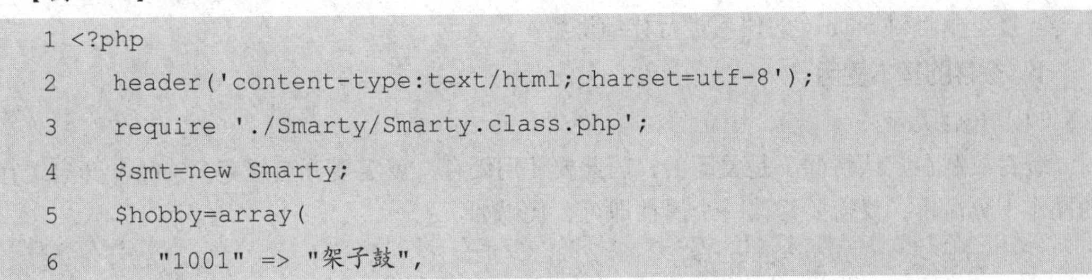

```
1 <?php
2    header('content-type:text/html;charset=utf-8');
3    require './Smarty/Smarty.class.php';
4    $smt=new Smarty;
5    $hobby=array(
6       "1001" => "架子鼓",
```

```
7        "1002" => "电子琴",
8        "1003" => "吉他",
9        "1004" => "贝斯",
10       "1005" => "萨克斯",
11       );//爱好数组
12       $default_id="1003";
13       $smt->assign("hobby",$hobby);
14       $smt->assign("default_id",$default_id);
15       $smt->display('./view.tpl');
16    ?>
```

在例 3-23 中，第 5~11 行代码用于定义关联数组$hobby，第 12 行代码用于定义默认爱好 id，第 13~14 行代码用于分配数据，第 15 行代码用于载入视图以显示数据，视图页面代码如下：


```
1 <html>
2 <head>
3 <meta http-equiv='content-type' content='text/html;charset=utf-8' />
4 </head>
5 <body>
6    {html_checkboxes name='id' options=$hobby selected=$default_id separator=
     " "}
7 </body>
8 </html>
```

做了以上修改后显示效果与图 3-36 一致，在第 6 行代码中，options 参数的值是包含值和显示文本的关联数组，该参数代替了之前的 values 和 output 参数。

与{html_checkboxes}类似的还有{html_radios}、{html_options}函数，其中{html_radios}用于创建单选按钮，{html_options}用于创建下拉菜单按钮。

3.3.5 缓存

Smarty 能够被广泛使用的一个主要原因就是，Smarty 提供了一个相对完善的缓存机制。缓存机制的作用是将一个请求的处理结果以文件的形式保存到指定目录下，当再次访问这个请求的时候，直接将这个缓存文件返回给用户，省略了请求数据、编译文件、执行文件等一系列过程，从而使 Smarty 在处理请求时性能得到极大的提升。

不过需要注意的是，对数据实时性要求极高的程序不适合使用缓存机制，例如微博、股票等。接下来将对 Smarty 的使用进行详细讲解。

1. 缓存的基本使用

（1）开启缓存

缓存机制在默认情况下是关闭的，因此要使用缓存，就需要开启缓存。Smarty 开启缓存的操作十分简单，仅需要修改一个属性即可，代码如下：

```
$smarty->caching = true;
```

（2）设置缓存文件生命周期

前面已经说过，缓存文件保存的是用户请求的处理结果，这个处理结果中包含一些实体数据。如果缓存文件总是生效，那么即使数据更新后，用户得到的也还是之前的结果。这显然是不合理的，因此就需要设置一个时间段，指定缓存文件的有效期。当缓存文件超过有效期后，程序会重新请求数据、加载模板文件、编译文件、执行文件并再次生成缓存文件。

Smarty 设置缓存文件生命周期的代码如下：

```
$smarty->cache_lifetime = -1 | 0 | N;
```

① -1：表示缓存文件永不失效。

有些页面可能很长时间或永远不会发生变化，例如登录页面、表单页面等，此时就可以将其缓存文件生命周期设置为“-1”。此时如果页面发生变化，可以将缓存文件手动清除再访问。

② 0：表示缓存文件立即失效。

该设置一般在做测试时使用，用以测试缓存机制是否生效，能否生成缓存文件。

③ N：表示缓存文件的生命周期为 N 秒。

例如设置为 100，则表示缓存文件将在 100 秒后失效。

注意：

如果不设置缓存文件的生命周期，Smarty 会有一个默认的失效期——3600 秒。

（3）设置缓存文件保存目录

生成的缓存文件需要存放到一个目录下，在默认情况下 Smarty 会把生成的缓存文件保存到当前文件目录下。为方便管理，通常将缓存文件保存到指定目录下，这就需要设置缓存文件的保存目录，代码如下：

```
$smarty->cache_dir = 'chapter03/data_cache/';
```

（4）缓存文件名

缓存文件需要一个文件名以便访问该文件，不过缓存文件的文件名和编译文件的文件名一样，是由 Smarty 内部进行创建和维护的，并不需要人为干预。

通过上面的讲解，可以看出 Smarty 缓存的使用是十分简单的。接下来通过一个案例学习 Smarty 缓存机制的使用，如例 3-24 所示。

【例 3-24】

```
1 <?php
2    header('content-type:text/html;charset=utf-8');
3    require './Smarty/Smarty.class.php';
4    $smt=new Smarty;
5    $smt->caching=true;
6    $smt->cache_lifetime=10;
7    $smt->cache_dir='./data_cache/';
8    $smt->display('./view.tpl');
9 ?>
```

在例 3-24 中，第 5 行代码用以开启缓存，第 6 行代码用以设置缓存文件的生命周期为 10 秒，第 7 行代码用以设置缓存文件的保存目录，第 8 行代码用以载入视图文件，该视图文件代码如下：

```
1 <html>
2 <head>
3 <meta http-equiv='content-type' content='text/html;charset=utf-8' />
4 </head>
5 <body>
6    {$smarty.now|date_format:"%H:%M:%S"}
7 </body>
8 </html>
```

在视图页面中，第 6 行代码用以获取系统当前时间。运行结果如图 3-37 所示。

此时不论如何刷新页面，获取的时间仍然如图 3-37 所示的结果。只有当缓存失效后再次访问，显示时间才会变化，如图 3-38 所示。

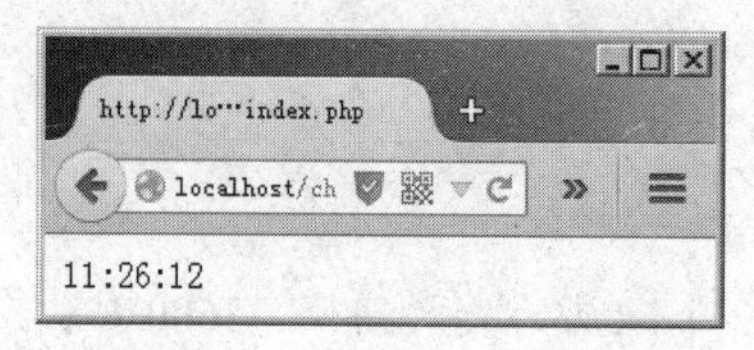

图 3-37　例 3-24 运行结果

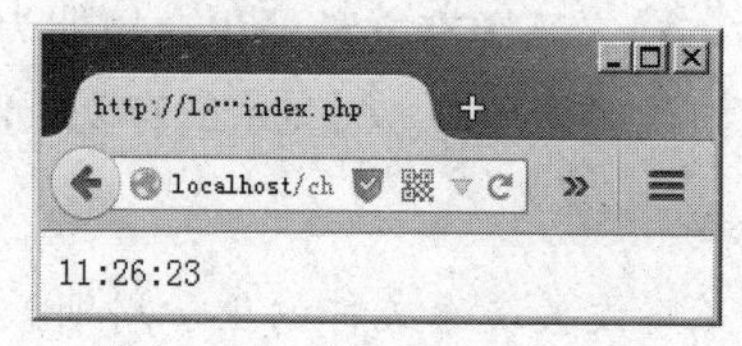

图 3-38　缓存失效后再次访问的结果

2. **单模板多缓存**

在开发过程中，经常会遇到一个模板文件被多个不同数据所用的情况，例如商品详情页，每个商品的数据各不相同，但使用的模板视图却是同一个。此时一旦缓存了一个商品页面，再访问其他商品时就会返回已经缓存的商品页面。

为解决这种问题就需要使用单模板多缓存，即一个模板文件生成多个缓存文件。实现单模板多缓存并不需要做特殊的配置，只需要在 display()方法中添加一个参数，一般称为缓存 id，代码如下所示：

```
$smarty->display('view.tpl', $good_id);
```

上述代码中 view.tpl 是要载入的模板视图，$good_id 就是缓存 id。接下来通过一个案例来学习单模板多缓存的使用，如例 3-25 所示。

【例 3-25】

```
1  <?php
2    header('content-type:text/html;charset=utf-8');
3    require './Smarty/Smarty.class.php';
4    $id=$_GET['id'];
5    $smt=new Smarty;
6    $smt->caching=true;
7    $smt->cache_lifetime=10;
8    $smt->cache_dir='./data_cache/';
9    $smt->display('./view.tpl',$id);
10 ?>
```

在例 3-25 中，第 4 行用以获取 URL 传递的参数 id，该 id 即是缓存 id，第 9 行代码用以载入视图文件，同时指定缓存 id，视图文件代码如下：

```
1 <html>
2 <head>
3 <meta http-equiv='content-type' content='text/html;charset=utf-8' />
4 </head>
5 <body>
6     {$smarty.now|date_format:"%H:%M:%S"}
7 </body>
8 </html>
```

打开浏览器，输入 http://localhost/chapter03/index.php?id=1，运行结果如图 3-39 所示。

打开浏览器，输入 http://localhost/chapter03/index.php?id=2，运行结果如图 3-40 所示。

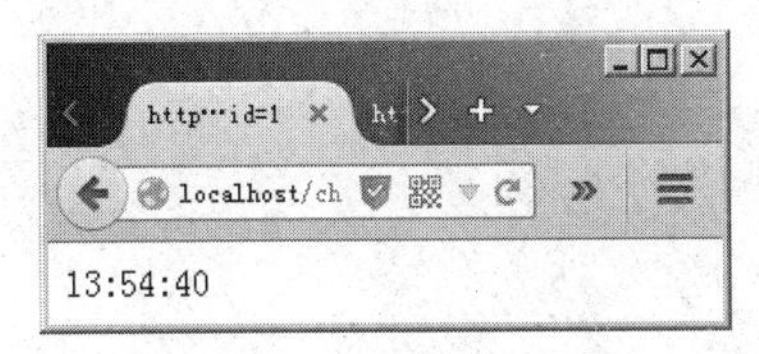

图 3-39　例 3-25 id 为 1 时的结果

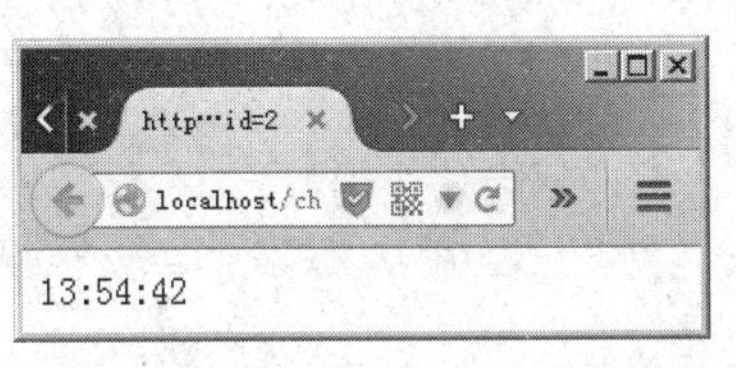

图 3-40　例 3-25 id 为 2 时的结果

在例 3-25 中设置的缓存生命周期为 10 秒，那么第二次访问得到的时间要么和第一次一样，要么至少应该是第一次访问结果 10 秒之后的时间。而从图 3-39 和图 3-40 可以看出前后两次访问得到的时间仅相差 2 秒，这就说明第二次访问的结果并不是第一次所生成的缓存文件。从缓存文件目录也可以证明这一点，如图 3-41 所示。

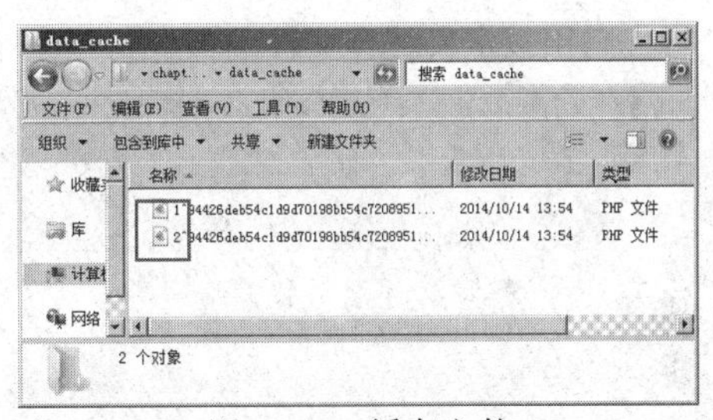

图 3-41　缓存文件

多学一招：为缓存文件加前缀

要设置的缓存 id 最好有特殊含义，如果只是单纯的数字并不能反映该缓存文件保存的是什么内容，这样会对维护造成不必要的麻烦。因此我们可以这样修改：

```
$smarty->display('view.tpl', 'good_id_'.$good_id);
```

在缓存 id 前添加前缀用以说明，这样运行后缓存文件名就极好区分，如图 3-42 所示。

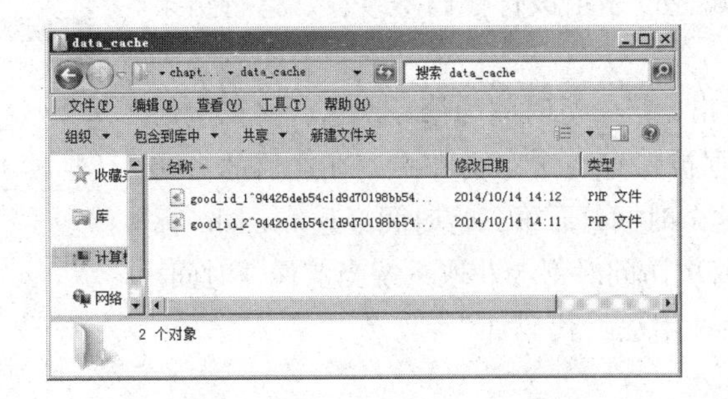

图 3-42　修改缓存 id 后的缓存文件

3. 区域不缓存

有这样一种情况，在一个页面中大部分数据可以缓存，而少部分数据必须实时更新。例如商品详情页中的商品信息基本不会变化，但商品价格却会时常调整。此时如果使用缓存就可能会导致买家看到的价格和卖家定义的价格不同，从而产生纠纷。

因此就需要使用区域不缓存，区域不缓存是通过 nocache 来实现的。接下来通过一个案例来演示 nocache 的使用，如例 3-26 所示。

【例 3-26】

```
1 <?php
2    header('content-type:text/html;charset=utf-8');
3    require './Smarty/Smarty.class.php';
4    $smt=new Smarty;
5    $smt->caching=true;
6    $smt->cache_lifetime=100;
7    $smt->cache_dir='./data_cache/';
8    $smt->display('./view.tpl');
9 ?>
```

在例 3-26 中，第 5 行代码用以开启缓存，第 6 行代码用以设置缓存文件的生命周期，第 7 行代码用以定义缓存文件的保存目录，第 8 行代码用以载入视图文件，视图文件代码如下：

```
1  <html>
2  <head>
3  <meta http-equiv='content-type' content='text/html;charset=utf-8' />
4  </head>
5  <body>
6    {$smarty.now|date_format:"%H:%M:%S"}
7    <hr>
8    {$smarty.now|date_format:"%H:%M:%S" nocache}
9  </body>
10 </html>
```

在视图页面中，第 6 行代码用以获取当前系统时间，第 8 行代码同样获取当前系统时间，不过使用了 nocache 属性以表示该行代码不缓存。运行结果如图 3-43 所示。

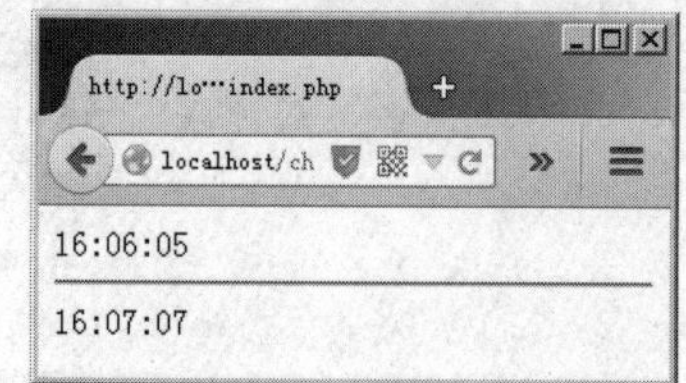

图 3-43　例 3-26 运行结果

从图 3-43 可以看出，第一行时间为第一次运行时产生的系统时间，该时间数据被保存在缓存文件中，在之后的 100 秒里，该行总是显示这个时间。而第二行时间经过 nocache 标注后，不再进行缓存，每次访问时都会获取系统当前最新时间。

nocache 还有另一种用法，代码如下：

```
{nocache}
    {$smarty.now|date_format:"%H:%M:%S"}
```

```
{/nocache}
```

这两种用法效果一致，区别在于{nocache}{/nocache}适合在有大量数据需要禁止缓存时使用，而 nocache 是在某一条数据要禁止缓存时使用。

3.4 阶段案例——优化留言板

在第 2 章中，运用 MVC 设计思想实现了一个案例——留言板。现在将对这个案例进行优化，使用 Smarty 模板引擎替换原有的混合代码。留言板案例分为前后台两部分，此处针对其前台部分进行优化。

① 确定 Smarty 在案例中的目录位置。

在留言板项目中，将代码文件按功能划分到不同目录中，如图 3-44 所示。

为了合理使用 Smarty 模板引擎，将对图 3-44 显示的目录结构进行修改，如图 3-45 所示。

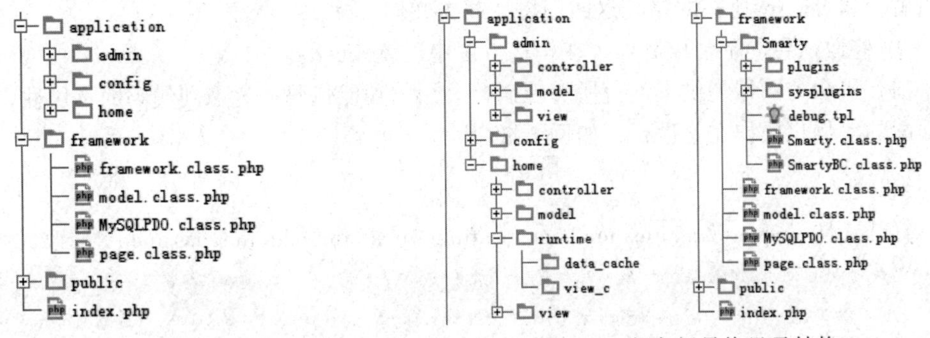

图 3-44　留言板目录结构及代码文件　　　　图 3-45　留言板最终目录结构

从图 3-45 中可以看出，将包含 Smarty 核心文件的目录添加在 framework 目录下，而在 home 目录下增加 runtime 目录，该目录保存的是运行时产生的文件。其中 Smarty 产生的编译文件，存放在 view_c 目录下；开启缓存后的缓存文件，存放在 data_cache 目录下。

② 将 Smarty 类放到框架基础类列表中。

由于在 framework.class.php 中定义了自动加载机制，而 Smarty 类又不属于用户定义的类，因此需要修改 user_autoload()方法，将其保存到基础类列表中，如例 3-27 所示。

【例 3-27】

打开文件/chapter02/framework/framework.class.php，修改代码如下：

```
1   public function user_autoload($class_name){
2       //定义基础类列表
3       $base_classes = array(
4          //类名 => 所在位置
5          'model'     => './framework/model.class.php',
6          'MySQLPDO'  => './framework/MySQLPDO.class.php',
7          'page'      => './framework/page.class.php',
8          'Smarty' => './framework/Smarty/Smarty.class.php',
9       );
```

```
10        //依次判断 基础类、模型类、控制器类
11        if (isset($base_classes[$class_name])){
12           require $base_classes[$class_name];
13        }elseif (substr($class_name,-5) == 'Model'){
14           require './application/'.PLATFORM."/model/{$class_name}.
             class.php";
15        }elseif (substr($class_name, -10) == 'Controller'){
16           require './application/'.PLATFORM."/controller/{$class_name}.
             class.php";
17        }
18     }
```

在例 3-27 中，第 8 行代码即是将 Smarty 添加到基础类列表。这样一来，在自动加载判断时就会将 Smarty 所在的路径返回用以加载类文件。

③ 修改前台的平台控制器，在构造方法中配置 Smarty。

前台平台控制器提供了前台所有控制器公用的功能代码。考虑到代码的重用性，可以将 Smarty 的实例化操作在此进行，如例 3-28 所示。

【例 3-28】

打开文件 chapter02/application/home/controller/platformController.class.php，修改代码如下：

```
1    public function __construct(){
2       if (!$this->smt instanceof Smarty) {
3          //实例化
4          $this->smt = new Smarty;//自动加载 Smarty
5          //必要的配置
6          $this->smt->setTemplateDir('./application/home/view/');
7          $this->smt->setCompileDir('./application/home/runtime/view_c/');
8          $this->smt->cache_dir='./application/home/runtime/data_cache/';
9          $this->smt->cache_lifetime=30;
10         $this->smt->caching=true;
11         $this->smt->left_delimiter='{{';
12         $this->smt->right_delimiter='}}';
13      }
14   }
```

例 3-28 即是 Smarty 类的实例化操作，第 2 行代码用以判断是否已经存在 Smarty 对象，第 6 行代码用以声明模板文件所在目录，第 7 行代码用以声明编译文件所在目录，第 8 行代码用以声明缓存文件所在目录，第 9 行代码指定缓存文件的有效时间，第 10 行代码用以开启缓存，第 11~12 行代码用以声明 Smarty 的左右定界符。

④ 在留言控制器类中为模板分配数据。

在留言控制器类中，listAction()用来显示留言列表。该方法的主要作用有 2 个，一是获取页面所需的数据，一是载入所需的视图页面。使用 Smarty 模板引擎就需要对这 2 个部分做修改，如例 3-29 所示。

【例 3-29】

打开文件 chapter02/application/home/controller/commentController.class.php，修改代码如下：

```
1    public function listAction(){
2        //实例化 comment 模型
3        $commentModel = new commentModel();
4        //取得留言总数
5        $num = $commentModel->getNumber();
6        $this->smt->assign('num',$num);
7        //实例化分页类
8        $page = new page($num,$GLOBALS['config'][PLATFORM]['pagesize']);
9        //取得所有留言数据
10       $data = $commentModel->getAll($page->getLimit());
11       $this->smt->assign('data',$data);
12       //取得分页导航链接
13       $pageList = $page->getPageList();
14       $this->smt->assign('pageList',$pageList);
15       //载入视图文件
16       $this->smt->display('comment_list.html');
17   }
```

在例 3-29 中，第 6、11、14 行代码即是 Smarty 对数据进行分配的操作，第 16 行代码是载入视图的操作。

⑤ 修改留言列表视图文件，使用模板语法。

该文件是例 3-28 中第 16 行代码要载入的视图文件，为符合 Smarty 语法同样需要对其进行修改，如例 3-30 所示。

【例 3-30】

打开文件 chapter02/application/home/view/comment_list_html，修改代码如下：

```
1 <!DOCTYPE html PUBLIC "-//W3C//DTD XHTML 1.0 Transitional//EN"
2  "http://www.w3.org/TR/xhtml1/DTD/xhtml1-transitional.dtd">
3 <html xmlns="http://www.w3.org/1999/xhtml">
4 <head>
5 <meta http-equiv="Content-Type" content="text/html; charset=UTF-8" />
6 <title>留言板</title>
7 <link rel="stylesheet" href="./public/css/home.css" />
8 </head>
9 <body>
10   <div id="box">
```

```
11      <h1>留言板</h1>
12      <div class="postbox">
13         <form method="post" action="index.php?p=home&c=comment&a=add">
14         <ul class="userbox">
15            <li>名称: </li><li class="user_name" ><input type="text"
              name="poster" /></li>
16            <li>邮箱: </li><li class="user_email" ><input type="text"
              name="mail" /></li>
17            <li class="user_post"><input type="submit" class="post_button"
              value="发布" /></li>
18         </ul>
19         <textarea name="comment" required="required">在此处输入留言</textarea>
20         </form>
21      </div>
22      <div class="comment_info">
23         留言数: {{$num}}
24         <span class="sort">
25            排序方式: <a href="index.php" {{if isset($smt.get.sort)}}
              class="curr"{{/if}}>正序</a> <a href="index.php?sort=desc"
              {{if isset($smt.get.sort) && $smt.get.sort=='desc'}}class=
              "curr"{{/if}}>倒序</a>
26         </span>
27      </div>
28      <ul class="comments">
29         {{foreach $data as $v }}
30         <li>
31            <p>用户名: {{$v['poster']}}</p>
32            <p>{{$v['comment']}}</p>
33            <p>发表日期: {{$v['date']}}</p>
34            {{if $v['reply']!==''}}
35            <ul class="comment_reply">
36               <li>
37                  <p>管理员回复: </p>
38                  <p>{{$v['reply']}}</p>
39               </li>
40            </ul>
41            {{/if}}
42         </li>
43         {{/foreach}}
```

```
44        </ul>
45        <div class="comments_footer">
46           {{$pageList}}
47        </div>
48     </div>
49  </body>
50  </html>
```

运行结果如图 3-46 所示。

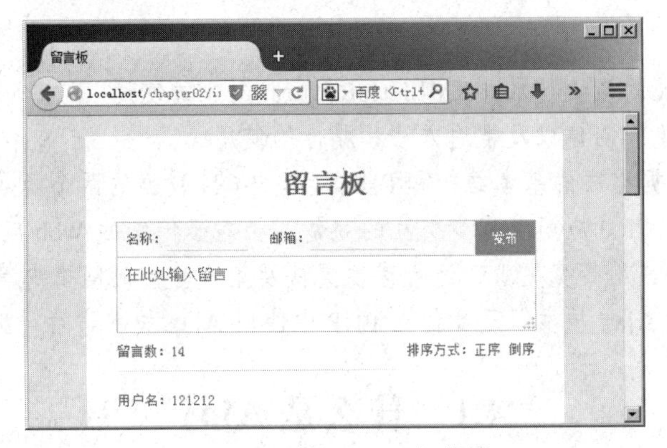

图 3-46　例 3-30 运行结果

本 章 小 结

本章首先介绍了模板引擎的概念，并对 Smarty 模板引擎进行简单运用，然后分析了 Smarty 的实现原理，通过一个迷你版 Smarty 让读者对 Smarty 模板引擎有一个比较深入的了解。最后详细讲解了 Smarty 的使用，包括基本语法、变量修饰器、内置函数、自定义函数等，并使用 Smarty 对阶段案例——留言板进行了优化。通过对本章的学习，读者应该对模板引擎有所认识，能够掌握 Smarty 的基本使用。

思 考 题

在编写 PHP 程序时，当遇到循环次数不能确定的情况时，就需要使用 while 循环，在循环条件为真的情况下会一直循环下去。Smarty 模板引擎提供的 while 内置函数与 PHP 的 while 循环相似，请尝试通过 Smarty 模板语法实现 while 循环操作。

说明：思考题参考答案可从中国铁道出版社有限公司网站（http://www.tdpress.com/51eds/）下载。

Ajax 技术

学习目标

- 熟练掌握 Ajax 的核心技术：XMLHttpRequest 对象的使用
- 熟悉 Ajax 对象的创建以及常用方法和属性的使用
- 理解 JSON 数据格式的基本结构和 PHP 处理 JSON 数据的两个函数

Ajax 技术是 Web 2.0 应用中异步交互的翘楚，相对于传统的 Web 应用开发，Ajax 技术具有用户体验更好、占用带宽更少、运行速度更快及用户等待时间更少等优点，为开发人员所喜爱。本章将针对 Ajax 技术以及如何在 PHP 中使用 Ajax 技术进行详细讲解。

4.1 什么是 Ajax

Ajax 是 Asynchronous JavaScript And XML 的缩写，即异步 JavaScript 和 XML 技术。它并不是一门新的语言或技术，它是由 JavaScript、XML、DOM、CSS、XHTML 等多种已有技术组合而成的一种客户端技术，用来实现与服务器进行异步交互的功能。

Ajax 相对于传统的 Web 应用开发的区别在哪里呢？下面请先看一下传统 Web 工作流程与 Ajax 工作流程，分别如图 4-1 和图 4-2 所示。

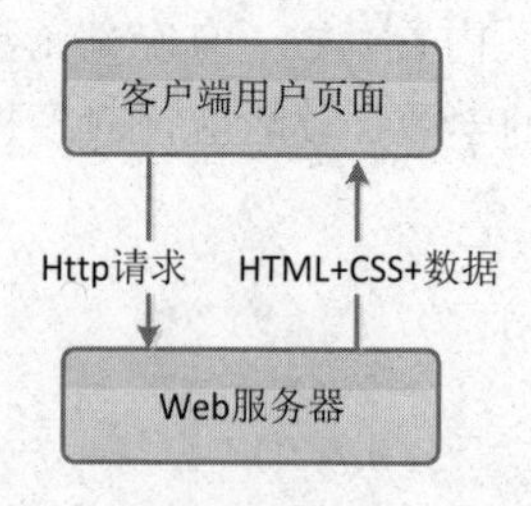

图 4-1　传统 Web 工作流程

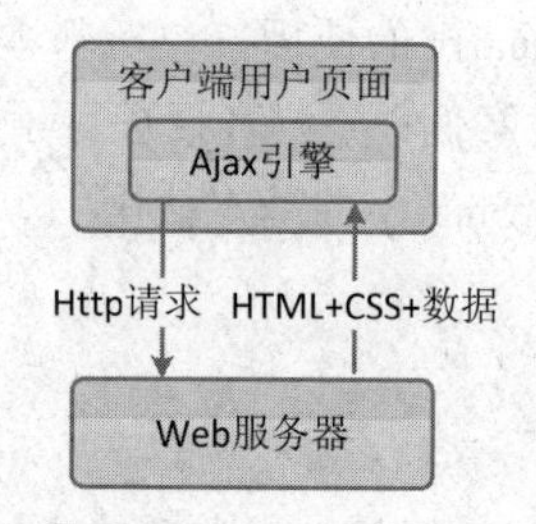

图 4-2　Ajax 工作流程

从图 4-1 可以看出，在传统的 Web 应用模式中，页面中用户每触发一个 HTTP 请求，都需要服务器进行相应的处理，并返回一个 HTML 页面给客户端。而图 4-2 中，使用 Ajax 技术，页面中用户的操作将通过 Ajax 引擎与服务器端进行通信，然后将返回的结果提交给 Ajax 引擎，再由 Ajax 引擎决定将这些数据插入到页面中的指定位置。

也就是说，相对于传统的 Web 应用中的“处理—等待—处理—等待”的特点，使用 Ajax 的优势具体有以下几个方面：

- 减轻服务器的负担。由于 Ajax 是“按需获取数据”，所以可以最大程度地减少冗余请求和响应对服务器造成的负担。

- 节省带宽。Ajax 可以把一部分以前由服务器负担的工作转移到客户端完成，从而减轻服务器和带宽的负担，节约空间和带宽租用成本。
- 用户体验更好。Ajax 实现了无刷新分页，当不需要重新载入整个页面的情况下，通过 DOM 及时地将更新的内容显示在页面上。

4.2 Ajax 具体使用

4.2.1 Ajax 对象创建

Ajax 中最核心的技术就是 XMLHttpRequest，它最早是 1999 年微软公司发布的 IE 5 浏览器内嵌入的一种技术。现在许多浏览器都对其提供了支持，不过实现方式与 IE 有所不同，下面看一下如何在不同浏览器中创建 Ajax 对象。

1. 主流浏览器

主流浏览器包括火狐、Google、Safari、Opera 等，具体语法格式如下：

```
var obj = new XMLHttpRequest();
```

在上述语法格式中，变量 obj 就是主流浏览器中 Ajax 的一个对象，需要注意的是，对于 Ajax 对象名称的命名规则与 JavaScript 中变量命名规则相同。

接下来通过一个案例来演示如何创建主流浏览器的 Ajax 对象，具体如例 4-1 所示。

【例 4-1】

```
1 <!DOCTYPE html PUBLIC "-//W3C//DTD XHTML 1.0 Transitional//EN"
2  "http://www.w3.org/TR/xhtml1/DTD/xhtml1-transitional.dtd">
3  <html xmlns="http://www.w3.org/1999/xhtml" xml:lang="en">
4 <head>
5  <meta http-equiv="Content-Type" content="text/html; charset=UTF-8" />
6  <title>创建 Ajax 对象</title>
7  <script type="text/javascript">
8    //主流浏览器创建 Ajax 对象
9    var http_request = new XMLHttpRequest();
10   alert("main:"+http_request);
11  </script>
12 </head>
13 <body>
14 </body>
```

打开火狐浏览器，在地址栏中输入“localhost/chapter04/4-1.html”，运行结果如图 4-3 所示。

从图 4-3 中可知，在 JavaScript 中成功创建了一个主流浏览器的 Ajax 的对象，同时需要注意的是，JavaScript 中大小写敏感。

图 4-3　例 4-1 运行结果

2. IE 浏览器

这里的 IE 浏览器指的是 IE8 以下的版本，如：IE5、IE6、IE7 等，具体语法格式如下：

```
var obj =  new ActiveXObject("Microsoft.XMLHTTP");
//或写为
var obj =  new ActiveXObject("Msxml2.XMLHTTP");
//或写为
var obj =  new ActiveXObject("Msxml2.XMLHTTP.3.0");
//或写为
var obj =  new ActiveXObject("Msxml2.XMLHTTP.5.0");
//或写为
var obj =  new ActiveXObject("Msxml2.XMLHTTP.6.0");
```

在上述五种语法格式中，按照从上到下的顺序依次针对 IE 从 5.0 到高版本之间设置的方式，其中，IE 8 以上的版本已经能够兼容主流浏览器的设置方式。

接下来通过一个案例来演示如何创建 IE 5 浏览器的 Ajax 对象，具体如例 4-2 所示。

【例 4-2】

```
1 <!DOCTYPE html PUBLIC "-//W3C//DTD XHTML 1.0 Transitional//EN"
2  "http://www.w3.org/TR/xhtml1/DTD/xhtml1-transitional.dtd">
3  <html xmlns="http://www.w3.org/1999/xhtml" xml:lang="en">
4 <head>
5  <meta http-equiv="Content-Type" content="text/html; charset=UTF-8" />
6  <title>创建Ajax对象</title>
7  <script type="text/javascript">
8    //IE5浏览器创建Ajax对象
9    var http_request = new ActiveXObject("Microsoft.XMLHTTP");
10   alert(http_request);
11  </script>
12 </head>
13 <body>
14 </body>
```

打开 IE 浏览器，在地址栏中输入“localhost/chapter04/4-2.html”，运行结果如图 4-4 所示。

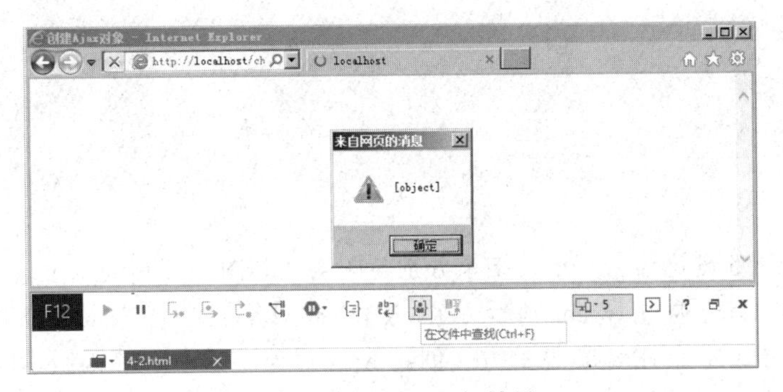

图 4-4　例 4-2 运行结果

从图 4-4 中可知，在 JavaScript 中成功创建了 IE 5 的 Ajax 对象，同时需要注意的是，如果使用 IE 8 以上版本，可通过键盘特殊功能键【F12】转到开发者模式，在文档模式下调节 IE 版本，进行测试。

在开发实际项目时，为了兼容不同版本的浏览器，我们在创建 Ajax 对象时需要进行相关的判断，具体实现代码如例 4-3 所示。

【例 4-3】

```
1 <!DOCTYPE html PUBLIC "-//W3C//DTD XHTML 1.0 Transitional//EN"
2  "http://www.w3.org/TR/xhtml1/DTD/xhtml1-transitional.dtd">
3  <html xmlns="http://www.w3.org/1999/xhtml" xml:lang="en">
4 <head>
5  <meta http-equiv="Content-Type" content="text/html; charset=UTF-8" />
6  <title>创建 Ajax 对象</title>
7  <script type="text/javascript">
8    //判断用户的浏览器类型，决定使用何种方式 Ajax 对象
9    if(typeof ActiveXObject != "undefined"){
10      var version = ['Msxml2.XMLHTTP.6.0','Msxml2.XMLHTTP.5.0','Msxml2.
        XMLHTTP.3.0','Msxml2.XMLHTTP','Microsoft.XMLHTTP'];
11      for(var i=0;i<=version.length;i++){
12        try{
13            var obj = new ActiveXObject(version[i]);
14            if(typeof obj != "undefined"){
15             break;
16            }
17        }catch(ex){
18        }
19      }
20    }else{
21      var obj = new XMLHttpRequest();
22    }
```

```
23      alert(obj);
24   </script>
25 </head>
26 <body>
27 </body>
```

打开火狐和IE 5浏览器，其运行结果分别与图4-3和图4-4相同。

在例4-3中，首先通过typeof判断ActiveXObject对象是否是“undefined”，从而决定使用主流浏览器的方式还是IE浏览器的方式创建Ajax对象。其中，IE因版本问题会有多种实例化的方式，可以通过依次判断IE版本的方式获得对象。

4.2.2 常用方法和属性

Ajax对象创建好之后，就可以调用该对象的方法和属性进行数据异步传输。下面分别具体介绍其常用方法和属性。

1. 方法

（1）open()方法

open()方法用于创建一个新的http请求，并指定此请求的类型（如GET、POST等）、URL以及验证信息，其声明方式如下所示：

```
open("method","URL"[,asyncFlag[,"userName"[,"password"]]])
```

在上述声明中，method用于指定请求的类型，其值可为POST、GET、PUT及PROPFIND，大小写不敏感；URL表示请求的地址，可以为绝对地址，也可以为相对地址，并且可以传递查询字符串。其余参数为可选参数，其中，asyncFlag用于指定请求方式，同步请求为false，默认为异步请求true；userName用于指定用户名，password用于指定密码。

（2）send()方法

send()方法用于发送请求到http服务器并接收回应。其声明方式如下所示：

```
send(content)
```

在上述声明中，content用于指定要发送的数据，其值可为DOM对象的实例、输入流或字符串，一般与POST请求类型配合使用，需要注意的是，如果请求声明为同步，该方法将会等待请求完成或者超时才会返回，否则此方法将立即返回。

（3）setRequestHeader()方法

setRequestHeader()方法用于单独指定请求的某个HTTP头，其声明方式如下所示：

```
setRequestHeader("header","value");
```

在上述声明中，参数都为字符串类型，其中header用于指定HTTP头，value用于为指定的HTTP头设置值。此方法一般在请求的类型为POST时使用，并且必须在open()方法后调用。

为了让读者更好地理解Ajax对象方法的使用，接下来通过一个简单的案例进行演示，具体如例4-4所示。

【例4-4】

```
1  <!DOCTYPE html PUBLIC "-//W3C//DTD XHTML 1.0 Transitional//EN"
2  "http://www.w3.org/TR/xhtml1/DTD/xhtml1-transitional.dtd">
```

```
3 <html xmlns="http://www.w3.org/1999/xhtml" xml:lang="en">
4 <head>
5 <meta http-equiv="Content-Type" content="text/html; charset=UTF-8" />
6 <title></title>
7 <script type="text/javascript">
8       //创建 Ajax 对象
9       var obj = new XMLHttpRequest();
10      //感知 Ajax 状态，当 Ajax 状态改变时会触发事件 onreadystatechange
11      obj.onreadystatechange = function(){
12          //当前状态为 4 时，数据接收完毕
13          if(obj.readyState==4){
14              //输出响应信息
15              alert(obj.responseText);
16          }
17      }
18      //设置 GET 传递的信息
19      var name = "小明";
20      //处理中文乱码
21      name = encodeURIComponent(name);
22      //创建一个 HTTP 请求，并设置"请求地址"及异步请求方式
23      obj.open("get","./4-5.php?fname="+name+"&addr=beijing",true)
24      //发送请求
25      obj.send();
26  </script>
27 </head>
28 <body>
29   <img src="./chrysanthemum.jpg" width="200">
30 </body>
```

在同目录下创建 4-5.php 文件，代码如下所示：

```
1 <?php
2 echo "GET:";
3 print_r($_GET);
```

打开火狐浏览器，在地址栏中输入“localhost/chapter04/4-4.html”，运行结果如图 4-5 所示。

例 4-4 中，通过 Ajax 对象调用 open()方法创建一个异步的 HTTP 请求，在文件 4-5.php 中输出 send()方法发送的请求，并通过例 4-4 的第 10~17 行代码判断 Ajax 的状态，当数据接收完毕后输出响应信息，效果如图 4-5 所示。

图 4-5　例 4-4 运行结果

需要注意的是，在使用 GET 方式传递中文参数时，要使用 JavaScript 中的 encodeURIComponent()函数将中文字符换成十六进制形式，防止在某些浏览器（如 IE 浏览器）中出现中文乱码的问题。

脚下留心

按照例 4-4 的方式使用 POST 请求类型时并不能输出响应信息，接下来，通过一个案例来演示如何正确使用 POST 请求类型，客户端代码如例 4-5 所示。

【例 4-5】

```
<!DOCTYPE html PUBLIC "-//W3C//DTD XHTML 1.0 Transitional//EN"
 "http://www.w3.org/TR/xhtml1/DTD/xhtml1-transitional.dtd">
 <html xmlns="http://www.w3.org/1999/xhtml" xml:lang="en">
<head>
 <meta http-equiv="Content-Type" content="text/html; charset=
 UTF-8" />
 <title></title>
 <script type="text/javascript">
       //创建Ajax对象
       var obj = new XMLHttpRequest();
       //感知Ajax状态，当Ajax状态改变时会触发事件onreadystatechange
       obj.onreadystatechange = function(){
           //当前状态为4时，数据接收完毕
           if(obj.readyState==4){
               //输出响应信息
               alert(obj.responseText);
           }
       }
       //创建一个http请求，并设置"请求地址"及异步请求方式
       obj.open("post","./4-7.php")
       //设置HTTP头协议信息
```

```
        obj.setRequestHeader("content-type","application/x-www-form
        -urlencoded");
        var info = "fname="+"小明"+"&addr=beijing";
        //发送请求
        obj.send(info);
 </script>
</head>
<body>
   <img src="./chrysanthemum.jpg" width="200">
</body>
```

在同目录下创建 4-7.php 文件，代码如下所示。

```
<?php
echo "POST:";
print_r($_POST);
```

打开火狐浏览器，在地址栏中输入“localhost/chapter04/4-6.html”，运行结果如图 4-6 所示。

图 4-6　运行结果

在例 4-5 中，由于 POST 请求类型是以 XML 形式发送给服务器端的，所以在 open()方法后需调用方法 setRequestHeader()设置 HTTP 头协议信息。同时需要注意的是，使用 POST 请求类型时，将向服务器传递的参数组织为请求字符串，当作 send()方法的参数（中文无须编码）并且该方式同时也可以传递 GET 参数，但是要遵循 GET 请求类型的原则。

Ajax 中的其他方法及相关说明如表 4-1 所示。

表 4-1　Ajax 对象的方法

方　法　名	说　　明
abort	取消当前请求
getAllResponseHeaders	获取响应的所有 HTTP 头
getResponseHeader	从响应信息中获取指定的 HTTP 头

在表 4-1 中，当调用 abort()方法后，当前请求返回 UNINITIALIZED（未初始化）状态；方法 getAllResponseHeaders()和 getResponseHeader()必须在 send()方法执行成功后才可以调用，且获取的每个 HTTP 头名称和值用冒号分隔，并以\r\n 结束。

2. **属性**

（1）readyState 属性

readyState 属性用于返回 Ajax 的当前状态，状态值有 5 种形式，具体如表 4-2 所示。

表 4-2　Ajax 对象的状态值

状　态　值	说　　明
0（未初始化）	对象已建立，但是尚未初始化（尚未调用 open 方法）
1（初始化）	对象已建立，尚未调用 send 方法
2（发送数据）	send 方法已调用，但是当前的状态及 HTTP 头未知
3（数据传送中）	已接收部分数据，因为响应及 HTTP 头不全，这时通过 responseBody 和 responseText 获取部分数据会出现错误
4（完成）	数据接收完毕，此时可以通过 responseBody 和 responseText 获取完整的回应

接下来通过一个案例来演示 Ajax 对象状态值的变化，客户端代码如例 4-6 所示。

【例 4-6】

```
1 <!DOCTYPE html PUBLIC "-//W3C//DTD XHTML 1.0 Transitional//EN"
2  "http://www.w3.org/TR/xhtml1/DTD/xhtml1-transitional.dtd">
3  <html xmlns="http://www.w3.org/1999/xhtml" xml:lang="en">
4 <head>
5  <meta http-equiv="Content-Type" content="text/html; charset=UTF-8" />
6  <title></title>
7  <script type="text/javascript">
8    function f1(){
9       //创建 Ajax 对象
10      var obj = new XMLHttpRequest();
11      //感知 Ajax 状态，当 Ajax 状态改变时会触发事件 onreadystatechange
12      obj.onreadystatechange = function(){
13         //输出当前的状态值
14         console.log(obj.readyState);
15      }
16      //创建一个 http 请求，并设置"请求地址"
17      obj.open("get","./4-9.php?name="+"小明"+"&age=13")
18      //发送请求
19      obj.send();
20    }
21  </script>
22 </head>
```

```
23 <body>
24   <h2>感知 Ajax 状态的改变</h2>
25   <input type="button" onclick="f1()" value="触发">
26 </body>
```

在同目录下创建 4-9.php 文件，代码如下所示。

```
1 <?php
2 print_r($_GET);
```

打开火狐浏览器 Firebug 调试工具的控制台，单击“触发”按钮，运行结果如图 4-7 所示。

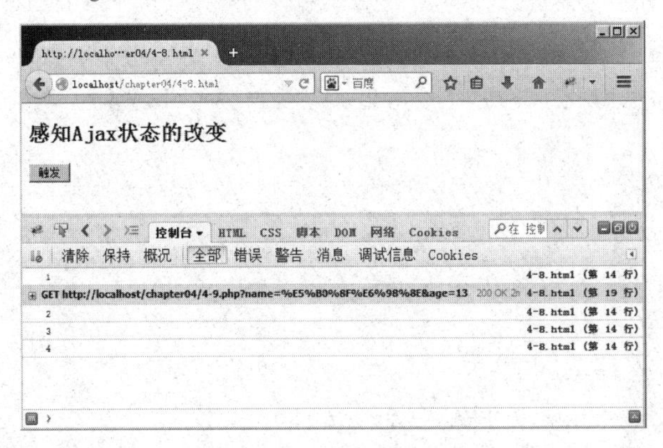

图 4-7 运行结果

在例 4-6 中，通过事件 onreadystatechange 感知 Ajax 状态的转变，同时输出转变后的状态值，例如 Ajax 从 0（未初始化）状态变成 1（初始化）状态值时，从图 4-7 可知，当前 Ajax 的状态值为 1。

（2）responseText 属性

responseText 属性用于将响应信息作为字符串返回。需要注意的是，如果服务器返回的是 XML 文档，此属性并不处理 XML 文档中的编码声明，需要使用 responseXML 属性来处理。

（3）status 属性

status 属性用于返回当前请求的 HTTP 状态码，常见的状态码如下所示：

- 200——服务器成功返回网页。
- 403——被禁止访问。
- 404——请求的网页不存在。
- 503——服务不可用。

Ajax 中的其他属性及相关说明如表 4-3 所示。

表 4-3 Ajax 对象的属性

属性名	说明
onreadystatechange*	指定当 readyState 属性改变时的事件处理句柄，只写
responseBody	将回应信息正文以 unsigned byte 数组形式返回，只读
responseStream	以 Ado Stream 对象的形式返回响应信息，只读
responseXML	将响应信息格式化为 Xml Document 对象并返回，只读
statusText	返回当前请求的响应行状态，只读

在表 4-3 中，*表示此属性是 W3C 文档对象模型的扩展，其中属性 responseBody 表示直接从服务器返回并未经解码的二进制数据；responseXML 属性接收的响应数据若不是有效的 XML 文档，此属性本身不返回 XMLDOMParseError，可以通过处理过的 DOMDocument 对象获取错误信息；statusText 属性仅当数据发送并接收完毕后才可获取。

接下来通过 Ajax 获取 XML 信息的一个案例来演示如何操作 Ajax 属性，客户端代码如例 4-7 所示。

【例 4-7】

```
1 <!DOCTYPE html PUBLIC "-//W3C//DTD XHTML 1.0 Transitional//EN"
2  "http://www.w3.org/TR/xhtml1/DTD/xhtml1-transitional.dtd">
3  <html xmlns="http://www.w3.org/1999/xhtml" xml:lang="en">
4 <head>
5  <meta http-equiv="Content-Type" content="text/html; charset=UTF-8" />
6  <title></title>
7  <script type="text/javascript">
8    function f1(){
9       //创建 Ajax 对象
10      var obj = new XMLHttpRequest();
11      //感知 Ajax 状态
12      obj.onreadystatechange = function(){
13         if(obj.readyState==4 && obj.status==200){
14             //获取 XMLDocument 对象
15             var xmlobj = obj.responseXML;
16             //获取 XMLDocument 对象下的第一个元素结点 students
17             var students = xmlobj.childNodes[0];
18             //获取元素结点 students 下所有的 student 的结点
19             var student = students.getElementsByTagName('student');
20             //遍历 student 结点，并获得具体信息
21             var info = "";
22             for(var i=0; i<student.length; i++){
23                 var name=student[i].getElementsByTagName('name')[0].
                   firstChild.nodeValue;
24                 var addr=student[i].getElementsByTagName('addr')[0].
                   firstChild.nodeValue;
25                 var age=student[i].getElementsByTagName('age')[0].
                   firstChild.nodeValue;
26                 //拼接输出信息字符串
27                 info +="姓名: "+name+", 地址: "+addr+", 年龄: "+age+"<br
                   />";
```

```
28                }
29                //将字符串写入到 id 名称为 result 的 div 块中
30                document.getElementById('result').innerHTML = info;
31            }
32        }
33        //创建一个 http 请求，并设置"请求地址"
34        obj.open("get","./4-11.xml")
35        //发送请求
36        obj.send();
37    }
38  </script>
39 </head>
40 <body>
41   <h2>Ajax 获取 XML 信息</h2>
42   <div id="result"></div>
43   <input type="button" onclick="f1()" value="触发">
44 </body>
```

在同目录下创建 4-11.xml 文件，代码如下所示：

```
1 <?xml version="1.0" encoding="utf-8" ?>
2 <students>
3    <student>
4       <name>Wendy</name>
5       <age>35</age>
6       <addr>Santa Fe</addr>
7    </student>
8    <student>
9       <name>Yaphet</name>
10      <age>32</age>
11      <addr>Balchik</addr>
12   </student>
13   <student>
14      <name>Isaiah</name>
15      <age>35</age>
16      <addr>Caldera</addr>
17   </student>
18 </students>
```

打开火狐浏览器，单击“触发”按钮，运行结果如图 4-8 所示。

从图 4-8 可知，成功地获取了文件 4-11 中的 XML 信息，在例 4-7 的第 34 行，使用 open() 方法请求一个 XML 文档，并在第 15 行代码中使用 responseXML 属性接收响应信息即

XMLDocument 对象，再通过此对象操作 DOM 的方式就获得了 XML 信息，其中关于 DOM 的操作请参考 JavaScript 中对 DOM 的操作，这里不再赘述。

需要注意的是，在感知当前 Ajax 对象状态时，为了追求严谨，需要在判断条件时加上当前 HTTP 状态 status 等于 200（请求成功）的条件。

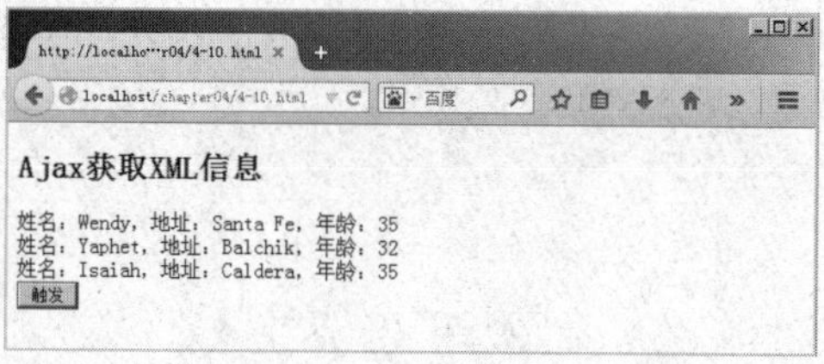

图 4-8　运行结果

注意：

由于有的浏览器（如 IE 11 版本）非常重视缓存的使用，把 Ajax 每次请求的页面都放入客户端浏览器缓存里边，下次进行相同的请求时，就避免了重复对服务器发送请求，直接返回缓存页面即可，要想解决浏览器的缓存问题，有如下两种方案：

① 在 Ajax 请求的地址后设置随机数字（推荐使用）。代码如下所示：

```
obj.open('get','test.php?'+Math.random());
```

② 在服务器端给 PHP 程序设置 header 头信息，禁止浏览器缓存当前页面。代码如下所示：

```
header("Cache-Control:no-cache");
header("Pragma:no-cache");
header("Expires:-1");
```

在上述代码中，由于不同浏览器禁止浏览器缓存的方式都不一样，所以为禁止所有浏览器缓存当前页面，需要设置三个 header 头。

4.3　JSON 数据格式

4.3.1　JSON 的介绍与使用

JSON 是 JavaScript Object Notation（JavaScript 对象符号）的缩写，它是一种轻量级的数据交换格式，并且 JSON 采用完全独立于语言的文本格式，这使得 JSON 更易于程序的解析和处理，相较于 XML 数据交换格式，使用 JSON 对象访问属性的方式获取数据更加方便。下面详细介绍 JSON 数据格式的基本结构。

1. 对象形式

JSON 数据对象可以理解为 JavaScript 中“字面量”方式创建的对象，具体示例如下：

```
var student = {name:'小明',age:5,function(){console.log('在上课')}};
```

在上述代码中，对象是以“{”开始，以“}”结束，属性与属性或方法之间使用英文下的“,”分割，键值之间使用英文下的“:”分割，可以通过 “对象.属性名”的方式获取相关数据，形如“student.name”的方式就可以获得此 JSON 对象的 name 属性值。

2. 数组形式

JSON 数组形式就是在 JavaScript 中使用“[]”括起来的内容，具体示例如下：

```
var student = [{"name":"小明","age":5},{"name":"小强","age":6}];
```

在上述代码中，由于 JSON 是 JavaScript 支持的原生语法，这就意味着在 JavaScript 中处理 JSON 数据不需要任何特殊的 API 或工具包，若要访问“小明”这个数据，则可以直接使用“student[0].name”获取数据。

通过以上介绍，读者大致了解了 JSON 数据格式的基本结构，对于如何在 PHP 中生成并解析 JSON 信息，PHP 为用户提供了 json_encode()和 json_decode()两个函数，下面详细介绍这两个函数的使用。

3. json_encode()函数

json_encode()函数用于生成 JSON 信息，其声明方式如下：

```
string json_encode ( mixed $value [, int $options = 0 ] )
```

在上述声明中，参数$value 是待编码的任意类型变量（除了资源类型外），并且该函数只能接受 UTF-8 编码的数据，编码成功返回一个以 JSON 形式表示的字符串，否则返回 FALSE。

接下来通过一个案例来演示如何在 PHP 中生成 JSON 数据，具体如例 4-8 所示。

【例 4-8】

```
1 <?php
2 //关联数组
3 $season = array('one'=>'spring','two'=>'summer','three'=>'autumn','four'
  =>'winter');
4 echo json_encode($season);
5 echo '<hr />';
6 //索引数组
7 $fruit = array('banana','apple','mango','orange');
8 echo json_encode($fruit);
9 echo '<hr />';
10 //索引、关联数组
11 $color = array('red','green','pink'=>'pink','purple');
12 echo json_encode($color);
13 echo '<hr />';
14 //二维数组：一维是索引数组，二维是关联数组
15 $s1 = array('name'=>'Felix','addr'=>'America');
16 $s2 = array('name'=>'Paul','addr'=>'Russia ');
17 $student =array($s1,$s2);
18 echo json_encode($student);
19 echo '<hr />';
20 //定义一个类
21 class Animal{
22   public $species='breastfeeding';
23   public $habits='feeding';
24   public function run(){
```

```
25      echo "正在跑...";
26    }
27 }
28 $animal = new Animal;
29 echo json_encode($animal);
```

运行结果如图 4-9 所示。

从图 4-9 可知，若变量是一个关联数组时会生成 JSON 信息；若变量是一个索引数组则会生成 JavaScript 中的数组信息；若变量是一个对象则也会生成 JSON 信息。但是需要注意的是对象中只有属性会转换为 JSON 信息。

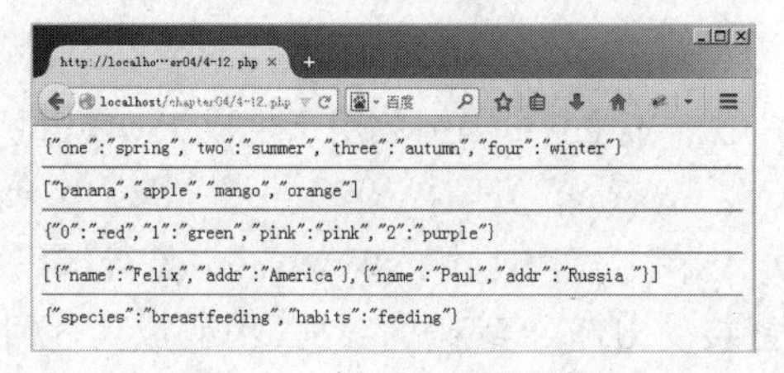

图 4-9　例 4-8 运行结果

注意：

在 PHP 中将变量转换为 JSON 数据格式时，若变量里有中文则会显示 unicode 编码形式，可按照如下步骤解决此问题：

① 将要转换的变量使用 urlencode 进行编码。

② 使用 PHP 内置函数 json_encode 对变量进行 JSON 编码。

③ 在输出前使用 urldecode 进行解码。

4. json_decode()函数

json_decode()函数用于对 JSON 信息进行解析，其声明方式如下：

```
mixed json_decode ( string $json [, bool $assoc=false ] )
```

在上述声明中，参数$json 表示待解码的 JSON 格式的字符串；参数$assoc 为 TRUE 时，该函数返回的数据类型是数组，否则返回对象类型。

接下来通过一个案例来演示如何在 PHP 中对 JSON 信息进行解析，具体如例 4-9 所示。

【例 4-9】

```
1 <?php
2 //定义一个数组变量
3 $fruit = array('north'=>'pear','shandong'=>'apple','hainan'=>'banana');
4 //对此变量进行 JSON 编码
5 $json_fruit = json_encode($fruit);
6 //输出 JSON 信息
7 var_dump($json_fruit);
8 echo "<hr />";
9 //输出对 JSON 信息反编码，并设置其返回值为 array
10 var_dump(json_decode($json_fruit,
   true));
```

运行结果如图 4-10 所示。

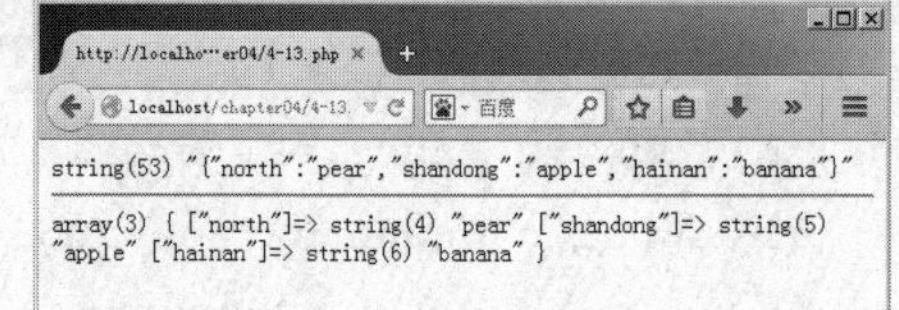

图 4-10　例 4-9 运行结果

从图 4-10 可知，使用 json_decode()函数成功地将横线以上的 JSON 格式的数据转成横线以下的数组格式的数据信息。

4.3.2 案例——获取天气预报信息

如今，大多门户网站、个人博客等都会提供天气信息显示，方便用户随时掌握天气情况，而天气预报通常是通过 JSON 获取的。接下来，本节将通过一个具体的案例来演示如何使用 JSON 接口获取天气预报信息，具体步骤如下：

① 在 chapter04 目录下，新建一个 4-14.html 客户端文件，具体如例 4-10 所示。

【例 4-10】

```
1 <!DOCTYPE html PUBLIC "-//W3C//DTD XHTML 1.0 Transitional//EN"
2  "http://www.w3.org/TR/xhtml1/DTD/xhtml1-transitional.dtd">
3  <html xmlns="http://www.w3.org/1999/xhtml" xml:lang="en">
4 <head>
5  <meta http-equiv="Content-Type" content="text/html; charset=UTF-8" />
6  <title></title>
7  <script type="text/javascript">
8    function f1(){
9        //创建 Ajax 对象
10       var obj = new XMLHttpRequest();
11       //感知 Ajax 状态
12       obj.onreadystatechange = function(){
13           if(obj.readyState==4 && obj.status==200){
14               //接收服务器返回的 JSON 格式的天气预报信息
15               eval(" var info="+obj.responseText);
16               var ss = "";
17               //拼接获得的天气信息字符串
18               ss += "地址: "+info.weatherinfo.city+"<br />";
19               ss += "温度: "+info.weatherinfo.temp+"<br />";
20               ss += "风向: "+info.weatherinfo.WD+"<br />";
21               //将天气信息字符串写入到 HTML 页面中
22               document.getElementById("result").innerHTML = ss;
23           }
24       }
25       //创建一个 http 请求，并设置"请求地址"
26       obj.open("get","./4-15.php")
27       //发送请求
28       obj.send();
29   }
30  </script>
```

```
31 </head>
32
33 <body>
34   <h2>Ajax通过JSON接口获取天气预报信息</h2>
35   <div id="result"></div>
36   <input type="button" onclick="f1()" value="触发天气" />
37 </body>
```

② 读者可在中国天气网“http://smart.weather.com.cn/wzfw/smart/weatherapi.shtml”中申请一个 JSON 接口地址，在 chapter04 目录下创建 4-15.php 文件，代码如下所示：

```
1 <?php
2 //定义一个JSON接口的天气预报地址字符串
3 $url = "http://www.weather.com.cn/data/sk/101010100.html";
4 //将$url地址中的天气信息读入到一个字符串中
5 $weatherInfo = file_get_contents($url);
6 //输出获得的JSON格式的天气信息
7 echo $weatherInfo;
```


打开火狐浏览器，在地址栏中输入“localhost/chapter04/4-14.html”，单击“触发天气”按钮，其运行结果如图 4-11 所示。

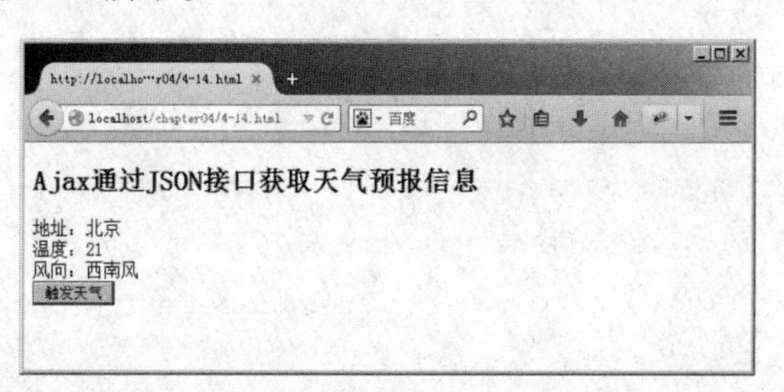

图 4-11　例 4-10 运行结果

在例 4-10 中，由于浏览器出于安全方面考虑，不允许 Ajax 跨域请求，所以需要在 PHP 中访问天气信息并以 JSON 数据格式返回，同时客户端页面使用 JavaScript 提供的 eval()函数运行其中的表达式，将响应信息字符串转换成对象，从而使用“对象.属性”的方式即可获得所需信息。

需要注意的是，按照上例中的做法不能动态地获取不同地区的天气信息，需要根据不同地区找到相应的 IP 以及该地区的编号，从而获得这个地区的 JSON 接口地址，完成获取天气预报的工作。

多学一招：定制天气代码

除了上述方法可以获取天气预报信息外，还可以选择天气网（www.tianqi.com）提供的“气象服务”，选择“天气代码调用”选项，进行个性定制天气代码，具体如图 4-12 所示。

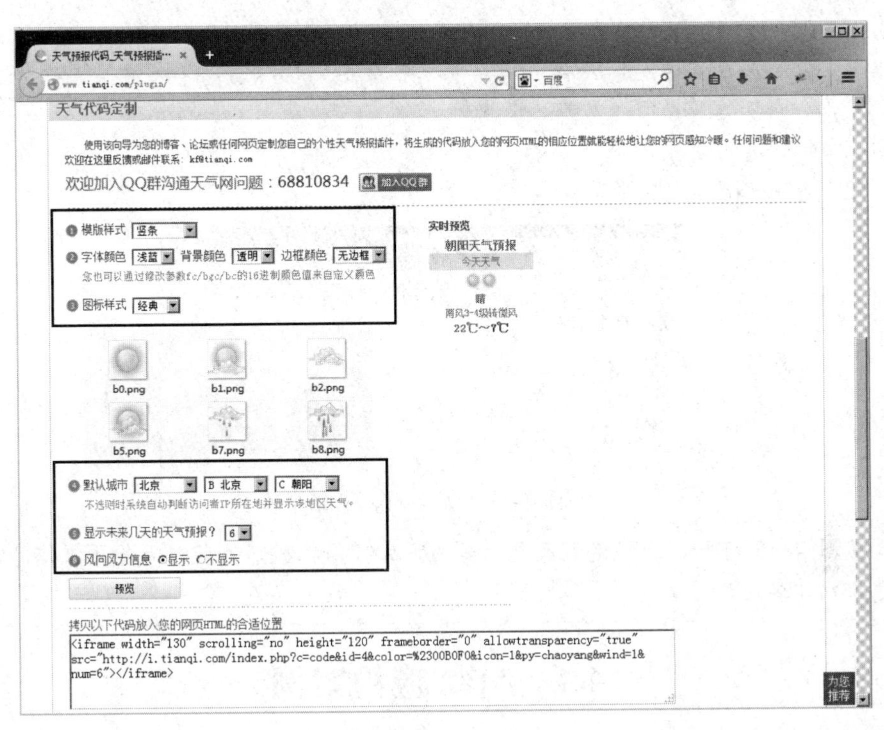

图 4-12　天气代码定制

从图 4-12 可知，图中黑色方框括起来的部分都是可以自行选择的部分，其中，关于不同地区的天气预报也可以通过选择默认城市的方式轻松实现，定制完成后可通过“预览”，在页面右侧看到个性定制的天气预报，将“预览”下面的代码复制到要放置天气预报的页面即可，具体如例 4-11 所示。

【例 4-11】

```
<!DOCTYPE html PUBLIC "-//W3C//DTD XHTML 1.0 Transitional//EN"
 "http://www.w3.org/TR/xhtml1/DTD/xhtml1-transitional.dtd">
 <html xmlns="http://www.w3.org/1999/xhtml" xml:lang="en">
<head>
 <meta http-equiv="Content-Type" content="text/html; charset=UTF-8"/>
 <title></title>
 </script>
</head>

<body>
    <h2>定制天气代码</h2>
```

```
    <iframe width="130" scrolling="no" height="120" frameborder="0"
    allowtransparency="true" src="http://i.tianqi.com/index.php?c=
    code&id=4&color=%2300B0F0&icon=1&py=chaoyang&wind=1&num=6"></if
    rame>
</body>
```

运行结果如图 4-13 所示。

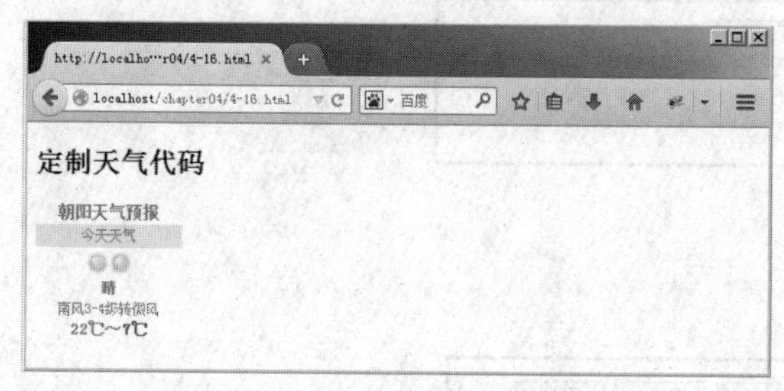

图 4-13　例 4-11 运行结果

从图 4-13 可知，通过定制天气代码的方式可以很容易地获取天气预报信息，但是不建议初学者使用。

4.4　Ajax 应用案例

4.4.1　案例——Ajax 实现无刷新分页

目前，在大多数网站中，为了使用户体验更好，占用带宽更少，都使用 Ajax 实现无刷新分页。例如，用户在购物时，查看商品的评价信息，当单击下一页时，只局部刷新评价信息，其余商品信息不变。接下来通过一个案例来实现 Ajax 无刷新分页，具体步骤如下：

① 创建一个 home.html 文件，使用 Ajax 获取服务器端的数据，具体如例 4-12 所示。

【例 4-12】

```
1 <!DOCTYPE html PUBLIC "-//W3C//DTD XHTML 1.0 Transitional//EN"
2  "http://www.w3.org/TR/xhtml1/DTD/xhtml1-transitional.dtd">
3  <html xmlns="http://www.w3.org/1999/xhtml" xml:lang="en">
4 <head>
5  <meta http-equiv="Content-Type" content="text/html; charset=UTF-8" />
6  <title>商品列表</title>
7  <script type="text/javascript">
8    //通过页面加载事件实现分页数据获取
9    function getGoods(url){
10      //通过Ajax对象获得分页信息
11      var obj = new XMLHttpRequest();
12      obj.onreadystatechange = function(){
13         if(obj.readyState==4 && obj.status==200){
14            //接收服务器端的响应信息
15            eval("var info="+obj.responseText);
16            //拼接输出的字符串
```

```
17            var dataList = "<tr><td>ID</td><td>名称</td><td>价格</td>
              </tr>";
18            for(var i=0;i<info.length-1;i++){
19               dataList += "<tr><td>"+info[i].goods_id+"</td>";
20               dataList += "<td>"+info[i].goods_name+"</td>";
21               dataList += "<td>"+info[i].market_price+"</td></tr>";
22            }
23            dataList += "<tr><td colspan=3>"+info[info.length-1]+"
              </td></tr>";
24            //将字符串写入网页
25            document.getElementById('result').innerHTML = dataList;
26
27          }
28       }
29       obj.open('get',url);
30       obj.send();
31    }
32    window.onload = function(){
33       getGoods('./data.php');
34    }
35  </script>
36 <style type="text/css">
37    a{border:1px solid #fff;text-decoration:none;color:#999;padding:
      2px 4px;margin:0 2px;line-height:20px;}
38    a:hover{background:#f0f0f0;border:1px solid #999;}
39   .curr{background:#f0f0f0;border:1px solid #999;}
40    table{ width:600px;cellspacing:2px; background-color:#333333;}
41    tr{height:30px;}
42    td{width:200px; background-color:#FFFFFF; text-align:center;}
43    h2{ text-align:center}
44  </style>
45 </head>
46 <body>
47   <h2>Ajax实现商品列表无刷新分页</h2>
48   <table id="result" align="center">
49   </table>
51   <div id="bottom" align="center"><div>
52 </body>
53 <script type="text/javascript">
54   //获取一个随机数，用于判断无刷新分页效果
55   var num = "随机数值: ";
56    num += Math.ceil(Math.random()*10);
57      //将随机数字符串写入网页
58   document.getElementById('bottom').innerHTML = num;
59 </script>
```

② 创建一个获取商品列表的data.php文件，实现每页显示3条记录的功能，具体代码如下所示。

```
1 <?php
```

```
2 header("Content-Type:text/html;charset=utf-8");
3 //引入分页类
4 include "./page.class.php";
5 //使用 PDO 连接数据库
6 try{
7    //实例化 PDO 创建
8    $pdo = new PDO("mysql:host=127.0.0.1;dbname=shop;charset=utf8","root",
     "123456");
9    //设置字符集编码
10   $pdo->query("set names utf8");
11   //SQL 预处理语句
12   $stmt1 = $pdo->query("select count(*) from `ecs_goods`");
13   //实例化分页类对象
14   $total = $stmt1->fetchColumn();
15   $per = 3;
16   $page = new Page($total,$per,'./data.php');
17   $stmt = $pdo->prepare("select goods_id,goods_name,market_price
     from ecs_goods limit ".$page->getLimit());
18   //获得页码列表信息
19   $pagelist = $page->getPageList();
20   //执行 SQL 预处理语句
21   $stmt->execute();
22 }catch(Exception $e){
23   echo $e->getMessage().'<br>';
24 }
25 //查询结果
26 $data = $stmt->fetchAll(PDO::FETCH_ASSOC);
27 //将分页信息追加到$data 数组中
28 $data[] = $pagelist;
29 //输出页面
30 echo json_encode($data);
```

③ 使用第 2 章留言板案例中的 page.class.php 分页类，实现商品列表分页的功能。修改分页类中的 getPageList()方法，代码如下所示。

```
1      /**
2       * 获得分页导航
3       */
4     public function getPageList(){
5        //总页数不超过 1 时直接返回空结果
6        if($this->total<=1){
7           return '';
8        }
9        //拼接分页导航的 HTML
10       $html = '';
11       if($this->page>4){
12       $html = "<a href=\"#\" onclick=\"getGoods('{$this->url}page=
         1')\">1</a> ... ";
13       }
14       for($i=$this->page-3,$len=$this->page+3; $i<=$len && $i<=$this
```

```
        ->total; $i++){
15          if($i>0){
16              if($i==$this->page){
17                  $html .= " <a href=\"#\" onclick=\"getGoods('{$this->url}
                    page=$i')\" class=\"curr\">$i</a>";
18              }else{
19                  $html .= "<ahref=\"#\"  onclick  = \"getGoods('{$this->
                    url}page=$i')\">$i</a> ";
20              }
21          }
22      }
23      if($this->page+3<$this->total){
24          $html .=  "...<a  href=\"#\"  onclick  = \"getGoods('{$this->
            url}page={$this->total}')\">{$this->total}</a>";
25      }
26      //返回拼接结果
27      return $html;
28  }
```

打开火狐浏览器，在地址栏中输入“localhost/chapter04/home.html”，运行结果如图 4-14 所示。

商品列表

localhost/chapter04/home.html

Ajax实现商品列表无刷新分页

ID	名称	价格
1	KD876	1665.60
4	诺基亚N85原装充电器	69.60
3	诺基亚原装5800耳机	81.60
1 2 3 4 ... 11		

随机数值：10

图 4-14　Ajax 无刷新分页

从例 4-12 可知，当首次运行 home.html 页面时，通过页面加载事件 onload 触发 getGoods() 函数，获取并显示 data.php 中返回的商品信息。同时，为了实现无刷新分页，需要将每个分页页码的 href 属性设置为“#”，并添加单击事件，触发 getGoods()函数，传递请求的 URL 地址和页码，将 Ajax 返回的数据写入要显示的位置，通过判断首次获得的随机数可以判断 Ajax 无刷新分页是否成功。

例如，单击上图的页码“4”，就可得到如图 4-15 的效果。

商品列表

localhost/chapter04/home.html#

Ajax实现商品列表无刷新分页

ID	名称	价格
11	索爱C702c	0.00
12	摩托罗拉A810	1179.60
13	诺基亚5320 XpressMusic	1573.20
1 2 3 4 5 6 7 ... 11		

随机数值：10

图 4-15　测试无刷新分页效果

4.4.2 案例——实现进度条文件上传

当用户在上传比较大的文件时，需要等待较长时间，为了增加用户使用的友好感，经常在文件上传时显示上传的进度条，接下来通过一个具体的案例来演示如何实现进度条文件上传的功能，具体步骤如下：

① 编写一个文件上传的表单，并使用 FormData 收集上传文件信息。具体如例 4-13 所示。

【例 4-13】

```
1 <!DOCTYPE html PUBLIC "-//W3C//DTD XHTML 1.0 Transitional//EN"
2  "http://www.w3.org/TR/xhtml1/DTD/xhtml1-transitional.dtd">
3  <html xmlns="http://www.w3.org/1999/xhtml" xml:lang="en">
4 <head>
5  <meta http-equiv="Content-Type" content="text/html; charset=UTF-8" />
6  <title></title>
7  <script type="text/javascript">
8    //通过页面加载事件实现上传文件时显示进度条
9    function sub(){
10       //实例化 Ajax 对象
11       var obj = new XMLHttpRequest();
12       //接收响应的信息
13       obj.onreadystatechange = function(){
14          if(obj.readyState==4 && obj.status==200){
15             document.getElementById('con').innerHTML = obj.responseText;
16          }
17       }
18       //onprogress 属性通过主流浏览器的“事件对象 evt”感知当前附件上传情况
19       obj.upload.onprogress = function(evt){
20          //上传附件大小的百分比
21          //其中 evt.total 表示附件总大小，evt.loaded 表示已经上传附件大小
22          var per = Math.floor((evt.loaded/evt.total)*100)+"%";
23          //当上传文件时，显示进度条
24          document.getElementById('parent').style.display = 'block';
25          //通过上传百分比设置进度条样式的宽度
26          document.getElementById('son').style.width = per;
27          //在进度条上显示上传的进度值
28          document.getElementById('son').innerHTML = per;
29       }
30       //通过 FormData 收集零散的上传文件信息
31       var fm = document.getElementById("userfile3").files[0];
32       var fd = new FormData();
```

```
33      fd.append('userfile',fm);
34      obj.open('post','upData.php');
35      obj.send(fd);
36  </script>
37  <style type="text/css">
38   #parent{width:200px;height:20px;border: 2px solid gray;background:
39   lightgray; display: none;}
40   #son{width:0;height:100%;background:lightgreen;text-align:center;}
41  </style>
42   </head>
43   <body>
44      <h2>Ajax 实现进度条文件上传</h2>
45      <div id="parent">
46         <div id="son"></div>
47      </div>
48      <p id="con"></p>
49      <input type="file" name="userfile" id="userfile3"><br /><br />
50      <input type="button" onclick="sub()" value="文件上传"/>
51   </body>
```

② 编写文件 4-21.php 处理上传文件信息，具体代码如下所示。

```
1 <?php
2 //上传文件进行简单错误过滤
3 if($_FILES['userfile']['error']>0){
4    exit('上传文件有错误');
5 }
6 //定义存放上传文件的真实路径（需要手动创建）
7 $path = "./upload/";
8 //定义存放上传文件的真实路径名
9 $name = $_FILES['userfile']['name'];
10 //将文件的名字的字符编码从 UTF-8 转换成 GB2312
11 $name = iconv("UTF-8","GB2312",$name);
12 //将上传文件移动到指定目录文件中
13 if(move_uploaded_file($_FILES['userfile']['tmp_name'],$path.$name)){
14   echo "文件上传成功！";
15 }else{
16   echo "文件上传失败！";
17 }
```

运行结果如图 4–16 所示。

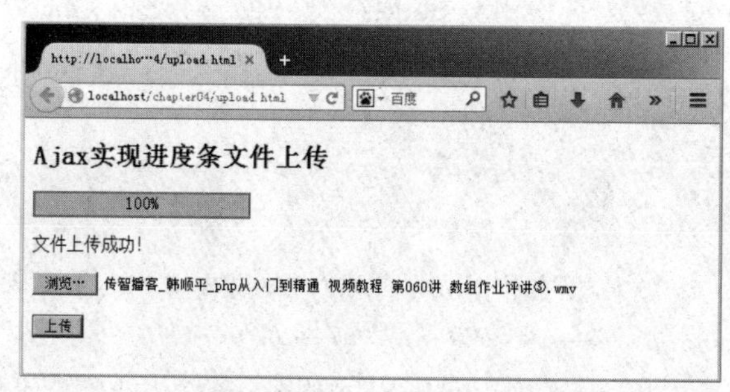

图 4–16　进度条文件上传效果图

从图 4–16 可知，用户选择上传文件后，单击“上传”按钮，触发 sub() 函数，然后使用 Ajax 对象 upload 属性中的 onprogress 事件每隔 50~100 ms 感知一次上传进度，进而获得上传文件进度百分比，最后使用 FormData 对象收集 files 上传文件中的信息，并将服务器判断的结果返回，写入页面中。

需要注意的是，在使用 FormData 对象收集表单域信息时，每个表单域必须设置 name 属性并且不要设置 header 头，其中 FormData 对象只能在主流浏览器中使用。

注意：

若要实现大文件上传，需要配置 php.ini 文件，具体如下：

① 查看在强制终止脚本前 PHP 等待脚本执行完毕的时间，并根据实际需求将其设置为足够长的时间，例如：max_execution_time=90。

② 查看文件上传的最大值，并根据实际需求设置，例如：upload_max_filesize = 200MB。

③ 查看客户端通过 POST 方法进行一次表单提交时 PHP 程序所能够接收的最大数据量，一般情况下，将此值设置得比 upload_max_filesize 略大即可，例如：post_max_size=201MB。

④ 如果应用程序运行环境处在比较慢的情况下，则需要增加 max_input_time 的值以增大接收数据所需要的时间。

本 章 小 结

本章首先介绍了 Ajax 的工作流程和优势，然后讲解了 Ajax 对象的创建、常用的方法和属性以及 JSON 数据格式的使用，最后将 Ajax 应用到实际开发中，从而加强对它们的认识和理解。通过本章的学习，应该熟悉 Ajax 的本质，重点掌握 Ajax 及 JSON 数据格式的使用，但还需读者在 Web 开发的实践过程中不断练习、思考和总结。

思 考 题

在电子商务网站中，用户购物时都需要填写收货地址，但如果要求用户手动填写，一是用户体验不好，二是每个用户填写的格式不统一，影响送货。因此，请使用 PHP+Ajax 实现地区下拉列表的三级联动，要求如下：

（1）设计省级、市级、县级三张数据表。

（2）通过数据库获取省级表中的信息，将其显示在省级下拉列表中。

（3）当省级下拉列表改变时，获取相应市级信息，将其显示在市级下拉列表中。

（4）当市级下拉列表改变时，获取相应县级信息，将其显示在县级下拉列表中。

说明：思考题参考答案可从中国铁道出版社有限公司网站（http://www.tdpress.com/51eds/）下载。

jQuery 框架

学习目标

- 掌握 jQuery 的基本使用方法，学会常用选择器和 DOM 文档操作
- 掌握 jQuery 的事件与动画，学会常用事件与动画的使用
- 熟悉 jQuery 的 Ajax 操作，学会 jQuery 中 Ajax 的使用
- 了解 jQuery 常用插件，学会常用插件的使用

jQuery 是一个优秀的 JavaScript 框架，它简化了 HTML 与 JavaScript 之间的操作，使得 DOM 对象、事件处理、动画效果、Ajax 等操作的实现语法更加简洁，显著提高程序的开发效率，同时消除了很多跨浏览器的兼容问题。本章将围绕 jQuery 的使用进行详细讲解。

5.1 jQuery 入门

5.1.1 什么是 jQuery

jQuery 是美国人 John Resig 创建的一个开源项目，是目前最受欢迎的 JavaScript 框架。在 2006 年 1 月的纽约 BarCamp 国际研讨会上首次发布后，吸引了来自世界各地的众多 JavaScript 高手加入，目前由 Dave Methvin 带领团队进行开发。jQuery 的核心理念是 write less，do more（写的更少，做的更多）。

随着 Web 前端技术的不断发展，互联网上诞生了很多优秀的 JavaScript 框架，这些框架封装了 JavaScript、DOM 和 Ajax 等操作的功能，为开发人员提供了更加快捷、强大的开发方式。常见的 JavaScript 框架有 jQuery、Prototype、ExtJS、Mootools 和 YUI 等。jQuery 凭借其简洁的语法和跨浏览器的兼容性，极大简化了开发人员对 DOM 对象、事件处理、动画效果和 Ajax 的操作，目前已经从其他框架中脱颖而出，成为了 Web 开发人员的最佳选择。

jQuery 框架的特点可以归纳为以下几点：

- jQuery 是一个轻量级的脚本，其代码非常小巧；
- 语法简洁易懂，学习速度快，文档丰富；
- 支持 CSS1~CSS3 定义的属性和选择器；
- 跨浏览器，支持的浏览器包括 IE 6.0~IE 11.0 和 FireFox、Chrome 等；
- 实现了 JavaScript 脚本和 HTML 代码的分离，便于后期编辑和维护；
- 插件丰富，可以通过插件扩展更多功能。

5.1.2 jQuery 的下载与使用

jQuery 的官方网站提供了 jQuery 框架最新版本的下载，如图 5-1 所示。

图 5-1　jQuery 官方网站

从图 5-1 中可以看出，目前最新版本是 v1.11.1 和 v2.1.1。jQuery 团队正在同时开发两种版本。一种是 jQuery 1.x 系列的经典版本，保持对早期浏览器的支持。另一种是 jQuery 2.x 系列的新一代版本，更加轻量级，不再支持 IE 6/7/8 浏览器。本书中讲解的是 jQuery 1.x 系列版本。

单击 jQuery 官方网站中的“Download jQuery”按钮打开下载页面，如图 5-2 所示。

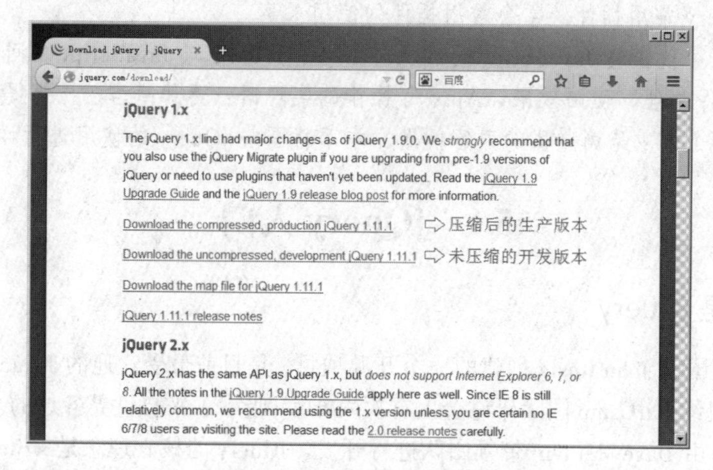

图 5-2　jQuery 下载页面

从图 5-2 中可以看出，jQuery 提供了“压缩后的生产版本”和“未压缩的开发版本”。“压缩”是指去掉代码中所有的换行、缩进和注释以减少文件体积，从而更有利于网络传输。由于本书中的讲解不会涉及 jQuery 内部的代码，所以下载生产版本即可。

jQuery 的部署非常简单，只要在 HTML 中引入一个外部 JavaScript 文件即可，代码如下：

```
<script src="jquery.min.js"></script>
```

上述代码表示引入当前目录下的“jquery.min.js”文件。

值得一提的是，除了将 jQuery 文件放到本机上，还可以通过 CDN（内容分发网络）的方式引入它。以百度 CDN 为例，引入的代码如下：

```
<script src="http://libs.baidu.com/jquery/1.11.1/jquery.min.js"></script>
```

使用公共 CDN 的优势是可以利用浏览器缓存加快 jQuery 文件的加载速度。

将 jQuery 框架文件引入之后，就可以使用 jQuery 的各种功能了，接下来演示一个简单的 Hello World 程序，具体代码如例 5-1 所示。

【例 5-1】

```
1    <script src="jquery.min.js"></script>
2    <script>
```

```
3        $(document).ready(function(){
4            alert("Hello World !");
5        })
6    </script>
```

在上述代码中，“ $(document).ready(function(){ … }) ”表示页面加载完成后执行匿名函数 function()，这里还可以简写成“ $().ready(function(){ … }) ”或“ $(function(){ … }) ”这样的形式。

在浏览器中访问，运行结果如图 5-3 所示。

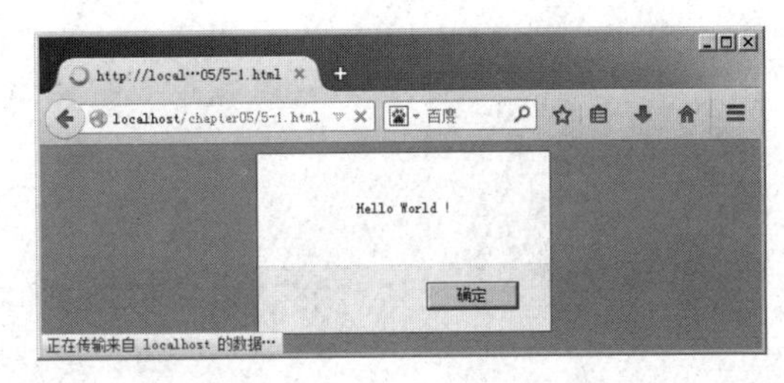

图 5-3　例 5-1 运行结果

从运行结果可以看出，通过例 5-1 的代码，网页载入后自动弹出了“Hello World”对话框，这就说明 jQuery 已经正常工作。

在 jQuery 中，美元符号“$”的使用最为频繁。“$”本质上是一个函数，该函数根据其参数的不同可以实现不同的功能，比如作为选择器使用、作为功能函数的前缀、创建页面的 DOM 结点等。此外，还可以使用“jQuery”代替“$”，例如“$(document)”可以写成“jQuery(document)”。“$”实际上是“jQuery”的简写形式。

5.2　jQuery 选择器

在页面中为某个元素添加属性或事件时，必须先准确地找到该元素。jQuery 的选择器就是用来完成这个任务的。在 jQuery 中，事件的处理、遍历 DOM 和 Ajax 操作都依赖于选择器。本节将针对 jQuery 选择器进行详细讲解。

5.2.1　基本选择器

基本选择器是 jQuery 中最常用的选择器，它的语法与 CSS 选择器非常相似，都是通过 id、类名和标签名的方式来查找网页中的元素。通过基本选择器可以实现大多数页面元素的查找。

使用 jQuery 选择器的基本语法为“$(选择器)”。其详细说明如表 5-1 所示。

表 5-1　基本选择器

选择器	功能描述	示例
*	匹配所有元素	$("*") 选取所有的元素
#id	根据指定 id 匹配一个元素	$("#test") 选取 id 为 test 的元素
.class	根据指定类名匹配所有元素	$(".test") 选取所有 class 为 test 的元素
element	根据指定元素名匹配所有元素	$("div") 选取所有的<div>元素
selector1，…，selectorN	将每个选择器匹配到的元素合并后一起返回	$("div,span,p.test") 选取所有标签为<div>、<span>和<p class="test">的一组元素

表 5-1 列举了基本选择器的功能描述和示例。为了使读者更好地学习基本选择器的使用，下面通过一个案例进行演示，如例 5-2 所示。

【例 5-2】

```
1 <!doctype html>
2 <html>
3 <head>
4    <meta charset="utf-8">
5    <script src="jquery.min.js"></script>
6    <style>
7       .box{ width:100px;height:50px;background-color:#ccc; }
8    </style>
9    <script>
10         function func(){
11            $(".box").css("background-color","blue");
12         }
13   </script>
14   </head>
15   <body>
16      <div class="box"></div>
17      <input type="button" value="触发" onclick="func()">
18   </body>
19   </html>
```

在浏览器中访问，运行结果如图 5-4 所示：

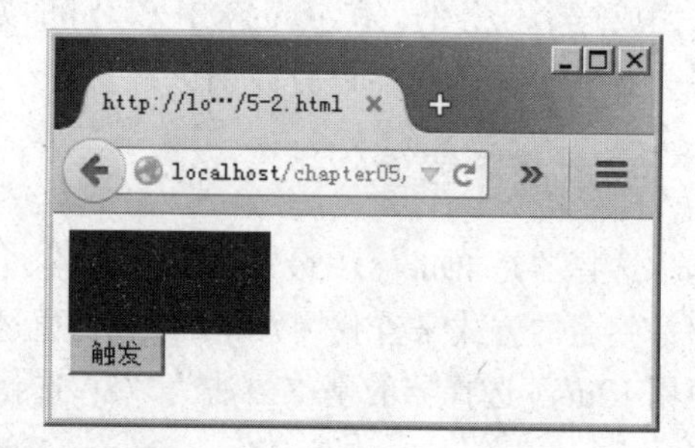

图 5-4　例 5-2 运行结果

在例 5-2 中，CSS 代码将 box 的背景色设置为灰色，当单击“触发”按钮后，通过 jQuery 将背景色改为了蓝色。从案例中可以看出，当通过 class 获取指定元素时，CSS 和 jQuery 的语法同样都是“.box”。

5.2.2 层次选择器

层次选择器是通过 DOM 元素间的层次关系来获得元素的。例如后代元素、子元素、相邻元素和兄弟元素等。其详细说明如表 5-2 所示。

表 5-2　层次选择器

选　择　器	功 能 描 述	示　　例
ancestor descendant	选取祖先（ancestor）元素匹配所有后代（descendant）元素	$("div span")选取<div>中的所有后代元素<span>
parent > child	根据父元素匹配所有的子元素	$("div > span")选取<div>中的所有子元素<span>
prev + next	匹配所有紧接在 prev 元素后的相邻元素	$(".test + div")选取 class 为 test 后紧邻的<div>元素
prev ~ siblings	匹配 prev 元素之后的所有兄弟元素	$("#test ~ div")选取 id 为 test 的元素后面的所有<div>兄弟元素

表 5-2 列举了层次选择器的功能描述和示例。为了使读者更好地学习层次选择器的使用，下面通过一个案例进行演示，如例 5-3 所示。

【例 5-3】

```
1 <!doctype html>
2 <html>
3 <head>
4    <meta charset="utf-8">
5    <script src="jquery.min.js"></script>
6    <style>
7       div{ margin:2px auto; }
8       div > div{ font-weight:bold; }
9    </style>
10      <script>
11         function func(){
12            $("div > div").css("background-color","#ddd");
13            $("body > div").css("border","1px solid #000");
14         }
15      </script>
16   </head>
17   <body>
18      <div>A</div>
19      <div>B</div>
20      <div>C<div>D</div></div>
21      <input type="button" value="触发" onclick="func()" />
22   </body>
23   </html>
```

在浏览器中访问，运行结果如图 5-5 所示。

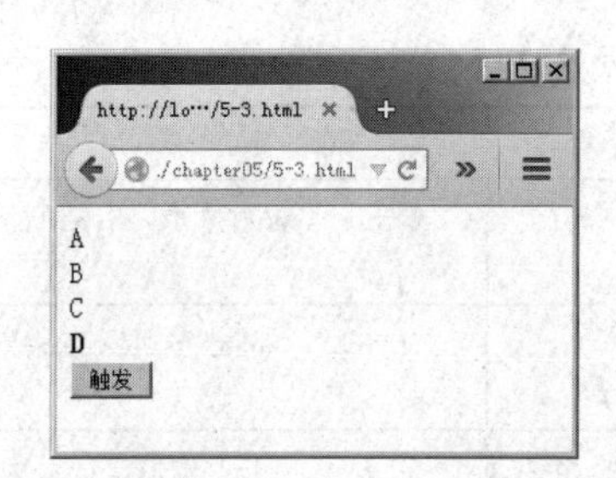

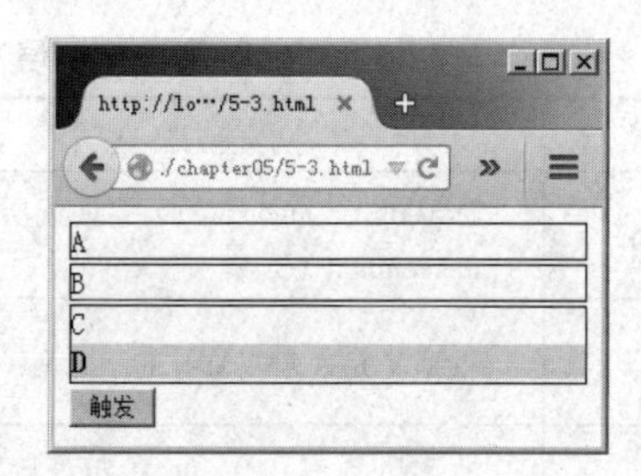

图 5-5　例 5-3 运行结果

在例 5-3 中，CSS 代码通过子元素选择器将<div>的子元素<div>设置了文本加粗，所以图中只有 D 受到影响。当单击“触发”按钮后，jQuery 将<body>下的子元素<div>设置了边框线，图中只有 A、B、C 受到影响。然后 jQuery 再将<div>的子元素<div>设置了灰色背景，图中只有 D 受到影响。从案例中可以看出，jQuery 选择器和 CSS 选择器的用法是相同的。需要注意的是，IE 6 浏览器不支持 CSS 的子元素选择器，但是 jQuery 的选择器支持所有的浏览器。

5.2.3　过滤选择器

过滤选择器通过特定的过滤规则筛选出所需的 DOM 元素。过滤规则的语法与 CSS 伪类选择器的语法类似，以冒号开头。按照不同的过滤规则，过滤选择器可以分为基本过滤、内容过滤、可见性过滤、属性过滤、子元素过滤和表单对象属性过滤。接下来针对这些过滤选择器进行详细讲解。

1. 基本过滤选择器

基本过滤选择器是过滤选择器中使用最广泛的一种，其详细说明如表 5-3 所示。

表 5-3　基本过滤选择器

选择器	功能描述	示例
:first	匹配找到的第一个元素	$("div:first")选取所有<div>元素中第一个<div>元素
:last	匹配找到的最后一个元素	$("div:last")选取所有<div>元素中最后一个<div>元素
:not(selector)	匹配所有不匹配给定选择器的元素	$("div:not(.test)")选取所有 class 不是 test 的<div>元素
:even	匹配索引是偶数的所有元素（从 0 开始计数）	$("div:even")选取所有索引是偶数的<div>元素
:odd	匹配索引是奇数的所有元素（从 0 开始计数）	$("div:odd")选取所有索引是奇数的<div>元素
:eq(index)	匹配一个给定索引值的元素（从 0 开始计数）	$("div:eq(1)")选取一个索引等于 1 的<div>元素
:gt(index)	匹配所有大于给定索引值的元素（从 0 开始计数）	$("div:gt(1)")选取所有索引大于 1 的<div>元素（不包括 1）
:lt(index)	匹配所有小于给定索引值的元素（从 0 开始计数）	$("div:lt(1)")选取所有索引小于 1 的<div>元素（不包括 1）
:header	匹配所有的标题元素（例如 h1，h2，h3 等）	$(":header")选取所有的标题元素<h1>、<h2>、<h3> ……
:animated	匹配所有当前正在执行动画的元素	$("div:animated")选取所有正在执行动画的<div>元素

表 5-3 列举了基本过滤选择器的功能描述和示例。为了使读者更好地学习基本过滤选择器的使用，下面通过一个案例进行演示，如例 5-4 所示。

【例 5-4】

```
1 <!doctype html>
2 <html>
3 <head>
4    <meta charset="utf-8">
5    <script src="jquery.min.js"></script>
6    <style>
7       table{border-collapse:collapse;width:80%;}
8    </style>
9    <script>
10      function func(){
11         $("table tr:odd").css("background-color","#ddd");
12      }
13   </script>
14 </head>
15 <body>
16   <table border="1">
17      <tr><th>A</th><th>B</th><th>C</th></tr>
18      <tr><td>1</td><td>1</td><td>1</td></tr>
19      <tr><td>2</td><td>2</td><td>2</td></tr>
20      <tr><td>3</td><td>3</td><td>3</td></tr>
21      <tr><td>4</td><td>4</td><td>4</td></tr>
22      <tr><td>5</td><td>5</td><td>5</td></tr>
23   </table>
24   <input type="button" value="触发" onclick="func()" />
25 </body>
26 </html>
```

在浏览器中访问，运行结果如图 5-6 所示。

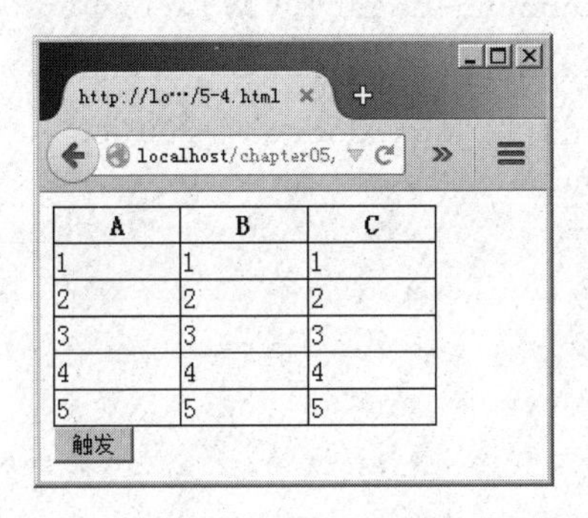

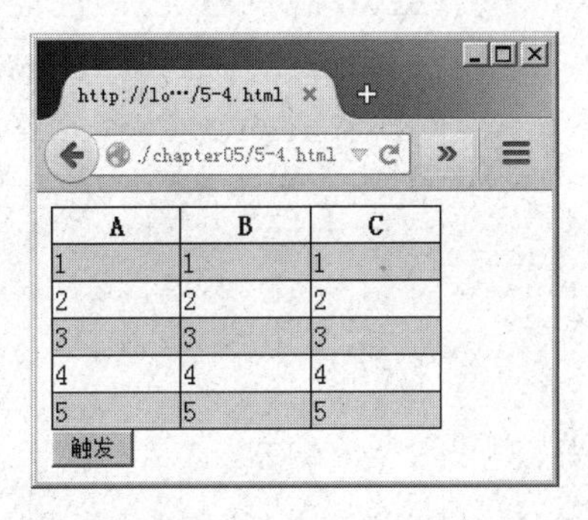

图 5-6　例 5-4 运行结果

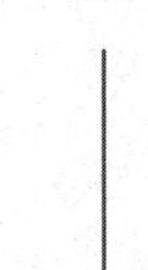

从图 5-6 中可以看出，当单击“触发”按钮后，表格中奇数行改变了背景色。在例 5-4 中，选择器$("table tr:odd") 的作用是选取<table>中奇数行的<tr>。需要注意的是，过滤选择器从 0 开始计数，所以表格的标题行没有被选取，如果选取的是偶数行，则标题行会被选取。

2. 内容过滤选择器

内容过滤选择器的过滤规则主要体现在它所包含的子元素或文本内容上。其详细说明如表 5-4 所示。

表 5-4　内容过滤选择器

选择器	功能描述	示例
:contains(text)	匹配包含给定文本的元素	$("div:contains('itcast')") 选取含有文本“itcast”的<div>元素
:empty	匹配所有不包含子元素和文本的空元素	$("div:empty")选取不包含子元素、不包含文本元素的<div>元素
:has(selector)	匹配含有“选择器所匹配的元素”的元素	$("div:has(p)")选取含有<p>元素的<div>元素
:parent	匹配含有子元素或者文本的元素	$("div:parent")选取拥有子元素（包括文本元素）的<div>元素

表 5-4 列举了内容过滤选择器的功能描述和示例。为了使读者更好地学习内容过滤选择器的使用，下面通过一个案例进行演示，如例 5-5 所示。

【例 5-5】

```
1 <!doctype html>
2 <html>
3 <head>
4    <meta charset="utf-8">
5    <script src="jquery.min.js"></script>
6    <style>
7       div{width:100%;height:20px;border:1px solid #000;margin:5px auto;}
8    </style>
9    <script>
10      function func(){
11         $("div:contains('结义')").css("font-weight","bold");
12         $("div:empty").css("background-color","#ddd");
13         $("div:has(span)").css("width","50%");
14         $("div:parent").css("border","1px dotted #000");
15      }
16   </script>
17 </head>
18 <body>
19   <div>东山再起</div>
20   <div>桃园结义</div>
```

```
21    <div>    </div>
22    <div><img /></div>
23    <div></div>
24    <div><span></span></div>
25    <input type="button" value="触发" onclick="func()" />
26 </body>
27 </html>
```

在浏览器中访问，运行结果如图 5-7 所示。

图 5-7　例 5-5 运行结果

从图 5-7 中可以看出，当单击“触发”按钮后，页面中的<div>改变了样式。在例 5-5 中的过滤选择器中：$("div:contains('结义')")选取了含有“结义”文本的第 2 个<div>；$("div:empty")选取空元素的<div>，只有第 5 个<div>被选中；$("div:has(span)")选取了含有<span>元素的第 6 个<div>；$("div:parent")选取了含有子元素和文本元素的第 1、2、3、4、6 个<div>。

3. **可见性过滤选择器**

可见性过滤选择器根据元素的可见与不可见状态选取元素。其详细说明如表 5-5 所示。

表 5-5　可见性过滤选择器

选　择　器	功 能 描 述	示　　　例
:hidden	匹配所有不可见的元素	$(":hidden")选取所有不可见的元素 $("input:hidden")选取所有不可见的 input 元素
:visiable	匹配所有可见的元素	$("div:visiable")选取所有可见的<div>元素

表 5-5 列举了可见性过滤选择器的功能描述和示例。为了使读者更好地学习可见性过滤选择器，下面通过一个案例进行演示，如例 5-6 所示。

【例 5-6】

```
1 <!doctype html>
2 <html>
3 <head>
4    <meta charset="utf-8">
5    <script src="jquery.min.js"></script>
```

```
6     <style></style>
7     <script>
8        $(function(){
9           $(":hidden").css("margin","0");
10          $(":visible").css("padding","0");
11       });
12    </script>
13 </head>
14 <body>
15    <div>测试</div>
16    <input type="hidden" />
17    <div style="display:none">测试</div>
18    <div style="visibility:hidden">测试</div>
19 </body>
20 </html>
```


在浏览器中访问，打开浏览器的“F12 开发者工具”，运行结果如图 5-8 所示。

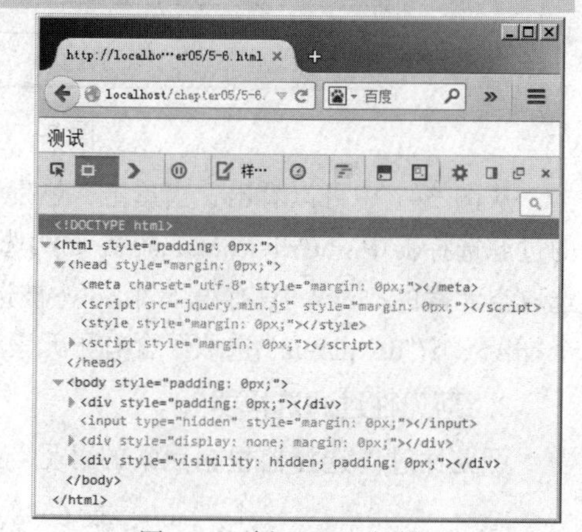

图 5-8　例 5-6 运行结果

在例 5-6 中，为了区分网页中的可见与不可见元素，通过 jQuery 为不可见元素添加了 margin 样式，为可见元素添加了 padding 样式。从图 5-8 中可以看出，网页中的不可见元素包括<head>、<meta>、<script>、<style>、<input type="hidden">，以及 CSS 样式为 display:none 的元素。<html>、<body>是可见元素，CSS 样式为 visibility:hidden 的也是可见元素。

4. **属性过滤选择器**

属性过滤选择器根据元素的属性选取元素，语法为“[过滤规则]”。其详细说明如表 5-6 所示。

表 5-6　属性过滤选择器

选择器	功能描述	示例
[attribute]	匹配拥有此属性的元素	$("div[id]")选取拥有属性为 id 的<div>元素
[attribute=value]	匹配属性的值为 value 的元素	$("div[it=cast]")选取属性为 it，属性值为 cast 的<div>元素
[attribute!=value]	匹配属性值不是 value 的元素	$("div[it!=cast]")选取属性为 it，且值不为 cast 的<div>元素（没有 it 属性也会被选中）
[attribute^=value]	匹配属性值以 value 开始的元素	$("div[it^=cast]")选取属性为 it，属性值以 cast 开始的<div>元素
[attribute$=value]	匹配属性值以 value 结束的元素	$("div[it$=cast]")选取属性为 it，属性值以 cast 结束的<div>元素

续表

选　择　器	功 能 描 述	示　　例
[attribute*=value]	匹配属性值含有 value 的元素	$("div[it*=cast]")选取属性为 it，属性值含有 cast 的<div>元素。
[selector1][selector2]...[selectorN]	复合属性选择器，需要同时满足多个条件时使用	$("div[id][it^=cast]")选取拥有 id 和 it 属性，并且 it 属性值为 cast 的<div>元素

表 5-6 列举了属性过滤选择器的功能描述和示例。为了使读者更好地学习属性过滤选择器，下面通过一个案例进行演示，如例 5-7 所示。

【例 5-7】

```
1 <!doctype html>
2 <html>
3 <head>
4    <meta charset="utf-8">
5    <script src="jquery.min.js"></script>
6    <script>
7       function func(){
8          $("[value*=球]").css("background-color","#ddd");
9          $("input[value!=滑冰][value!=游泳]").css("border","0");
10      }
11   </script>
12 </head>
13 <body>
14   <input type="text" value="篮球" />
15   <input type="text" value="足球" />
16   <input type="text" value="游泳" />
17   <input type="text" value="滑冰" />
18   <input type="text" />
19   <input type="text" value="乒乓球" />
20   <input type="submit" value="触发" onclick="func()" />
21 </body>
22 </html>
```

在浏览器中访问，运行结果如图 5-9 所示。

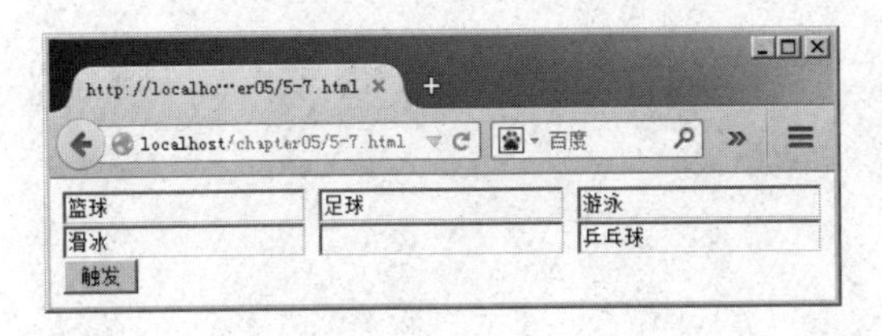

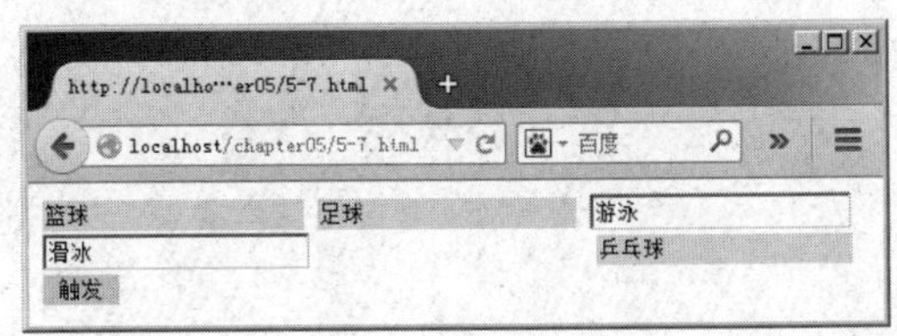

图 5-9　例 5-7 运行结果

从图 5-9 中可以看出，当点击触发按钮后，页面中的<input>改变了样式。在例 5-7 的过滤选择器中：$("[value*=球]")选取 value 属性中含有“球”的所有元素，所以篮球、足球、乒乓球被选中；$("input[value!=滑冰][value!=游泳]")选取 value 属性不为滑冰和游泳的<input>元素，所以只有游泳和滑冰没有被选中。

5. **子元素过滤选择器**

通过子元素过滤选择器可以获取父元素中指定的元素。其详细说明如表 5-7 所示。

表 5-7　子元素过滤选择器

选　择　器	功 能 描 述	示　　例
:nth-child(index|odd|even)	匹配父元素下的特定位置元素（从 1 开始计数）	$("ul li:nth-child(2)")选取<ul>中的第二个<li>元素
:first-child	匹配父元素下的第一个子元素	$("ul li:first-child")选取<ul>中的第一个<li>元素
:last-child	匹配父元素下的最后一个子元素	$("ul li:last-child")选取<ul>中的最后一个<li>元素
:only-child	如果某个元素是父元素中唯一的子元素，则会被匹配	$("ul li:only-child")选取<ul>中是唯一子元素的<li>元素

表 5-7 列举了子元素过滤选择器的功能描述和示例。为了使读者更好地学习子元素过滤选择器，下面通过一个案例进行演示，如例 5-8 所示。

【例 5-8】

```
1 <!doctype html>
2 <html>
3 <head>
4    <meta charset="utf-8">
5    <script src="jquery.min.js"></script>
6    <style>
7       li{width:35px;padding:0 5px;text-align:center;}
8    </style>
9    <script>
10      function func(){
11         $("li:first-child").css("border-left","2px solid #000");
12         $("li:last-child").css("border-right","2px solid #000");
13         $("li:only-child").css("border-bottom","2px solid #000");
14         $("li:nth-child(2)").css("background-color","#ddd");
15         $("li:nth-child(even)").css("font-weight","bold");
16      }
17   </script>
18 </head>
19 <body>
20   <ul><li>刘备</li><li>关羽</li><li>张飞</li><li>赵云</li></ul>
```

```
21    <ul><li>吕布</li></ul>
22    <input type="button" value="触发" onclick="func()" />
23  </body>
24  </html>
```

在浏览器中访问，运行结果如图 5-10 所示。

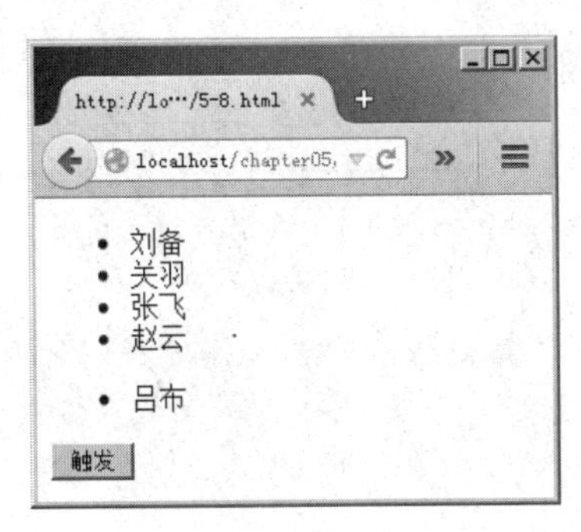

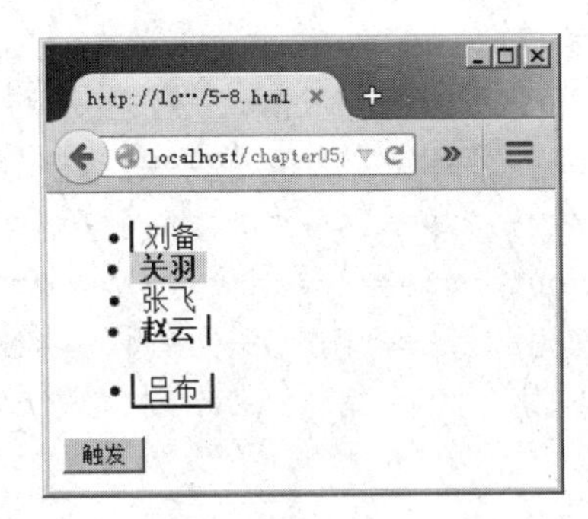

图 5-10　例 5-8 运行结果

从图 5-10 中可以看出，当单击“触发”按钮后，页面中的<li>改变了样式。在例 5-8 的过滤选择器中：$("li:first-child")选取到了刘备、吕布；$("li:last-child")选取到了赵云、吕布；$("ul li:only-child") 只选取到了吕布；$("ul li:nth-child(2)") 只选取到了关羽；$("ul li:nth-child(even)")选取到了关羽和赵云。

6. 表单对象属性过滤选择器

表单对象属性过滤选择器根据表单对象属性的特征获取元素。例如选择被选中的下拉框、复选框等。具体说明如表 5-8 所示。

表 5-8　表单对象属性过滤选择器

选　择　器	功 能 描 述	示　　　例
:checked	匹配所有被选中的元素	$("input :checked")选取所有被选中的<input>元素
:selected	匹配所有被选中的选项元素	$("select :selected")选取所有被选中的<option>元素
:enabled	匹配所有可用的元素	$("#test :enabled")选取 id 为 test 的表单内所有可用的元素
:disabled	匹配所有不可用的元素	$("#test :disabled")选取 id 为 test 的表单内所有不可用元素

表 5-8 列举了表单对象属性过滤选择器的功能描述和示例。为了使读者更好地学习表单对象属性过滤选择器，下面通过一个案例进行演示，如例 5-9 所示。

【例 5-9】

```
1 <!doctype html>
2 <html>
3 <head>
4     <meta charset="utf-8">
5     <script src="jquery.min.js"></script>
6     <script>
7        function func(){
```

```
8           $("input:disabled").css("border","2px solid #000");
9           $("input:checked").css("display","none");
10      }
11    </script>
12 </head>
13 <body>
14    <input type="text" value="启用" />
15    <input type="text" disabled="disabled" value="禁用" />
16    <input type="checkbox" checked="checked" />选中
17    <input type="checkbox" />未选中
18    <input type="button" value="触发" onclick="func()" />
19 </body>
20 </html>
```

在浏览器中访问，运行结果如图 5-11 所示。

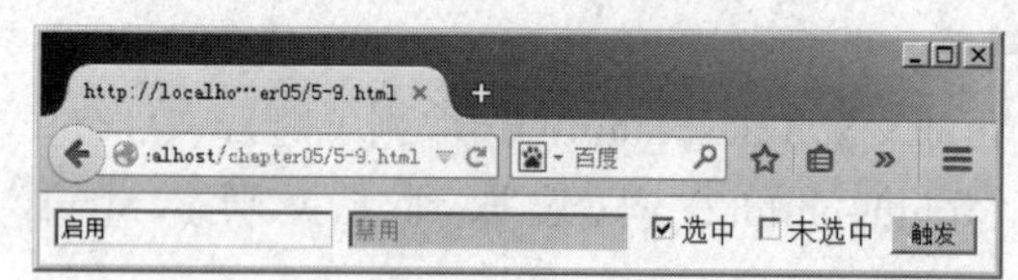
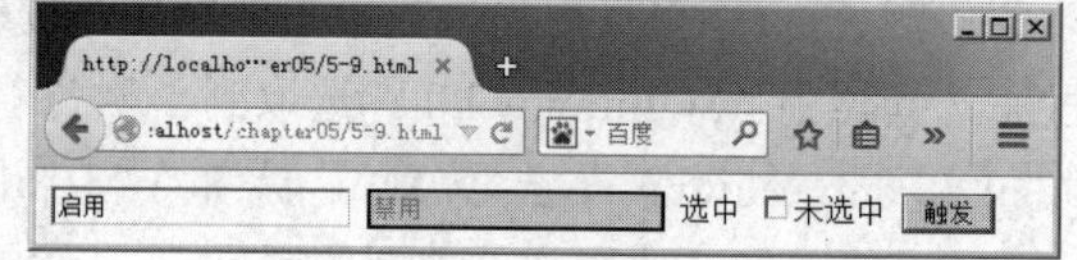

图 5-11　例 5-9 运行结果

从图 5-11 中可以看出，当单击“触发”按钮后，页面中的<input>改变了样式。在例 5-9 的过滤选择器中：$("input:disabled")选取到了被禁用的<input>文本框；$("input:checked")选取到了被选中的<input>复选框。

5.2.4 表单选择器

表单的作用是提交数据。在前端程序开发中，对表单的处理占据了重要的地位。为了灵活地操作表单，jQuery 专门加入了表单选择器，方便用户获取表单元素。关于表单选择器的详细说明如表 5-9 所示。

表 5-9　表单选择器

选　择　器	功 能 描 述	示　　例
:input	匹配所有的<input>、<textarea>、<select>和<button>元素	$(":input")选取所有<input>、<textarea>、<select>、<button>元素
:text	匹配所有的单行文本框	$(":text")选取所有的单行文本框
:password	匹配所有的密码框	$(":password")选取所有的密码框
:radio	匹配所有的单选按钮	$(":radio")选取所有的单选按钮
:checkbox	匹配所有的复选框	$(":checkbox")选取所有的复选框
:submit	匹配所有的提交按钮	$(":submit")选取所有的提交按钮
:image	匹配所有的图像域	$(":image")选取所有的图像域<img>
:reset	匹配所有的重置按钮	$(":reset")选取所有的重置按钮

续表

选　择　器	功 能 描 述	示　　例
:button	匹配所有的按钮	$(":button")选取所有的按钮
:file	匹配所有的文件上传域	$(":file")选取所有的文件上传域
:hidden	匹配所有的不可见元素	$(":hidden")选取所有的不可见元素

表 5-9 列举了表单选择器的功能描述和示例。为了使读者更好地学习表单选择器，下面通过一个案例进行演示，如例 5-10 所示。

【例 5-10】

```
1 <!doctype html>
2 <html>
3 <head>
4    <meta charset="utf-8">
5    <script src="jquery.min.js"></script>
6    <script>
7       function func(){
8          $(":input").css("display","none");
9          $(":input").css("font-size","16px");
10         $(":button").css("display","block");
11      }
12   </script>
13 </head>
14 <body>
15   <input type="text" />
16   <textarea></textarea>
17   <select></select>
18   <button>测试</button><br>
19   <input type="button" value="触发" onclick="func()" />
20 </body>
21 </html>
```

在浏览器中访问，运行结果如图 5-12 所示。

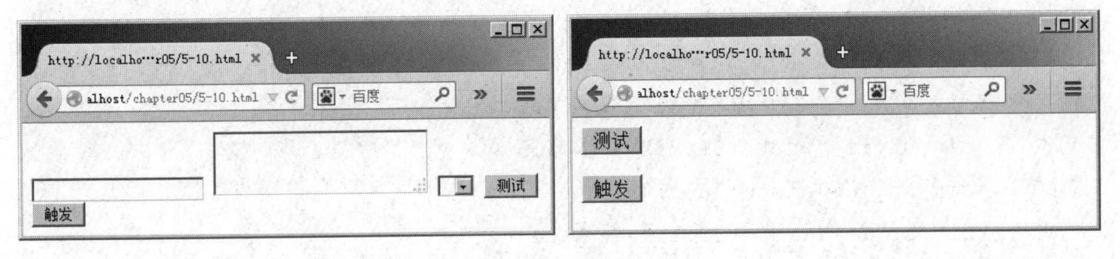

图 5-12　例 5-10 运行结果

从图 5-12 中可以看出，当单击“触发”按钮后，被选取的表单元素改变了样式。在例 5-10 的过滤选择器中：$(":input")选取到了<body>中所有的元素，$(":button")选取到了<button>和<input type="button">两种元素。

5.3 DOM 文档操作

当使用 jQuery 选择器选取到元素后，就产生了一个 jQuery 对象。jQuery 对象封装了 JavaScript 中的 DOM 对象，使用 jQuery 对象可以更加快捷地操作 DOM 文档。本节将针对 jQuery 的 DOM 文档操作进行详细讲解。

5.3.1 元素遍历

在操作 DOM 文档中的元素时，经常需要进行元素遍历，为此 jQuery 提供了 each()方法，用于 jQuery 对象的遍历。其语法格式如下所示：

```
$(selector).each(function(index,element))
```


在上述声明中，each()方法的参数是一个回调函数，每个匹配元素都会去执行这个函数。在回调函数中，index 表示选择器的索引位置，element 表示当前的元素。需要注意的是，在回调函数内部可以直接使用$(this)来表示当前元素。

为了使读者更好地学习 each()方法的使用，下面通过一个案例进行演示，如例 5-11 所示。

【例 5-11】

```
1 <!doctype html>
2 <html>
3 <head>
4   <meta charset="utf-8">
5   <script src="jquery.min.js"></script>
6   <script>
7      $(function(){
8         $("div").each(function(){
9            console.log($(this).css("width"));
10        });
11     });
12  </script>
13 </head>
14 <body>
15  <div style="width:50px;">足球</div>
16  <div style="width:60px;">篮球</div>
17  <div style="width:70px;">网球</div>
18  <div style="width:80px;">排球</div>
19 </body>
20 </html>
```

在浏览器中访问，打开“F12 开发者工具”，运行结果如图 5-13 所示。

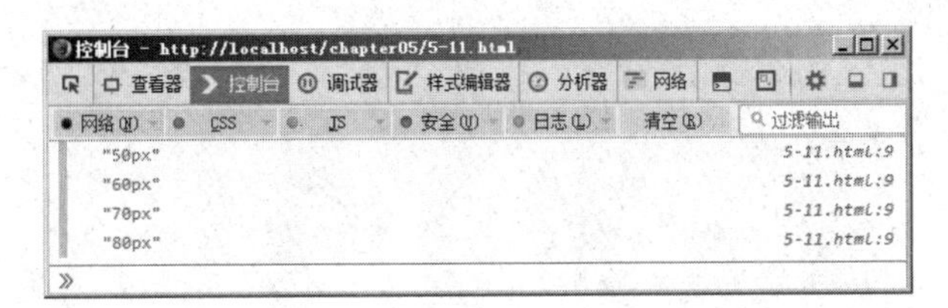

图 5-13　例 5-11 运行结果

在例 5-11 中，通过选择器$("div") 得到了 jQuery 对象，然后通过 each()方法遍历这个对象，输出了每个<div>元素的 width 样式的值。从图 5-13 中可以看到输出的结果。

5.3.2　元素属性操作

HTML 标记具有各种各样的属性，jQuery 提供了一些方法可以快捷的操作这些属性。接下来针对元素属性操作进行详细讲解。

1. 基本属性操作

在 jQuery 的元素属性操作方法中，attr()方法用于获取或设置元素属性，removeAttr()方法用于删除元素属性。其中，attr()方法的参数支持多种形式。关于 attr()方法和 removeAttr()方法的使用说明如表 5-10 所示。

表 5-10　属性操作方法

语　　法	说　　　　明
attr(name)	取得第一个匹配元素的属性值，否则返回 undefined
attr(properties)	将一个键值对形式的 JSON 对象设置为所有匹配元素的属性
attr(key, value)	为所有匹配的元素设置一个属性值
attr(key, function)	为所有匹配的元素设置一个计算的属性值
removeAttr(name)	从每一个匹配的元素中删除一个属性

为了使读者更好地学习 attr()和 removeAttr()方法的使用，下面通过一个案例进行演示，如例 5-12 所示。

【例 5-12】

```
1 <!doctype html>
2 <html>
3 <head>
4     <meta charset="utf-8">
5     <script src="jquery.min.js"></script>
6     <script>
7         $(function(){
8             //1.获取属性
9             console.log($("#user").attr("type"));
10            console.log($("#user").attr("class"));
```

```
11          //2.设置属性
12          $("#user").attr("class","banana");
13          $("#user").attr("value","cat");
14          //3.添加属性
15          $("#user").attr("hello","world");
16          //4.同时设置多个属性
17          var json = {name:"test",it:"cast"};
18          $("#user").attr(json);
19          //5.通过函数的返回值设置属性
20          $("#user").attr("size",function(){
21             return 5;
22          })
23          //6.删除属性
24          $("#user").removeAttr("id");
25       });
26    </script>
27  </head>
28  <body>
29    <input type="text" class="apple" id="user" name="user" value="tom" />
30  </body>
31  </html>
```


在浏览器中访问，打开“F12 开发者工具”，运行结果如图 5-14 所示。

例 5-12 演示了表 5-10 中的几种传参方式的具体使用。当使用 attr()方法获取和设置元素属性时，传递一个参数表示获取元素属性，传递两个参数表示设置元素属性，传递一个 JSON 对象可以同时设置多个属性。

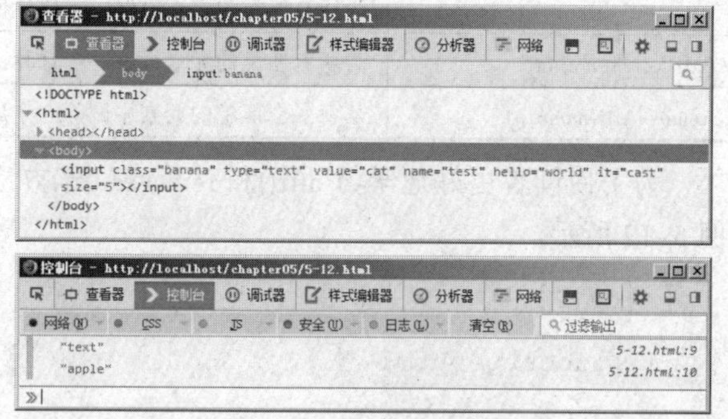

图 5-14　例 5-12 运行结果

2. class 属性操作

使用 attr()方法虽然可以完成基本的属性操作，但是对于 class 属性的操作还不够灵活。为此，jQuery 提供了针对 class 属性的操作方法，其详细说明如表 5-11 所示。

表 5-11　class 属性操作方法

语　法	作　用	说　明
addClass(class)	追加样式	为每个匹配的元素追加指定的类名
removeClass(class)	移除样式	从所有匹配的元素中删除全部或者指定的类
toggleClass(class)	切换样式	判断指定类是否存在，存在则删除，不存在则添加

为了使读者更好地学习 class 属性操作，下面通过一个案例进行演示，如例 5-13 所示。

【例 5-13】

```
1 <!doctype html>
2 <html>
3 <head>
4   <meta charset="utf-8">
5   <script src="jquery.min.js"></script>
6   <style>
7       .rect{width:200px;height:50px;border:1px solid #000;}
8       .bold{font-weight:bold;}
9       .center{text-align:center;line-height:50px;}
10   </style>
11   <script>
12       function f1(){
13          $("div").addClass("center bold");
14       }
15       function f2(){
16          $("div").removeClass("center");
17       }
18       function f3(){
19          $("div").toggleClass("bold");
20       }
21   </script>
22 </head>
23 <body>
24   <div class="rect">传智播客</div>
25   <input type="button" value="添加样式" onclick="f1()" />
26   <input type="button" value="移除样式" onclick="f2()" />
27   <input type="button" value="样式切换" onclick="f3()" />
28 </body>
29 </html>
```

在浏览器中访问，运行结果如图 5-15 所示。

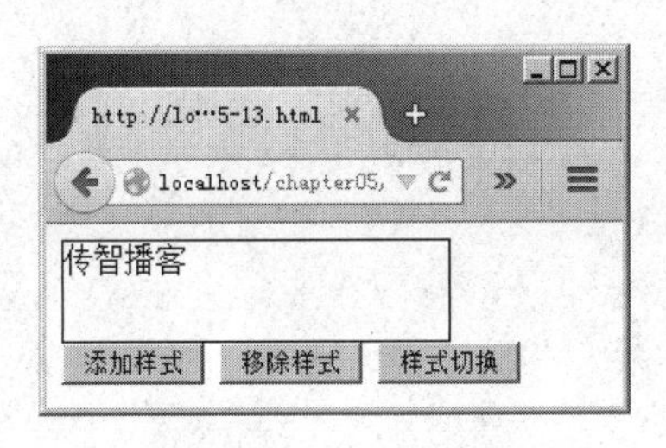

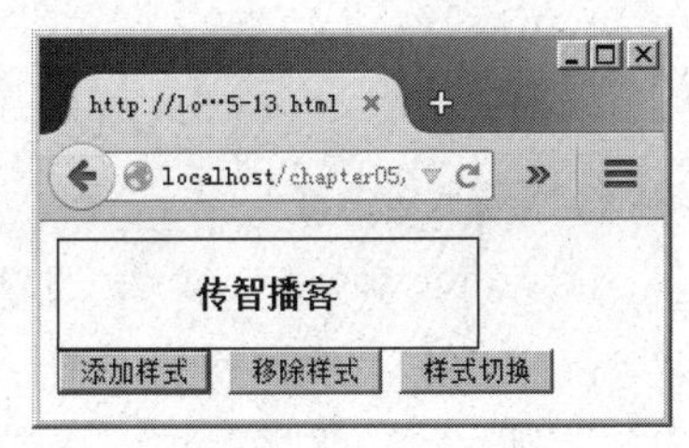

图 5-15 例 5-13 运行结果

图 5-15 演示了默认样式和添加样式后的效果。当页面打开时，<div>元素原有的样式为“rect”，当单击“添加样式”按钮后，样式变为“rect center bold”，此时<div>元素同时拥有三个 class 值，后者覆盖前者。当单击“移除样式”按钮后，样式变为“rect bold”，此时 center 样式被移除了。当单击“样式切换”按钮时，如果存在“bold”样式则移除，如果不存在则添加“bold”样式，这样就实现了样式切换效果。

3. value 属性操作

在获取和设置表单元素的 value 属性时，jQuery 提供了专用的 val()方法，根据是否传递参数来获取或设置 value 属性。val()方法可以操作表单元素的属性和选中情况，支持表单中的多选元素，例如<select>和<input type="checkbox">。当要获取的元素是<select>元素时，返回结果是一个包含所选值的数组。当要为表单元素设置选中情况时，可以传递数组参数。

为了使读者更好地学习 val()方法，下面通过一个案例进行演示，如例 5-14 所示。

【例 5-14】

```
1 <!doctype html>
2 <html>
3 <head>
4    <meta charset="utf-8">
5    <script src="jquery.min.js"></script>
6    <script>
7       $(function(){
8          //1.设置文本框
9          $(":text").val("itcast");
10         //2.设置单选按钮选中情况
11         $(":radio").val(["girl"]);
12         //3.设置多选按钮选中情况
13         $(":checkbox").val(["篮球","足球"]);
14         //4.设置列表框选中情况
15         $("select").val(["高中","大学"]);
16      });
17      function func(){
18         //1.获取文本框
19         console.log($(":text").val());
20         //2.获取单选按钮
21         console.log($(":radio:checked").val());
22         //3.获取多选框
23         $(":checkbox:checked").each(function(){
24            console.log($(this).val());
25         });
26         //4.获取列表框
```

```
27          console.log($("select").val());
28      }
29    </script>
30  </head>
31  <body>
32    <p>文本框: <input type="text" value="" /></p>
33    <p>单选按钮:
34    <input type="radio" value="boy" />boy
35    <input type="radio" value="girl" />girl</p>
36    <p>复选框:
37    <input type="checkbox" value="篮球" />篮球
38    <input type="checkbox" value="足球" />足球
39    <input type="checkbox" value="网球" />网球</p>
40    <p>列表框:
41    <select multiple="multiple">
42        <option value="小学">小学</option>
43        <option value="初中">初中</option>
44        <option value="高中">高中</option>
45        <option value="大学">大学</option>
46    </select></p>
47    <input type="submit" value="提交" onclick="func()" />
48  </body>
49  </html>
```

在浏览器中访问，运行结果如图 5-16 所示。

单击网页中的“提交”按钮，在控制台中显示的结果如图 5-17 所示。

图 5-16　例 5-14 运行结果

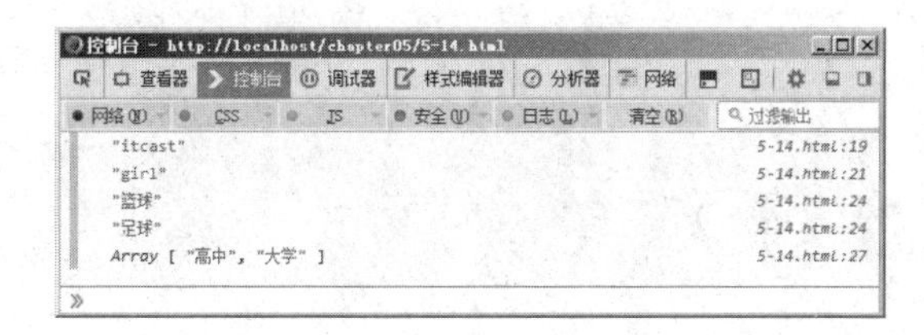

图 5-17　例 5-14 控制台结果

在例 5-14 中，页面加载后，首先通过 jQuery 为表单元素设置 value 属性和选中情况，然后单击“提交”按钮，再由 jQuery 获取表单元素的 value 属性并输出到控制台中。

5.3.3　元素内容操作

在 jQuery 中，操作元素内容的方法主要包括 html()和 text()方法。html()方法用于获取或设置

元素的 HTML 内容，text()方法用于获取或设置元素的文本内容。具体使用说明如表 5-12 所示。

表 5-12　元素内容操作方法

语　法	说　明
html()	获取第一个匹配元素的 HTML 内容
html(content)	设置第一个匹配元素的 HTML 内容
text()	获取所有匹配元素包含的文本内容组合起来的文本
text(content)	设置所有匹配元素的文本内容

表 5-12 列举了 html()和 text()方法的语法和说明。需要注意的是，html()方法不能用于 XML 文档，但可以用于 XHTML 文档；text()方法对 HTML 和 XML 文档都有效。

为了使读者更好地学习 html()和 text()方法，接下来通过一个案例进行演示，如例 5-15 所示。

【例 5-15】

```
1 <!doctype html>
2 <html>
3 <head>
4    <meta charset="utf-8">
5    <script src="jquery.min.js"></script>
6    <style>
7       span{font-weight:bold;}
8    </style>
9    <script>
10      $(function(){
11         //1.获得 HTML 内容
12         console.log($("#get_html").html());
13         //2.获得文本内容
14         console.log($("#get_txt").text());
15         //3.设置 HTML 内容
16         $("#set_html").html("<span>乐不</span>思蜀");
17         //4.设置文本内容
18         $("#set_txt").text("<span>过河</span>拆桥");
19      });
20   </script>
21 </head>
22 <body>
23   <div id="get_html"><span>桃园</span>结义</div>
24   <div id="get_txt"><span>无中</span>生有</div>
25   <div id="set_html"></div>
26   <div id="set_txt"></div>
27 </body>
```

```
28 </html>
```

在浏览器中访问，运行结果如图 5-18 所示。

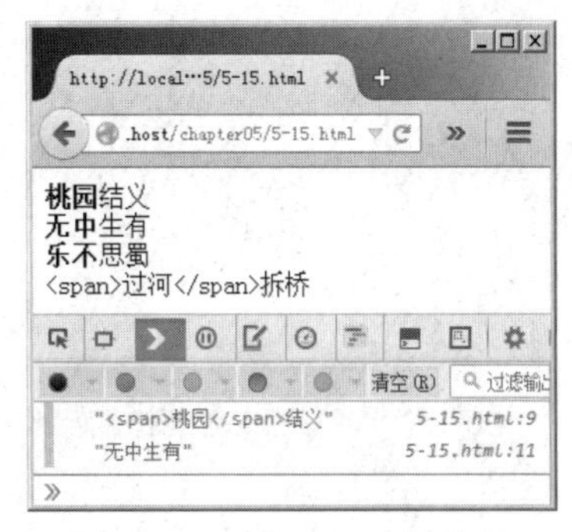

图 5-18　例 5-15 运行结果

从例 5-15 中可以看出，当获取元素内容时，html()方法获取到的是含有标记的 HTML 内容，text()方法获取到的是不含标记的文本内容。当设置元素内容时，html()方法可以直接设置 HTML 内容，而 text()方法设置时会将 HTML 标记转义为字符实体。

5.3.4　元素样式操作

元素样式操作是指获取或设置元素的 style 属性。jQuery 提供了样式操作方法，可以直接获取和修改元素的样式，例如前面用过的 css()方法。关于样式操作方法的详细说明如表 5-13 所示。

表 5-13　元素样式操作方法

语　法	说　明
css(name)	获取第一个匹配元素的样式
css(properties)	将一个键值对形式的 JSON 对象设置为所有匹配元素的样式
css(name, value)	为所有匹配的元素设置样式
width()	获取第一个匹配元素的当前宽度值（返回数值型结果）
width(value)	为所有匹配的元素设置宽度样式（可以是字符串或数字）
height()	获取第一个匹配元素的当前高度值（返回数值型结果）
height(value)	为所有匹配的元素设置高度样式（可以是字符串或数字）

表 5-13 列举了常用的元素样式操作方法，为了使读者更好地学习这些方法，接下来通过一个案例进行演示，如例 5-16 所示。

【例 5-16】

```
1 <!doctype html>
2 <html>
3 <head>
4     <meta charset="utf-8">
5     <script src="jquery.min.js"></script>
6     <script>
7         $(function(){
8             //设置样式
9             $("div").css({width:"50%",padding:"50px",border:"1px solid #000"});
10            $("div").height("auto");
11            //获取样式
12            console.log($("div").css("width"));
13            console.log($("div").width());
```

```
14          console.log($("div").css("height"));
15          console.log($("div").height());
16       });
17    </script>
18 </head>
19 <body>
20    <div>元素样式操作</div>
21 </body>
22 </html>
```

在浏览器中访问，运行结果如图 5-19 所示。

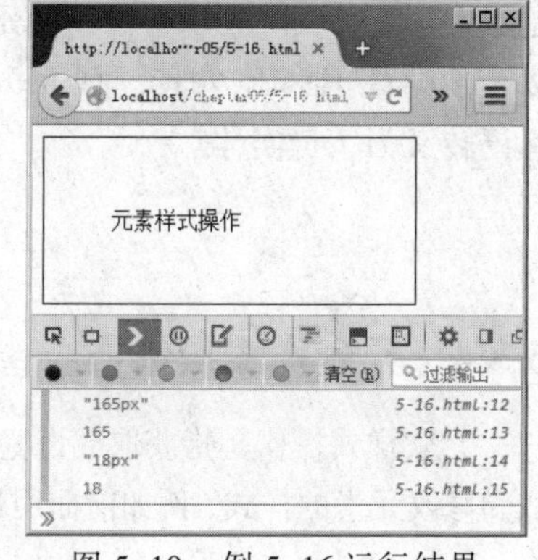

图 5-19　例 5-16 运行结果

从例 5-16 中可以看出，使用 css()方法可以轻易地改变元素的样式。需要注意的是，width()和 height()方法的返回结果是不带单位的数值，而 css()方法的返回结果是带有单位的字符串。

5.3.5 文档结点操作

在 jQuery 的 DOM 文档操作中，除了修改元素的属性、内容和样式，常常还需要使 HTML 文档在浏览器中动态的发生变化，以达到更好的页面效果。为此，jQuery 提供了文档处理方法，可以轻松的操作 DOM 文档结点，接下来针对这些方法进行详细讲解。

1. 结点追加

结点追加是指在现有的文档结点中进行父子或兄弟结点的追加。关于结点追加的方法和说明如表 5-14 所示。

表 5-14　结点追加方法

关　系	语　法	说　明
父子结点	append(content)	向每个匹配的元素内部追加内容
	prepend(content)	向每个匹配的元素内部前置内容
	appendTo(content)	把所有匹配的元素追加到指定元素集合中
	prependTo(content)	把所有匹配的元素前置到指定元素集合中
兄弟结点	after(content)	在每个匹配的元素之后插入内容
	before(content)	在每个匹配的元素之前插入内容
	insertAfter(content)	把所有匹配的元素插入到指定元素集合的后面
	insertBefore(content)	把所有匹配的元素插入到指定元素集合的前面

为了使读者更好的学习结点追加方法，接下来通过一个案例进行演示，如例 5-17 所示。

【例 5-17】

```
1 <!doctype html>
2 <html>
3 <head>
4    <meta charset="utf-8">
```

```
5    <script src="jquery.min.js"></script>
6    <style>
7        body{width:50%;}
8        .left{float:left;}
9        .right{float:right;}
10   </style>
11   <script>
12       $(function(){
13       //----父子结点
14           //后置追加
15           $("#t1").append("<li>3</li>");
16           //前置追加（移动已有结点）
17           $("#t1").prepend($("#old li:eq(1)"));
18           //被动后置追加
19           $("<li>4</li>").appendTo("#t1");
20           //被动前置追加（移动已有结点）
21           $($("#old li:eq(0)")).prependTo("#t1");
22       //----兄弟结点
23           //后置追加
24           $("#t2").after("<li>E</li>");
25           //前置追加
26           $("#t2").before("<li>A</li>");
27           //被动后置追加
28           $("<li>D</li>").insertAfter("#t2");
29           //被动前置追加
30           $("<li>B</li>").insertBefore("#t2");
31       });
32   </script>
33 </head>
34 <body>
35   <ul id="old">
36       <li>1</li><li>2</li>
37   </ul>
38   <ul class="left" id="t1"></ul>
39   <ul class="right"><li id="t2">C</li></ul>
40 </body>
41 </html>
```

在浏览器中访问，运行结果如图 5-20 所示。

从图 5-20 中可以看出，左列是通过父子结点追加的结果，右列是通过兄弟结点追加的结果。在操作左列时，首先追加了 3，然后将<ul id="old">中的 2 移动并追加到 3 的前面，将 4 追加到最后，将<ul id="old">中的 1 移动并追加到最前，最终形成“1234”。在操作右列时，将 E 追加到 C 后面，将 A 追加到 C 前面，然后将 D 追加到 C 后面，将 B 追加到 C 前面，最终形成“ABCDE”。

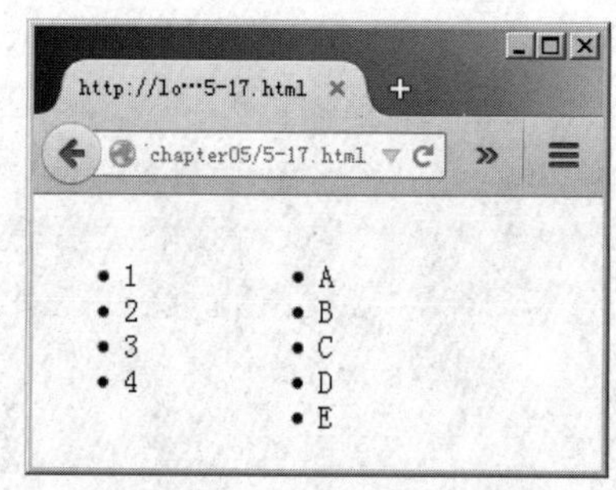

图 5-20　例 5-17 运行结果

2. 结点替换

结点替换是指将选中的结点替换为指定的结点，关于结点替换的方法和说明如表 5-15 所示。

表 5-15　结点替换方法

语　　法	说　　　　明
replaceWith(content)	将所有匹配的元素替换成指定的 HTML 或 DOM 元素
replaceAll(selector)	用匹配的元素替换掉所有 selector 匹配到的元素

为了使读者更好地学习结点替换方法，接下来通过一个案例进行演示，如例 5-18 所示。

【例 5-18】

```
1 <!doctype html>
2 <html>
3 <head>
4    <meta charset="utf-8">
5    <script src="jquery.min.js"></script>
6    <script>
7       $(function(){
8          //主动替换
9          $("#b01").replaceAll("#a01");
10         $("<li>杜甫</li>").replaceAll("#a02");
11         //被动替换
12         $("#a03").replaceWith($("#b02"));
13         $("#a04").replaceWith("<li>李清照</li>");
14      });
15   </script>
16 </head>
17 <body>
18   <ul>
19      <li id="a01">刘备</li><li id="a02">张飞</li>
20      <li id="a03">关羽</li><li id="a04">诸葛亮</li>
21   </ul>
22   <ul>
23      <li id="b01">李白</li><li id="b02">欧阳修</li>
```

```
24   </ul>
25 </body>
26 </html>
```

在浏览器中访问，运行结果如图 5-21 所示。

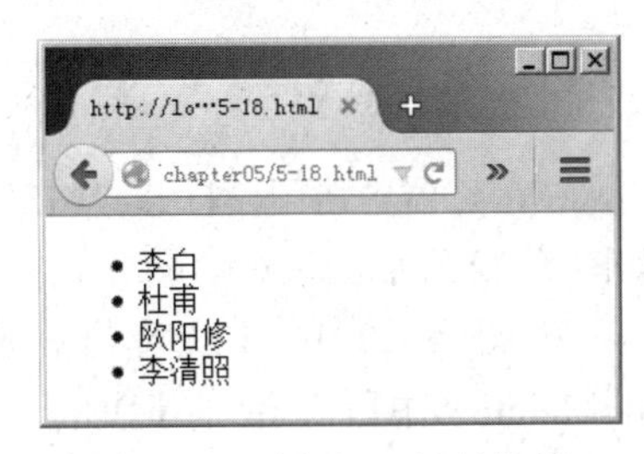

图 5-21　例 5-18 运行结果

从图 5-21 中可以看出，id 为 a01~a04 的<li>元素被替换成功。需要注意的是，当使用现有元素进行替换时，会将现有元素移动到替换位置中。

3. 结点删除

jQuery 可以轻松实现结点追加，相对的，也可以轻松实现结点删除。jQuery 提供了结点删除方法，其详细说明如表 5-16 所示。

表 5-16　结点删除方法

语　　法	说　　明
empty()	删除匹配的元素集合中所有的子结点
remove([expr])	删除所有匹配的元素及子结点（可选参数 expr 用于筛选元素）
detach([expr])	分离所有匹配的元素及子结点（保留所有绑定的事件、附加的数据等）

为了使读者更好地学习结点删除方法，接下来通过一个案例进行演示，如例 5-19 所示。

【例 5-19】

```
1 <!doctype html>
2 <html>
3 <head>
4    <meta charset="utf-8">
5    <script src="jquery.min.js"></script>
6    <script>
7       $(function(){
8           //删除所有子结点
9           $("#delete p").empty();
10          //删除指定元素
11          $("#delete div").remove();
12          //删除 class=title 的 div 元素
13          $("div").remove(".title");
14      });
15   </script>
16 </head>
17 <body>
18   <div class="title">结点删除</div>
19   <div id="delete">
20      <p>刘备</p><p>张飞</p>
```

```
21          <p>关羽</p><p>诸葛亮</p>
22          <div>李白</div><div>杜甫</div>
23          <div>欧阳修</div><div>李清照</div>
24      </div>
25  </body>
26  </html>
```

在浏览器中访问，打开“F12 开发者工具”，运行结果如图 5-22 所示。

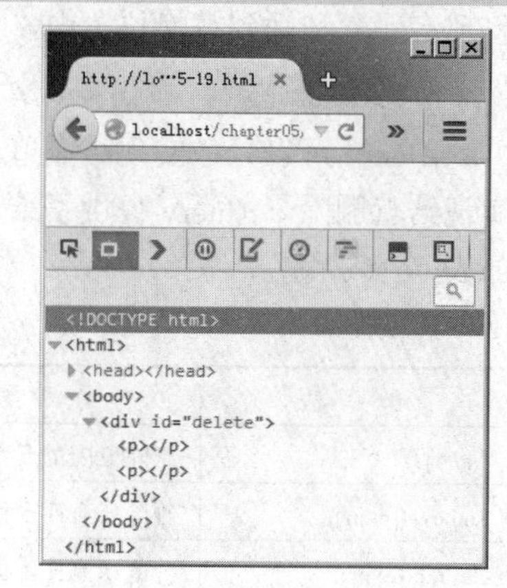

图 5-22　例 5-19 运行结果

从图 5-22 中可以看出，empty()方法删除了<div id="delete">中所有<p>标记的子结点，但是没有删除<p>标记。而 remove()方法删除了<div id="delete">中所有的<div>元素。因此，当需要清空元素的内容时，使用 empty()方法，当需要直接删除元素时，使用 remove()方法。

4. 结点复制

jQuery 提供了结点复制方法，用于复制匹配的元素。关于结点复制方法的说明如表 5-17 所示。

表 5-17　结点复制方法

语　法	说　明
clone([false])	复制匹配的元素并且选中这些复制的副本，默认参数为 false
clone(true)	参数设置为 true 时，复制元素的所有事件处理

为了使读者更好地学习结点复制方法，接下来通过一个案例进行演示，如例 5-20 所示。

【例 5-20】

```
1  <!doctype html>
2  <html>
3  <head>
4      <meta charset="utf-8">
5      <script src="jquery.min.js"></script>
6      <script>
7          $(function(){
8              //添加事件（当单击时字体加粗）
9              $(".luo").click(function(){
10                 $(this).css("font-weight","bold");
11             });
12             //复制结点，不复制事件
13             $(".luo:eq(0)").clone().appendTo("ol");
14             //复制结点，复制事件
15             $(".luo:eq(0)").clone(true).appendTo("ol");
```

```
16      });
17   </script>
18 </head>
19 <body>
20   <ol>
21      <li class="luo">罗贯中</li><li>曹雪芹</li>
22   </ol>
23 </body>
24 </html>
```

在上述代码中，第 8~11 行为<li class="luo">元素添加了鼠标单击事件，当事件触发时元素中的文字会被加粗。关于 jQuery 中的事件会在后面小节中讲解，这里只用于演示。

在浏览器中访问，单击页面中所有的“罗贯中”，结果如图 5-23 所示。

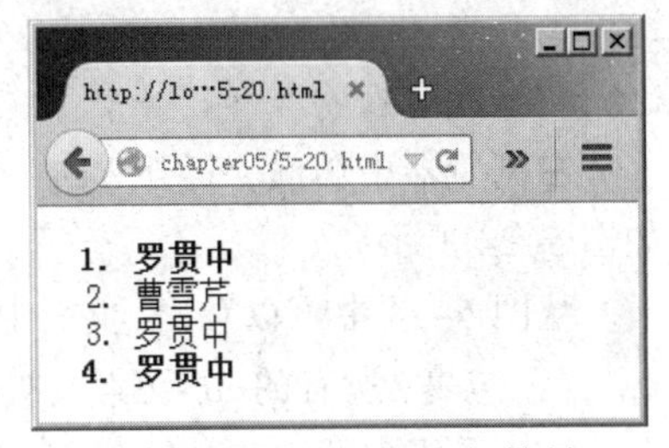

图 5-23　例 5-20 运行结果

从图 5-23 中可以看出，编号为 3 和 4 的元素是编号为 1 的元素的副本，只有 1 号和 4 号在鼠标单击时会加粗。即使用 clone()复制的 3 号副本没有复制事件，而使用 clone(true)复制的 4 号副本复制了事件。

5. 结点包裹

结点包裹是指用另外一个指定的标记将匹配的元素包裹起来，其详细说明如表 5-18 所示。

表 5-18　结点包裹方法

语　法	说　明
wrap(html)	将每个匹配元素用 HTML 标记包裹起来
wrap(element)	将每个匹配元素用指定元素包裹起来
wrapAll(html)	将所有匹配元素用一个 HTML 标记包裹起来
wrapAll(element)	将所有匹配元素用一个指定元素包裹起来
wrapInner(html)	将每个匹配元素的内容用一个 HTML 标记包裹起来
wrapInner(element)	将每个匹配元素的内容用一个指定元素包裹起来

为了使读者更好地学习结点包裹方法，接下来通过一个案例进行演示，如例 5-21 所示。

【例 5-21】

```
1 <!doctype html>
2 <html>
3 <head>
4    <meta charset="utf-8">
5    <script src="jquery.min.js"></script>
6    <script>
7       $(function(){
8          //将每个<span>用<p>包裹
```

```
9          $("span").wrap("<p></p>");
10         //将所有<p>用<div>包裹
11         $("p").wrapAll('<div></div>');
12         //将每个<span>的内容用<b>包裹
13         $("span").wrapInner('<b></b>');
14     });
15   </script>
16 </head>
17 <body>
18   <span>吴承恩</span><span>施耐庵</span>
19 </body>
20 </html>
```

在浏览器中访问，打开“F12开发者工具”，运行结果如图5-24所示。

从图5-24中可以看出，页面中的每个<span>元素都被<p>标记包裹，所有的<p>元素又被一个<div>标记包裹。每个<span>元素中的内容被<b>标记包裹。由此可见，wrap()对每个元素进行包裹，wrapInner()对每个元素的内容进行包裹，wrapAll()是将所有匹配元素包裹在一起。

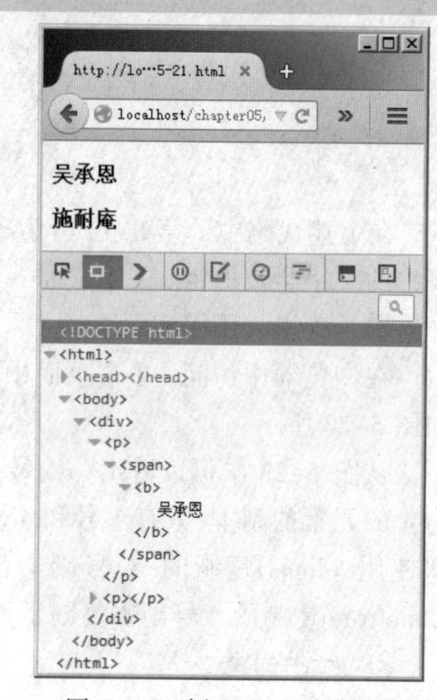

图5-24　例5-21运行结果

多学一招：jQuery对象与DOM对象互转

通过jQuery选择器选中元素后就得到了jQuery对象，但是jQuery对象和DOM对象是有区别的，即jQuery对象无法使用DOM对象中的方法，反之亦然。当遇到这种需求时，使用对象互转的方法可以解决这个问题。

当需要将DOM对象转为jQuery对象时，只需将DOM对象放入$( )中即可。例如：

```
$( document.getElementById("msg") )
```

当需要将jQuery对象转为DOM对象时，有两种方法：

① 由于jQuery对象是一个数组对象，所以通过数组索引即可得到DOM对象。例如：

```
$("#msg")[0]
```

② 使用jQuery提供的get()方法也可以得到DOM对象。例如：

```
$("#msg").get(0)
```

通过对象转换后，就可以实现下面的几种写法：

```
$("#msg")[0].innerHTML;
$("#msg").get(0).innerHTML;
$(document.getElementById("msg")).html();
```

5.4 事件和动画效果

为了增强网页的可用性，往往需要在页面中添加事件和动画效果。jQuery 不仅将实现事件处理和动画效果的语法变得简单和优雅，还提供了更加丰富实用的功能。本节将针对如何运用 jQuery 实现事件处理和动画效果进行详细讲解。

5.4.1 常用事件

在 JavaScript 中，当为一个元素添加单击事件时，需要在元素的 HTML 标记中添加 onclick 事件属性，然后调用 JavaScript 相应的函数来处理。而 jQuery 实现了 JavaScript 与 HTML 代码的分离，即添加事件不需要修改 HTML 标记，同时解决了不同浏览器的兼容问题。

在 jQuery 中，为元素添加事件的语法非常简单，直接调用 jQuery 对象中的事件方法即可。例如，为按钮元素添加单击事件，具体代码如下：

```
$("button").click(function(){
    //处理语句
});
```

上述代码中，click()是单击的事件方法，function()是该事件的处理函数。

在 jQuery 中，类似 click()的事件方法还有很多，常用的事件方法如表 5-19 所示。

表 5-19　jQuery 常用事件方法

方　　法	说　　　明
blur([[data],function])	当元素失去焦点时触发
change([[data],function])	当元素的值发生改变时触发
click([[data],function])	当单击元素时触发
dblclick([[data],function])	当双击元素时触发
focus([[data],function])	当元素获得焦点时触发
focusin([data],function)	在父元素上检测子元素获取焦点的情况
focusout([data],function)	在父元素上检测子元素失去焦点的情况
mouseover([[data],function])	当鼠标移入对象时触发
mouseout([[data],function])	在鼠标从元素上离开时触发
scroll([[data],function])	当滚动条发生变化时触发
select([[data],function])	当文本框（包括 input 和 textarea）中的文本被选中时触发
submit([[data],function])	当表单提交时触发

在表 5-19 中，参数 function 表示触发事件时执行的函数，参数 data 表示为函数传入的参数。

为了使读者更好的学习常用事件，接下来通过一个案例进行演示，如例 5-22 所示。

【例 5-22】

```
1 <!doctype html>
2 <html>
3 <head>
```

```
4     <meta charset="utf-8">
5     <script src="jquery.min.js"></script>
6     <style>
7        div{width:80px;height:120px;overflow:auto;background-color:#ddd;}
8     </style>
9     <script>
10       $(function(){
11          //填充内容
12          $("div").html(fill_html);
13          //获得当前div卷起高度
14          $("div").scroll(function(){
15             $("span").html($("div").scrollTop());
16          });
17       });
18       function fill_html(){
19          var str = "";
20          for(var i=1;i<=100;i++){
21             str += i+"<br />";
22          }
23          return str;
24       }
25    </script>
26 </head>
27 <body>
28    <span>0</span>
29    <div></div>
30 </body>
31 </html>
```

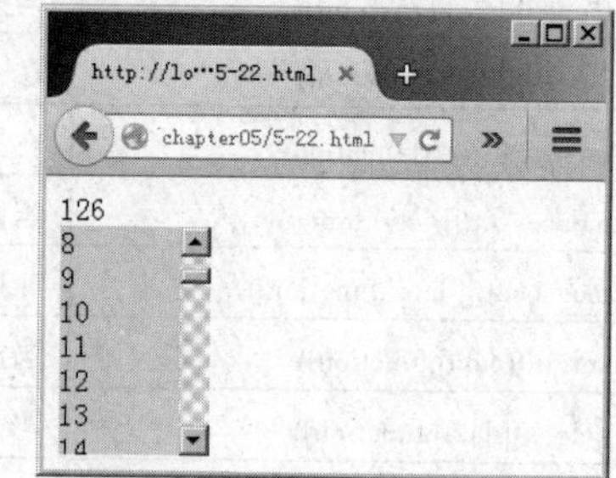

图 5-25　例 5-22 运行结果

在浏览器中访问，运行结果如图 5-25 所示。

例 5-22 利用<div>元素的 scroll()事件方法，实现了当<div>元素的滚动条上下滚动时，显示卷起的高度。从图 5-25 中可以看到，当前<div>的卷起高度为 126。

5.4.2 页面加载事件

页面加载事件方法在前面的学习中已经使用过，它有以下三种语法形式：

```
$(document).ready(function(){  })
$().ready(function(){  })
$(function(){  })
```

上述语法中，第一种是完整写法，即调用 document 元素的 ready()事件方法。第二种语法省略了 document，第三种语法省略了 ready()，但是三种语法的功能完全相同。

在传统的 JavaScript 中，若要实现页面加载事件，需要在<body>中添加 onload 事件属性，或用“window.onload”方式注册事件，但是都必须等待网页中所有内容加载完成后才能执行。

与之相比，jQuery 提供的 ready()方法更加完善。通过 ready()方法可以在页面加载后立即执行任务，并允许注册多个事件处理程序。关于 ready()方法与 window.onload 的对比如表 5-20 所示。

表 5-20　页面加载事件对比

方　法	window.onload	$(document).ready()
执行时机	必须等待网页中的所有内容加载完成后（包括图片）才能执行	网页中的所有 DOM 结构绘制完成后即执行（可能关联内容并未加载完成）
编写个数	不能同时编写多个	能够同时编写多个
简化写法	无	$()

为了使读者更好地学习页面加载事件，接下来通过一个案例进行演示，如例 5-23 所示。

【例 5-23】

```
1 <!doctype html>
2 <html>
3 <head>
4    <meta charset="utf-8">
5    <script src="jquery.min.js"></script>
6    <script>
7       $(function(){
8          $("div").css("background-color","#ccc");
9       });
10      $(function(){
11         $("div").width("100px");
12      });
13      $(function(){
14         $("div").height("50px");
15      });
16   </script>
17 </head>
18 <body>
19   <div></div>
20 </body>
21 </html>
```

在浏览器中访问，运行结果如图 5-26 所示。

从图 5-26 中可以看出，当存在多个页面加载事件时，所有的页面加载事件都会执行。

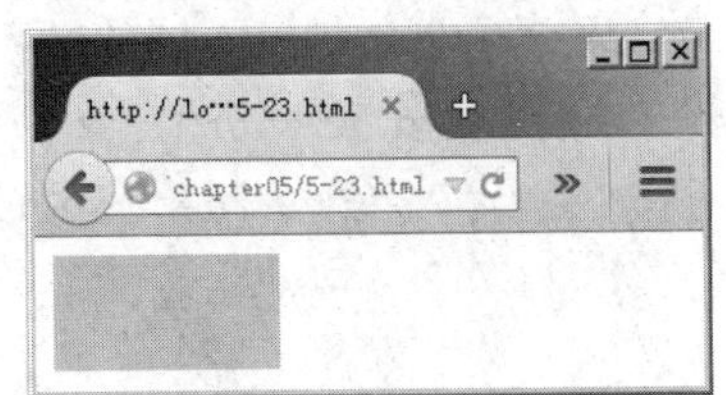

图 5-26　例 5-23 运行结果

5.4.3 事件绑定与切换

除了上一小节提到的事件添加，jQuery 还具有更加灵活的事件处理机制，即事件绑定和事件切换。关于事件绑定与切换的方法和说明如表 5-21 所示。

表 5-21 事件绑定与切换

语　法	说　明
on(events,[selector],[data],function)	在匹配元素上绑定一个或多个事件处理函数
off(events,[selector],[function])	在匹配元素上移除一个或多个事件处理函数
one(type,[data],function)	为每个匹配元素的事件绑定一次性的处理函数
trigger(type,[data])	在每个匹配元素上触发某类事件
triggerHandler(type,[data])	同 trigger()，但浏览器默认动作将不会被触发
hover([over,]out)	元素鼠标移入与移出事件切换
toggle()	元素显示与隐藏事件切换

表 5-21 列举了事件绑定与切换的方法，在这些方法的参数中，events 表示事件名（多个事件用空格分隔），data 表示将要传递给事件处理函数的数据，selector 表示选择器，function 表示事件处理函数，type 表示添加到元素的事件（多个事件用空格分隔），over 和 out 分别表示鼠标移入移出时的事件处理函数。

接下来分别演示事件绑定与切换方法的使用案例，具体如下所示。

① 事件的绑定与取消绑定：

```
1    //on()方法绑定事件
2    $("div").on("click",function(){
3       console.log("收到单击");
4    });
5    //off()方法取消绑定
6    $("div").off("click");
```

② 绑定单次事件：

```
1    $("div").one("click",function(){
2       console.log("收到 - 只报告一次");
3    });
```

③ 多个事件绑定同一个函数：

```
1    $("div").on("mouseover mouseout",function(){
2       console.log("收到 - 鼠标移入或移出");
3    });
```

④ 多个事件绑定不同的函数：

```
1    $("div").on({
2       mouseover:function(){
3          console.log("收到 - 鼠标移入");
4       },
5       mouseout:function(){
```

```
6          console.log("收到 - 鼠标移出");
7       }
8    });
```

⑤ 绑定自定义事件：

```
1    //绑定自定义事件
2    $("div").on("CustomEvent",function(){
3       console.log("已触发自定义事件");
4    });
5    //触发自定义事件
6    $("div").click(function(){
7       $("div").trigger("CustomEvent");
8    });
```

⑥ 传递数据到事件处理函数：

```
1    function myFunc(event){
2       console.log("收到 - "+event.data.msg);
3    }
4    $("div").on("click",{msg:"测试数据"},myFunc)
```

⑦ 为以后创建的元素委派事件：

```
1    //为<body>的子元素<div>委派事件
2    $("body").on("click","div",function(){
3       console.log("收到");
4    });
5    //创建<div>元素
6    $("body").append("<div>测试</div>");
```

⑧ 鼠标移入移出事件切换：

```
1    $("div").hover(function(){
2       console.log("切换 - 鼠标移入")
3    },function(){
4       console.log("切换 - 鼠标移出");
5    });
```

⑨ 隐藏与显示事件切换：

```
1    //第一次调用时隐藏
2    $("div").toggle();
3    //第二次调用时显示
4    $("div").toggle();
```

从以上事件绑定与切换的例子中可以看出，jQuery 事件处理方法的功能非常丰富，通过灵活地运用，可以实现很多复杂的页面交互效果。

注意：on()方法与 off()方法是 jQuery 从 1.7 版本开始新增的方法。jQuery 官方推荐使用

on()方法进行事件绑定，在新版本中已经取代了 bind()、delegate()和 live()方法。

5.4.4 动画效果

jQuery 提供了很多动画效果，例如滑动效果、淡入淡出效果。关于 jQuery 中可以实现动画效果的常用方法具体如表 5-22 所示。

表 5-22 动画效果方法

语 法	说 明
show([speed,[easing],[function]])	显示隐藏的匹配元素
hide([speed,[easing],[function]])	隐藏显示的匹配元素
toggle([speed],[easing],[function])	元素显示与隐藏切换
slideDown([speed],[easing],[function])	垂直滑动显示匹配元素（向下增大）
slideUp([speed,[easing],[function]])	垂直滑动显示匹配元素（向上减小）
slideToggle([speed],[easing],[function])	在 slideUp()和 slideDown()两种效果间的切换
fadeIn([speed],[easing],[function])	淡入显示匹配元素
fadeOut([speed],[easing],[function])	淡出隐藏匹配元素
fadeTo([[speed],opacity,[easing],[function]])	以淡入淡出方式将匹配元素调整到指定的透明度
fadeToggle([speed,[easing],[function]])	在 fadeIn()和 fadeOut()两种效果间的切换

在表 5-22 中，参数 speed 表示动画的速度，可以设置为预定的三种速度（"slow"、"fast"和"normal"）或动画时长的毫秒值（如 1000）；参数 easing 表示切换效果，默认效果为 swing，还可以使用 linear 效果；参数 function 表示在动画完成时执行的函数；参数 opacity 表示透明度数值（范围在 0~1 之间，如 0.5）。

为了使读者更好的学习 jQuery 动画效果，接下来通过一个案例进行演示，如例 5-24 所示。

【例 5-24】

```
1 <!doctype html>
2 <html>
3 <head>
4     <meta charset="utf-8">
5     <script src="jquery.min.js"></script>
6     <script>
7         $(function(){
8             //隐藏（慢速，曲线效果）
9             $("div").hide("slow");
10            //显示（慢速，直线效果）
11            $("div").show("slow","linear");
12            //设置透明度
13            $("div").fadeTo("slow",0.5);
14        });
15    </script>
```

```
16 </head>
17 <body>
18   <div style="width:200px;height:100px;background:#ccc;">测试</div>
19 </body>
20 </html>
```

在浏览器中访问，运行结果如图 5-27 所示。

从运行结果中可以看出，页面上的<div>元素以动画效果进行了隐藏、显示和半透明，在动画效果中，默认 swing 为曲线式动画，动画速度是曲线变化的，而 linear 是直线动画，动画速度是平缓的。

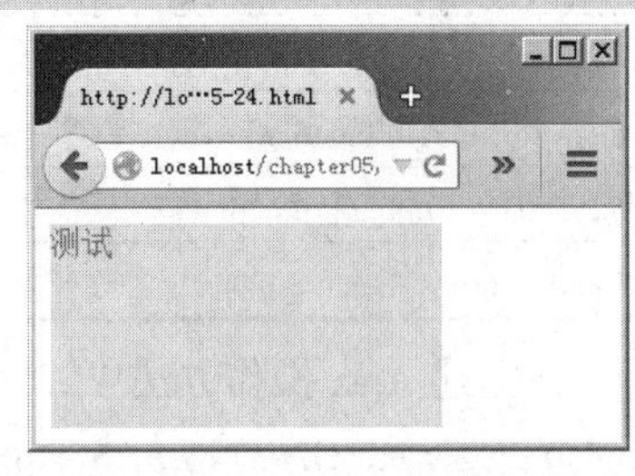

图 5-27　例 5-24 运行结果

多学一招：自定义动画

jQuery 支持自定义动画，用户只需要指定一个最终样式，就可以使指定元素以动画效果变为最终样式。使用 animate()方法可以完成自定义动画的创建，其声明方式如下：

```
animate(params,[speed],[easing],[function])
```

在上述语法中，参数 params 表示一组包含动画最终属性值的集合，speed 表示动画速度，easing 表示动画效果，function 表示动画完成后执行的函数。

例如，为元素添加自定义动画时，示例代码如下：

```
1    //定义动画最终效果
2    var cssjn = {width:"400px",height:"300px",fontSize:"25px"};
3    //添加自定义动画
4    //$("div").animate(cssjn,2000);
```

通过连贯操作，可以实现连续的动画效果，示例代码如下：

```
1    //定义动画最终效果
2    var cssjn = {width:"400px",height:"300px",fontSize:"25px"};
3    //实现连贯动画
4    $("div").animate(cssjn,2000).slideUp(2000,function(){
5       alert("任务完成！");
6    });
```

5.5　jQuery 的 Ajax 操作

在传统的 Ajax 中，通过 XMLHttpRequest 实现 Ajax 不仅代码复杂，浏览器兼容问题也比较多。jQuery 对 Ajax 操作进行了封装，使用 jQuery 可以极大地简化 Ajax 程序的开发过程。在 jQuery 中，常用的 Ajax 操作方法如表 5-23 所示。

在表 5-23 中，参数 url 表示请求的 URL 地址；参数 data 表示请求时发送的数据；参数 function 表示载入成功时执行的函数；参数 type 表示返回数据的格式，例如 xml、html、script、json、text 等；参数 settings 是对 Ajax 的请求设置。

表 5-23　jQuery 常用 Ajax 方法

方　　法	说　　明
load(url,[data],[function])	载入远程 HTML 文件代码并插入至 DOM 元素中
$.ajax(url,[settings])	通用的 Ajax 方法，可发送请求并载入数据
$.get(url,[data],[function],[type])	通过 GET 方式发送请求并载入数据
$.post(url,[data],[function],[type])	通过 POST 方式发送请求并载入数据
$.getJSON(url,[data],[function])	通过 GET 方式发送请求并载入 JSON 数据
$.getScript(url,[function])	通过 GET 方式发送请求并载入 JavaScript 数据

在上述 Ajax 操作方法中,$.ajax()是通用方法,通过该方法的 setting 参数,可以实现$.get()、$.post()、$.getJSON()和$.getScript()方法同样的功能。

以$.ajax()方法为例，具体使用方法如下。

① 只发送 GET 请求：

```
$.ajax("./test.php");
```

② 发送 GET 请求并传递数据，接收返回结果：

```
$.ajax("./test.php",{
    data:{name:"tom",age:23},  //要发送的数据
    success:function(msg){     //请求成功后执行的函数
        alert(msg);
    }
});
```

只通过配置 setting 参数可以实现同样的功能：

```
$.ajax({
    type:"GET",            //请求方式（GET 或 POST），默认为 GET
    url:"./test.php",      //请求地址
    data:{name:"tom",age:23},
    success:function(msg){
        alert(msg);
    }
});
```

③ 通过$.ajaxSetup()方法可以预先设置全局参数：

```
//预先设置全局参数
$.ajaxSetup({
    type:"GET",
    url:"./test.php",
    data:{name:"tom",age:23},
    success:function(msg){
        alert(msg);
    }
```

```
    });
    //执行Ajax操作，使用全局参数
    $.ajax();
```

以上列举了$.ajax()方法的基本使用。其中，setting参数还可以接收更多的可选值，例如：dataType表示要接收的数据格式；async表示异步或同步请求，cache表示是否缓存等，读者可以参考jQuery手册中的详细说明。

$.get()和$.post()方法简化了$.ajax()中的部分操作。以$.get()方法为例，具体使用方法如下。

① 只发送GET请求：

```
    $.get("./test.php");
```

② 发送GET请求并接收返回结果：

```
    $.get("./test.php",function(msg){
        alert(msg);
    });
```

③ 发送GET请求并传递数据，接收返回结果：

```
    $.get("./test.php",{name:"tom",age:23},function(msg){
        alert(msg);
    });
```

④ 发送GET请求并传递数据，接收返回结果，限制返回格式：

```
    $.get("./test.php",{name:"tom",age:23},function(msg){
        alert(msg.name+" "+msg.age);
    },"json");
```

使用$.getJSON()方法可以实现同样的功能，代码如下：

```
    $.getJSON("./test.php",{name:"tom",age:23},function(msg){
        alert(msg.name+" "+msg.age);
    });
```

返回数据时，可以使用PHP的json_encode()函数：

```
    echo json_encode($_GET);
```

以上列举了$.get()方法的使用，如果需要POST请求方式，可以使用$.post()方法，其使用方法与$.get()完全相同。

为了使读者更好地学习jQuery的Ajax操作，接下来通过一个案例进行演示，如例5-25所示。

【例5-25】

```
1 <!doctype html>
2 <html>
3 <head>
4     <meta charset="utf-8">
5     <script src="jquery.min.js"></script>
6     <style>
7         ul{list-style:none;padding:0;}
```

```
8      li{margin-bottom:5px;}
9      table{min-width:200px;border-collapse:collapse;margin-top:20px;}
10     </style>
11     <script>
12        $(function(){
13           //设置全局 ajax
14           $.ajaxSetup({
15              url:"./comment.php",
16              type:"POST",
17              dataType:"json",
18              success:comment_add
19           });
20           //添加按钮单击事件
21           $(":button").click(comment_send);
22           //获得默认数据
23           $.ajax();
24        });
25        function comment_send(){
26           var name = $("#input_name").val();
27           var comment = $("#input_comment").val();
28           //提交与获取数据
29           $.ajax({data:{name:name,comment:comment}});
30        }
31        function comment_add(data){
32           html = "<tr><td>"+data.name+"</td><td>"+data.comment+"</td></tr>"
33           $("table").append(html);
34        }
35     </script>
36  </head>
37  <body>
38     <div>Ajax 无刷新评论</div>
39     <ul>
40        <li>姓名: <input id="input_name" type="text" /></li>
41        <li>评论: <input id="input_comment" /></li>
42     </ul>
43     <input type="button" value="发表评论" />
44     <table border="1"></table>
45  </body>
46  </html>
```

用于处理数据的 comment.php 文件的具体代码如下：

```
1 <?php
2 if(!empty($_POST)){
3     echo json_encode($_POST);
4     die;
5 }
6 $data = array("name"=>"测试者","comment"=>"这是
  测试内容");
7 echo json_encode($data);
```

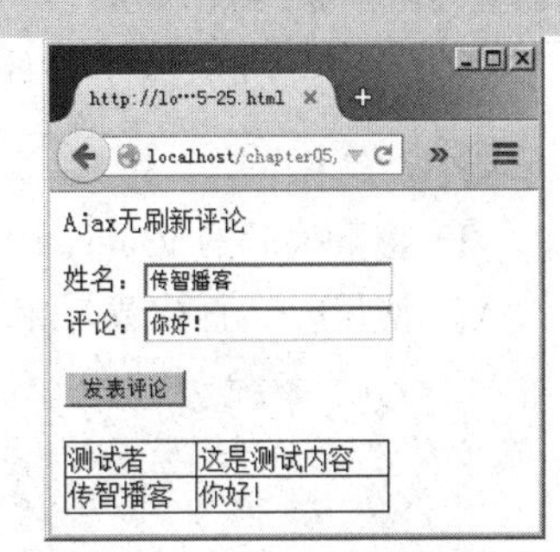

图 5-28　例 5-25 运行结果

在浏览器中访问 5-25.html，运行结果如图 5-28 所示。

从图 5-28 中可以看出，利用 jQuery 的 Ajax 操作可以轻松实现表单的提交效果，在发送和接收数据时不需要刷新网页。

5.6　常用 jQuery 插件

jQuery 插件是以 jQuery 核心代码为基础，编写的符合一定规范的应用程序。随着 jQuery 的发展，同时也诞生了许多优秀的插件，运用这些插件可以解决项目开发中的某些需求，节约开发成本。本节将会围绕几个常用的 jQuery 插件进行详细讲解。

5.6.1　日历插件

jQuery 官方网站中提供了丰富的插件资源库。通过在搜索框中输入插件名即可搜索需要的插件。以日历插件“jQuery UI Datepicker”为例，通过搜索找到该插件，如图 5-29 所示。

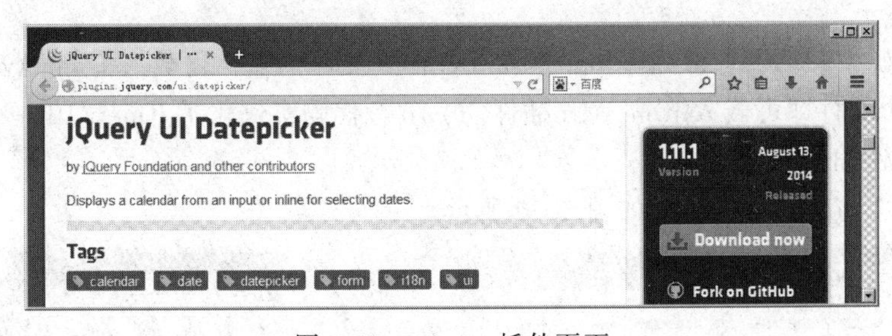

图 5-29　jQuery 插件页面

单击“Download now”按钮之后，跳转到了 jQuery UI 网站，如图 5-30 所示。

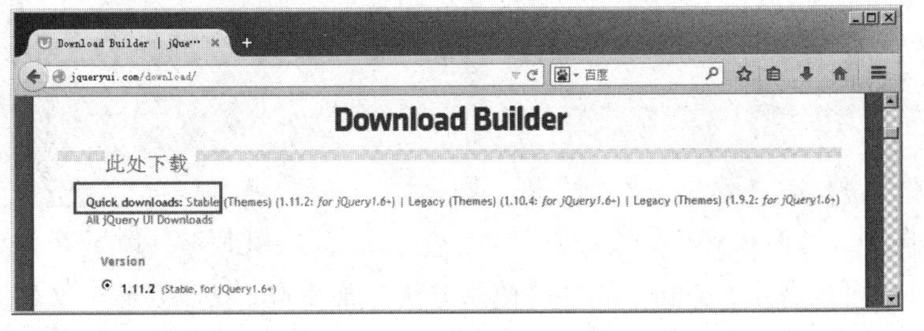

图 5-30　jQuery UI 网站

jQuery UI 是以 jQuery 为基础的网页用户界面代码库，日历插件 datepicker 是 jQuery UI 中的控件之一。通过 jQuery UI 网站可以在线定制需要的 UI 部件。

在 jQuery UI 的下载包中，index.html 是示例文件，该文件演示了 jQuery UI 的基本用法，其运行结果图 5-31 所示。

为了使读者更好地学习日历插件的使用，接下来通过一个案例进行演示，如例 5-26 所示。

【例 5-26】

① 将下载后的 jQuery UI 插件放到“jquery-ui”目录中。

② 使用时，直接载入相关文件即可。具体代码如下：

```
1 <!DOCTYPE html>
2 <html>
3 <head>
4    <meta charset="utf-8">
5    <link href="jquery-ui/jquery-ui.css" rel="stylesheet" />
6    <script src="jquery.min.js"></script>
7    <script src="jquery-ui/jquery-ui.min.js"></script>
8    <script>
9       $(function(){
10          $("div").datepicker();
11      });
12   </script>
13 </head>
14 <body style="font-size:12px;">
15   <div></div>
16 </body>
17 </html>
```

在上述代码中，第 5 行载入了 jquery-ui.css 样式文件，第 7 行载入了 jquery-ui.min.js 文件，通过这两个文件即可载入 jQuery UI 插件。第 10 行代码实例化了 jQuery UI 中的 datepicker 控件，并显示到<div>元素中。

在浏览器中访问，运行结果如图 5-32 所示。

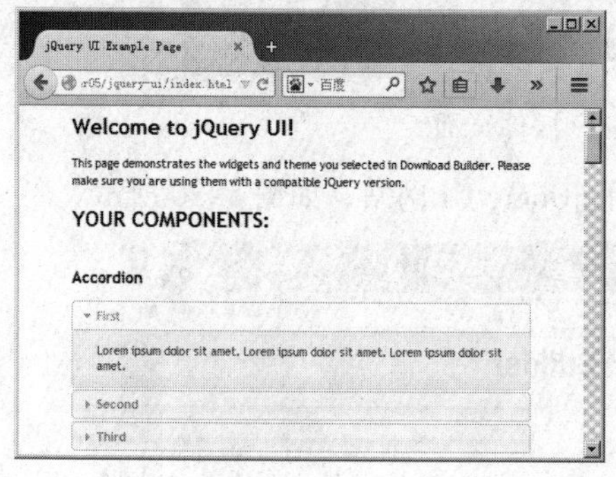

图 5-31 jQuery UI 示例文件

图 5-32 例 5-26 运行结果

从图 5-32 中可以看出，jQuery 插件的使用方法非常简单，只需要载入文件并调用其中的方法即可。

5.6.2 在线编辑器

许多网站都为用户提供了在线编辑器。通过在线编辑器可以实现文字的排版，设置字体、字号、颜色等功能，甚至可以上传图片、附件等。通过 jQuery 插件，可以轻松地为网站添加一个在线编辑器。

接下来以 UEditor 为例学习在线编辑器的使用。UEditor 是百度推出的一款在线编辑器，其功能强大、开源免费，有详细的中文注释和文档，适合读者学习。通过访问官方网站（http://ueditor.baidu.com/）即可获取该插件。在官方网站中进入下载页面，然后选择 Mini 版，如图 5-33 所示。

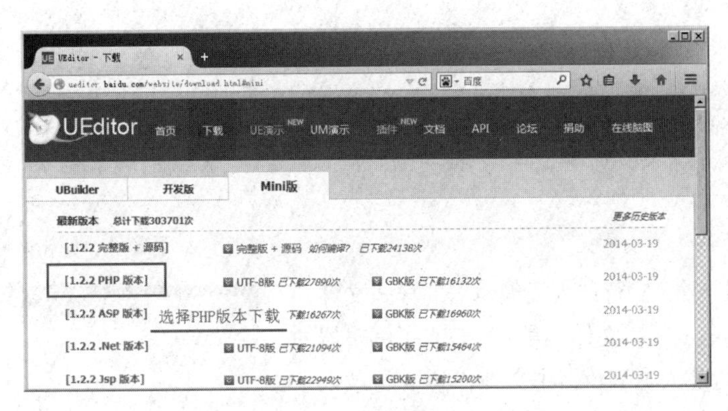

图 5-33　获取 UEditor

下载后，通过下载包中的示例文件 index.html 可以迅速了解 UEditor 的基本使用，如图 5-34 所示。

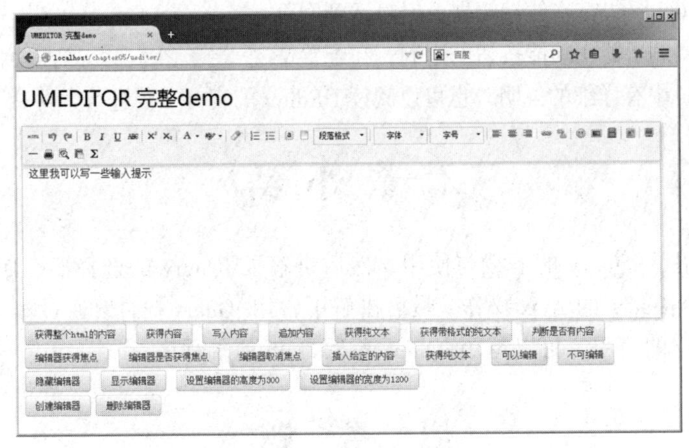

图 5-34　UEditor 示例文件

为了使读者更好地学习 UEditor 的使用方法，接下来通过一个案例进行演示，如例 5-27 所示。

【例 5-27】

① 将下载后的 UEditor 插件放到“ueditor”目录中。

② 使用时，直接载入相关文件即可。具体代码如下：

```
1 <!DOCTYPE html>
2 <html>
3 <head>
```

```
4    <meta charset="utf-8">
5    <link href="ueditor/themes/default/css/umeditor.min.css" rel="stylesheet" />
6    <script src="ueditor/third-party/jquery.min.js"></script>
7    <script src="ueditor/umeditor.config.js"></script>
8    <script src="ueditor/umeditor.min.js"></script>
9    <script src="ueditor/lang/zh-cn/zh-cn.js"></script>
10   <script>
11      $(function(){
12         UM.getEditor('myEditor');
13      });
14   </script>
15 </head>
16 <body>
17   <script type="text/plain" id="myEditor" style="width:600px;height:
     240px;">
18      <p>这里我可以写一些输入提示</p>
19   </script>
20 </body>
21 </html>
```


在上述代码中，第 5 行载入了编辑器的样式文件，第 6 行载入了 jquery.min.js 文件，第 7 行载入了编辑器的配置文件，第 8 行载入了编辑器主文件，第 9 行载入了编辑器的中文语言文件。通过第 12 行的代码和第 17~19 行的<script>元素，就可以将编辑器显示到网页中。

在浏览器中访问，运行结果如图 5-35 所示。

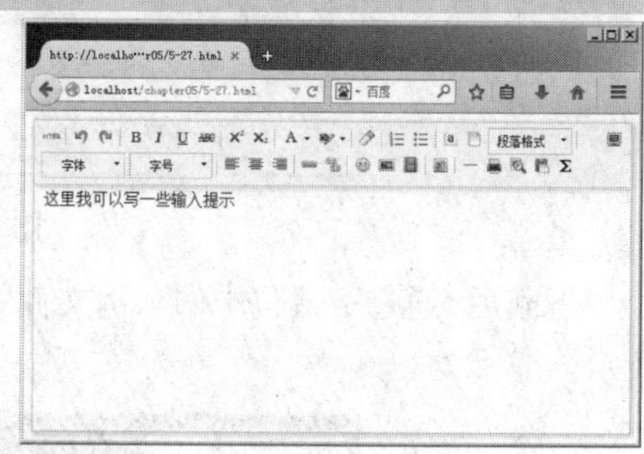

图 5-35　例 5-27 运行结果

从图 5-35 中可以看出，在线编辑器已经显示到网页中。UEditor 还支持编辑器中功能按钮的定制，在配置文件 umeditor.config.js 中有详细的说明，也可以阅读 UEditor 的官方文档进行学习。

本 章 小 结

本章首先介绍了 jQuery 的下载与使用，然后讲解了 jQuery 的选择器、DOM 文档操作、事件和动画效果、jQuery 的 Ajax 操作，最后讲解了常用 jQuery 插件。通过本章的学习读者应该能够掌握 jQuery 的使用，可以运用 jQuery 编写 Web 前端程序。

思 考 题

瀑布流是目前一种非常流行的网页布局方式，是指一个网页可以通过滚动条一直向下拖动，每当拖到页面底部时，通过 jQuery 继续请求新的内容，从而给人一种琳琅满目的感觉。请运用 jQuery 实现一个瀑布流布局的页面。

说明：思考题参考答案可从中国铁道出版社有限公司网站（http://www.tdpress.com/51eds/）下载。

第6章 ThinkPHP框架

学习目标

- 熟悉 ThinkPHP 目录结构，做到了解目录功能
- 掌握 ThinkPHP 配置，能够根据实际需求配置相关参数
- 掌握 ThinkPHP 框架的基本使用，能够做到简单功能的开发

ThinkPHP 是一个由国人开发的开源 PHP 框架，是为了简化企业级应用开发和敏捷 Web 应用开发而诞生的。本章将围绕 ThinkPHP 的使用进行详细讲解。

6.1 ThinkPHP 入门

6.1.1 什么是 ThinkPHP

在认识 ThinkPHP 框架之前，读者需要了解一个概念——PHP 框架。

PHP 框架就是一种可以在项目开发过程中，提高开发效率，创建更为稳定的程序，并减少开发者重复编写代码的基础架构。下面介绍几个主流的 PHP 框架。

（1）Zend Framework

Zend Framework 是由 Zend 公司开发的 PHP 框架，可用于开发 Web 程序和服务。Zend Framework 采用 MVC 架构模式来分离应用程序中不同的部分，从而方便程序的开发和维护。

（2）CakePHP

CakePHP 是一个运用了诸如 ActiveRecord、Association Data Mapping、Front Controller 和 MVC 等著名设计模式的快速开发框架。该框架的主要目标是让各种层次的 PHP 开发人员都能快速灵活地开发健壮的 Web 应用。

（3）Yii

Yii 是一个基于组件的高性能 PHP 框架，用于开发大型 Web 应用。Yii 采用严格的 OOP 编写，并有着完善的库引用以及全面的教程。Yii 几乎提供了如今 Web 2.0 应用开发所需要的一切功能，事实上，Yii 也是最有效率的 PHP 框架之一。

（4）ThinkPHP

ThinkPHP 是一个由国人开发的快速、兼容而且简单的轻量级 PHP 开发框架。诞生于 2006 年初，原名 FCS，2007 年元旦正式更名为 ThinkPHP。ThinkPHP 遵循 Apache2 开源协议发布，从 Struts 结构移植过来并做了改进和完善，同时也借鉴了国外很多优秀的框架和模式。使用面向对象的开发结构和 MVC 模式，融合了 Struts 的思想和 TagLib（标签库）、RoR 的 ORM 映射和 ActiveRecord 模式，封装了对数据库的常用操作，单一入口模式等。在模板引擎、缓存机制、认证机制和扩展性方面均有独特的表现。

由于 ThinkPHP 的灵活、高效和完善的技术文档，经过多年的发展，已经成为国内最受欢迎的 PHP 框架。下面将对 ThinkPHP 的基本使用进行讲解。

1. **下载** ThinkPHP

读者可以在 http://www.thinkphp.cn/页面上下载 ThinkPHP 文件压缩包，本章将使用 ThinkPHP 当前最新的 3.2.2 完整版进行讲解，下载页面如图 6-1 所示。

单击图 6-1 的“ThinkPHP3.2.2 完整版”将下载 ThinkPHP 框架压缩包，压缩包解压后有多个文件及文件夹，其中 ThinkPHP 文件夹为 ThinkPHP 框架的核心文件目录。

2. **使用** ThinkPHP

ThinkPHP 不需要安装，只需要将解压的文件放到项目目录下即可，默认情况下，3.2 版本的框架已经自带了一个应用入口文件，通过浏览器访问该入口文件即可，具体步骤如下。

（1）创建项目目录

在 apache 服务器站点根目录下创建 chapter06 作为项目的根目录，将解压后的全部文件移动到该目录下，如图 6-2 所示。

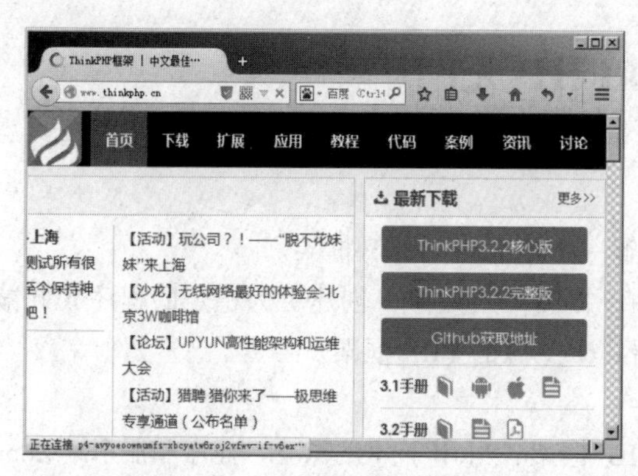

图 6-1　ThinkPHP 下载页面

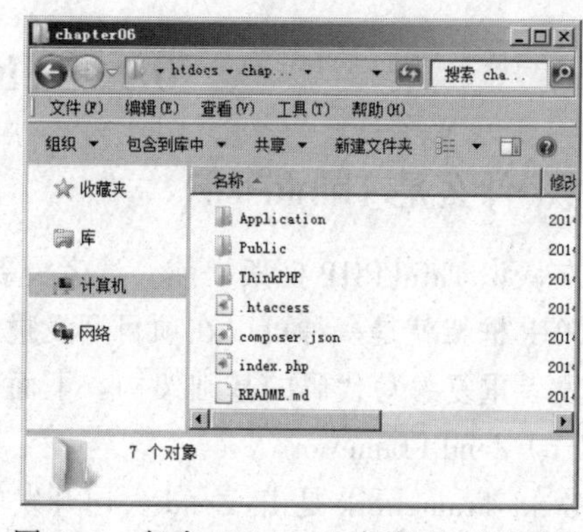

图 6-2　包含 ThinkPHP 框架的项目目录

（2）访问入口文件 index.php

ThinkPHP 框架采用单一入口模式进行项目部署和访问，所有应用都是从入口文件开始的。打开浏览器，访问 http://localhost/chapter06/index.php，运行结果如图 6-3 所示。

如果浏览器出现如图 6-3 所示的画面，说明 ThinkPHP 框架已经可以正常使用。此时 ThinkPHP 会在 Application 目录下自动生成几个目录文件，如图 6-4 所示。

图 6-3　ThinkPHP 运行结果

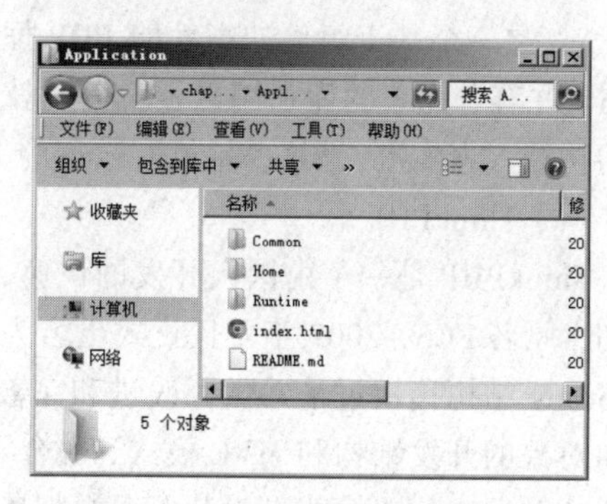

图 6-4　ThinkPHP 自动生成的目录

接下来开发者就可以在相应的目录中编写代码文件了。不过需要注意的是，ThinkPHP 3.2 框架要求 PHP 版本在 5.3 以上时才可以使用。

6.1.2 案例——实现用户登录

在 6.1.1 小节中完成了 ThinkPHP 框架的部署，为了使读者更好地理解 ThinkPHP 框架，接下来将通过 ThinkPHP 框架来开发一个用户登录功能，具体步骤如下。

1. 创建测试数据

用户登录功能的关键是用户验证，而用户验证通常是通过查询数据库以判断该用户是否合法。因此首先要创建一个表保存用户信息，代码如下：

```
1 create database `tp_study`;
2 use `tp_study`;
3 create table `user` (
4   `id` int unsigned not null primary key auto_increment,
5   `name` varchar(20) not null comment '用户名',
6   `pwd` char(32) not null comment '密码'
7 ) default charset=utf8;
8 insert into `user` values(null,'tom',md5('123456'));
9 insert into `user` values(null,'jerry',md5('654321'));
```

在上述代码中，首先创建数据库 tp_study，然后在此数据库中创建一个用于保存用户信息的数据表 user，最后插入两条测试数据。

2. 指定数据库连接信息

因为需要通过查询数据库比对用户信息，所以要提供数据库连接所需的数据库信息。打开文件\chapter06\Application\Common\Conf\config.php，修改代码如下：

```
1 <?php
2 return array(
3         'DB_TYPE' => 'mysql',          // 数据库类型
4         'DB_HOST' => '127.0.0.1',      // 服务器地址
5         'DB_NAME' => 'tp_study',       // 数据库名
6         'DB_USER' => 'root',           // 用户名
7         'DB_PWD' => '123456',          // 密码
8         'DB_PORT' => '3306',           // 端口
9         'DB_PREFIX' => '',             // 数据库表前缀
10        'DB_CHARSET' => 'utf8',        // 数据库编码默认采用 utf-8
11 );
```

3. 创建用户验证方法

为实现用户登录功能，需要在 IndexController.class.php 中添加一个登录验证方法，这里定义为 checkLogin ()方法。

打开文件\chapter06\Application\Home\IndexController.class.php，添加 checkLogin()方法，具体代码如下：

```
1 public function checkLogin(){
2   if(IS_POST){
3      $userName = I('post.username');
4      $password = I('post.password');
5      $userObj = M('user');
6      $where = array('name'=>$userName);
7      $tmp_password = $userObj->where($where)->getField('pwd');
8      if($tmp_password && md5($password) == $tmp_password){
9         echo '密码正确，欢迎登录！';
10     }else{
11        echo '密码错误，请重新登录';
12     }
13     die;
14  }
15  $this->display('login');
16 }
```

4. 创建登录页面

用户登录显然需要一个视图页面来显示登录表单，因此创建 login.html。

创建文件\chapter06\Application\Home\View\Index\login.html，该页面代码如下：

```
1 <html xmlns="http://www.w3.org/1999/xhtml">
2 <head>
3 <meta http-equiv="Content-Type" content="text/html; charset=UTF-8" />
4 <title>用户登录</title>
5 <link rel="stylesheet" href="__PUBLIC__/css/home.css" />
6 </head>
7 <body>
8 <div id="box">
9    <h1>用户登录</h1>
10      <div id="loginbox">
11         <form method="post" action="">
12         用户名：<input name="username" type="text" class="input" />
13         密码：<input name="password" type="password" class="input" />
14         <input type="submit" value="登录" class="button" />
15         </form>
16      </div>
```

```
17  </div>
18  </body>
19  </html>
```

5. **创建其他文件**

视图文件通常需要载入 css 样式文件以显示页面效果，在上面的视图页面代码中就载入了 home.css 文件，因此需要创建该文件，并将其存放到\chapter06\Public 目录下，文件代码如下所示。

```
1 body,h1,textarea,input,ul{margin:0;padding:0;}
2 ul{list-style:none;}
3 body{background:#eaedee;text-align:center;font-size:13px;}
4 h1{margin:20px;}
5 a{text-decoration:none; color:#416FA9;}
6 a:hover{text-decoration:none; color:#618FC9;}
7 .button{width:45px;height:22px;margin:0 5px;}
8 .center{text-align:center;}
9 #box{color:#666;width:70%;background:#fff;margin:20px auto;padding:
  10px 5% 40px;}
10 #loginbox .input{width:120px;height:18px;}
11 #info{margin-bottom:10px;}
12 #comment .list{text-align:left;margin-bottom:15px;border:1px dotted
   #999;border-bottom:0;}
13 #comment .list li{padding:10px;border-bottom:1px dotted #999;}
14 #comment .right{float:right;}
15 #comment .reply{text-align:left; width:80%;margin:0 auto;}
16 #comment .reply li{padding:10px;}
17 #comment .reply .top{vertical-align:top;}
18 #comment .reply textarea{width:80%;height:50px;}
19 #comment .reply .input{width:150px;}
20 #footer a{border:1px solid #fff;color:#999;padding:2px 4px;margin:0
   2px;line-height:20px;}
21 #footer a:hover{background:#f0f0f0;border:1px solid #999;}
22 #footer .curr{background:#f0f0f0;border:1px solid #999;}
```

至此，用户登录功能代码编写完成。

打开浏览器，输入 http://localhost/chapter06/index.php/Home/Index/checkLogin，运行结果如图 6-5 所示。

输入测试数据，用户名：Tom，密码：123456，结果如图 6-6 所示。

图 6-5　用户登录界面

图 6-6　验证通过

6.2　ThinkPHP 目录结构

在前面的章节中，通过一个简单的案例向读者演示了在 ThinkPHP 框架下开发的大致流程，本节将对 ThinkPHP 框架目录结构进行详细讲解。

要想在项目中熟练地使用 ThinkPHP 框架，首先需要了解 ThinkPHP 框架的目录结构，如表 6-1 所示。

表 6-1　ThinkPHP 框架目录结构

文件路径	文件描述
\index.php	入口文件
\Application	应用目录
\Public	资源文件目录
\ThinkPHP	框架核心目录

对于表 6-1 中的目录结构，相信读者并不陌生。在第 2 章 MVC 中，留言板案例的目录结构和表 6-1 如出一辙。其中\Application 是应用目录，保存了所有的应用文件，该目录的结构大致如表 6-2 所示。

表 6-2　应用目录结构

文件路径	文件描述
\Application\Common	应用公共模块
\Application\Common\Common	应用公共函数目录，为 Application 目录下的所有模块提供公共函数
\Application\Common\Conf	应用公共配置文件目录，为 Application 目录下的所有模块提供公共配置
\Application\Home	ThinkPHP 框架默认生成的 Home 模块
\Application\Home\Conf	模块配置文件目录，为 Home 模块提供配置信息
\Application\Home\Common	模块函数公共目录，为 Home 模块提供公共函数
\Application\Home\Controller	模块控制器目录
\Application\Home\Model	模块模型目录
\Application\Home\View	模块视图目录
\Application\Runtime	运行时目录
\Application\Runtime\Cache	模板缓存目录
\Application\Runtime\Date	数据目录
\Application\Runtime\Logs	日志目录
\Application\Runtime\Temp	缓存目录

在第 2 章中提到的模块概念，它是一组相关功能的集合，也就是说把一个控制器看作一个模块。而 ThinkPHP 框架中的模块与其略有不同，这里的模块更类似平台的概念，可以把 Home 模块看作前台，把其中的每个控制器看作功能模块。

ThinkPHP 框架的核心文件都在\ThinkPHP 下，框架核心目录 ThinkPHP 的结构如表 6-3 所示。

表 6-3　框架核心目录结构

文件路径	文件描述
\ThinkPHP\Common	核心公共函数目录
\ThinkPHP\Conf	核心配置目录
\ThinkPHP\Lang	核心语言包目录
\ThinkPHP\Library	核心类库目录
\ThinkPHP\Library\Think	核心 ThinkPHP 类库包目录
\ThinkPHP\Library\Behavior	行为类库目录
\ThinkPHP\Library\Org	Org 类库包目录
\ThinkPHP\Library\Vendor	第三方类库目录
\ThinkPHP\Mode	框架应用模式目录
\ThinkPHP\Tpl	系统模板目录
\ThinkPHP\ThinkPHP.php	ThinkPHP 框架入口文件

表 6-3 中，\ThinkPHP\Conf 目录是 ThinkPHP 的核心配置目录，其中包含了 ThinkPHP 惯例配置文件，数据库连接信息、ThinkPHP 默认设定、URL 访问模式等默认配置都在这个惯例配置文件中。

\ThinkPHP\Library\Think 是核心 ThinkPHP 类库包目录，其中包含了 App.class.php（应用程序类）、Controller.class.php（控制器基类）、Model.class.php（模型类）、View.class.php（视图类）等 ThinkPHP 运行所需的基础类文件。

\ThinkPHP\Library\Vendor 是第三方类库目录，其中包含了许多第三方提供的功能类文件，如 Smarty 模板引擎。

需要注意的是，一般不建议直接修改\ThinkPHP\Conf 目录下的配置文件，如果想要修改某些配置，将配置信息放到指定目录下的 config.php 文件中，具体配置方法将在 6.3.2 节中讲解。

6.3　ThinkPHP 配置详解

6.3.1　入口文件的配置

一般不建议在入口文件中做过多的配置，但可以重新定义一些系统常量，下面介绍几个常用的系统常量。

1. APP_PATH

默认情况下，框架的项目应用目录为\Application。如果需要改变应用目录就需要在入口文件中更改 APP_PATH 常量定义，如例 6-1 所示。

【例 6-1】

```
1 <?php
2 // 检测 PHP 环境
3 if(version_compare(PHP_VERSION,'5.3.0','<'))  die('require PHP > 5.3.0 !');
4 // 定义应用目录
5 define('APP_PATH','./Apps/');
6 // 引入 ThinkPHP 入口文件
7 require './ThinkPHP/ThinkPHP.php';
```

在例 6-1 中，第 5 行代码将应用目录更改为了 Apps。不过需要注意的是，APP_PATH 的定义支持相对路径和绝对路径，但必须以“/”结束。

2. APP_DEBUG

APP_DEBUG 是对调试的设置，当设置为 true 的时候表示开启调试模式，当设置为 false 的时候表示关闭调试模式，而在默认情况下 APP_DEBUG 为开启状态。

接下来通过一个案例演示调试模式在开发中的作用，如例 6-2 所示。

【例 6-2】

```
1 <?php
2 // 检测 PHP 环境
3 if(version_compare(PHP_VERSION,'5.3.0','<'))  die('require PHP > 5.3.0 !');
4 // 定义应用目录
5 define('APP_PATH','./Apps/');
6 //开启调试模式
7 define('APP_DEBUG',true);
8 // 引入 ThinkPHP 入口文件
9 require './ThinkPHP/ThinkPHP.php';
```

此时打开浏览器，访问一个并不存在的方法，例如 http://localhost/chapter06/index.php/Home/Index/hello，就会提示一个友好的错误信息，如图 6-7 所示。

从图 6-7 中，开发者能够清晰地看到错误原因是不存在 hello 这个方法。而如果将调试模式关闭，则仅会提示页面错误，如图 6-8 所示。

图 6-7　开启调试模式的错误提示

图 6-8　关闭调试模式的错误提示

因此建议读者在开发阶段将调试模式打开，但是在部署项目阶段一定要设置 false 或者注释掉，因为 APP_DEBUG 会暴露一部分程序内部信息。

6.3.2 配置文件的配置

在 6.2 节中提到，不建议在 ThinkPHP 核心配置目录中修改配置信息，本节将为读者详细讲解应该如何修改配置。

1. 确定配置文件所在位置

通过之前的学习可以知道，ThinkPHP 框架有多个配置文件目录，那么配置信息究竟要放在哪个目录下的配置文件中呢？要解决这个问题就需要了解 ThinkPHP 的配置加载机制。

在 ThinkPHP 中，应用的配置文件是自动加载的，其中主要配置文件的加载顺序是：惯例配置→应用配置→调试配置→模块配置。由于后面的配置会覆盖之前的同名配置，所以配置的优先级从右到左依次递减。有关配置的说明如下：

（1）惯例配置

框架内置有一个惯例配置文件（ThinkPHP\Conf\convention.php），按照大多数的使用对常用参数进行了默认配置。所以，对于应用的配置文件，往往只需要配置与惯例配置不同的或者新增的配置参数，如果完全采用默认配置，甚至可以不需要定义任何配置文件。

（2）应用配置

应用配置文件也就是调用所有模块之前都会首先加载的公共配置文件（Application\Common\Conf\config.php）。

（3）调试配置

如果开启调试模式，则会自动加载框架的调试配置文件（ThinkPHP\Conf\debug.php）和应用调试配置文件（Application\Common\Conf\debug.php）。

（4）模块配置

每个模块会自动加载自己的配置文件（Application\当前模块名\Conf\config.php）。

此时读者心中或许有一个疑问：既然惯例配置能够为\Application 下的所有模块提供公共配置，那么干脆就将所有配置信息都放到该文件中好了，为什么还要有其他配置文件，这不是多此一举吗？

其实 ThinkPHP 框架之所以采用这种设计，是为了提高项目配置灵活性，使不同的模块可以根据各自需求进行不同的配置。

2. 配置文件名及配置格式

ThinkPHP 框架中的配置文件需要有特定的文件名即 config.php，在项目中使用到的配置信息均可以在 config.php 中进行配置。

ThinkPHP 的配置文件使用标准的 PHP 关联数组，通过键值对的方式改变配置信息，一个简单的 config.php 配置文件代码格式如下：

```
<?php
return array(
        '配置项1'=>'配置值1',
        '配置项2'=>'配置值2',
```

```
    ....
);
```

3. 常用配置

对 ThinkPHP 框架的配置文件有所了解后，再为读者介绍几个常用配置。

（1）默认访问配置

默认情况下，访问 ThinkPHP 的入口文件 index.php，总是会访问到 Home 模块下的 Index 控制器的 Index 操作。它是在惯例配置文件中默认定义的，下面通过一个案例演示如何修改该配置，如例 6-3 所示。

【例 6-3】

由于该配置定义的是默认访问的模块、控制器、操作等信息，因此要在\Application\Common\Conf\ config.php 中进行修改，代码如下：

```
1 <?php
2 return array(
3    'DEFAULT_MODULE'         =>  'Admin',       // 默认模块
4    'DEFAULT_CONTROLLER'      =>  'Login',       // 默认控制器名称
5    'DEFAULT_ACTION'         =>  'checkLogin', // 默认操作名称
6 );
```

在例 6-3 中，第 3~5 行代码重新定义了默认模块、控制器和操作。此时访问入口文件 index.php，结果如图 6-9 所示。

由于此前并没有创建例 6-3 中的默认模块、控制器、操作，因此框架会报告图 6-9 所示的错误。

图 6-9　例 6-3 运行结果

多学一招：自动创建模块

细心的读者可能会有这样的疑问：“既然并没有创建 Admin 模块，图 6-9 为什么不是无法加载模块：Admin 的错误提示？”

其实 ThinkPHP 框架在加载配置时，如果发现默认模块并不存在，会自动创建该模块以及模块下的其他相关目录。因此在开发项目时，如果需要新的模块，可以修改配置文件，让框架为我们创建相关目录。

不过需要注意的是，框架仅会自动创建指定的默认模块，不会创建指定的默认控制器以及默认操作，ThinkPHP 会生成统一的控制器 IndexController 和操作 index，如图 6-10 所示。

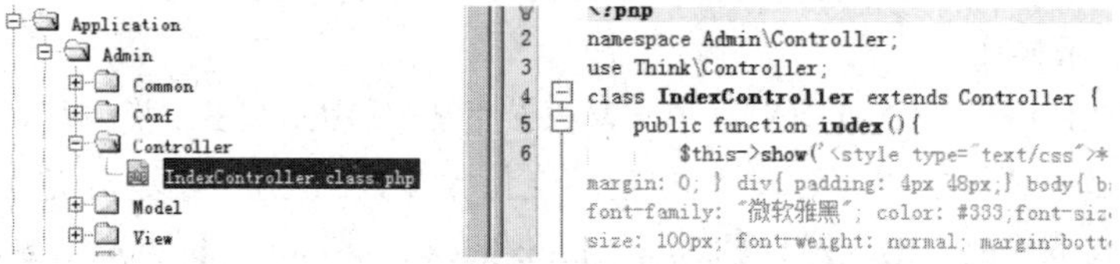

图 6-10　自动创建的模块目录

从图 6-10 可以看出，ThinkPHP 为我们创建了 Admin 目录以及目录下的其他相关目录。但在 Admin\Controller 下却没有创建指定的 Login 控制器，而是创建了 Index 控制器。操作也是如此，并没有创建 checkLogin 操作，而是创建了 index 操作。

（2）数据库配置

数据库配置同样在惯例配置中可以找到，而\Application 下的所有应用都可能会使用数据库，因此将数据库配置保存到\Application\Common\Conf\ config.php 中，如例 6-4 所示。

【例 6-4】

```
1  <?php
2  return array(
3     'DB_TYPE'              =>  'mysql',         // 数据库类型
4     'DB_HOST'              =>  'localhost',     // 服务器地址
5     'DB_NAME'              =>  'tp_study',      // 数据库名
6     'DB_USER'              =>  'root',          // 用户名
7     'DB_PWD'               =>  '123456',        // 密码
8     'DB_PORT'              =>  '3306',          // 端口
9     'DB_PREFIX'            =>  '',              // 数据库表前缀
10    'DB_CHARSET'           =>  'utf8',          // 数据库编码默认采用 utf-8
11 );
```

在例 6-4 中，第 3~10 行是在连接数据库时需要用到的常用配置项。其中第 10 行数据库表前缀的意义在于：当一个数据库中存在多个项目的数据表时，可以通过设置表前缀用以区分不同项目所属的数据表。

（3）URL 访问模式配置

所谓 URL 访问模式，指的是以哪种形式的 URL 地址访问网站。ThinkPHP 支持的 URL 模式有四种，如表 6-4 所示。

表 6-4　URL 访问模式

URL 模式	URL_MODEL 设置	示　　例
普通模式	0	http://localhost/index.php?m=home&c=user&a=login
PATHINFO 模式	1	http://localhost/index.php/home/user/login
REWRITE 模式	2	http://localhost/home/user/login
兼容模式	3	http://localhost/index.php?s=/home/user/login

① 普通模式：普通模式也就是传统的 GET 传参方式来指定当前访问的模块和操作，例如：http://localhost/index.php?m=home&c=user&a=login。其中 m 参数表示模块，c 参数表示控制器，a 参数表示操作。

② PATHINFO 模式：PATHINFO 模式是系统的默认 URL 模式，提供了最好的 SEO 支持，系统内部已经做了环境的兼容处理，所以能够支持大多数的主机环境。对应上面的 URL 模式，PATHINFO 模式下面的 URL 访问地址是：http://localhost/index.php/home/user/login。

③ REWRITE 模式：REWRITE 模式是在 PATHINFO 模式的基础上添加了重写规则的支持，可以去掉 URL 地址里面的入口文件 index.php，但是需要额外配置 Web 服务器的重写规则。最终简化后的 URL 地址为：http://localhost/home/user/login。

④ 兼容模式：兼容模式是用于不支持 PATHINFO 的特殊环境，URL 地址是：http://localhost/index.php?s=/home/user/login。

URL 访问模式的意义在于：可以让网站中的所有链接有一个统一的格式。

当然仅是定义统一格式还不足以解决问题，ThinkPHP 框架提供了一个能够根据当前的 URL 设置生成对应的 URL 地址的方法：U 方法。下面通过一个案例演示 URL 模式的设置及 U 方法的简单使用，如例 6-5 所示。

【例 6-5】

首先修改配置文件\chapter\Application\Common\Conf\config.php，ThinkPHP 框架默认的 URL 模式为 PATHINFO 模式，这里将其改为普通模式。

```
1 <?php
2 return array(
3       //'配置项'=>'配置值'
4       'URL_MODEL' => 0,//设置 URL 模式为普通模式
5 );
```

然后在\chapter\Application\Home\Controller\IndexController.class.php 中修改 index 操作，其中使用 U 方法生成符合 URL 模式的链接地址。

```
1  <?php
2  namespace Home\Controller;
3  use Think\Controller;
4  class IndexController extends Controller {
5     public function index(){
6        $url=U("User/add");//生成 URL 链接地址
7        $this->assign('url',$url);
8        $this->display();
9     }
10 }
```

最后创建视图文件\chapter\Application\Home\View\Index\index.html，用以显示生成的测试链接。

```
1 <html>
```

```
2     <head>
3         <meta http-equiv="content-type" content="text/html;chrset=utf-8" />
4     </head>
5     <body>
6         <a href="{$url}">测试链接</a>
7     </body>
8 </html>
```

图 6-11　例 6-5 运行结果

打开浏览器，输入 http://localhost/chapter06/index.php，运行结果如图 6-11 所示。

从图 6-11 可以看出，测试连接已经按照配置文件中设置的 URL 模式自动生成。

6.4　ThinkPHP 实现 MVC

6.4.1　控制器（Controller）

1. 创建控制器

创建控制器首先需要确定控制器位置，属于 Home 模块的控制器要放在 Home\Controller 目录下，属于 Admin 模块的控制器要放在 Admin\Controller 目录下。

创建控制器还需要符合一定的命名规范，例如要在 Home 模块下创建一个 User 控制器，就可以命名为：UserController.class.php。需要注意的是，“User”部分可以任意取名，但“Controller.class.php”是固定格式，不能修改。建议读者按照“大驼峰法”的方式为控制器命名，并且要有一定意义，这样可以保证项目代码的风格统一，同时也便于理解类文件作用，利于开发。

2. 命名空间

ThinkPHP 框架从 3.2 版本开始全面采用命名空间方式定义和加载类库文件，有效地解决多个模块之间的冲突问题。并实现了更加高效的类库自动加载机制。因此在创建了控制器类文件之后，编辑控制器类文件的第一步是定义命名空间，下面以 Home 模块下的 IndexController.class.php 为例进行说明，如例 6-6 所示。

【例 6-6】

```
1 <?php
2 namespace Home\Controller;
3 use Think\Controller;
4 class IndexController extends Controller {
5     public function Index(){
6     }
7 }
```

在 ThinkPHP 3.2 中只需要给类库定义的命名空间路径与类库文件的目录一致，就可以实现类的自动加载，因此例 6-6 中，Home 模块的 Index 控制器的命名空间就是 Home\Controller。

同时该类库还继承了其他命名空间下的类，所以需要引入这个命名空间，因此就有了第3行代码“use Think\Controller;”。其中“Think\Controller”等同于“Think\Controller as Controller”，可以看做是别名的简写形式。

ThinkPHP中有一个初始命名空间目录，那就是系统的类库目录ThinkPHP\Library。所以第4行代码实际上表示IndexController类继承了ThinkPHP\Library\Think目录下的Controller类。Controller类是ThinkPHP框架封装的基础控制器类，所有控制器都需要继承这个基础控制器类。

3. 显示视图

与Smarty模板引擎一样，ThinkPHP也采用display()方法来显示视图。不同的是，ThinkPHP中使用display()方法有三种形式，如表6-5所示。

表6-5　display方法的三种使用方式

用　法	示　例	描　述
不带任何参数	$this->display()	系统会自动定位当前操作的模板文件
[模块@][控制器:][操作]	$this->display("Admin@Index:index")	表示会输出Admin模块下的View目录下的Index目录下的index.html文件
完整的模板文件名	$this->display("./Temp/Public/index.html")	表示输出项目根目录下的Temp目录下的Public目录下的index.html文件，注意使用这种方式一定要加上视图文件后缀

接下来通过一个案例演示display()方法最常用的一种形式，不带任何参数的用法，如例6-7所示。

【例6-7】

创建文件\chapter06\Application\Home\Controller\ShowViewController.class.php，代码如下：

```
1 <?php
2 namespace Home\Controller;
3 use Think\Controller;
4 class ShowViewController extends Controller{
5    public function Index(){
6       $this->display();
7    }
8 }
```

在例6-7中，第6行代码采用无参数形式调用视图。

打开浏览器，访问http://localhost/chapter06/index.php/Home/ShowView/，运行结果如图6-12所示。

图6-12　无参数形式

由于并没有创建要调用的视图，因此会显示如图6-12的错误，不过从报错信息中可以清晰地看到要调用的视图文件路径。有关视图文件的创建会在后面的章节进行详细讲解。

4. 跳转和重定向

在应用开发中，经常会遇到一些带有提示信息的跳转页面，例如操作成功或者操作错误页面，并且自动跳转到另外一个目标页面。系统的\Think\Controller 类内置了两个跳转方法success()和 error()，用于页面跳转提示，success()方法用于在操作成功时的跳转，而 error()方法用于在操作失败时的跳转。

这两个方法都有三个参数，第一个参数表示提示信息，第二个参数表示跳转地址，第三个参数表示跳转时间，单位为秒。

下面通过一个案例演示 success 和 error 的用法，如例 6-8 所示。

【例 6-8】

创建文件\chapter06\Application\Home\Controller\ShowJumpController.class.php，代码如下：

```
1  <?php
2  namespace Home\Controller;
3  use Think\Controller;
4  class ShowJumpController extends Controller{
5     public function index(){
6        $res=$_GET['msg'];
7        if($res=='success'){
8           $this->success('操作成功',U('Index/index'),5);
9        }else{
10          $this->error('操作失败');
11       }
12    }
13 }
```

在例 6-8 中，第 6 行用以接收 GET 参数，第 7 行用以判断 GET 参数是否为 success，如果是则执行第 8 行 success()方法，如果不是则执行第 10 行 error()方法。

此时访问 http://localhost/chapter06/index.php/Home/ShowJump/index/msg/success，运行结果如图 6-13 所示。

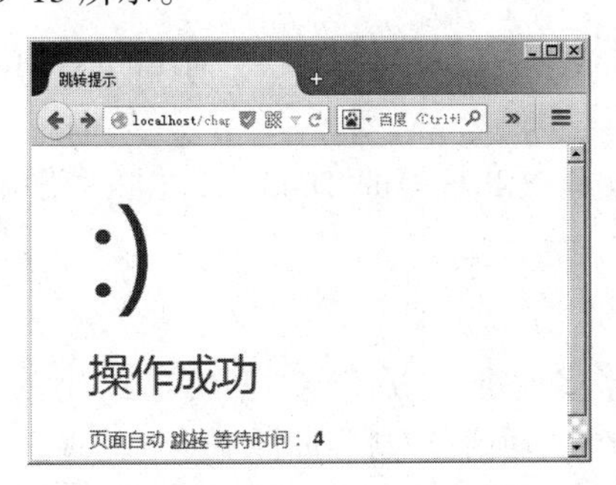

图 6-13　例 6-8 运行结果

从图 6-13 可以看出，当 GET 传入的参数 msg 值为 success 时，进入了 success()方法提供的跳转页面，在页面中显示了“操作成功”的提示信息，并且在设定的 5 秒跳转时间结束后跳转到了指定的页面（虽然该页面并不存在）。

需要注意的是，跳转地址是可选的，success()方法的默认跳转地址是$_SERVER["HTTP_REFERER"]，而 error()方法的默认跳转地址是 javascript:history.back(-1);，也就是浏览器访问的上一个页面。

与跳转功能类似的还有重定向，在 ThinkPHP 中使用重定向的方式如下：

```
$this->redirect('User/index',array('id'=>1),5, '页面跳转中...');
```

其中，第一个参数表示重定向的目标地址，第二个参数表示重定向过程中携带的参数，第三个参数表示重定向时间，第四个参数是在重定向时间内显示的字样。只有参数一是必选参数，其余都是可选参数。

而如果仅仅想要重定向到指定 URL，而不是某个模块的操作方法，可以直接使用 redirect，例如：

```
redirect('/User/index/id/1',5,'页面跳转中...');
```

5. **空操作**

空操作是指系统在找不到请求的操作方法的时候，会定位到空操作_empty()方法来执行，利用这个机制，可以对用户请求不存在的所有操作进行统一的处理。

下面通过一个案例演示如何使用_empty()方法处理请求不存在的操作，如例 6-9 所示。

【例 6-9】

创建文件\chapter06\Application\Home\Controller\EmptyActionController.class.php，代码如下：

```
1 <?php
2 namespace Home\Controller;
3 use Think\Controller;
4 class EmptyActionController extends Controller{
5     public function _empty(){
6         echo '系统繁忙，请稍后再试！';
7     }
8 }
```

在例 6-9 中，第 5~7 行代码就定义了一个空操作_empty()，凡是访问该控制器中不存在的操作都会定位到这里执行其中的代码。

此时访问 http://localhost/chapter06/index.php/Home/EmptyAction/index，而 EmptyAction 控制器下并没有 index 操作，运行结果如图 6-14 所示。

值得一提的是，空操作仅在控制器类继承了 ThinkPHP 框架的 Think\Controller 类时才有效，否则需要自己定义__call 来实现。

6. **空控制器**

空控制器是指当系统找不到请求的控制器名称时，系统会尝试定位空控制器 EmptyController，利用这个机制可以对用户请求不存在的所有控制器进行统一的处理。

下面通过一个案例演示如何定义空控制器 EmptyController 来处理请求不存在的控制器，如例 6-10 所示。

【例 6-10】

创建文件\chapter06\Application\Home\Controller\EmptyController.class.php，代码如下：

```
1 <?php
2 namespace Home\Controller;
```

```
3 use Think\Controller;
4 class EmptyController extends Controller{
5     public function _empty(){
6         echo '系统繁忙，请稍后重试！';
7     }
8 }
```

此时访问 http://localhost/chapter06/index.php/Home/Goods，而 Home 模块下并没有 GoodsController 控制器，运行结果如图 6-15 所示。

图 6-14　例 6-9 运行结果

图 6-15　例 6-10 运行结果

7. **跨控制器调用**

所谓跨控制器调用，指的是在一个控制器中调用另一个控制器的某个方法。在 ThinkPHP 中有三种方式实现跨控制器调用：直接实例化、A()函数实例化、R()函数实例化。

（1）直接实例化

直接实例化就是通过 new 关键字实例化相关控制器，例如：

```
$goods=new GoodsController();  //直接实例化 Goods 控制器类
$info=$goods->info();           //调用 Goods 控制器类的 info()方法
```

需要注意的是，如果实例化的控制器与当前控制器不在同一目录下，需要指定绝对路径。例如要实例化 Admin 模块下的 User 控制器，代码如下：

```
$goods=new \Admin\Controller\UserController();
```

（2）A()函数实例化

ThinkPHP 提供了 A()函数实例化其他控制器，使用方法如下：

```
$goods=A('Goods');          //A()函数实例化 GoodsController 类
$info=$goods->info();       //调用 Goods 控制器类的 info()方法
```

从上述代码可以看出，A()函数相对直接实例化的方式简洁很多，仅需要传入控制器名即可。A()函数同样可以实例化其他模块下的控制器，例如：

```
$goods=A('Admin/Goods');
```

（3）R()函数实例化

R()函数的使用与 A()函数基本一致，唯一不同的是，R()函数可以在实例化控制器的时候把操作方法一并传递过去，如此就省略了调用操作方法的步骤，例如：

```
$info=R('Admin/Goods/info');
```

6.4.2　模型（Model）

在 ThinkPHP 中，模型类并非必须要定义的。因为在 ThinkPHP 中提供了一个基础模型类 \Think\Model，基础模型类的设计十分灵活，无须进行任何模型定义，就可以进行相关数据表

的 CURD 操作，只有需要封装单独的业务逻辑的时候，才需要用户自己定义模型类。

1. 实例化模型类

ThinkPHP 中实例化模型有三种方式，如表 6-6 所示。

表 6-6　实例化模型的三种方法

方　法	示　例
D 方法	$model=D(' User');
M 方法	$model=M(' User');
直接实例化	$model=new \Home\Model\UserModel();

（1）D 方法实例化

上面提到 ThinkPHP 无须定义任何模型，也能进行相关数据表的 CURD 操作，这就是因为有 D 方法。D 方法的作用就是实例化一个模型类对象，该方法只有一个参数，参数值就是模型的名称，例如 D('Goods')。D 方法也可以不带参数直接使用，下面通过一个案例演示 D 方法的使用以及有无参数之前的区别，如例 6-11 所示。

【例 6-11】

创建文件\chapter06\Application\Home\Controller\ShowModelController.class.php，代码如下所示：

```
1 <?php
2 namespace Home\Controller;
3 use Think\Controller;
4 class ShowModelController extends Controller{
5    public function index(){
6       $model=D();
7       var_dump($model);
8    }
9 }
```

此时访问 http://localhost/chapter06/index.php/Home/ShowModel，运行结果如图 6-16 所示。

修改例 6-11 第 6 行，修改后代码如下：

```
$model=D('Goods');
```

此时再次访问 http://localhost/chapter06/index.php/Home/ShowModel，运行结果如图 6-17 所示。

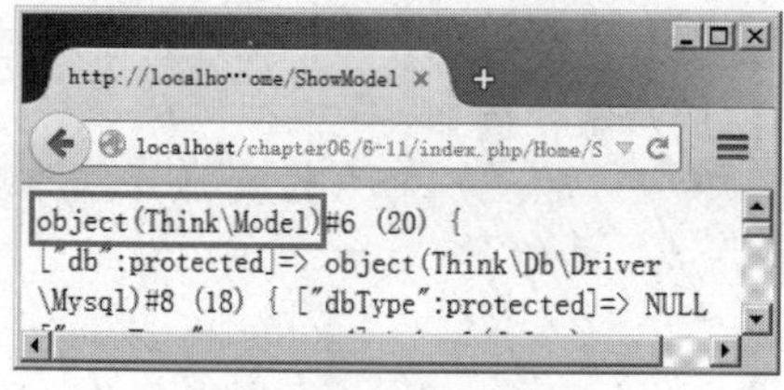

图 6-16　例 6-11 运行结果

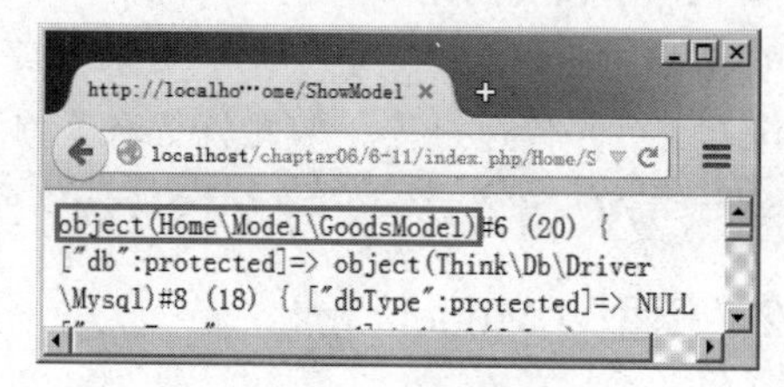

图 6-17　例 6-11 修改后的运行结果

从图 6-16 和图 6-17 可以看出，带参数的 D 方法和不带参数的 D 方法实例化的对象是不同的，而且带参数的 D 方法实例化的对象会与参数同名的数据表相关联，之后的数据操作就是基于这张表的。而不带参数的 D 方法不与具体表关联。需要注意的是，仅在 GoodsModel.class.php 文件存在时会出现区别，如果不存在 Goods 模型类，实例化的仍然是 ThinkPHP 提供的 Model 类。

（2）M 方法实例化

M 方法与 D 方法用法一样，所不同的是，M 方法不论是否有参数，实例化的都是 ThinkPHP 框架提供的基础模型类\Think\Model，实际上 D 方法在没有找到定义的模型类时，也会自动调用基础模型类。因此在不涉及自定义模型操作的时候，建议使用 M 方法而不使用 D 方法。

多学一招：实例化空模型类

如果仅希望使用原生 SQL 语句，不需要使用具体模型类，实例化一个空模型类即可进行操作，如例 6-12 所示。

【例 6-12】

修改文件\chapter06\Application\Home\Controller\ShowModelController.class.php，代码如下：

```
1  <?php
2  namespace Home\Controller;
3  use Think\Controller;
4  class ShowModelController extends Controller{
5     public function index(){
6         $model=M();
7         $info=$model->query("show databases");
8         var_dump($info);
9     }
10 }
```

在 ShowModelController.class.php 中，第 6 行代码就使用 M 方法实例化了一个空模型类，第 7 行代码通过模型对象调用 query()方法执行了一个原生 SQL 语句并将结果赋值给$info，第 8 行代码打印该结果。

此时访问 http://localhost/chapter06/index.php/Home/ShowModel，运行结果如图 6-18 所示。

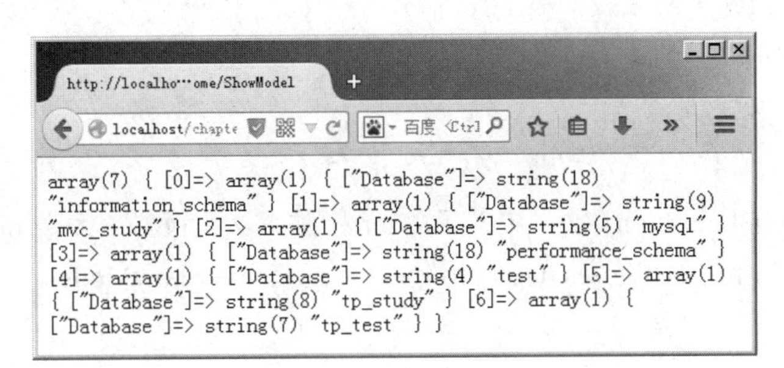

图 6-18　例 6-12 运行结果

（3）直接实例化

顾名思义，直接实例化就是和实例化其他类库文件一样实例化模型类，例如：

```
$Goods = new \Home\Model\GoodsModel();//实例化Home模块下的Goods模型类
$User = new \Admin\Model\UserModel();//实例化Admin模块下的User模型类
```

这样就可以获取到指定模型类的对象，并通过这个对象操作指定的数据表。

脚下留心

如果自定义了一个模型类，并且其中定义了自己的操作，M方法将无法调用这个操作，实例化的时候会直接忽略该操作，如例6-13所示。

【例6-13】

修改文件\chapter06\Application\Home\Controller\ShowModelController.class.php，代码如下：

```
1 <?php
2 namespace Home\Controller;
3 use Think\Controller;
4 class ShowModelController extends Controller{
5   public function index(){
6      $model=M('User');
7      $model->info();
8   }
9 }
```

在ShowModelController.class.php中，第6行代码使用M方法实例化了一个对象，第7行代码调用自定义方法info()。

创建文件\chapter06\Application\Home\Model\UserModel.class.php，代码如下：

```
1 <?php
2 namespace Home\Model;
3 use Think\Model;
4 class UserModel extends Model {
5   public function info(){
6      echo time();
7   }
8 }
```

在UserModel.class.php中，定义了User模型类以及模型下方法info()。

此时访问http://localhost/chapter06/index.php/Home/ShowModel，运行结果如图6-19所示。

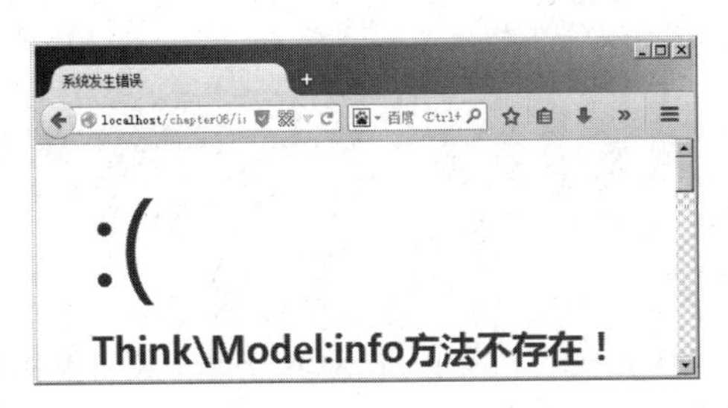

图 6-19　例 6-13 运行结果

因此要调用模型中的自定义操作，请使用 D 方法或直接实例化模型类的方式实例化模型类。

2. 模型的 CURD 操作

前文提到，ThinkPHP 的基础模型类提供了数据表的 CURD 操作，这些操作不仅可以满足基本的业务需求，而且对数据进行了安全性处理，这里就具体操作方法进行详细讲解。

为方便演示，在数据库 tp_study 中创建一个测试用数据表，取名 message。本小节的所有数据表操作都在这个表上进行，请读者注意。创建 message 表的具体代码如下：

```
1 use `tp_study`;
2 create table 'message'(
3   `id` int primary key auto_increment,
4   `username` varchar(20) not null,
5   `tel` char(11) not null
6 );
```

（1）数据创建

在开发过程中，经常需要接收表单提交的数据，当表单提交的数据字段非常多时，使用$_POST 接收表单数据是非常麻烦的，ThinkPHP 就提供了一个简单的解决办法：create 操作。

接下来通过一个案例演示 create 操作的使用，如例 6-14 所示。

【例 6-14】

创建文件\chapter06\Application\Home\Controller\ShowController.class.php，在其中添加 append()方法，代码如下：

```
1 <?php
2 namespace Home\Controller;
3 use Think\Controller;
4 class ShowController extends Controller {
5    public function append() {
6        if(IS_POST){
7            $model=M('message');        //实例化名 message 模型类
8            $data=$model->create();    //使用 create 操作获取 POST 表单数据
```

```
9            var_dump($data);//打印输出获取的数据
10           return;
11       }
12       $this->display();
13   }
14 }
```

在 ShowController.class.php 中，定义了 ShowController 类，并继承自\Think\Controller 类。在该类中创建 append()方法，其作用是在用户请求该操作的时候判断是否有 POST 请求。如果有则使用 M 方法实例化 Message 模型的对象$model，并通过 create 操作获取表单数据，再打印输出获取到的数据。如果没有 POST 请求，则显示视图页面。

创建文件\chapter06\Application\Home\View\Show\append.html，代码如下：

```
1 <html>
2     <head>
3         <meta http-equiv="content-type" content="text/html;charset=utf-8" />
4     </head>
5     <body>
6         <form action="__SELF__" method="post">
7             用户名: <input type="text" name="username" /><br />
8             TEL: <input type="text" name="tel" /><br />
9             <input type="submit" value="添加" />
10          </form>
11      </body>
12  </html>
```

此时访问 http://localhost/chapter06/index.php/Home/Show/append，运行结果如图 6-20 所示。输入测试用户名：Tom，TEL：123456789，单击“添加”按钮，运行结果如图 6-21 所示。

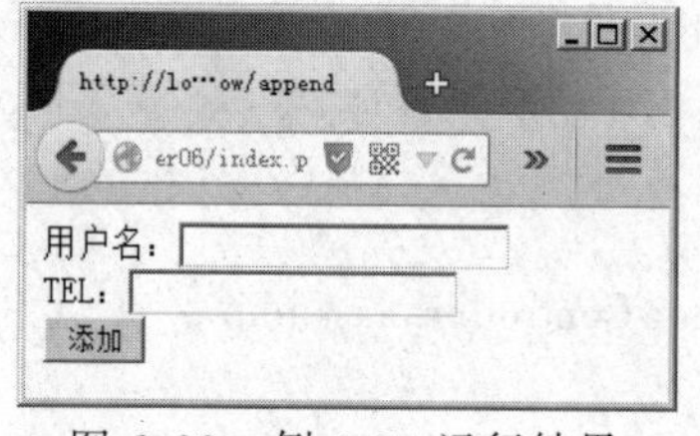

图 6-20　例 6-14 运行结果

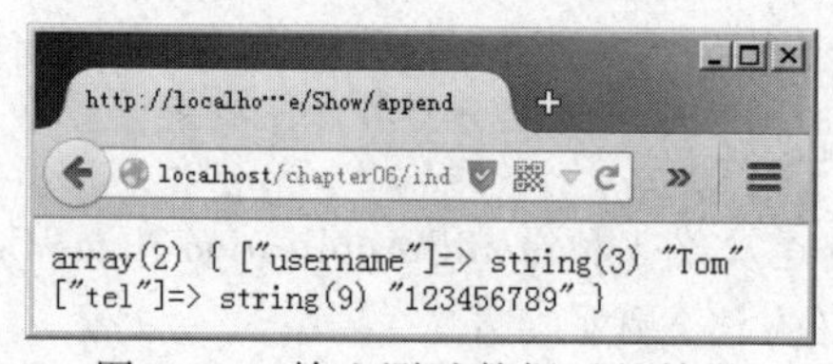

图 6-21　输入测试数据后的结果

从图 6-21 可以看出，在没有使用$_POST[]获取数据的情况下，通过模型类的 create 操作快捷地获取到了表单提交的数据。

（2）数据写入

ThinkPHP 的数据写入操作使用 add 操作，下面通过一个案例演示如何使用 add 操作向数据表添加数据。

【例 6-15】

修改文件\chapter06\Application\Home\Controller\ShowController.class.php，代码如下：

```
1  public function append() {
2      if (IS_POST) {
3          $model = M('message');          //实例化 message 模型类
4          $model->create();               //使用 create 方法
5          $res = $model->add();           //使用 add 方法向 message 表中插入数据
6          if ($res) {                     //判断插入操作是否成功
7              echo '数据添加成功';
8          } else {
9              echo '数据添加失败';
10         }
11         return;
12     }
13     $this->display();
14 }
```

在 ShowController.class.php 中，第 5 行即是使用 add 操作向数据表添加数据。需要注意的是，在使用 add 操作前如果有 create 操作，add 操作可以不需要参数，否则必须传入要添加的数据作为参数。

此时访问 http://localhost/chapter06/index.php/Home/Show/append，运行结果如图 6-22 所示。

输入测试数据，用户名：Tom，TEL：12345678910，单击"添加"按钮，结果如图 6-23 所示。

此时查询数据库，可以看到测试数据已经添加完成，如图 6-24 所示。

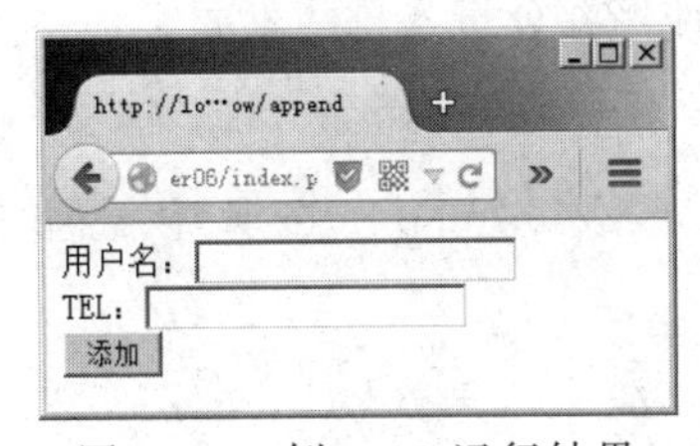

图 6-22　例 6-15 运行结果

图 6-23　输入测试数据后的结果

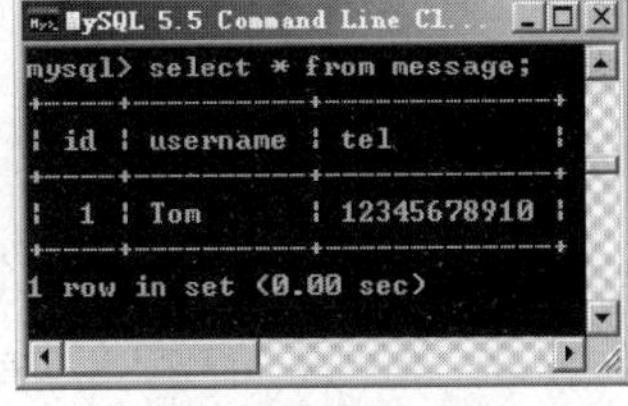

图 6-24　数据表查询结果

多学一招：显示页面 Trace 信息

ThinkPHP 提供的数据库操作方法本质也是执行 SQL 语句，只是 SQL 语句无须开发者进行编写，而是在调用相关方法时自动完成 SQL 语句的创建，并做安全处理。

在调试阶段，查看 SQL 语句对项目开发具有重要作用，那么如何查看 ThinkPHP 自动创建的 SQL 语句信息呢？ThinkPHP 提供了一个内置调试工具——Trace。该工具可以实时显示当前页面的操作的请求信息、运行情况、SQL 执行、错误提示等，并支持自定义显示。接下来通过一个案例演示如何开启 Trace，如例 6-16 所示。

【例 6-16】

修改文件\chapter06\Application\Common\Conf\config.php，代码如下：

```
1 <?php
2 return array(
3         'SHOW_PAGE_TRACE' => true,
4 );
```

在例 6-16 中，第 3 行代码用于开启页面 Trace 信息。下面以例 6-15 为例，展示页面 Trace 信息。访问 http://localhost/chapter06/index.php/Home/Show/append，显示结果如图 6-25 所示。

从图 6-25 可以看出，开启了页面 Trace 信息后，在浏览器的右下角会显示 ThinkPHP 的 LOGO，单击这个 LOGO 会弹出详细信息窗口，此时输入测试数据并单击“添加”按钮，结果如图 6-26 所示。

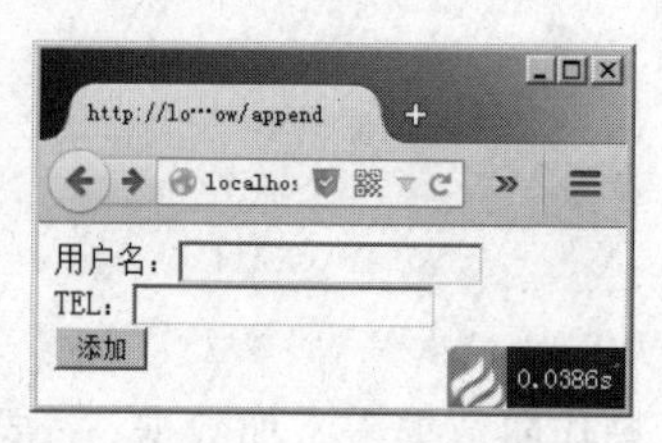

图 6-25　开启 Trace 后的视图页面

图 6-26　Trace 信息

从图 6-26 可以从 Trace 信息窗口中清晰地看到 ThinkPHP 自动生成的 SQL 语句。

（3）数据读取

读取数据表数据是项目中最常用的数据操作，在 ThinkPHP 中，find、select 以及 getField 操作以用于读取数据，接下来通过案例分别演示这三个方法的使用并分析各自的不同。

【例 6-17】find 操作

修改文件\chapter06\Application\Home\Controller\ShowController.class.php，在其中添加 getInfoByFind()方法，代码如下：

```
1 public function getInfoByFind (){
2     $model=M('message');
3     $data=$model->where('id=1')->find();
4     var_dump($data);
5 }
```

在例 6-17 中，第 3 行代码即是通过 find 操作获取数据，通常读取数据操作都会与 where 操作连贯起来使用，where 操作用以定义查询条件，第 4 行用以打印输出获取的数据。

此时访问 http://localhost/chapter06/index.php/Home/Show/getInfoByFind，运行结果如图 6-27 所示。

图 6-27　例 6-17 运行结果

从图 6-27 中的 SQL 语句可以看出，find 操作会在 SQL 语句最后添加一个限定条件“LIMIT 1”，表示仅取出一条数据，并且这条数据以一维数组的形式返回。

【例 6-18】Select 操作。

修改文件：\chapter06\Application\Home\Controller\ShowController.class.php，在其中添加 getInfoBySelect()方法，代码如下：

```
1 public function getInfoBySelect(){
2     $model=M('message');
3     $data=$model->where('id=1')->select();
4     var_dump($data);
5 }
```

此时访问 http://localhost/chapter06/index.php/Home/Show/getInfoBySelect，运行结果如图 6-28 所示。

从图 6-28 中的 SQL 语句可以看出，select 操作与 find 操作的区别就在于 select 操作生成的 SQL 语句中没有 LIMIT 语句，并且数据是以二维数组的形式返回，因此 select 操作能够获取多条数据，下面通过修改 where 操作中的条件参数以验证这一点，修改代码如下：

```
$data=$model->where('id>=1')->select();
```

此时访问 http://localhost/chapter06/index.php/Home/Show/getInfoBySelect，运行结果如图 6-29 所示。

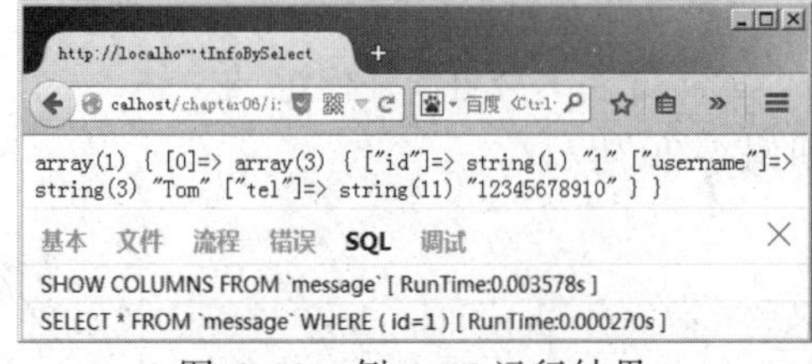

图 6-28　例 6-18 运行结果

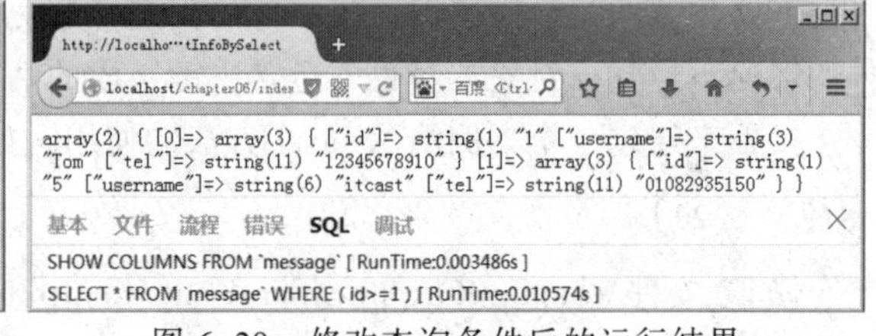

图 6-29　修改查询条件后的运行结果

从图 6-29 可以看出，select 操作把所有符合“id>=1”条件的结果全部获取到，并以二维数组的形式返回，其中每个元素都是一个数组。

【例 6-19】getField 操作。

修改文件\chapter06\Application\Home\Controller\ShowController.class.php，添加 getInfoByField()方法，代码如下：

```
1 public function getInfoByField(){
2     $model=M('message');
3     $data=$model->where('id=1')->getField('username');
4     var_dump($data);
5 }
```

在例 6-19 中，第 3 行代码即是使用 getField 操作获取数据，并且 getField()方法中传递了一个参数“username”，该参数表示要获取数据的字段名。

此时访问 http://localhost/chapter06/index.php/Home/Show/getInfoByField，运行结果如图 6-30 所示。

从图 6-30 中的 SQL 语句可以看出，getField 操作是从数据表 message 中将 id=1 的数据字段名为“username”的值读取出来，并以字符串的形式返回。不过 getField 操作也可以读取多条数据，代码修改如下：

```
$data=$model->where('id>=1')->getField('id,username',true);
```

此时访问 http://localhost/chapter06/index.php/Home/Show/getInfoByField，运行结果如图 6-31 所示。

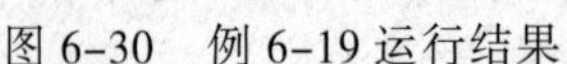
图 6-30　例 6-19 运行结果

图 6-31　修改代码后的运行结果

（4）数据更新

ThinkPHP 同样提供了数据更新的方法：save()。

save()方法需要传入一个数组参数，数组的键表示要修改的数据字段名，值表示要修改的数据。也可以把要修改的数据赋值给模型对象，这样就不需要为 save()方法传入参数了。

save()方法的返回值是数据表中受影响的行数，如果返回 false 表示更新失败，因此一定要使用恒等来判断是否更新成功。

需要注意的是，为了保证数据库的安全，避免出错更新整个数据表，在没有任何更新条件的情况下，数据对象本身也不包含主键字段的话，save()方法不会更新任何记录。

接下来通过一个案例演示 save()方法的使用，如例 6-20 所示。

【例 6-20】

修改文件\chapter06\Application\Home\Controller\ShowController.class.php，在其中添加 update()方法，代码如下：

```
1  public function update(){
2     $model=M('message');
3     $data['id']=1;
4     $data['username']='Green';
5     $data['tel']='9876543210';
6     $res=$model->save($data);
7     if($res===false){
8        echo '更新失败';
9     }else{
10       echo '更新成功';
11    }
12 }
```

在例 6-20 中，第 3~5 行代码创建要更新的数据，第 6 行代码使用 save 操作更新数据，第 7~11 行代码判断更新是否成功。

此时访问 http://localhost/chapter06/index.php/Home/Show/update，运行结果如图 6-32 所示。

从图 6-32 中的 SQL 语句可以看出，更新了 message 表中 id 字段为 1 的数据的 username、tel 字段，但在调用 save 操作时并没有使用 where 操作指定更新条件，这是因为$data 变量中存在 message 表的主键“id”，此时 ThinkPHP 会自动把主键“id”的值作为更新条件来更新其他字段。

如果只是更新个别字段的值，还可以调用 setField 操作，如例 6-21 所示。

【例 6-21】

修改 update()方法，代码如下：

```
1  public function update(){
2      $model=M('message');
3      $data['id']=1;
4      $data['username']='Green';
5      $data['tel']='9876543210';
6      $res=$model->where('id=1')->setField('username','Tom');
7      if($res===false){
8         echo '更新失败';
9      }else{
10        echo '更新成功';
11     }
12 }
```

在例 6-21 中，第 6 行代码即是对 setField 操作的使用。

此时访问 http://localhost/chapter06/index.php/Home/Show/update，运行结果如图 6-33 所示。

图 6-32　例 6-20 运行结果

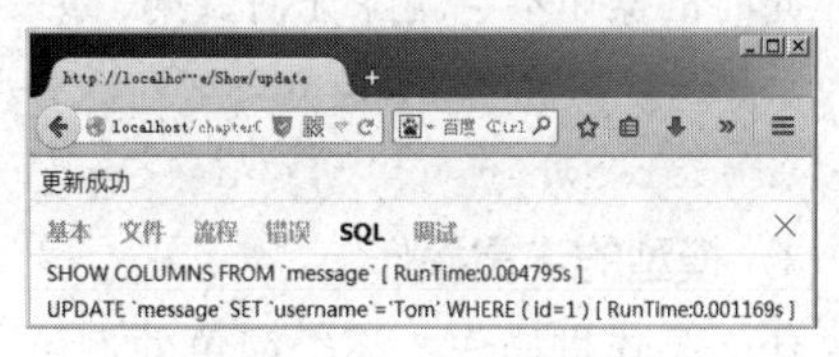

图 6-33　例 6-21 运行结果

（5）数据删除

ThinkPHP 提供的数据删除方法是 delete 操作，delete 操作可以删除单个数据，也可以删除多个数据，这取决于删除条件，例如：

```
$model = M("message");                      // 实例化 Model 对象
$model->where('id=5')->delete();            // 删除 id 为 5 的用户数据
$model->delete('1,2,5');                    // 删除主键为 1,2 和 5 的用户数据
$model->where('status=0')->delete(); // 删除所有 status 字段值为 0 的用户数据
```

delete 操作的返回值是删除的记录数，如果删除失败则返回 false，如果没有删除任何数据则返回 0。接下来通过一个案例演示 delete()方法的使用，如例 6-22 所示。

【例 6-22】

修改文件\chapter06\Application\Home\Controller\ShowController.class.php，在其中添加 del()

方法，代码如下：

```
1 public function del(){
2     $model=M('message');
3     $res=$model->where('id=1')->delete();
4     if($res===false){
5         echo '删除失败';
6     }else if($res===0){
7         echo '要删除的数据不存在';
8     }else{
9         echo '删除成功';
10    }
11 }
```

在例 6-22 中，第 3 行代码即是调用 delete 操作删除 message 表中 id 字段值为 1 的数据，第 4~10 行代码用来判断 delete 操作执行后返回的结果，返回 false 表示删除操作失败，返回 0 表示要删除的数据不存在，如果都不是则表示删除操作成功。

此时访问 http://localhost/chapter06/index.php/Home/Show/del，运行结果如图 6-34 所示。

图 6-34　例 6-22 运行结果

需要注意的是，如果没有传入任何条件进行删除操作的话，不会执行删除操作，例如：

```
$model = M("message");   // 实例化 Model 对象
$model->delete();         // 没有传入任何条件的 delete 操作
```

此时的操作不会删除任何数据，如果确实需要删除表中所有的数据，可以使用以下的方式：

```
$model = M("message");              // 实例化 Model 对象
$model->where('1')->delete();       // 删除表中所有数据
```

3. 模型的连贯操作

什么是连贯操作？举个简单的例子，假设现在有一个 User 表，详细字段如表 6-7 所示。

表 6-7　User 表结构

字 段 名	字 段 类 型	字 段 说 明
id	int	主键、int 类型、自增
username	varchar(20)	可变长度字符串、非空
createtime	char(10)	定长字符串、非空
gender	enum('男','女')	枚举类型、非空

如果要从中查询所有性别为“男”的记录，并希望查询结果按照用户创建时间进行排序，就可以这样编写代码：

```
$model = M("user");
$model->where("gender='男'")->order('createtime')->select();
```

其中 where、order 就被称为连贯操作，并且连贯操作的调用顺序并没有先后。需要注意的是 select 操作并不属于连贯操作。

脚下留心

where 操作定义的是 SQL 语句的筛选条件，其参数除了可以使用上述字符串条件的形式，还可以使用数组条件的形式。数组条件形式是 ThinkPHP 推荐使用的形式，因为它在处理多个筛选条件时非常方便，而且还可以对条件数据进行安全性的处理。

接下来仍然以表 6-7 为例，说明数组形式条件的使用。如果要从中查询性别为“男”，并且 id 值大于 100 的所有记录，就可以这样编写代码：

```
1 $model = M("user");
2 $where["gender"]="男";
3 $where["id"]=array("gt",100);
4 $model->where($where)->select();
```

其中第 2 行表示 gender 字段值为“男”，第 3 行表示 id 字段值大于 100，最终形成的 SQL 语句就是：select * from message where gender='男' and id>100。

ThinkPHP 的连贯操作还有很多，如表 6-8 所示。

表 6-8　系统支持的连贯操作

连贯操作	作　用	支持的参数类型
where*	用于查询或者更新条件的定义	字符串、数组和对象
table	用于定义要操作的数据表名称	字符串和数组
alias	用于给当前数据表定义别名	字符串
data	用于新增或者更新数据之前的数据对象赋值	数组和对象
field	用于定义要查询的字段（支持字段排除）	字符串和数组
order	用于对结果排序	字符串和数组
limit	用于限制查询结果数量	字符串和数字
page	用于查询分页	字符串和数字
group	用于对查询的 group 支持	字符串
having	用于对查询的 having 支持	字符串
join*	用于对查询的 join 支持	字符串和数组
union*	用于对查询的 union 支持	字符串、数组和对象
distinct	用于查询的 distinct 支持	布尔值
cache	用于查询缓存	支持多个参数
relation	用于关联查询（需要关联模型支持）	字符串
result	用于返回数据转换	字符串
validate	用于数据自动验证	数组
auto	用于数据自动完成	数组
filter	用于数据过滤	字符串
scope*	用于命名范围	字符串、数组

续表

连 贯 操 作	作　用	支持的参数类型
bind*	用于数据绑定操作	数组或多个参数
token	用于令牌验证	布尔值
comment	用于SQL注释	字符串

注意：

在表6-8中，连贯操作带*标识的标识支持多次调用，但是字符串条件的where操作只支持一次。

连贯操作可以有效地提高数据存取的代码清晰度和开发效率，并且支持所有的CURD操作。有关连贯操作的更多使用，请参考ThinkPHP官方手册。

4. 创建模型

虽然ThinkPHP提供的基础模型类已经能够完成基本的数据处理，但有时需要根据业务需求完成特殊的数据操作，因此创建模型类也是不可避免的。与创建控制器一样，创建模型也要放到指定目录下，属于Home模块的模型要放在Home\Model目录下，属于Admin模块的模型要放在Admin\Model目录下。

模型名与控制器名一样，同样遵循"大驼峰法"的命名规则，例如"UserModel.class.php"或"GoodsModel.class.php"。其中"Model.class.php"是模型类的固定名称部分，而"User"、"Goods"表示的是数据库中的表名，实例化的模型类对象就是通过这个部分来确定要操作的是哪个数据表的。

模型类通常需要继承系统的\Think\Model类，这样就可以使用ThinkPHP提供的CURD操作。下面通过一个案例演示模型类如何定义，如例6-23所示。

【例6-23】

```
1 <?php
2 namespace Home\Model;
3 use Think\Model;
4 class GoodsModel extends Model{
5
6 }
```

在例6-23中，第2行用于定义当前类文件的命名空间，第3行用于引入其他命名空间。第4~6行就是定义的模型类，可以在其中定义方法用以实现特殊的业务逻辑。

6.4.3 视图（View）

1. 创建视图

为了更加有效地管理视图文件，ThinkPHP对视图文件进行目录划分，默认的视图文件定义规则是：视图目录/[模板主题]/控制器名/操作名+视图后缀。

默认的视图目录是模块下的View目录，默认的视图文件后缀是".html"。模板主题默认是不启用的，所以一般为空。因此Home模块下的User控制器的add操作对应的视图文件就应该是：View/User/add.html。

（1）修改默认视图路径

如果不希望使用默认的视图路径，可以在模块的配置文件中单独定义视图目录，例如：

```
'VIEW_PATH'=>'./Templet/',
```

需要注意的是，在 ThinkPHP 3.2.2 版本中，如果设置了 VIEW_PATH，就不需要再创建模块子目录了。例如"./Application/Home/User/add.html"直接变成了"./Templet/User/add.html"。

（2）修改默认视图目录名

如果不希望使用默认的视图目录名，可以在模块的配置文件中修改视图层名称，例如：

```
'DEFAULT_V_LAYER'=>'PAGE',
```

此时的视图文件就变成了"PAGE/User/add.html"。

（3）修改默认视图后缀

如果不希望使用默认的视图后缀，也可以在模块的配置文件中进行修改，例如：

```
'TMPL_TEMPLATE_SUFFIX'=>'.tpl',
```

定义后，User 控制器的 add 操作对应的视图文件就变成"View/User/add.tpl"。

2. 使用视图

（1）assign()方法

ThinkPHP 中使用视图的方式与 Smarty 非常类似，除了在 6.4.1 节中提到的 display()方法调用视图外，还有 assign()方法用于为视图变量赋值。例如：

```
$this->assign('name',$name);
```

还可以使用为对象属性赋值的方式，例如：

```
$this->name=$name;
```

需要注意的是，assign()方法必须在 display()方法之前被调用。

（2）模板引擎

在使用 assign()方法为视图变量赋值后，就可以在视图文件中输出变量了。输出变量可以使用 PHP 原生语法，例如：

```
<?php echo $name; ?>
```

也可以使用标签语法输出变量，因为 ThinkPHP 默认情况下提供了类似 Smarty 的模板引擎技术 ThinkTemplate，该模板引擎输出变量的语法如下：

```
{$name}
```

ThinkTemplate 模板标签默认的开始标记是"{"，结束标记是"}"。当然也可以通过配置文件对其进行修改，例如：

```
'TMPL_L_DELIM'=>'<{',
'TMPL_R_DELIM'=>'}>',
```

此时变量输出标签就变成了：

```
<{$name}>
```

ThinkTemplate 模板引擎还有一些其他标签，例如 foreach、for、switch 等，以及各种函数，例如 md5、date、substr。这些功能的使用方法与 Smarty 大致相同，在此就不做详细讲解了，读者可以参考第 3 章 Smarty 以及 ThinkPHP 官方手册。

接下来通过一个案例来学习如何为视图变量赋值及输出，如例 6-24 所示。

【例 6-24】

创建文件\chapter06\Application\Home\Controller\UserController.class.php，在其中添加 showInfo()方法，代码如下：

```
1  <?php
2  namespace Home\Controller;
3  use Think\Controller;
4  class UserController extends Controller {
5     public function showInfo() {
6        $data = array(
7              0 => array('country' => '蜀国','name' => '诸葛亮'),
8              1 => array('country' => '魏国','name' => '司马懿'),
9              2 => array('country' => '吴国','name' => '周瑜'),
10             3 => array('country' => '蜀国','name' => '马超'),
11             4 => array('country' => '魏国','name' => '典韦'),
12             5 => array('country' => '吴国','name' => '黄盖'),
13       );
14       $this->assign('data',$data);
15       $this->display('index');
16    }
17 }
```

在 UserController.class.php 中，第 4 行代码声明了 User 控制器类，第 5 行代码创建了 showInfo()方法，在该方法中，第 6~13 行代码用于创建测试数据，第 14 行代码将测试数据赋值给视图变量 data，第 15 行代码载入当前控制器下的视图文件 index.html。

创建文件\chapter06\Application\Home\View\User\index.html，代码如下：

```
1 <html>
2    <head>
3        <meta http-equiv="content-type" content="text/html;charset=
         utf-8" />
4    </head>
5    <body>
6        <table border="1" cellspacing="0" align="center">
7           <foreach name='data' item='v'>
8              <tr>
9                 <td>{$v.country}</td>
10                <td>{$v.name}</td>
11             </tr>
12          </foreach>
```

```
13        </table>
14    </body>
15 </html>
```

在 index.html 中，第 7~12 行代码组成 foreach 循环结构，其中 name 表示要循环遍历的数据，item 表示循环变量。需要注意的是 ThinkPHP 内置模板引擎的 foreach 使用"<"以及">"标记，而非 Smarty 中使用的"{"和"}"。第 9~10 行即是输出变量信息。

此时访问 http://localhost/chapter06/Home/User/showInfo，运行结果如图 6-35 所示。

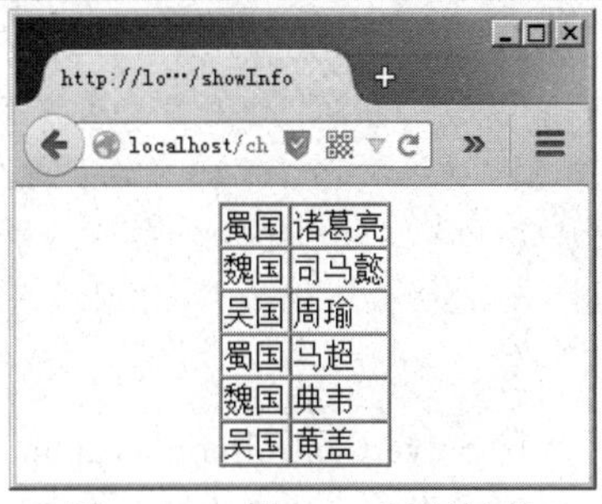

图 6-35　例 6-24 运行结果

（3）系统变量和常量

普通变量需要先赋值之后才能在视图中输出显示，但系统变量却不需要赋值，可以在视图中直接输出，系统变量的输出通常以"{$Think"开头，例如：

```
{$Think.server.script_name}      // 输出$_SERVER['SCRIPT_NAME']变量
{$Think.session.user_id}         // 输出$_SESSION['user_id']变量
{$Think.get.pageNumber}          // 输出$_GET['pageNumber']变量
{$Think.cookie.name}             // 输出$_COOKIE['name']变量
```

同样还可以使用上述方式输出常量，例如：

```
{$Think.const.PUB_CSS_URL}       // 输出常量 PUB_CSS_URL
{$Think.PUB_CSS_URL}             // 也可以省略 const，直接使用常量名
```

（4）模板替换

在视图文件，链接是必不可少的组成部分。而链接地址通常都比较长，ThinkPHP 就提供了一些特殊字符，用以代替链接中的部分地址，特殊字符及替换规则如表 6-9 所示。

表 6-9　特殊字符及替换规则

特 殊 字 符	替 换 描 述
__ROOT__	会替换成当前网站的地址（不含域名）
__APP__	会替换成当前应用的 URL 地址 （不含域名）
__MODULE__	会替换成当前模块的 URL 地址 （不含域名）
__CONTROLLER__	会替换成当前控制器的 URL 地址（不含域名）
__ACTION__	会替换成当前操作的 URL 地址 （不含域名）
__SELF__	会替换成当前的页面 URL
__PUBLIC__	会被替换成当前网站的公共目录通常是/Public/

需要注意的是，特殊字符替换操作仅针对内置的模板引擎有效，并且这些特殊字符严格区分大小写。

为了让读者更好地理解系统变量、常量以及特殊字符的使用，接下来通过一个具体的案例来演示，如例 6-25 所示。

【例 6-25】

创建文件：\chapter06\Application\Home\Controller\ServerController.class.php，在其中添加

showInfo()方法，代码如下：

```
1 <?php
2 namespace Home\Controller;
3 use Think\Controller;
4 class ServerController extends Controller{
5   public function showInfo(){
6     $this->display();
7   }
8 }
```

在 ServerController.class.php 中，第 4 行代码创建了 Server 控制器，第 5 行代码在该控制器中创建了 showInfo()方法，在 showInfo()方法中并没有任何赋值语句，直接调用了默认视图文件 showInfo.html。

创建文件\chapter06\Application\Home\View\Server\showInfo.html，代码如下：

```
1 <html>
2    <head>
3        <meta http-equiv="content-type" content="text/html;charset=
         utf-8" />
4    </head>
5    <body>
6        <table border="1" cellspacing="0" align="center">
7            <tr>
8                <td>主机名</td>
9                <td>{$Think.server.http_host}</td>
10            </tr>
11            <tr>
12                <td>网站根目录</td>
13                <td>{$Think.server.document_root}</td>
14            </tr>
15            <tr>
16                <td>系统版本信息</td>
17                <td>{$Think.server.server_software}</td>
18            </tr>
19            <tr>
20                <td>服务端口号</td>
21                <td>{$Think.server.server_port}</td>
22            </tr>
23            <tr align="center">
24                <td colspan="2"><a href="__CONTROLLER__/phpInfo">PHP
                 详细信息</a>   <a href="__MODULE__/User/
```

```
showInfo">访问主机</a></td>
25          </tr>
26        </table>
27    </body>
28 </html>
```

在视图文件 showInfo.html 中，第 9 行、第 13 行、第 17 行、第 21 行代码分别获取了 4 个系统变量，第 24 行代码使用特殊字符拼接了 2 个链接地址，“__CONTROLLER__”表示当前控制器的 URL 地址，“__MODULE__”表示当前模块的 URL 地址。

此时访问 http://localhost/chapter06/Home/Server/ShowInfo，运行结果如图 6-36 所示。

从图 6-36 可以看出，虽然没有为视图变量赋值，在视图页面中仍然获取到了信息，这就是因为这些变量是系统变量。打开浏览器“查看源代码”功能，可以看到，“PHP 详细信息”以及“访问主机”这两个链接地址中特殊字符部分被替换为了相应的地址，如图 6-37 所示。

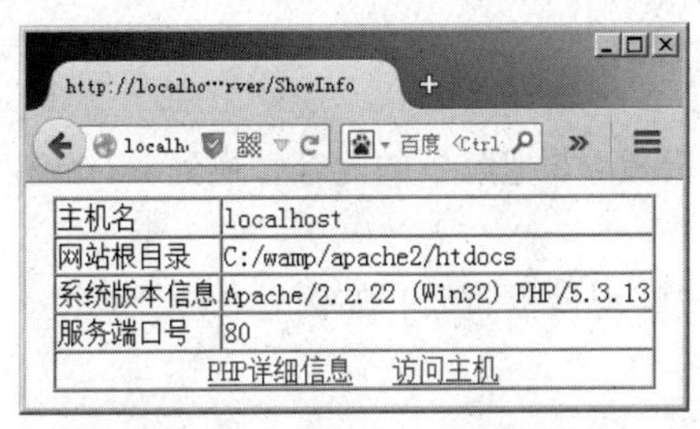

主机名	localhost
网站根目录	C:/wamp/apache2/htdocs
系统版本信息	Apache/2.2.22 (Win32) PHP/5.3.13
服务端口号	80
PHP详细信息　访问主机	

图 6-36　例 6-25 运行结果

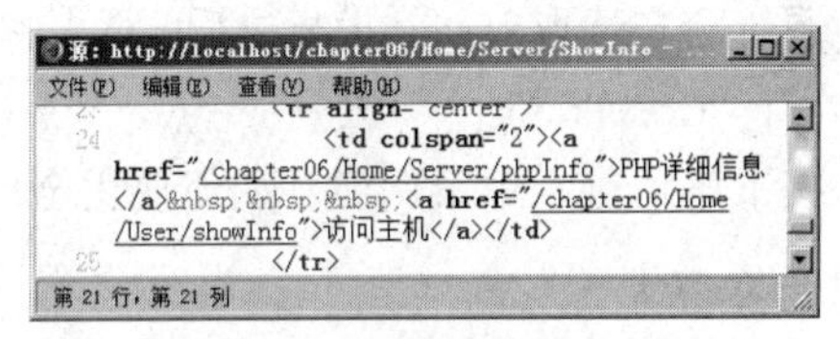

图 6-37　替换后的链接地址

3. **布局**

当我们浏览网页的时候，经常能够发现一个网站的大部分网页布局都基本一致，例如网页头部、网页尾部内容基本一致，不同的部分多数是网页中间的内容。

ThinkPHP 的模板引擎内置了模板布局功能，可以方便地实现模板布局以及布局嵌套。接下来为读者介绍两种布局方式：全局配置方式、模板标签方式。

（1）全局配置方式

这种方式需要在项目配置文件中添加相关的布局模板配置，比较适合于全站使用相同布局的情况。配置信息代码如下：

```
'LAYOUT_ON' => true,
'LAYOUT_NAME' => 'layout',
```

其中“LAYOUT_ON”表示开启布局功能，“LAYOUT_NAME”表示设置布局入口文件名。

在开启了布局功能后，渲染视图的流程就会有所变化，例如：

```
<?php
namespace Home\Controller;
use Think\Controller;
class IndexController extends Controller {
    public function Index() {
        $this->display();
    }
```

```
}
```

在开启布局功能前，会直接渲染 Application/Home/View/Index/index.html 模板文件。而在开启布局功能后，首先会渲染 Application/Home/View/layout.html 模板文件，该模板文件中就是页面布局中的公共部分，例如：

```
<html>
    <head>
        <meta charset="UTF-8">
    </head>
    <body>
       <h1>头部</h1>
       {__CONTENT__}
       <h1>尾部</h1>
    </body>
</html>
```


系统会在读取 layout 模板之后，再去解析 index 模板，并把解析的内容替换到 layout 模板中的“{__CONTENT__}”处。

接下来通过一个案例演示如何使用全局配置方式实现模板布局，如例 6-26 所示。

【例 6-26】

修改文件\chapter06\Application\Home\Conf\config.php，代码如下：

```
1 <?php
2 return array(
3       'LAYOUT_ON' => true,
4       'LAYOUT_NAME' => 'layout',
5 );
```

在 config.php 中，第 3 行代码用于启用布局功能，第 4 行代码用于设置布局入口文件名。然后创建布局模板 layout.html 文件。

创建文件 chapter06\Application\Home\View\layout.html，页面代码如下：

```
1 <html>
2    <head>
3       <meta charset="UTF-8">
4       <style>
5          body{background: #F2F2F2;margin:0;padding:0;}
6          #hd{height: 120px;width: 800px;margin: 0 auto;}
7          #logo{padding-left: 40px;}
8          #topword{padding-left: 70px;}
9          #line{background:#000;height: 2px;width:800px;float: left;}
10         #footer{background:#181818;height:150px;width:800px;margin:
           0 auto;text-align: center;}
```

```
11          #endline{background:#666666;height: 10px;width:800px;float:
            left;}
12            #footerword p{color:#666;margin:0 auto;font-family: "Arial
              Black", Gadget, sans-serif,"宋体";font-size: 12px;line-
              height:25px;}
13            #footerword{padding-top: 20px;}
14            #center{width: 800px;margin: 0 auto;text-align: center;
              font-family: "宋体";font-size: 20px;}
15        </style>
16    </head>
17     <body>
18         <div id='hd'>
19             <span id='logo'><img src="__PUBLIC__/img/logo.gif" /></span>
20            <span id='topword'><img src="__PUBLIC__/img/topword.gif" />
              </span>
21            <span id="line"></span>
22         </div>
23         {__CONTENT__}
24         <div id="footer">
25            <span id="endline"></span>
26            <div id="footerword">
27                <p>传智播客-专业java培训、.net培训、php培训、iOS培训、C++培
                  训、网页设计、平面设计、网络营销培训机构</p>
28                <p>版权所有 2006 - 2014 北京传智播客教育科技有限公司</p>
29                <p>地址: 北京市昌平区建材城西路金燕龙办公楼一层 邮编: 100096</p>
30                <p>电话: 010-82935150/60/70 传真: 010-82935100 邮箱:
                  zhanghj+itcast.cn</p>
31                <p>京ICP备08001421号 京公网安备110108007702</p>
32              </div>
33          </div>
34      </body>
35  </html>
```

在 layout.html 中，第 1~22 行代码是网页中的公共头部代码，第 23~35 行代码是网页中的公共底部代码。接下来再创建测试控制器 TempletController.classs.php 文件。

创建文件\chapter06\Application\Home\Controller\ TempletController.class.php，代码如下：

```
1 <?php
2 namespace Home\Controller;
3 use Think\Controller;
4 class TempletController extends Controller{
```

```
5   public function lst(){
6      $this->display();
7   }
8   public function info(){
9      $this->display();
10  }
11 }
```

在 TempletController.class.php 中，创建了两个方法：lst()、info()。方法作用很简单，就是分别调用 lst.html 和 info.html 页面，最后再创建 lst.html 和 info.html 文件。

创建文件\chapter06\Application\Home\View\ Templet\lst.html，代码如下：

```
1 <div id='center'>
2 这里是新闻列表页面
3 </div>
```

创建文件\chapter06\Application\Home\View\ Templet\info.html，代码如下：


```
1 <div id='center'>
2 这里是新闻详细信息页面
3 </div>
```

此时访问 http://localhost/chapter06/Home/Templet/lst，运行结果如图 6-38 所示。

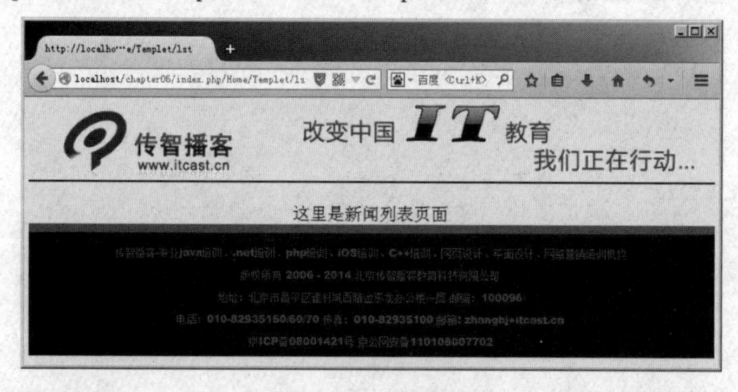

图 6-38　lst 页面

再访问 http://localhost/chapter06/Home/Templet/info，运行结果如图 6-39 所示。

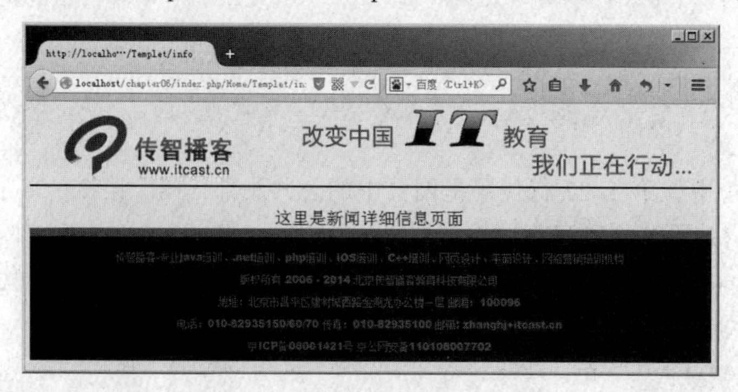

图 6-39　info 页面

从图 6-38 和图 6-39 可以看出，虽然 lst.html 和 info.html 内容非常简单，但在输出到浏览器的时候却包含了相同的网页头部和尾部样式。

（2）模板标签方式

如果使用全局配置的方式进行布局，当前配置有效范围内的所有视图文件都会加载布局文件。这样就显得不是很灵活，而模板标签方式就可以帮助我们解决这个问题。

采用模板标签方式进行布局不需要在配置文件中设置任何参数，直接在模板文件中指定布局模板即可，例如：

```
<layout name='layout' />
<div id='center'>
这里是新闻详细信息页面
</div>
```

其中“<layout name='layout' />”就是使用模板标签方式进行布局，这样就可以做到布局的灵活控制，哪个视图需要布局就在其中添加模板标签即可。

需要注意的是，采用模板标签方式进行布局，一定要将配置文件中的布局配置关闭。

本章小结

本章向读者讲述了何为 PHP 框架，并列举了一些最为流行的 PHP 框架。并以 ThinkPHP 框架为基础，向读者阐述了如何使用框架进行项目开发。通过本章的学习，读者能够熟练掌握 ThinkPHP 框架的各项配置，以及简单功能模块的开发。

思考题

在商品管理功能中，往往需要在上传新的商品图片时删除原有的图片。ThinkPHP 提供了一种控制器的前置操作，可以在执行某一操作前先执行前置操作。接下来就请使用 ThinkPHP 的前置操作，在上传新图片时自动删除原有图片。

说明：思考题参考答案可从中国铁道出版社有限公司网站（http://www.tdpress.com/51eds/）下载。

ThinkPHP 框架进阶

学习目标

- 掌握 ThinkPHP 路由的使用，学会路由的规则定义
- 掌握 ThinkPHP 数据过滤，学会输入过滤与数据验证的使用
- 掌握 ThinkPHP 的扩展功能，学会扩展功能的使用

在第 6 章中讲解了 ThinkPHP 的基本使用。除此之外，ThinkPHP 还提供了一些进阶功能，在项目开发中非常实用。本章将针对 ThinkPHP 中的进阶功能进行详细讲解。

7.1 ThinkPHP 路由

7.1.1 什么是路由

在一个网站中，所有可被访问的页面都具有 URL 地址，但是 URL 的形式不是唯一的，有时候可能因为功能上的调整，造成 URL 的变更。路由是 ThinkPHP 提供的一种 URL 自定义的功能。通过路由，可以使原本冗长难记的 URL 变得简洁和易读，实现 URL 的向前兼容。

例如，当要访问前台用户登录的操作时，以默认 PATHINFO 模式访问的 URL 地址如下：

```
http://localhost/index.php/Home/User/login
```

通过 REWRITE 模式和路由的结合，上述 URL 地址可以简化为：

```
http://localhost/login
```

显然，一般用户都会喜欢第二种 URL 地址，但是该地址中并不包含模块、控制器和操作信息，如果按照常规的 URL 解析，程序将无法找到需要加载的操作。此时通过路由，将自定义 URL 映射给完整 URL，就可以解决这个问题。

需要注意的是，ThinkPHP 3.2 的路由功能是针对模块定义的，并且模块本身不能被路由。因此，在解析 URL 时，需要先确定模块，才能使用路由。关于路由的工作流程如图 7-1 所示。

在图 7-1 中，程序首先通过 URL 确定当前模块为 Home 模块，然后在 Home 模块的路由规则表中对 login 进行匹配。当匹配成功时，就进入指定的 login 操作，当匹配失败时，再去调用 login 控制器。

ThinkPHP 支持在 URL 中省略默认模块，通过配置可以实现 URL 的再次简化。在 URL 中省略 Home 模块情况时，路由的工作流程如图 7-2 所示。

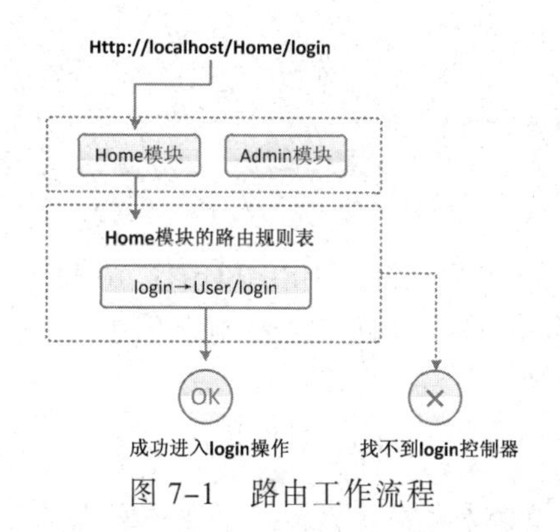

图 7-1　路由工作流程

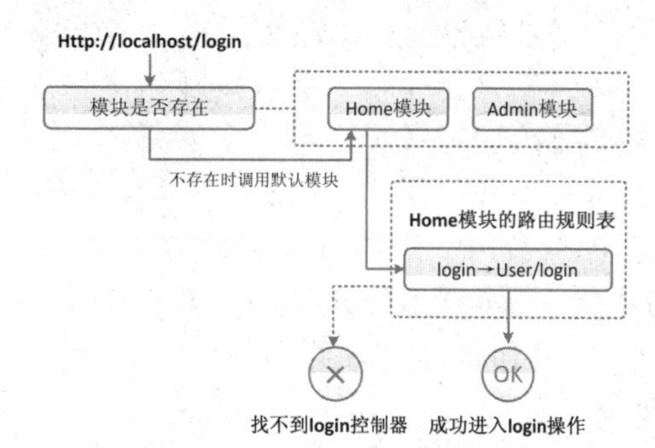

图 7-2　省略 Home 模块的路由工作流程

在图 7-2 中，程序首先会将 URL 地址中的 login 作为模块名进行判断，当 login 模块不存在时进入了默认的 Home 模块，在 Home 模块中进行路由规则匹配。当匹配成功时，就进入了指定的 login 操作，当匹配失败时，login 将作为控制器名继续进行判断。

为了使读者更好地学习 ThinkPHP 的路由功能，接下来通过一个案例分步骤来演示 REWRITE 模式下的路由配置，如例 7-1 所示。

【例 7-1】

① 在项目配置文件中配置 URL 模式和默认模块。

打开文件\Application\Common\Conf\config.php，具体配置如下：

```
1 <?php
2 return array(
3     //URL 模式
4     'URL_MODEL' => 2,
5     //定义允许访问的模块列表
6     'MODULE_ALLOW_LIST' => array('Home', 'Admin'),
7     //默认模块
8     //'DEFAULT_MODULE' => 'Home',
9 );
```

在上述代码中，第 4 行将 URL 模式设置为 REWRITE 模式，第 6 行定义了允许访问的模块列表，第 8 行用于指定默认模块。需要注意的是，当 ThinkPHP 遇到不存在的模块时，默认情况下会直接报错，但是通过第 6 行的配置，ThinkPHP 会将该模块名当作默认模块下的控制器名继续判断。由于 ThinkPHP 存在惯例配置，所以在项目的默认模块为 Home 的情况下，第 8 行的配置可以省略。

② 在 Home 模块的配置文件中配置路由。

打开文件\Application\Home\Conf\config.php，具体配置如下：

```
1 <?php
2 return array(
3     //开启路由
4     'URL_ROUTER_ON' => true,
5     //配置路由规则
```

```
6    'URL_ROUTE_RULES' => array(
7       'login' => 'User/login',
8    ),
9 );
```

在上述代码中，“URL_ROUTER_ON”设为 true 用于开启路由，“URL_ROUTE_RULES”是一个保存路由规则的关联数组，键表示路由规则，值表示路由目标（即 User 控制器下的 login 方法）。

③ 实现 Home 模块下的 User 控制器和 login 方法。

创建文件\Application\Home\Controller\UserController.class.php，具体代码如下：

```
1 <?php
2 namespace Home\Controller;
3 use Think\Controller;
4 class UserController extends Controller {
5    public function login(){
6       $this->show('这里是 User 控制器 login 方法。');
7    }
8 }
```


④ 在浏览器中访问 http://localhost/login，运行结果如图 7-3 所示。

从图 7-3 中可以看出，路由功能已经配置成功。此时，在 URL 中添加模块名也可以得到同样的效果，即 http://localhost/Home/login。

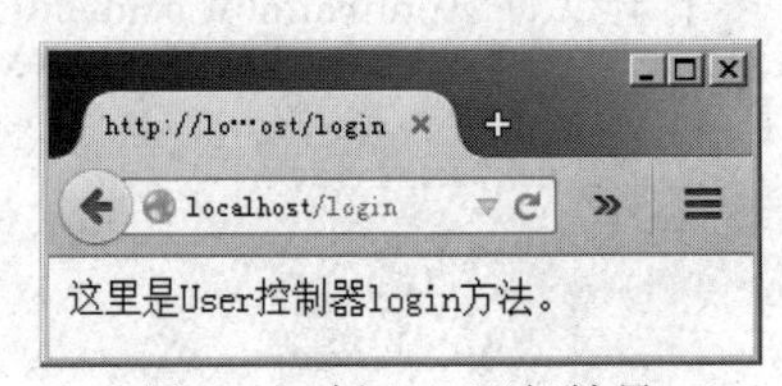

图 7-3　例 7-1 运行结果

注意：路由功能支持的 URL 模式有 PATHINFO 模式、REWRITE 模式和兼容模式，不支持普通模式。

脚下留心

在 ThinkPHP 的 URL 模式中，REWRITE 模式去掉了 URL 地址中的入口文件 index.php，但是需要额外配置 Web 服务器的重写规则才能正确访问。

Apache 服务器可以通过开启 rewrite 模块和分布式配置文件(.htaccess)的支持以实现 ThinkPHP 中的 REWRITE 模式。具体步骤如下：

① 打开 Apache 配置文件，将加载 rewrite 模块的指令取消注释：

```
LoadModule rewrite_module modules/mod_rewrite.so
```

② 修改目录权限，启用分布式配置文件：

```
<Directory "你的项目目录">
   …
     AllowOverride All
</Directory>
```

在上述代码中，AllowOverride All 表示启用分布式配置文件。

ThinkPHP 中自带的.htaccess 文件中已经写好了 URL 重写规则，通过上述配置后，就可以使用 REWRITE 模式进行访问。

7.1.2 路由规则定义

ThinkPHP 提供了完善的 URL 路由功能，通过规则定义，能够实现高度可定制的 URL 形式。接下来针对路由定义与路由规则分别进行讲解。

1. 路由定义

在 ThinkPHP 中，URL 路由规则使用 URL_ROUTE_RULES 数组进行配置，数组的每个元素都代表一个路由规则。当匹配成功时，会立即进入路由定义的控制器和操作中执行，不会继续匹配后面的规则。

路由规则的定义格式有两种基本格式。第一种格式如下：

```
'路由表达式' => '路由地址和传入参数'
```

第二种格式如下：

```
array('路由表达式','路由地址'[,'传入参数'][,'路由参数'])
```

在上述格式中，路由表达式用于匹配 URL 中的访问信息；路由地址表示路由的目标地址，支持内部地址和外部地址；传入参数表示为目标地址传入的参数，当不需要传参时可以省略；路由参数用于限制该路由规则的生效条件，例如限制 URL 后缀、限制请求类型，或者调用函数自定义检测。

接下来分别演示路由的多种使用方式，具体如下所示。

① 路由到内部地址：

```
//方式一
'login' => 'User/login?x=1&y=2',
//方式二（数组方式）
array('login','User/login','x=1&y=2'),
//方式三（结合前两种方式，并将参数放入数组）
'login' => array('User/login',array('x'=>'1','y'=>'2')),
```

上述规则表示将 login 匹配到当前模块下 User 控制器 login 方法，并传递 x、y 两个参数。（为了避免和普通 URL 模式冲突，不能传递 a、c 两个参数。）

② 路由到外部地址：

```
//方式一
'itcast' => 'http://www.itcast.cn',
//方式二
'itcast' => array('http://www.itcast.cn'),
//方式三（指定重定向代码）
'itcast' => array('http://www.itcast.cn',301),
```

上述规则表示将 itcast 匹配到一个外部地址 http://www.itcast.cn，ThinkPHP 通过“http://”判断路由地址是否为外部地址。在定义规则时还可以指定重定向代码，默认为 301 重定向。

③ 路由到本站点内的某个地址：

```
//路由到本站点下的 Public 目录
'test' => '/Public',
//路由到 Admin 模块 User 控制器 login 方法（需要 REWRITE 模式）
```

```
'test' => '/Admin/User/login',
```

上述规则表示将 test 匹配到本站点下的某个地址，当开启 REWRITE 模式时，还可以路由到其他模块中的控制器和方法。

④ 为路由规则添加限制条件：

```
//1. 以html后缀访问才能生效
'login' => array('User/login','',array('ext'=>'html')),
//2. 只有通过GET方式请求才能生效
'login' => array('User/login','',array('method'=>'GET')),
//3. 函数返回值为true时才能生效
'login' => array('User/login','',array('callback'=>function(){
    return isset($_GET['test']);
})),
```

上述规则演示了路由规则的附加条件。其中，第一条规则要求访问地址有 html 后缀才能生效，例如 http://localhost/login.html；第二条规则要求只有通过 GET 方式请求才能生效，例如通过表单 POST 访问时不会生效。第三条规则要求函数返回值为 true 时才能生效，根据函数判断，需要在地址中传递 test 参数才能生效，例如 http://localhost/login?test=123。

2. **路由规则**

为了实现 URL 的高度可定制，ThinkPHP 提供了规则路由、正则路由和静态路由三种类型的路由规则，其详细说明如表 7-1 所示。

表 7-1　ThinkPHP 的路由规则

定义方式	匹配规则	动态参数	特　点
规则路由	ThinkPHP 设计的规则表达式	支持	简单、易于理解
正则路由	正则表达式	支持	灵活性强
静态路由	直接进行 URL 映射	不支持	效率高，但是作用有限

表 7-1 列举了规则路由、正则路由和静态路由的匹配规则和特点，接下来分别讲解这三种路由的具体使用。

（1）规则路由

规则路由使用 ThinkPHP 设计的规则表达式，相比正则表达式更容易理解。规则表达式通常包含静态地址和动态地址，例如下列路由规则都使用了规则表达式：

```
//静态地址
'login' => 'User/login',
//静态地址和动态地址结合
'read/:id' => 'Blog/read',
//静态地址和动态地址结合
'read/:year/:month/:day' => 'Blog/read',
//全动态地址
':user/:blog' => 'Blog/read',
```

在上述规则表达式中，以“:”开头的参数表示动态参数，当规则匹配成功时，会自动生成一个对应的 GET 参数。例如，“:id” 参数可以使用 “$_GET['id']” 方式获取。另外，规则表达式始终以 “/” 作为参数分隔符，不受 URL_PATHINFO_DEPR 设置的影响。

当需要在路由地址中引用动态参数时，可以使用 “:1” “:2” 这样的方式。例如：

```
// :1 代表:id
'read/:id\d' => 'Blog/read?id=:1',
// :1 代表:year, :2 代表:month
'read/:year/:month' => 'Blog/read?year=:1&month=:2',
```

规则路由还支持更多的定义选项，具体如下所示：

```
//1. 数字约束
'read/:id\d' => 'Blog/read',
//2. 函数支持
'read/:id\d|md5' => 'Blog/read',
//3. 可选定义
'read/:year\d/[:month\d]' => 'Blog/read',
//4. 规则排除
'read/:cate^add-edit-delete' => 'Blog/read',
//5. 完全匹配
'read/:id$' => 'Blog/read',
```

在上述规则路由中，第一条规则限制 “:id” 为数字，否则不匹配；第二条规则不仅限制 “:id” 为数字，还会对其进行 md5 处理；第三条规则中 “:month” 定义为可选参数，即使省略该参数也会被匹配，需要注意的是，可选参数只能放在路由规则的最后，否则后面的参数都会成为可选参数；第四条规则用于在 “:cate” 参数中排除 “add” “edit” “delete” 这些值，否则不匹配；第五条规则用于完全匹配，即参数 “:id” 后面没有任何参数时匹配，否则不匹配。

（2）正则路由

正则路由使用了正则表达式定义路由，依靠强大的正则表达式，能够实现非常灵活的路由规则。使用正则表达式定义的路由规则如下所示：

```
//匹配一个动态参数
'/^read\/(\d+)$/' => 'Blog/read?id=:1',
//匹配两个动态参数
'/^read\/(\d{4})\/(\d{2})$/' => 'Blog/archive?year=:1&month=:2',
```

在上述正则路由中，正则表达式的子模式部分用于匹配动态参数，在后面地址引用时，可以使用 “:1” “:2” 这样的方式，数字表示子模式的序号。

正则路由也支持函数过滤处理，例如：

```
'/^read\/(\d{4})\/(\d{2})$/' => 'Blog/achive?year=:1|format_year&month=:2',
```

其中，“year=:1|format_year” 表示对匹配到的变量进行 format_year 函数处理（假设 format_year 是一个用户自定义函数）。

（3）静态路由

静态路由是规则路由的静态简化版，路由定义中不包含动态参数，不需要遍历路由规则，因此效率比较高。静态路由使用 URL_MAP_RULES 数组和动态路由区分开，具体使用如下所示：

```
'URL_MAP_RULES' => array(
    'login' => 'User/login'
),
```

需要注意的是，静态路由通过数组下标直接定位到目标 URL，因此只能进行完整匹配，而且路由地址只能使用字符串的形式。但是静态路由不受 URL 后缀的影响。下面列举几种 URL 的匹配情况：

```
http://localhost/login          //可以匹配
http://localhost/login.html     //可以匹配
http://localhost/login/10       //不能匹配
```

7.1.3 案例——实现规则路由

上一小节中讲解了路由的定义和规则路由、正则路由、静态路由的使用。为了使读者更好地学习路由功能，接下来通过一个案例来演示如何在 ThinkPHP 中实现规则路由，如例 7-2 所示。

【例 7-2】

① 在项目配置文件中配置 URL 模式和默认模块。

具体配置和例 7-1 相同。

② 在 Home 模块的配置文件中配置路由。

打开文件\Application\Home\Conf\config.php，具体配置如下：

```
1 <?php
2 return array(
3     //开启路由
4     'URL_ROUTER_ON' => true,
5     //配置路由规则
6     'URL_ROUTE_RULES' => array(
7         //查看指定 ID 的文章
8         'read/:id\d$' => 'Read/byId',
9         //查看指定标题的文章
10            'read/:title$' => 'Read/byTitle',
11            //查看指定日期的文章
12            'read/:year\d/:month\d$' => 'Read/byMonth',
13            'read/:year\d/:month\d/:day\d' => 'Read/byDay',
14            //只允许 POST 方式访问
15            'post/:id' => array('Read/post','',array('method'=>'POST')),
16            //网站迁移跳转
17            'news/:id' => 'http://php.itcast.cn/news/:1',
18            //文件地址跳转
19            'file/:year\d/:month\d/:file' => '/Public/uploads/:1/:2/:3.jpg',
20        ),
21    );
```

③ 实现 Home 模块下的 Read 控制器和相关方法。

创建文件\Application\Home\Controller\ReadController.class.php，具体代码如下：

```
1  <?php
2  namespace Home\Controller;
3  use Think\Controller;
4  class ReadController extends Controller {
5     public function _empty(){
6         echo '<pre>';
7         var_dump($_GET);
8         echo '<p>当前请求的是：',CONTROLLER_NAME,'控制器',ACTION_NAME,'方法
          </p>';
9         echo '</pre>';
10        }
11    public function index(){
12        echo '<form method="post" action="/post/1"><input type="submit">
          </form>';
13    }
14 }
```

④ 在浏览器中访问“http://localhost/read/数字或字符”，运行结果如图 7-4 所示。

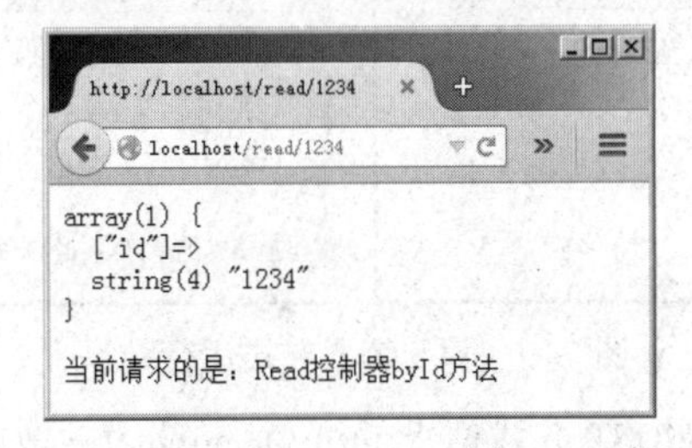

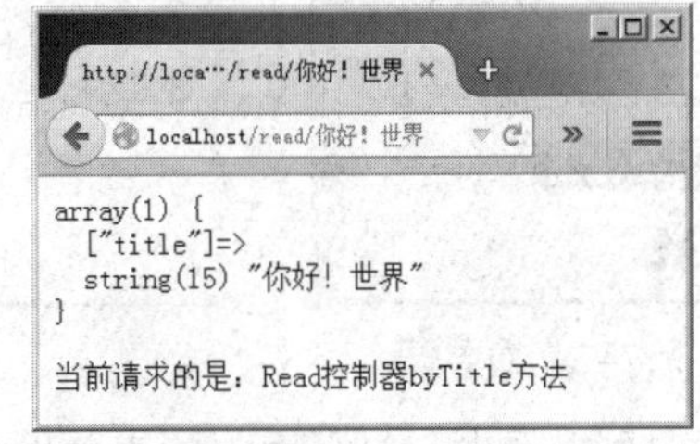

图 7-4　例 7-2 运行结果

从图 7-4 中可以看出，通过规则路由的配置，数字参数路由到 byId 方法，非数字参数路由到 byTitle 方法。由此可以实现根据参数自动判断请求目标是文章 ID 还是文章标题。

⑤ 在浏览器中访问“http://localhost/read/年月或年月日”，运行结果如图 7-5 所示。

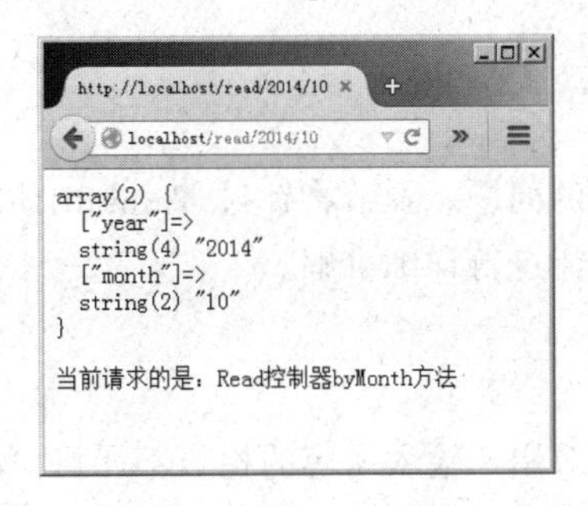

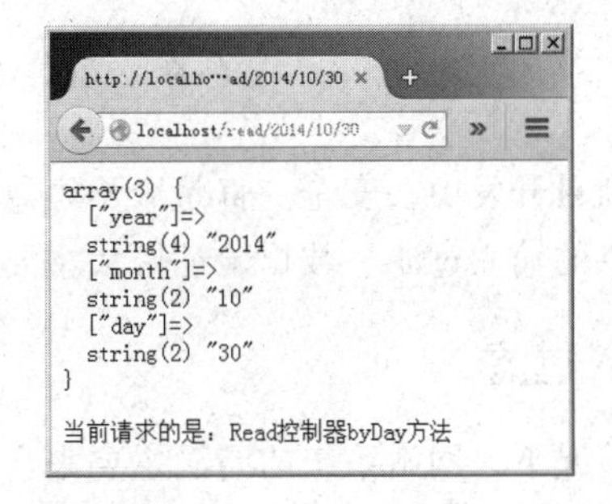

图 7-5　例 7-2 运行结果

从图 7-5 中可以看出，根据参数个数的不同，当传递两个数字参数时路由到 byMonth 方法，

当传递三个参数时路由到 byDay 方法。由此可以实现根据参数个数自动判断日期查找方式。

⑥ 在浏览器中访问 http://localhost/news/1234，运行结果如图 7-6 所示。

从图 7-6 中可以看出，当一个网站的功能迁移到另一个网站时，使用路由可以实现 URL 重定向。

⑦ 准备一张 JPEG 图片，放到路径“\Public\uploads\2014\10\test.jpg”中，然后在浏览器中访问 http://localhost/file/2014/10/test.jpg，运行结果如图 7-7 所示。

图 7-6　例 7-2 运行结果

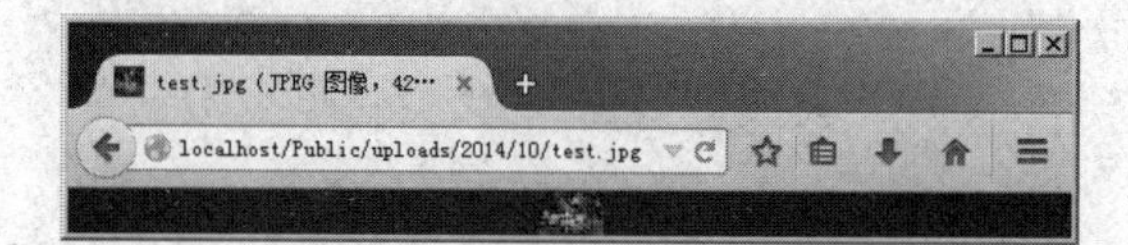

图 7-7　例 7-2 运行结果

从图 7-7 中可以看出，当网站中存放文件的目录改变时，使用路由可以实现文件路径的 URL 重定向。

⑧ 在浏览器中访问 http://localhost/post/1，运行结果如图 7-8 所示。

从图 7-8 中可以看出，路由中的相应规则只有在 POST 请求时才能匹配，由于没有任何路由规则匹配，所以提示无法加载 POST 控制器。

接下来在浏览器中访问 http://localhost/Home/Read，单击页面中的“提交查询”按钮，运行结果如图 7-9 所示。

图 7-8　例 7-2 运行结果

http://lo…st/post/1

localhost/post/1

```
array(1) {
  ["id"]=>
  string(1) "1"
}
```

当前请求的是：Read控制器byPost方法

图 7-9　以 POST 方式运行结果

从图 7-9 中可以看出。当页面中的表单以 POST 方式请求 http://localhost/post/1 时，路由中相应的规则生效了，成功路由到 byPost 方法。

至此，规则路由的案例演示完成。ThinkPHP 的路由功能非常灵活，根据项目的实际需求灵活使用即可。

7.2　数据过滤

在实际项目开发中，安全一直是个不容忽视的问题。本节将针对 ThinkPHP 在数据安全过滤方面提供的输入过滤、数据验证两大主要功能进行详细讲解。

7.2.1　输入过滤

在多数情况下，网站系统的漏洞主要来自于对用户输入内容的检查不严格，所以对输入数据的过滤势在必行。ThinkPHP 提供了 I 函数用于安全的获取用户输入的数据，并能够针对不同的应用需求设置不同的过滤函数。其语法格式如下：

```
I('变量类型.变量名',['默认值'],['过滤方法'])
```

在上述语法格式中，变量类型是指请求方式或者输入类型，具体如表 7-2 所示。变量类型不区分大小写，变量名严格区分大小写。"默认值"和"过滤方法"均为可选参数，"默认值"的默认值为空字符串，"过滤方法"的默认值为 htmlspecialchars，可通过"DEFAULT_FILTER"配置项修改。

表 7-2　I()函数的变量类型

变量类型	含义
get	获取 GET 参数
post	获取 POST 参数
param	自动判断请求类型获取 GET 或 POST 参数
request	获取$_REQUEST 参数
session	获取$_SESSION 参数
cookie	获取$_COOKIE 参数
server	获取$_SERVER 参数
globals	获取$GLOBALS 参数
path	获取 PATHINFO 模式的 URL 参数

为了使读者更好地学习 I()函数的使用，接下来演示几种 I 函数的使用示例。

① 获取 GET 变量：

```
//使用 I 函数实现
echo I('get.name');
//使用原生语法实现
echo isset($_GET['name']) ? htmlspecialchars($_GET['name']) : '';
```

在上述代码中，I()函数和原生语法都完成了同样的操作，即获取$_GET 数组中的 name 元素，并进行 HTML 实体转义处理，当 name 元素不存在时返回空字符串。

② 获取 GET 变量并指定默认值：

```
//使用 I 函数实现
echo I('get.id',0);
echo I('get.name','guest');
//使用原生语法实现
echo isset($_GET['id']) ? htmlspecialchars($_GET['id']) : 0;
echo isset($_GET['name']) ? htmlspecialchars($_GET['name']) : 'guest';
```

在上述代码中，当$_GET 数组中的 id 元素不存在时，返回 0；当$_GET 数组中的 name 元素不存在时，返回"guest"。

③ 获取 GET 变量并指定过滤参数：

```
//使用 I 函数实现
echo I('get.name','','trim');
echo I('get.name','','trim,htmlspecialchars');
//使用原生语法实现
```

```
echo isset($_GET['name']) ? trim($_GET['name']) : '';
echo isset($_GET['name']) ? htmlspecialchars(trim($_GET['name'])) : '';
```

在上述代码中，I()函数可以使用多个过滤方法，将函数名用逗号隔开即可。ThinkPHP 会按前后顺序依次调用过滤函数对变量进行处理。

④ 配置默认过滤方法：

需要在配置文件中添加配置项：

```
'DEFAULT_FILTER' => 'trim,htmlspecialchars',
```

然后调用 I()函数时即可省略过滤方法。

```
//使用 I()函数实现
echo I('get.name');
//使用原生语法实现
echo isset($_GET['name']) ? htmlspecialchars(trim($_GET['name'])) : '';
```

⑤ 不使用任何过滤方法：

```
//使用 I 函数实现
echo I('get.name','','');
echo I('get.name','',false);
//使用原生语法实现
echo isset($_GET['name']) ? $_GET['name'] : '';
```

在上述代码中，当 I()函数的过滤参数设置为空字符串或 false 时，程序将不进行任何过滤。

⑥ 获取整个$_GET 数组：

```
//使用 I 函数实现
I('get.','','trim');
//使用原生语法实现
array_map('trim',$_GET);
```

在上述代码中，使用“get.”（省略变量名）可以获取整个$_GET 数组。数组中的每个元素都会经过过滤函数的处理。

⑦ 自动判断请求类型并获取变量：

```
//使用 I 函数实现
I('param.name','','trim');
I('name','','trim');
//使用原生语法实现
if(!empty($_POST)){
    echo isset($_POST['name']) ? trim($_GET['POST']) : '';
}else if(!empty($_GET)){
    echo isset($_GET['name']) ? trim($_GET['name']) : '';
}
```

在上述代码中，“param”是 ThinkPHP 特有的自动判断当前请求类型的变量获取方式。由于 param 是 I()函数默认获取的变量类型，因此“I('param.name')”可以简写为“I('name')”。

I()函数的过滤方法还支持自定义函数，接下来通过一个案例进行演示，如例 7-3 所示。

【例 7-3】

① 在 Home 模块 Index 控制器 test 方法中使用 I()函数接收输入数据。

打开文件\Application\Home\Controller\IndexController.class.php，新增 test 方法如下：

```
1  public function test(){
2      //准备测试数据
3      $_GET['id'] = '123abc';
4      $_GET['name'] = 'name<br>name';
5      $_GET['password'] = 'pass<br>pass';
6      $_GET['data'] = '1234';
7      //接收数字类型 ID
8      $data['id'] = I('get.id',0,'intval');
9      //接收用户名
10     $data['username'] = I('get.name');
11     //接收密码（不转义）
12     $data['password'] = I('get.password','','');
13     //自定义过滤函数
14     $data['data'] = I('get.data','','filter_a,filter_b');
15     //显示结果
16     var_dump($data);
17 }
```

② 编写自定义过滤函数。在 ThinkPHP 中，公共函数可以定义到 Common 目录下的 function.php 文件中，定义后即可在程序中随意调用。

创建文件\Application\Common\Common\function.php，具体代码如下：

```
1 <?php
2 function filter_a($text){
3    return 'AA--'.$text;
4 }
5 function filter_b($text){
6    return 'BB--'.$text;
7 }
```

③ 在浏览器中访问 http://localhost/Home/Index/test，查看源代码，运行结果如图 7-10 所示。

从图 7-10 中可以看出，变量 $_GET['id'] 过滤前的值为字符串型“123abc”，过滤后为整型 123；变量 $_GET['username'] 过滤前的值为“name
name”，过滤后“
”被转义为 HTML 实体；变量 $_GET['password'] 过滤前后的值一致；变量 $_GET['data'] 过滤前的值为“1234”，经过两个自定义函数过滤后，值为“BB--AA--1234”。

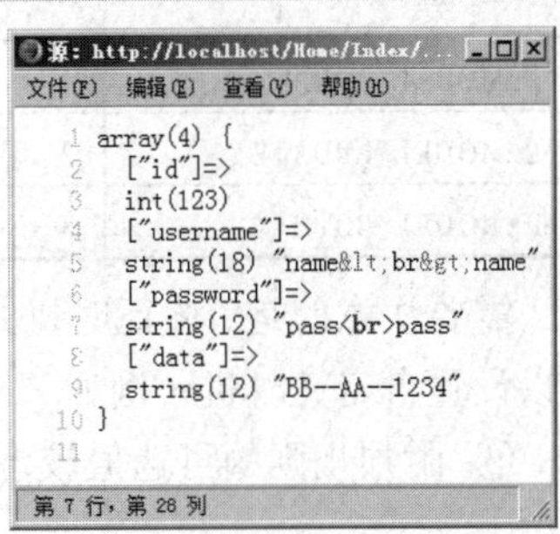

图 7-10 例 7-3 运行结果

7.2.2 数据验证

在处理表单提交的数据时，为了验证表单的合法性，往往需要编写大量的代码进行判断，造成验证的流程过于复杂并容易出错。在 ThinkPHP 中，使用 create()方法可以轻松实现表单的合法性检查。

ThinkPHP 支持在模型中为每个字段定义不同的验证规则，然后通过 create()方法在创建数据时自动验证表单数据是否合法。接下来针对 ThinkPHP 模型中的自动验证、自动完成和限制字段功能分别进行讲解。

1. 自动验证

自动验证是 ThinkPHP 模型层提供的一种数据验证方法，使用 create()方法创建数据对象时会自动进行数据验证。在模型中定义验证规则的语法格式如下：

```
protected $_validate = array(
    array(验证字段1,验证规则,错误提示,[验证条件,附加规则,验证时机]),
    array(验证字段2,验证规则,错误提示,[验证条件,附加规则,验证时机]),
    ……
);
```

在上述语法规则中，“验证字段”表示需要验证的表单字段名称（不一定是数据库字段）；“验证规则”表示验证该字段的具体规则，需要结合“附加规则”使用；“错误信息”表示验证失败时提示的信息；“验证条件”和“验证时机”用于限制验证规则的生效条件。

在定义验证规则时，验证条件、验证时机、附加规则和验证规则具有多种可选值可以使用，下面依次列举这些元素的可选值。

① 验证条件具有三种可选值，如表 7-3 所示。

表 7-3　验证条件的可选值

类 常 量	常 量 值	含　　义
self::EXISTS_VALIDATE	0	当字段存在时验证（默认）
self::MUST_VALIDATE	1	必须验证
self::VALUE_VALIDATE	2	值不为空时验证

② 验证时机具有三种可选值，如表 7-4 所示。

表 7-4　验证时机的可选值

类 常 量	常 量 值	含　　义
self::MODEL_INSERT	1	在新增数据的时候验证
self::MODEL_UPDATE	2	在更新数据的时候验证
self::MODEL_BOTH	3	在全部情况下验证（默认）

需要注意的是，验证时机并非只有表 7-4 中的三种情况，在 create()方法的第二个参数中可以设置自定义时机，例如“create(I('post.'),4)”表示只有时机为 4 的验证规则生效。

③ 附加规则的可选值较多，需要配合验证规则使用。常用的可选值如表 7-5 所示。

表 7-5　附加规则的常用可选值

附加规则	说　　明
regex	正则验证，定义的验证规则是一个正则表达式（默认）
function	函数验证，定义的验证规则是一个函数名
callback	方法验证，定义的验证规则是当前模型类的一个方法
confirm	验证表单中的两个字段是否相同，定义的验证规则是一个字段名
equal	验证是否等于某个值，该值由前面的验证规则定义
notequal	验证是否不等于某个值，同上
in	验证是否在某个范围内，定义的验证规则可以是一个数组或者逗号分割的字符串
notin	验证是否不在某个范围内，同上
length	验证长度，定义的验证规则可以是一个数字或数字范围
between	验证范围，定义的验证规则表示范围
notbetween	验证不在某个范围，同上
unique	验证是否唯一，系统根据字段目前的值查询数据库来判断是否存在相同的值

④ 当附加规则为默认的正则验证时，系统还内置了一些常用的正则验证规则，如表 7-6 所示。

表 7-6　内置正则验证规则

验证规则	说　　明
require	该字段必须存在
email	该字段符合邮箱地址格式
url	该字段符合 URL 地址格式
currency	该字段符合货币格式
number	该字段保存的是数字

为了使读者更好地学习 ThinkPHP 自动验证的使用，接下来演示自动验证的使用示例，具体如下所示。

① 在模型类中定义该模型的自动验证规则，示例代码如下：

```
namespace Home\Model;
use Think\Model;
class UserModel extends Model{
    protected $_validate = array(
        //默认情况下用正则进行验证
        array('verify','require','验证码不能为空！'),
        //在新增时验证 name 字段是否唯一
        array('name','','账号名称已经存在！',0,'unique',1),
        //当值不为空时判断是否在一个范围内
        array('value',array(1,2,3),'值的范围不正确！',2,'in'),
        //验证确认密码是否和密码一致
        array('repassword','password','确认密码不正确',0,'confirm'),
```

```
        //自定义函数验证密码格式
        array('password','checkPwd','密码格式不正确',0,'function'),
    );
}
```

② 使用create()方法创建数据对象时，会自动进行验证。示例代码如下：

```
//实例化User对象
$user = D("user");
if(!$user->create()){
    //如果创建失败，表示验证没有通过，输出错误提示信息
    die($user->getError());
}else{
    //验证通过，可以进行其他数据操作
}
```

在进行自动验证时，系统会对定义好的验证规则依次进行验证。当某一条验证规则没有通过时就会报错，通过调用getError()方法可以获取错误信息（即对应验证规则中的错误提示信息）。

③ create()方法可以自动判断当前操作是新增数据还是编辑数据（通过表单隐藏域的主键信息来确定），还可以通过参数明确指定当前的时机。示例代码如下：

```
//实例化User对象
$user = D("User");
//当前验证时机为新增数据
if(!$user->create(I('post.'),1)){
    //验证没有通过
}else{
    //验证通过
}
```

④ 系统内置的验证实际并不能满足项目的实际需求。当程序需要增加验证时机时，可以进行自定义。例如指定登录操作的时机为4，示例代码如下：

```
namespace Home\Model;
use Think\Model;
class UserModel extends Model{
    protected $_validate = array(
        //所有的时机都验证
        array('verify','require','验证码必须！'),
        //仅在登录时验证
        array('name','checkName','账号错误！',1,'function',4),
        //仅在登录时验证
        array('password','checkPwd','密码错误！',1,'function',4),
    );
}
```

在登录时，为 create()方法指定登录时机即可，示例代码如下：

```
//实例化 User 对象
$user = D("User");
//当前验证时机为登录
if(!$user->create(I('post.'),4)){
    //验证没有通过
}else{
    //验证通过
}
```

通过上述代码指定时机之后，当程序需要处理登录表单时，会自动验证符合该时机的验证规则。

2. 自动完成

自动完成是 ThinkPHP 提供的用来完成数据自动处理和过滤的方法，使用 create()方法创建数据对象时会自动完成数据处理。自动完成通常用来完成默认字段写入、字段安全过滤以及业务逻辑的自动处理等，使用方法和自动验证类似，其定义规则的语法格式如下：

```
protected $_auto array(
     array(完成字段 1,完成规则,[完成时机,附加规则]),
     array(完成字段 2,完成规则,[完成时机,附加规则]),
     ……
);
```

在上述语法规则中，“完成字段”表示需要进行处理的数据表实际字段名称；“完成规则”表示需要处理的规则，配合附加规则使用；“完成时机”和“附加规则”用于限制验证规则的生效条件。

在定义自动完成规则时，完成时机、附加规则具有多种可选值可以使用。

① 完成时机具有三种可选值，如表 7-7 所示。

表 7-7　完成时机的可选值

类 常 量	常 量 值	含　　义
self::MODEL_INSERT	1	在新增数据的时候处理（默认）
self::MODEL_UPDATE	2	在更新数据的时候处理
self::MODEL_BOTH	3	所有情况都进行处理

② 附加规则具有五种可选值，如表 7-8 所示。

表 7-8　附加规则的可选值

附 加 规 则	说　　明
function	使用函数，表示填充的内容是一个函数名
callback	回调方法，表示填充的内容是一个当前模型的方法
field	用其他字段填充，表示填充的内容是一个其他字段的值
string	字符串（默认方式）
ignore	为空则忽略

为了使读者更好地学习 ThinkPHP 自动完成的使用，接下来演示自动完成的使用示例，具体如下所示。

① 在模型类中定义该模型的自动完成规则，示例代码如下：

```
namespace Home\Model;
use Think\Model;
class UserModel extends Model{
    protected $_auto = array(
        //新增时将status字段设置为1
        array('status','1'),
        //对password字段在新增和更新时使用md5函数处理
        array('password','md5',3,'function'),
        //对name字段在新增和更新时回调getName方法
        array('name','getName',3,'callback'),
        //对update_time字段在更新时写入当前时间戳
        array('update_time','time',2,'function'),
        //对password字段更新时，如果留空则忽略
        array('password','',2,'ignore')
    );
}
```

② 使用 create 方法创建数据对象时，会自动进行处理。示例代码如下：

```
//实例化User对象
$user = D("User");
//创建数据对象
if (!$user->create()){
    //如果创建失败，表示验证没有通过，输出错误提示信息
    die($User->getError());
}else{
    //验证通过，写入新增数据
    $User->add();
}
```

在处理自动完成的操作时，同样可以使用 create()函数的第一个参数指定待处理的数据，第二个参数指定处理时机。

3. 限制字段

在 ThinkPHP 的模型层中还可以指定当新增或更新数据时允许操作的字段，当表单中的字段不在定义范围内时将直接丢弃，从而避免表单提交非法数据。其使用方法如下所示：

```
namespace Home\Model;
class UserModel extends \Think\Model{
    //新增时允许操作的字段
    protected $insertFields = array('account','password','nickname',
```

```
'email');
        //更新时允许操作的字段
        protected $updateFields = array('nickname','email');
    }
```

经过上述定义后，当新增数据时只允许写入 account、password、nickname、email 这四个字段，当更新数据时只允许更新 nickname、email 两个字段。

多学一招：表单令牌验证

在使用浏览器提交表单时，经常发生同一个表单提交多次的情况，例如用户连续多次单击“提交”按钮，或者反复刷新提交页面，造成同一个表单连续提交多次。

ThinkPHP 支持表单令牌验证功能，可以有效防止表单的重复提交。当开启表单令牌验证时，系统会在带有表单的模板文件里自动生成 name="TOKEN_NAME"的隐藏域，用于保存令牌。

接下来通过一个案例演示表单令牌的使用，如例 7-4 所示。

【例 7-4】

（1）配置行为绑定

创建文件\Application\Common\Conf\tags.php，具体代码如下：

```
1 <?php
2 return array(
3     //配置表单令牌行为绑定
4     'view_filter' => array('Behavior\TokenBuildBehavior'),
5 );
```

（2）在配置文件中开启令牌功能

打开文件\Application\Common\Conf\config.php，新增配置项如下：

```
//开启令牌验证
'TOKEN_ON' => true,
```

（3）查看表单令牌

经过配置之后，在浏览器中访问一个带有表单的模板，运行结果如图 7-11 所示。从图 7-11 中可以看出，在<head>和<form>标记中自动生成了表单令牌的隐藏域。

（4）验证表单令牌

模型类在创建数据对象的同时会自动进行表单令牌验证操作，如果没有使用 create 方法创建数据对象时，可以手动调用模型类中的 autoCheckToken 方法进行表单令牌检测。

```
1 if(IS_POST){
2    $model = M();
3    if(!$model->autoCheckToken($_POST)){
4       die('表单令牌验证失败');
5    }
6 }
```

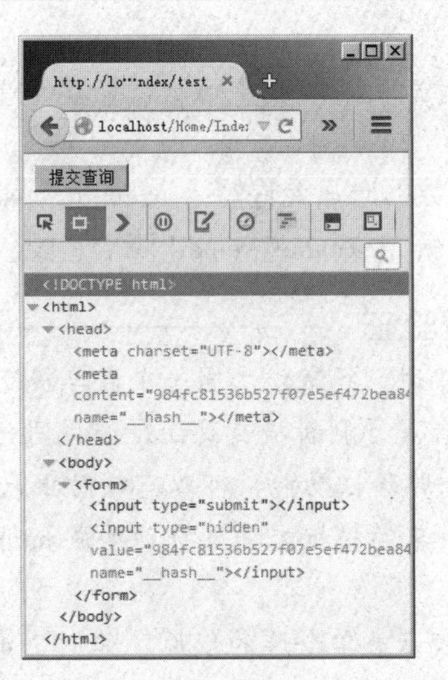

图 7-11　表单令牌

通过上述代码判断，即可验证表单令牌是否验证成功。

7.3　ThinkPHP 扩展功能

ThinkPHP 还提供了许多在项目中非常实用的扩展功能，例如文件上传、制作缩略图、分页展示、生成验证码等。这些封装好的功能可以轻松地应用到项目中，节省开发成本。本节将围绕其常用扩展功能的使用进行详细讲解。

7.3.1　案例——上传文件

上传文件是项目中最常用的功能之一，使用 ThinkPHP 内置的文件上传类可以轻松实现文件上传功能。文件上传类的代码位于“\ThinkPHP\Library\Think\Upload.class.php”，实例化后调用即可。接下来通过一个案例演示 ThinkPHP 上传文件类的具体使用，如例 7-5 所示。

【例 7-5】

① 在 Home 模块 Index 控制器 test 方法中实现文件上传功能。

打开文件\Application\Home\Controller\IndexController.class.php，编写 test 方法如下：

```
1    public function test(){
2       if(IS_POST){
3          //实例化上传类
4          $upload = new \Think\Upload();
5          //设置附件上传大小
6          $upload->maxSize = 3145728 ;
7          //设置附件上传类型
8          $upload->exts = array('jpg', 'gif', 'png', 'jpeg');
```

```
9           //设置附件上传根目录
10          $upload->rootPath = './Public/uploads/';
11          //设置附件上传（子）目录
12          $upload->savePath = '';
13          //上传文件
14          $info = $upload->upload();
15          if(!$info) {
16              //上传错误提示错误信息
17              $this->error($upload->getError());
18          }else{
19              //上传成功
20              $this->success('上传成功！');
21          }
22      }
23      $this->display();
24  }
```

在上述代码中，第 4 行实例化了文件上传类；第 5~12 行用于配置上传时的一些属性，具体可通过开发手册了解这些属性；第 14 行调用 upload()方法执行了文件上传，通过返回结果判断上传是否成功。

根据不同的编程习惯，文件上传类还支持在实例化时传入参数数组，例如下列代码所示：

```
1   $config = array(
2       'maxSize'    =>    3145728,
3       'rootPath'   =>    './Public/uploads/',
4       'savePath'   =>    '',
5       //设置上传文件的保存规则
6       'saveName'   =>    array('uniqid',''),
7       'exts'       =>    array('jpg', 'gif', 'png', 'jpeg'),
8       //自动使用子目录保存上传文件
9       'autoSub'    =>    true,
10      //子目录创建方式
11      'subName'    =>    array('date','Ymd'),
12  );
13  $upload = new \Think\Upload($config);// 实例化上传类
```

② 制作文件上传视图文件。

创建文件\Application\Home\View\Index\test.html，具体代码如下：

```
1 <!DOCTYPE html>
2 <html>
3   <head>
4     <meta charset="UTF-8">
```

```
5    </head>
6    <body>
7       <form method="post" enctype="multipart/form-data">
8       <input type="file" name="photo" />
9       <input type="submit" value="提交" />
10      </form>
11   </body>
12 </html>
```

③ 测试文件上传功能。

在浏览器中访问：http://localhost/Home/Index/test，运行结果如图 7-12 所示。

浏览文件进行上传。上传成功后，打开项目目录查看上传后的文件，如图 7-13 所示。

图 7-12　例 7-5 运行结果

图 7-13　文件上传后的结果

从图 7-13 中可以看出，文件已经成功上传到项目目录“/Public/uploads/2014-11-04/”中，文件名为“54583094c48de.jpg”。其中，“2014-11-04”和“54583094c48de”是系统自动生成的，用户可以手动配置。

7.3.2　案例——制作缩略图

为图片生成缩略图是项目中最常用的功能之一，通过 ThinkPHP 封装的图像处理类可以轻松实现缩略图的制作。图像处理类的代码位于“\ThinkPHP\Library\Think\Image.class.php”，实例化后调用即可。接下来通过一个案例演示 ThinkPHP 缩略图类的具体使用，如例 7-6 所示。

【例 7-6】

① 在 Home 模块 Index 控制器 test 方法中实现图片缩略图功能。

打开文件\Application\Home\Controller\IndexController.class.php，编写 test 方法如下：

```
1    public function test(){
2       //实例化图像处理类
3       $image = new \Think\Image();
4       //打开图片文件
5       $image->open('./1.jpg');
6       //按照原图的比例生成一个最大为 150*150 的缩略图并保存为 thumb.jpg
7       $image->thumb(150, 150)->save('./thumb.jpg');
8    }
```

上述代码中，第 3 行实例化了图像处理类，第 5 行打开了待处理的图片文件，第 7 行生成缩略图并保存到文件中。

② 程序运行后，原图和生成缩略图的效果如图 7-14 所示。

从图 7-14 中可以看出，图像处理类在生成缩略图时，会将原图等比例缩小。由于原图的宽度大于高度，因此当生成缩略图时，先将宽度缩小为 150，再按比例缩小高度，由此计算出缩小后的尺寸。

图 7-14　例 7-6 运行结果

在生成缩略图时，除了例 7-6 中生成的效果，还支持多种效果选项，如表 7-9 所示。

表 7-9　缩略图生成效果选项

类 常 量	常 量 值	效　　果
IMAGE_THUMB_SCALE	1	等比例缩放类型
IMAGE_THUMB_FILLED	2	缩放后填充类型
IMAGE_THUMB_CENTER	3	居中裁剪类型
IMAGE_THUMB_NORTHWEST	4	左上角裁剪类型
IMAGE_THUMB_SOUTHEAST	5	右下角裁剪类型
IMAGE_THUMB_FIXED	6	固定尺寸缩放类型

使用时，将常量值传入 thumb()方法的第三个参数中即可，如以下代码所示：

```
1    //3: 居中裁减类型
2    $image->thumb(150, 150, 3)->save('./thumb.jpg');
```

接下来演示上述 6 种缩略图生成后的效果对比，如图 7-15 所示。

图 7-15　各种缩略图生成效果

从图 7-15 中可以看出，ThinkPHP 的图像处理类支持多种缩略图生成效果，根据项目中的实际需求灵活运用即可。

7.3.3　案例——实现分页

数据分页是项目开发中最常用的功能之一，通过 ThinkPHP 封装的分页类可以实现多种样式的分页效果。分页类的代码位于“\ThinkPHP\Library\Think\Page.class.php”，实例化后调用即可。接下来通过一个案例演示 ThinkPHP 分页类的具体使用，如例 7-7 所示。

【例 7-7】

① 在 Home 模块 Index 控制器 test 方法中实现文件上传功能。

打开文件\Application\Home\Controller\IndexController.class.php，编写 test 方法如下：

```
1    public function test(){
2       //实例化 user 对象
3       $User = M('user');
4       //定义查询条件
5       $where = array('status'=>'1');
6       //查询满足要求的总记录数
7       $count = $User->where($where)->count();
8       //实例化分页类，传入总记录数和每页显示的记录数(5)
9       $Page = new \Think\Page($count,5);
10      //保持查询参数
11      foreach($where as $key=>$val) {
12         $Page->parameter[$key] = urlencode($val);
13      }
14      //分页显示输出
15      $show = $Page->show();
16      //进行分页数据查询，注意 limit 方法的参数要使用 Page 类的属性
17      $list = $User->where($where)->limit($Page->firstRow.','.$Page->
        listRows)->select();
18      //赋值数据集
19      $this->assign('list',$list);
20      //赋值分页输出
21      $this->assign('page',$show);
22      $this->display();
23   }
```

在上述代码中，分页链接的代码和 limit 条件都是通过分页类计算的。需要注意的是，在查询总记录数和分页数据时，where()方法中的条件需要保持一致，否则总记录数和分页的结果会出现问题。第 10~13 行代码用于保持查询参数，防止分页类生成的 URL 地址中丢失参数，根据实际需要修改即可。

根据不同的编程习惯，还可以通过分页类和 page()方法实现分页，示例代码如下：

```
1    $User = M('User');
2    $where = array('status'=>'1');
3    //进行分页数据查询，注意 page 方法的第一个参数指的是当前的页数
4    $list = $User->where($where)->page($_GET['p'].',5')->select();
5    //赋值数据集
6    $this->assign('list',$list);
7    $count = $User->where($where)->count();
```

```
8    $Page = new \Think\Page($count,5);
9    foreach($where as $key=>$val) {
10       $Page->parameter[$key] = urlencode($val);
11   }
12   $show = $Page->show();
13   // 赋值分页输出
14   $this->assign('page',$show);
15   $this->display();
```

② 准备测试数据。建表的 SQL 语句如下：

```
1    CREATE TABLE `user` (
2    `id` int(10) unsigned NOT NULL PRIMARY KEY AUTO_INCREMENT,
3    `name` varchar(100) NOT NULL,
4    `status` enum('0','1') NOT NULL DEFAULT '1'
5    ) ENGINE=InnoDB DEFAULT CHARSET=utf8;
```

在 ThinkPHP 中使用下面的代码可以循环插入 100 条测试语句：

```
1    $User = M();
2    for($i=1;$i<=100;$i++){
3       $User->execute("INSERT INTO `user` (`name`, `status`) VALUES ('
        测试$i', '1')");
4    }
```

③ 编写数据分页展示的视图文件。

打开文件\Application\Home\View\Index\test.html，具体代码如下：

```
1 <!DOCTYPE html>
2 <html>
3 <head>
4    <meta charset="UTF-8">
5    <style>
6       body{width:400px;text-align:center;}
7       table{width:200px;border-collapse: collapse;margin:0 auto;}
8       .pagelist{margin:5px;}
9       .pagelist .num{margin:5px;}
10      </style>
11   </head>
12   <body>
13      <table border="1">
14      <tr><td>id</td><td>name</td></tr>
15      <?php foreach($list as $row): ?>
16      <tr><td><?php echo $row['id'] ?></td><td><?php echo $row['name']
        ?></td></tr>
```

```
17      <?php endForeach; ?>
18      </table>
19      <div class="pagelist">
20      <?php echo $page; ?>
21      </div>
22   </body>
23   </html>
```

在上述代码中，第 15 行循环遍历出$list 数组中的数据，第 20 行将分页链接$page 变量放入<div class="pagelist">元素中以控制分页链接的 CSS 样式。

④ 测试分页输出结果。在浏览器中访问，运行结果如图 7-16 所示。

从图 7-16 中可以看出，分页类已经生成了链接样式。

⑤ 当需要自定义分页的生成样式时，可以在调用分页的 show()方法前，通过 setConfig()方法定义需要演示样式。示例代码如下：

```
1    …
2    $Page->lastSuffix = false;
3    $Page->setConfig('header','共%TOTAL_PAGE%页，当前是第%NOW_PAGE%页<br>');
4    $Page->setConfig('first','首页');
5    $Page->setConfig('last','尾页');
6    $Page->setConfig('prev','上一页');
7    $Page->setConfig('next','下一页');
8    $Page->setConfig('theme','%HEADER% %FIRST% %UP_PAGE% %DOWN_PAGE%
     %END%');
9    //分页显示输出
10   $show = $Page->show();
11   …
```

经过上述修改后，在浏览器中访问，运行结果如图 7-17 所示。

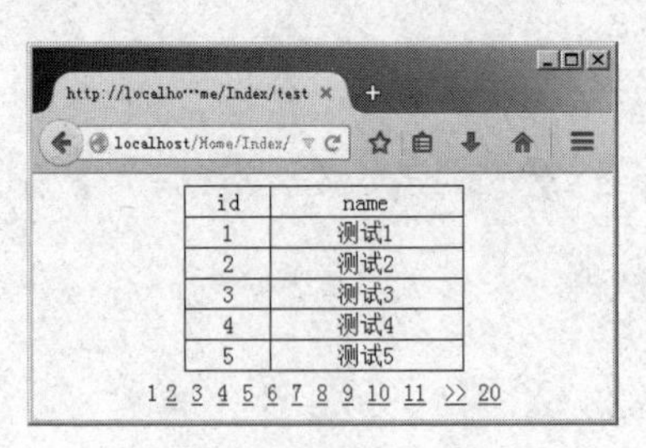

图 7-16　例 7-7 运行结果

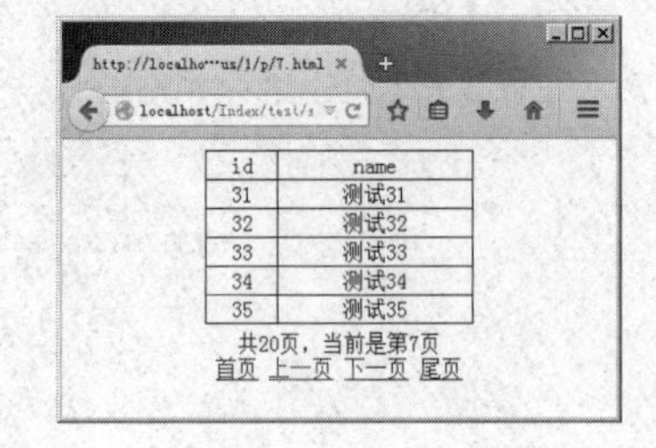

图 7-17　例 7-7 修改后运行结果

从图 7-17 中可以看出，分页样式自定义成功完成。

7.3.4　案例——生成验证码

验证码是项目开发中最常用的功能之一，通过 ThinkPHP 封装的验证码类可以轻松地为项目添加验证码功能。验证码类的代码位于“\ThinkPHP\Library\Think\Verify.class.php”，实例化后调用即可。接下来通过一个案例演示 ThinkPHP 验证码类的具体使用，如例 7-8 所示。

【例 7-8】

① 实现生成验证码的方法。

打开文件\Application\Home\Controller\IndexController.class.php，新增方法如下：

```
1    public function captcha(){
2        //实例化验证码类
3        $Verify = new \Think\Verify();
4        //生成验证码
5        $Verify->entry();
6    }
```

通过上述代码即可生成验证码图像。在浏览器中访问，运行结果如图 7-18 所示。

图 7-18　例 7-8 运行结果

从图 7-18 中可以看出，验证码图像已经生成。通过刷新，每次显示的结果都是不同的。

当验证码生成后，会在 SESSION 中保存当前生成的验证码信息，其包含的数据有：

```
1    array('verify_code'=>'当前验证码的值','verify_time'=>'验证码生成的时间戳')
```

② 在表单中显示验证码，并实现验证码的检测。

打开文件\Application\Home\Controller\IndexController.class.php，编写 test 方法如下：

```
1    public function test(){
2        if(IS_POST){
3            $code = I('post.captcha');
4            $verify = new \Think\Verify();
5            if($verify->check($code)){
6                //验证码正确
7                echo '验证码输入正确';
8            }else{
9                //验证码错误
10               echo '验证码输入错误';
11           }
12       }
13       $this->display();
14   }
```

打开文件\Application\Home\View\Index\test.html，具体代码如下：

```
1 <!DOCTYPE html>
2 <html>
3 <head>
4   <meta charset="UTF-8">
```

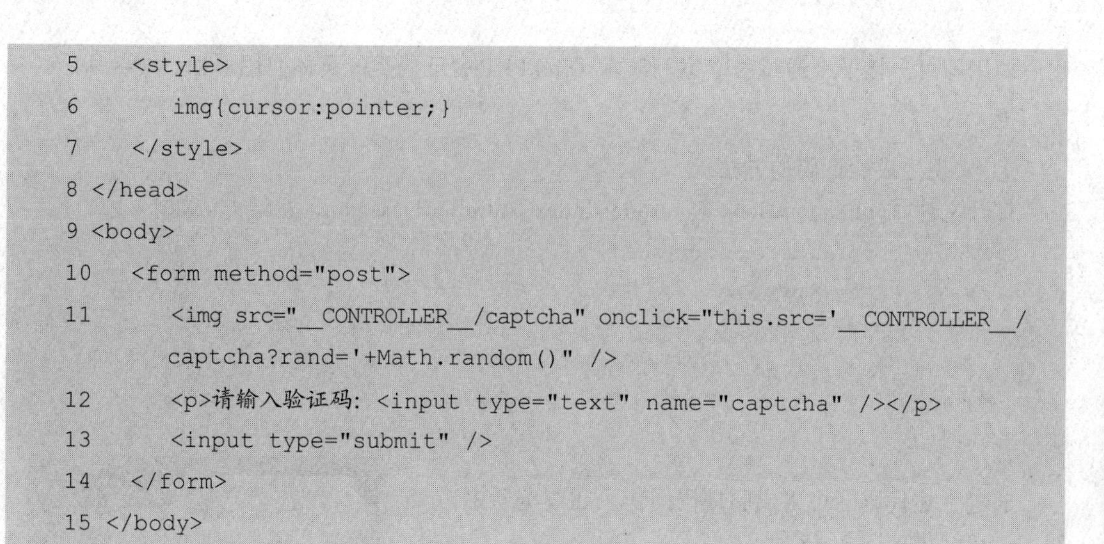

```
5     <style>
6        img{cursor:pointer;}
7     </style>
8 </head>
9 <body>
10    <form method="post">
11       <img src="__CONTROLLER__/captcha" onclick="this.src='__CONTROLLER__/
      captcha?rand='+Math.random()" />
12       <p>请输入验证码: <input type="text" name="captcha" /></p>
13       <input type="submit" />
14    </form>
15 </body>
16 </html>
```

在上述代码中，第 11 行通过<img>标记显示了验证码图片，并实现了单击图片时更新验证码功能，同时在图片地址中添加了随机数以解决浏览器的缓存问题。

③ 在浏览器中测试验证码功能，运行结果如图 7-19 所示。

图 7-19　例 7-8 运行结果

从图 7-19 中可以看出，一个带有验证码的表单已经实现，当输入验证码单击“提交查询”按钮后，程序会提示验证码是否输入正确。

④ 验证码生成效果定制。

ThinkPHP 验证码类支持生成效果的定制，其具体生成参数如表 7-10 所示。

表 7-10　验证码生成参数

参　数	说　明
expire	使用函数，表示填充的内容是一个函数名
useImgBg	回调方法，表示填充的内容是一个当前模型的方法
fontSize	用其他字段填充，表示填充的内容是一个其他字段的值
useCurve	是否使用混淆曲线，默认为 true
useNoise	是否添加杂点，默认为 true
imageW	验证码宽度，设置为 0 时自动计算
imageH	验证码高度，设置为 0 时自动计算
length	验证码位数
fontttf	指定验证码字体，默认为随机获取
useZh	是否使用中文验证码
bg	验证码背景颜色，RGB 数组设置，例如 array(243, 251, 254)
seKey	验证码的加密密钥
codeSet	验证码字符集合
zhSet	验证码字符集合（中文）

表 7-10 列举了验证码类中的一些生成参数，根据实际需求灵活运用即可。

接下来演示一种验证码定制的方式，示例代码如下所示：

```
1   public function captcha(){
2      $config = array(
3         'fontSize' => 30,        //验证码字体大小
4         'length' => 3,           //验证码位数
5         'useNoise' => false,     //关闭验证码杂点
6      );
7      $Verify = new \Think\Verify($config);
8      $Verify->entry();
9   }
```

根据不同的编程习惯，也可以使用动态设置的方式实现：

```
1   public function captcha(){
2      $Verify = new \Think\Verify();
3      $Verify->fontSize = 30;
4      $Verify->length = 3;
5      $Verify->useNoise = false;
6      $Verify->entry();
7   }
```

在浏览器中访问，运行效果如图 7-20 所示。

从图 7-20 中可以看出，验证码的定制效果已经实现。

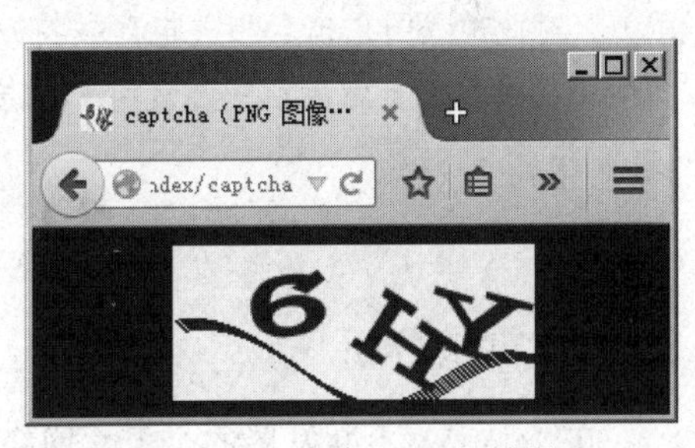

图 7-20　例 7-8 运行结果

本 章 小 结

本章首先介绍了 ThinkPHP 的路由功能，然后讲解了数据过滤，包括输入过滤和数据验证，最后讲解了 ThinkPHP 扩展功能。通过本章的学习读者应该能够掌握 ThinkPHP 的进阶使用，可以在项目中灵活运用 ThinkPHP 的进阶功能。

思 考 题

Session 会话是网站中的一个非常重要的功能，传统方式下 Session 是以文件形式存储的，当网站用户量较大时可能会造成性能下降，而将 Session 存入数据库中可以提升项目中 Session 操作的执行效率。请尝试在 ThinkPHP 中实现将 Session 转储到数据库。

说明：思考题参考答案可从中国铁道出版社有限公司网站（http://www.tdpress.com/51eds/）下载。

第8章 电子商务网站项目实战（上）

学习目标

- 掌握电子商务网站的需求分析，学会数据库的设计
- 熟练使用ThinkPHP框架进行项目布局
- 掌握项目中商品分类与属性管理的具体实现
- 掌握商品列表，商品添加、修改、删除操作的具体实现

随着近年来互联网的不断发展，电子商务已关系到经济结构、产业升级和国家整体经济竞争力。对此，我国已出台相关电商扶持政策，积极地推进电子商务的发展。其中，利用电子商务网站购物更是在日常生活中随处可见。接下来本章将针对电子商务网站的开发进行详细的讲解。

8.1 项目分析

8.1.1 需求分析

在Internet不断发展的今天，网络使世界变得越来越小，信息传播得越来越快，内容越来越丰富，而电子商务的出现更是实现了人们对时尚和个性的追求，可以不受时间和空间的限制，随时随地在网上进行交易，同时减少了商品流通的中间环节，节省了大量的开支，从而也大大降低了商品流通和交易的成本。

通过实际情况的调查，要求电子商务网站——传智商城（以下简称商城）具有以下功能：

- 界面设计美观大方、方便、快捷、操作灵活，能够树立企业形象。
- 要求实现后台管理员登录的验证及退出功能。
- 商城能够对商品及其属性进行分类管理。
- 商品可以进行添加、修改及放入回收站操作。
- 对加入回收站的商品执行还原及删除操作。
- 要求能够对商城的会员注册信息进行管理。

8.1.2 系统分析

1. 开发环境

根据用户的需求和实际的考察与分析，确定商城的开发环境，具体如下：

① 服务器：从稳定性、广泛性及安全性方面综合考虑，采用市场主流的Web服务器软件——Apache服务器。

② 数据库：采用最受欢迎的开源SQL数据库管理系统和被誉为PHP黄金搭档的MySQL

数据库服务器。

③ 开发框架：选用具有快速、兼容、开源、简单易学等特点的轻量级国产 PHP 开发框架——ThinkPHP。

2. 功能结构

商城分为前台模块和后台模块。下面分别给出前、后台的功能结构图，具体分别如图 8-1 和图 8-2 所示。

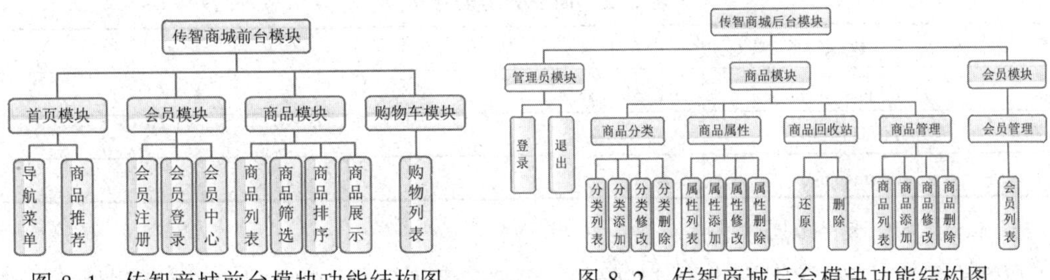

图 8-1　传智商城前台模块功能结构图

图 8-2　传智商城后台模块功能结构图

3. 目录结构

为了方便以后的开发工作、规范项目整体架构，在开发之前，创建好相关的功能目录。由于本商城采用 ThinkPHP 框架，所以目录较多，下面介绍本商城的目录结构（到三级目录），具体如表 8-1 所示。

表 8-1　传智商城目录结构

文件路径	文件描述
\index.php	入口文件
\.htaccess	分布式配置文件
\Application\Admin\Conf\	后台配置目录
\Application\Admin\Controller\	后台控制器目录
\Application\Admin\Model\	后台模型目录
\Application\Admin\View\	后台视图目录
\Application\Common\Common\	应用公共函数目录
\Application\Common\Conf\	应用公共配置文件目录
\Application\Home\Conf\	前台配置目录
\Application\Home\Controller\	前台控制器目录
\Application\Home\Model\	前台模型目录
\Application\Home\View\	前台视图目录
\Application\Runtime\Cache\	模板缓存目录
\Application\Runtime\Data\	数据目录
\Application\Runtime\Logs\	日志目录
\Application\Runtime\Temp\	缓存目录
\ThinkPHP\	框架核心目录
\Public\	公共文件目录（包含 css、image、js 文件）
\Public\uploads	上传文件目录

8.1.3 数据库设计

好的数据库设计对项目功能的实现起着至关重要的作用，所以根据以上的需求分析及系统分析，创建一个名为 itcast_shop 的数据库，其中需要为传智商城设计的数据表具体如下所示。

1. itcast_category（商品分类表）

商品分类表用于添加商品的类别，可以设定多个子类别，其结构如表 8-2 所示。

表 8-2 商品分类表结构

字 段 名	数 据 类 型	描 述
cid	int unsigned	主键 ID，自动增长
cname	varchar(20)	商品分类名称
pid	int unsigned	父类 ID

2. itcast_attribute（属性表）

属性表用于对某个商品分类的具体描述，例如，手机分类具有品牌、颜色等属性，其结构如表 8-3 所示。

表 8-3 属性表结构

字 段 名	数 据 类 型	描 述
aid	int unsigned	主键 ID，自动增长
aname	varchar(20)	属性名称
a_def_val	varchar(255)	属性默认值
cid	int unsigned	分类 ID

3. itcast_goods（商品表）

商品表是用于存储商品的相关信息表，其结构如表 8-4 所示。

表 8-4 商品表结构

字 段 名	数 据 类 型	描 述
gid	int unsigned	主键 ID，自动增长
gname	varchar(30)	商品名称
price	int unsigned	商品价格
thumb	varchar(255)	商品上传图片
status	enum('no', 'yes')	是否上下架，上架为 yes，否则为 no
description	text	商品描述
stock	int unsigned	商品库存
identifier	varchar(10)	商品编号
recycle	enum('no', 'yes')	是否放入回收站，放入回收站为 yes，否则为 no
cid	int unsigned	商品分类 ID
is_best	enum('no', 'yes')	是否热销，热销为 yes，否则为 no

4. itcast_goods_attr（商品属性表）

商品属性表主要用于存储某个商品分类下的商品所具有的相关属性，其结构如表 8-5 所示。

表 8-5 商品属性表结构

字段名	数据类型	描述
gaid	int unsigned	主键 ID，自动增长
gid	int unsigned	商品 ID
aid	int unsigned	属性 ID
avalue	varchar(255)	商品属性值

5. itcast_member（会员信息表）

会员信息表主要用于管理传智商城会员注册的相关信息，其结构具体如表 8-6 所示。

表 8-6 会员信息表结构

字段名	数据类型	描述
mid	int unsigned	主键 ID，自动增长
user	varchar(20)	会员名称
phone	char(11)	联系电话
email	varchar(30)	电子邮件地址
pwd	char(32)	会员登录密码
salt	char(6)	加密 salt
reg_time	timestamp	会员注册时间
consignee	varchar(20)	收件人
address	varchar(255)	收货地址

6. itcast_shopcart（购物车表）

购物车表主要用于管理会员添加到购物车中的商品信息，其结构具体如表 8-7 所示。

表 8-7 购物车表结构

字段名	数据类型	描述
scid	int unsigned	主键 ID，自动增长
mid	int unsigned	购买者 ID 即会员 ID
addTime	timestamp	加入购物车时间
gid	int unsigned	购买商品 ID
num	tinyint(3)	购买商品数量

8.2 开发前准备

项目分析完成后，进入到项目开发阶段。首先在具体功能模块开发之前，按照如下步骤对项目进行基本的配置和页面样式布局工作。

① 将开发框架 ThinkPHP 3.2.2 完整版放入项目根目录中，并通过 http://localhost 进行访问。

② 将 jQuery 框架（使用 1.11.1 生产版本）引入到项目“\Public\js\jquery.min.js”路径中。

③ 准备项目的 HTML 模板、CSS 样式文件和相关图片。读者可通过登录博学谷网站获取这些文件。

④ 准备项目的配置文件。

打开文件\Application\Common\Conf\config.php，具体代码如下：

```
1  <?php
2  return array(
3      //数据库配置
4      'DB_TYPE' => 'mysql',             //数据库类型
5      'DB_HOST' => 'localhost',         //服务器地址
6      'DB_NAME' => 'itcast_shop',       //数据库名
7      'DB_USER' => 'root',              //用户名
8      'DB_PWD' => '123456',             //密码
9      'DB_PORT' => '3306',              //端口
10     'DB_PREFIX' => 'itcast_',         //数据库表前缀
11     'DB_CHARSET' => 'utf8',           //数据库编码
12     //开启追踪调试
13     'SHOW_PAGE_TRACE'=>true,
14     //启用模板布局
15     'LAYOUT_ON' => true,
16     'LAYOUT_NAME' => 'layout',
17     //配置 URL 模式为 REWRITE
18     'URL_MODEL'=>2,
19     //定义允许访问的模块列表
20     'MODULE_ALLOW_LIST' => array('Home','Admin'),
21 );
```

⑤ 创建项目函数库文件，用于定义公共函数。

创建文件\Application\Common\Common\function.php，该文件内定义的函数可以在项目中直接使用。

⑥ 创建公共控制器，用于定义公共方法和检查用户登录。

创建前台公共控制器\Application\Home\Controller\CommonController.class.php，具体代码如下：

```
1 <?php
2 namespace Home\Controller;
3 use Think\Controller;
4 class CommonController extends Controller {
5 }
```

创建后，其他控制器直接继承公共控制器即可。例如 Index 控制器，修改代码如下：

```
1 <?php
2 namespace Home\Controller;
3 class IndexController extends CommonController {  //继承公共控制器
4    …
5 }
```

创建后台公共控制器\Application\Admin\Controller\CommonController.class.php，具体代码如下：

```
1 <?php
2 namespace Admin\Controller; //不同平台控制器命名空间不同
3 use Think\Controller;
4 class CommonController extends Controller {
5 }
```

⑦ 在前台和后台的公共控制器中定义 create()方法，用于简化模型操作。具体代码如下：

```
1     /**
2      * 公共数据创建方法
3      * @param string $tablename 表名
4      * @param string $func 操作方法
5      * @param int $type 验证时机
6      * @param string/array $where 查询条件
7      * @return mixed 操作结果
8      */
9     protected function create($tablename,$func,$type=1,$where=array()){
10        $Model = D($tablename);
11        if(!$Model->create(I('post.'),$type)){
12           $this->error($Model->getError());
13        }
14        return $Model->where($where)->$func();
15    }
```

上述代码定义了公共数据创建方法，该方法用于实例化模型并调用。其中，$tablename 表示将要传入 D( )方法的表名，$func 表示在模型对象中调用的方法，例如 add()、save()。$type 表示执行时机，用于传入模型的 create()方法，$where 表示执行$func 函数前进行的 where()条件查询。

例如，当在控制器中为 goods 表添加数据时，使用下面的一行代码即可完成：

```
1    $this->create('goods', 'add');
```

当需要在控制器中修改 goods 表中 id 为 5 的元素时，可以使用下面的代码完成：

```
1    $this->create('goods', 'save', 2, 'id=5');
```

⑧ 准备前台和后台的 layout 布局页面。

前台布局文件：\Application\Home\View\layout.html。

后台布局文件：\Application\Admin\View\layout.html。

读者可根据 HTML 模板完成制作，将布局页面中需要变化的位置上添加“{__CONTENT__}”即可。另外，当有特殊页面不需要布局时，可以在该页面的开始位置添加“{__NOLAYOUT__}”。

8.3 后台管理员模块开发

后台管理员是对商城后台商品以及会员用户进行管理的人员，出于安全方面考虑，在其登录商城后台时需要进行登录验证，接下来对后台管理员模块进行开发的具体实现步骤

如例 8-1 所示。

【例 8-1】

① 在后台模块的配置文件中添加管理员的账号信息。

打开文件\Application\Admin\Conf\config.php，具体代码如下：

```
1 <?php
2 return array(
3     'USER_CONFIG' => array(
4         'admin_name' => 'admin',    //管理员用户名
5         'admin_pwd' => "123456",    //管理员密码
6     ),
7 );
```

在上述代码中，管理员的用户名、密码保存到 USER_CONFIG 中。而 USER_CONFIG 用于保存在 ThinkPHP 框架中的用户自定义配置，在获取时可以使用 C 方法获取，例如 C('USER_CONFIG.admin_name')表示获取 USER_CONFIG 中的 admin_name 元素。

② 在后台模块的公共控制器中，实现在后台的每个控制器实例化时检查用户是否登录。

打开文件\Application\Admin\Controller\CommonController.class.php，具体代码如下：

```
1  <?php
2  namespace Admin\Controller;
3  use Think\Controller;
4  //后台公共控制器
5  class CommonController extends Controller {
6      //构造方法
7      public function __construct(){
8      parent::__construct();
9      //登录检查
10     $this->checkUser();
11     }
12     //检查登录
13     private function checkUser(){
14         if(!session('?admin_name')){
15             $this->error('请登录',U('Login/index'));
16         }
17     }
18 }
```

上述代码在控制器实例化时调用 checkUser()方法判断用户是否登录，其中第 14 行的 session()方法是 ThinkPHP 提供的 SESSION 操作方法，表示判断名称为 admin_name 的 SESSION 值是否已经设置。当用户没有登录时，跳转到 Login 控制器 index 方法。

③ 创建 Login 控制器，实现用户登录退出和验证码功能。

创建文件\Application\Admin\Controller\LoginController.class.php，具体代码如下：

```
1 <?php
2 namespace Admin\Controller;
3 use Think\Controller;
4 //后台用户登录控制器
5 class LoginController extends Controller {
6    //后台登录页
7    public function index(){
8       if (IS_POST){
9          //检查验证码
10         $rst = $this->checkVerify(I('post.verify'));
11         if($rst===false){
12            $this->error('验证码错误');
13         }
14         //检查用户名密码
15         if(I('post.admin_name')==C('USER_CONFIG.admin_name') &&
           I('post.admin_pwd')==C('USER_CONFIG.admin_pwd')){
16            session('admin_name',C('USER_CONFIG.admin_name'));
17            $this->success('登录成功，请稍等', U('Index/index'));
18         }else{
19            $this->error('登录失败，用户名或密码错误');
20         }
21         return;
22      }
23      $this->display();
24   }
25   //生成验证码
26   public function getVerify(){
27      $verify = new \Think\Verify();
28      return $verify->entry();
29   }
30   //检查验证码
31   private function checkVerify($code, $id='') {
32      $verify = new \Think\Verify();
33      return $verify->check($code,$id);
34   }
35   //退出系统
36   public function logout(){
37      session('[destroy]');
```

```
38       $this->success('退出成功',U('Login/index'));
39    }
40 }
```

上述代码在控制器实例化时用于实现用户登录与退出、验证码生成与验证的功能。当登录成功时，跳转到当前模块下的 Index 控制器 index 方法。

④ 在后台模块 Index 控制器 index 方法中显示后台首页。

创建文件\Application\Admin\Controller\IndexController.class.php，具体代码如下：

```
1 <?php
2 namespace Admin\Controller;
3 //后台控制器
4 class IndexController extends CommonController {
5    //后台首页
6    public function index() {
7       $this->display();
8    }
9 }
```


在上述代码中，Index 控制器继承了 Common 控制器，当 Index 控制器实例化时会自动调用 Common 控制器的构造方法，从而进行登录验证。

⑤ 创建后台登录页面。

创建文件\Application\Admin\View\Index\index.html，具体代码如下：

```
1 <div class="title">后台首页</div>
2 <div class="data-list clear">欢迎进入传智商城后台！请从左侧选择一个操作。</div>
```

⑥ 在浏览器中访问后台首页（http://localhost/Admin），若管理员未登录，则跳转到登录页面。运行结果如图 8-3 所示。

在图 8-3 中，输入用户名、密码和验证码后进入后台首页，运行结果如图 8-4 所示。

图 8-3　后台登录界面

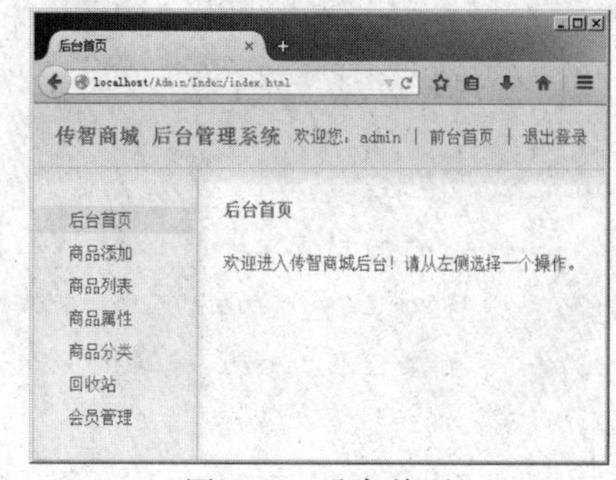

图 8-4　后台首页

从图 8-4 中可以看出，后台管理员模块和后台首页已经开发完成。

8.4 后台商品模块开发

商品模块是传智商城后台模块中最重要的一部分，本节将针对商品分类、商品属性、商品添加、商品列表以及商品回收站五大功能进行详细讲解。

8.4.1 商品分类

在主流购物网站的首页，通常会有一个商品分类菜单，提供快捷筛选商品的功能。下面就商品分类的具体实现进行详细讲解，如例 8-2 所示。

【例 8-2】

① 创建分类控制器，实现分类的查看、添加、修改和删除。

创建文件\Application\Admin\Controller\CategoryController.class.php，具体代码如下：

```
1 <?php
2 namespace Admin\Controller;
3 //商品分类控制器
4 class CategoryController extends CommonController {
5     //分类列表
6     public function index() {
7         //获得数据
8         $data['data'] = M('category')->select();
9         //视图
10        $this->assign($data);
11        $this->display();
12    }
13    //添加分类
14    public function add(){
15        //处理表单
16        if(IS_POST){
17            $rst = $this->create('category','add');
18            if($rst===false){
19                $this->error('添加分类失败');
20            }
21            $this->success('添加分类成功','index');
22            return;
23        }
24        //视图
25        $data['category'] = D('category')->getList(); //获得分类列表
26        $this->assign($data);
27        $this->display();
28    }
```

```
29    //AJAX-添加分类
30    public function addAjax(){
31       if(IS_POST){
32          $rst = $this->create('category','add');;
33          $this->ajaxReturn($rst);
34       }
35    }
36    //修改分类
37    public function revise(){
38       //获得请求参数
39       $cid = I('get.cid',0,'int');
40       //处理表单
41       if(IS_POST){
42          //不允许将当前分类及其子孙分类作为父分类
43          $ids = D('category')->getSubIds($cid);
44          $pid = I('post.pid',0,'int');
45          if(in_array($pid,$ids)){
46             $this->error('不允许将当前分类及其子孙分类作为父分类');
47          }
48          //保存分类数据
49          $rst = $this->create('category','save',2,"cid=$cid");
50          if($rst===false){
51             $this->error('修改分类失败');
52          }
53          $this->success('修改分类成功',U('index'));
54          return;
55       }
56       $data['cate']=M('category')->where("cid=$cid")->find();
57       //获取所有分类
58       $data['category']=D('category')->getList();
59       //视图
60       $this->assign($data);
61       $this->display();
62    }
63    //AJAX-删除分类
64    public function remove(){
65       $cid = I('get.cid',0,'int');
66       $Category = M('category');
67       //判断是否为最底级分类
68       if($Category->where("pid=$cid")->limit(1)->getField('cid')){
```

```
69          $this->ajaxReturn(array('flag'=>false,'msg'=>'只允许删除最底层分类'));
70        }
71        //删除分类
72        $rst = $Category->where("cid=$cid")->delete();
73        //删除关联属性
74        M('attribute')->where("cid=$cid")->delete();
75        //删除关联商品（在商品回收站小节中讲解）
76        //返回结果
77        $this->ajaxReturn(array('flag'=>true));
78      }
79    }
```

在上述代码中，实现了分类添加、修改、删除和显示列表的功能，其中 addAjax()和 remove()方法用于 Ajax 实现分类的添加与删除，而$this->ajaxReturn()是 ThinkPHP 封装的 Ajax 返回数据的方法，返回值为 JSON 数据格式。

② 编写分类模型，实现数据的自动验证和分类嵌套深度的计算。

在商品分类中由于业务需求可能有多层，例如电脑类商品下，可能会有笔记本、台式机、组装机等分类；而笔记本分类下可能还有超极本、上网本、游戏本等分类。因此在实现商品分类时需要计算深度用以表示分类的层级关系。

创建文件\Application\Admin\Model\CategoryModel.class.php，具体代码如下：

```
1 <?php
2 namespace Admin\Model;
3 use Think\Model;
4 class CategoryModel extends Model {
5    protected $insertFields = 'cname,pid';
6    protected $updateFields = 'cname,pid';
7    protected $_validate = array(
8       array('cname','require','分类名不能为空'),
9       array('pid','require','父级分类不能为空'),
10   );
11   /**
12    * 获得分类列表
13    */
14   public function getList(){
15      $data = $this->select();
16      $data==null && $data = array();
17      $data = $this->tree($data);
18      return $data;
19   }
20   /**
```

```
21          * 递归计算分类深度
22          */
23         private function tree(&$list, $p_id = 0, $deep = 0) {
24            //保存按顺序查找到的分类
25            static $result = array();
26            //按照 p_id 查找
27            foreach ($list as $row) {
28               if ($row['pid'] == $p_id) {
29                  $row['deep'] = $deep;
30                  $result[] = $row;
31                  $this->tree($list, $row['cid'], $deep + 1);
32               }
33            }
34            return $result;
35         }
36         //获取指定分类下的所有子孙分类，包括自己
37         public function getSubIds($pid){
38            $data = $this->select();
39            $data = $this->tree($data,$pid);
40            $list = array();
41            foreach($data as $row){
42               $list[] = $row['cid'];
43            }
44            $list[] = $pid;
45            return $list;
46         }
47      }
```

在上述代码中，第 5~6 行用于过滤字段；第 7~10 行用于自动验证；使用 getList()方法获取带有分类深度的分类列表，其中，在此方法中调用 tree()方法，返回通过递归方式计算的分类深度。

③ 编写商品分类页面视图，输出带有嵌套关系的分类列表。

创建文件\Application\Admin\View\Category\index.html，具体代码如下：

```
1 <div class="title">商品分类列表</div>
2 <div class="title-btn left"><a href="__CONTROLLER__/add">添加分类</a></div>
3 <div class="data-tree clear">
4    <?php function getdiv(&$list, $p_id=0){ ?>
5    <foreach name="list" item="v">
6       <eq name="v.pid" value="$p_id">
7          <div>{$v.cname} <a href="#" onclick="add_line(this,{$v.cid})"
           >添加</a> <a href="__CONTROLLER__/revise/cid/{$v.cid}">修改</a>
```

```
        <a href="#" onclick="del(this,{$v.cid})">删除</a>
8          {~getdiv($list, $v['cid'])}
9       </div>
10    </eq>
11  </foreach>
12  <?php }getdiv($data);?>
13 </div>
14 <script>
15  $(".data-tree").on("click","#new_div :button",function(){
16     var cname = $("#new_cname").val();
17     var pid = $("#new_pid").val();
18     var div = $(this);
19     $.post("__CONTROLLER__/addAjax",{cname: cname, pid: pid},function
       (msg){
20        if (msg === false) {alert('添加失败');return false;}
21        var html = "<div>" + cname;
22        html += ' <a href="#" onclick="add_line(this,'+msg+')">添
          加</a> ';
23        html += '<a href="__CONTROLLER__/revise/cid/'+msg+'")">修
          改</a> ';
24        html += '<a href="#" onclick="del(this,'+msg+')">删除</a>
          </div>';
25        div.parent().parent().append(html);
26        div.parent().remove();
27      },'json');
28  });
29  function add_line(obj, id){
30     var html = '<div id="new_div">子分类: <input type="text" id=
       "new_cname" />';
31     html += '<input type="button" value="提交" />';
32     html += '<input type="hidden" value="'+id+'" id="new_pid"
       /></div>';
33     if($("#new_div").val()===undefined){
34        $(obj).parent().append(html);
35        $("#new_cname").focus();
36     }else{
37        $("#new_div").remove();
38     }
39    }
40    function del(obj, id) {
```

```
41      $.get("__CONTROLLER__/remove", {cid: id}, function (msg) {
42         if(msg.flag === true) {
43            $(obj).parent().remove();
44         }else{
45            alert(msg.msg);
46         }
47      }, "json");
48   }
49 </script>
```

该视图页面主要拥有三大功能，一是显示现有分类，并以父子级关系展现；二是通过 js 事件快速完成分类的添加、删除操作；三是提供分类修改连接，方便修改分类。这里为读者重点分析其中的第二个功能，也就是借助 js 实现的分类添加和删除操作。

当单击“添加”链接时，会调用 js 代码中的 add_line 方法，也就是代码中的第 29~39 行。该方法将在被单击的分类层中创建一个子分类层，用以输入子分类信息。当单击子分类的“提交”按钮时，会调用上述代码中的第 15~28 行。其作用是将子分类表单的数据通过 ajax 请求 Category 控制器的 addAjax 方法。addAjax 方法会执行数据插入操作并返回执行结果。插入成功则会将插入的分类直接显示在被创建的位置，失败则提示“添加失败”。

“删除”链接则是通过调用 js 代码的 del 方法，通过 ajax 请求 Category 控制器的 remove 方法。remove 方法会根据传入的 id 参数删除相应的分类数据。

“<eq></eq>”与“<foreach></foreach>”类似，都是 ThinkPHP 的标签语法。“<eq name='' value=''>”的作用是判断其中的 name 和 value 的值是否相同，相同则执行标签内包含的代码。

④ 编写分类添加页面，在添加时可以选择上级分类。

创建文件\Application\Admin\View\Category\add.html，具体代码如下：

```
1 <div class="title">商品分类添加</div>
2 <div class="data-edit clear">
3    <form method="post">
4    <table>
5       <tr><th>分类名称: </th><td><input type="text" name="cname" /></td>
        </tr>
6       <tr><th>上级分类: </th><td><select name="pid">
7          <option value="0">顶级分类</option>
8          <foreach name="category" item="v"> <option value="{$v.cid}">
           {:str_repeat('--',$v['deep']).$v['cname']} </option>
9          </foreach>
10         </select></td></tr>
11         <tr class="tr_btn center">
12            <td colspan="2"><input type="submit" value="确定" /><input
              type="reset" value="重置" /></td>
13         </tr>
14      </form>
15   </div>
```

上述代码中，第 8 行的{:str_repeat('--',$v['deep']).$v['cname']}是使用 ThinkPHP 模板语法调用 str_repeat 方法，具体使用方式请参考官方手册。

⑤ 编写分类修改页面，显示已经保存的数据。

创建文件\Application\Admin\View\Category\revise.html，具体代码如下：

```
1 <div class="title">商品分类修改</div>
2 <div class="data-edit clear">
3     <form method="post">
4     <input type="hidden" value="{$cate.cid}" name="cid" />
5     <table>
6     <tr><td>分类名</td><td>父级分类</td></tr>
7     <tr><td><input type="text" value="{$cate.cname}" name="cname" /></td>
8         <td><select name="pid">
9             <option value="0">顶级分类</option>
10                <foreach name="category" item="v"><neq name="v.cid" value=
                   "$cate.cid">
11                    <option value="{$v.cid}" <eq name="v.cid" value="$cate.
                      pid">selected</eq> >{:str_repeat('--',$v['deep']).$v
                      ['cname']}</option>
12                </neq></foreach>
13            </select></td>
14        </tr>
15        <tr class="tr_btn center">
16            <td colspan="2"><input type="submit" value="确定修改" /><input
              type="reset" value="重置" /></td>
17        </tr>
18        </table>
19        </form>
20    </div>
```

⑥ 在后台首页左侧功能菜单中选择“商品分类”，在右侧窗格设置分类的具体内容，运行结果如图 8-5 所示。

当添加完成分类后，在分类列表页面就可以看到已经添加的分类，具体效果如图 8-6 所示。

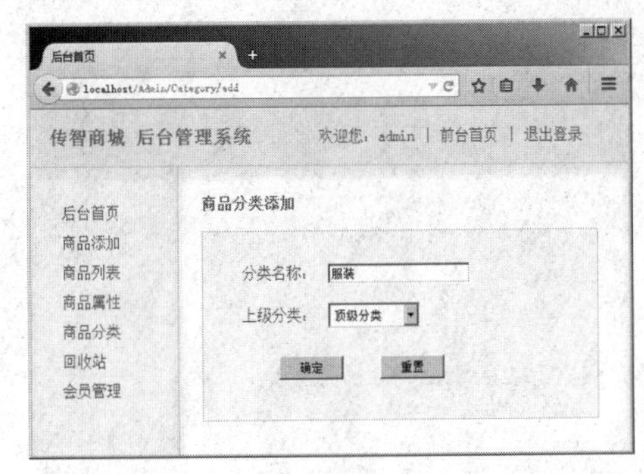

图 8-5 商品分类添加

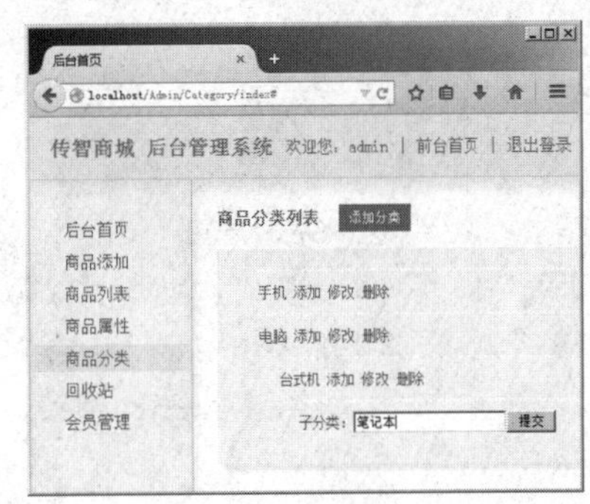

图 8-6 分类添加效果图

在图 8-6 中，商品分类列表页面可以实现 Ajax 无刷新添加和删除分类，当单击分类名称后面的“添加”链接时，在该分类的内部会添加一个子分类的输入框，当提交后新的分类将显示在该位置上。

8.4.2 商品属性

每个商品分类都有其共同的属性，正如手机都有颜色、品牌及系统等共同的特点，为了描述分类的这些特点就需要商品属性对其进行管理，具体实现如例 8-3 所示。

【例 8-3】

① 编写属性控制器，实现属性的查看、添加、删除和修改。

创建文件\Application\Admin\Controller\AttributeController.class.php，具体代码如下：

```
1 <?php
2 namespace Admin\Controller;
3 //属性控制器
4 class AttributeController extends CommonController {
5    //属性列表
6    public function index() {
7       //获得请求参数
8       $cid = I('get.cid',0,'int');
9       //获得分类列表
10      $data['category'] = D('category')->getList();
11      //默认选中第一个分类
12      if($cid==0 && isset($data['category'][0]['cid'])){
13         $cid = $data['category'][0]['cid'];
14      }
15      //获得属性信息
16      $data['attr'] = M('attribute')->where("cid=$cid")->select();
17      //视图
18      $data['cid'] = $cid;
19      $this->assign($data);
20      $this->display();
21   }
22   //添加分类属性
23   public function add(){
24      //接收请求参数
25      $cid = I('get.cid',0,'int');
26      if($cid<=0){
27         $this->error('请先添加分类',U('Category/add'));
28      }
29      //处理表单
```

```
30        if(IS_POST){
31            $rst = $this->create('attribute','add',1);
32            if($rst===false){
33                $this->error('添加失败');
34            }
35            $this->success('添加成功',U('index'));
36            return;
37        }
38        $data['cid'] = $cid;
39        $this->assign($data);
40        $this->display();
41    }
42    //更新分类属性
43    public function revise(){
44        $aid = I('get.aid',0,'int');
45        if(IS_POST){
46            $rst = $this->create('attribute','save',2,"aid=$aid");
47            if($rst===false){
48                $this->error('修改失败');
49            }
50            $cid = I('get.cid',0,'int');
51            $this->success('修改成功',U('index',"cid=$cid"));
52            return;
53        }
54        $data = M('attribute')->where("aid=$aid")->find();
55        $this->assign($data);
56        $this->display();
57    }
58    //删除分类属性
59    public function del(){
60        $aid = I('get.aid',0,'int');
61        M('attribute')->where("aid=$aid")->delete();
62        //删除商品属性表中的关联属性值
63        M('goodsAttr')->where("aid=$aid")->delete();
64        //成功跳转
65        $cid = I('get.cid',0,'int');
66        $this->success('删除成功',U('index',"cid=$cid"));
67    }
68 }
```

在上述代码中，index 方法通过获取 get 方式传递的分类 id，再根据这个分类 id 得到对应的属性列表数据。add 方法同样通过分类 id，确定当前添加的属性属于哪一个分类。revise 方法则是通过属性 id，获取当前要更新的属性数据，并输出到表单页面中，随后进行更改再以 post 方式提交。del 方法则更为简单，通过属性 id 直接删除这条属性信息，同时删除商品属性表中所有与其对应的数据。

值得一提的是，为方便商品属性添加，属性默认值内容存在多个时，每个值统一使用英文逗号“,”分隔。例如颜色属性，属性默认值就可以写为“红色,黄色,蓝色,金色”。方便在商品添加及修改时，以下拉菜单形式出现。

后期进行前台商品筛选功能开发时，同样可以通过遍历属性默认值获得筛选条件，具体实现会在第 9 章进行详细讲解。

② 编写属性模型，实现属性表的字段过滤、自动验证以及取出属性数据。

创建文件\Application\Admin\Model\AttributeModel.class.php，具体代码如下：

```
1 <?php
2 namespace Admin\Model;
3 use Think\Model;
4 class AttributeModel extends Model {
5    protected $insertFields = 'cid,aname,a_def_val';
6    protected $updateFields = 'aname,a_def_val';
7    protected $_validate = array(
8       array('aname','require','属性名不能为空'),
9       array('cid','require','父级分类不能为空',0,'regex',1),
10   );
11   //取出属性数据
12   public function getData($where){
13      $data = $this->field('aid,aname,a_def_val')->where($where)->
        select();
14      if($data==null){
15         return false;
16      }
17      //整理数据
18      valToArr($data,'a_def_val');
19      return $data;
20   }
21 }
```

在上述代码中，第 5~6 行用于过滤字段，第 7~10 行用于自动验证，并且返回在 getData() 方法中调用方法 valToArr()处理后的属性数据。

③ 在公共函数目录中定义一个函数，用于实现属性值的逗号分割功能。

创建文件\Application\ Common \Common\function.php，具体代码如下：

```
1 <?php
```

```
2 /**
3  * 属性值转换数组
4  * @param mixed &$data 属性数组
5  * @param string $field 待分割字段名
6  * @param bool $empty 是否包含文本框属性
7  */
8 function valToArr(&$data,$field,$empty=false){
9    foreach($data as $k=>$v){
10      $data[$k][$field] = explode(',',$v[$field]);
11      if($empty && count($data[$k][$field])==1){
12         unset($data[$k]);
13      }
14   }
15 }
```

在上述代码中，遍历属性数组，同时使用 explode()函数将带有英文逗号的字符串属性值进行分割，其中读者需要注意的是，属性数组为引用传参。

④ 编写属性列表视图文件。

创建文件\Application\Admin\View\Attribute\index.html，具体代码如下：

```
1 <div class="title">商品属性列表</div>
2 <div class="title-btn left"><a href="__CONTROLLER__/add/cid/{$cid}">
  添加属性</a></div>
3 <div class="data-list clear">请选择商品分类:
4    <select name="cid">
5       <option value="-1">未选择</option>
6       <foreach name="category" item="v">
7          <option value="{$v.cid}" <eq name="v.cid" value="$cid">selected</
         eq> >{:str_repeat('--',$v['deep']).$v['cname']} </option>
8       </foreach>
9    </select>
10   <table border="1">
11      <tr><th>属性名</th><th>属性默认值</th><th width="120">操作</th></tr>
12      <foreach name="attr" item="v">
13         <tr><td>{$v.aname}</td><td>{$v.a_def_val}</td><td class="
         center"><a href="__CONTROLLER__/revise/aid/{$v.aid}/cid/
         {$v.cid}">修改</a> <a href="__CONTROLLER__/del/aid/{$v.aid}/
         cid/{$v.cid}">删除</a></td></tr>
14      </foreach>
15   </table>
16 </div>
```

```
17 <script>
18   $("select").change(function(){
19      window.location.href = "__ACTION__/cid/" + $(this).val();
20   });
21   $(function(){
22      $("tr:odd").addClass("odd");
23   });
24 </script>
```

⑤ 编写属性添加视图文件。

创建文件\Application\Admin\View\Attribute\add.html，具体代码如下：

```
1 <div class="title">属性添加页面</div>
2 <div class="data-edit clear">
3    <form method="post">
4    <input type="hidden" value="{$cid}" name="cid" />
5    <table>
6       <tr><td>属性名</td><td>属性默认值</td></tr>
7       <tr>
8          <td><input type="text" name="aname" /></td>
9          <td><input type="text" name="a_def_val" /></td>
10         </tr>
11         <tr class="tr_btn center">
12            <td colspan="2"><input type="submit" value="确定" /><input
              type="reset" value="重置" /></td>
13         </tr>
14      </table>
15      </form>
16   </div>
```

⑥ 编写属性修改视图文件。

创建文件\Application\Admin\View\Attribute\revise.html，具体代码如下：

```
1 <div class="title">属性修改页面</div>
2 <div class="data-edit clear">
3    <form method="post">
4    <table>
5       <tr><td>属性名</td><td>属性默认值</td></tr>
6       <tr>
7          <td><input type="text" name="aname" value="{$aname}" /></td>
8          <td><input type="text" name="a_def_val" value="{$a_def_val}"
         /></td>
9       </tr>
```

```
10        <tr class="tr_btn center">
11            <td colspan="2"><input type="submit" value="确定" />
12            <input type="reset" value="重置" /></td>
13        </tr>
14    </table>
15    </form>
16 </div>
```

在浏览器中访问商品属性功能，运行结果如图 8-7 所示。

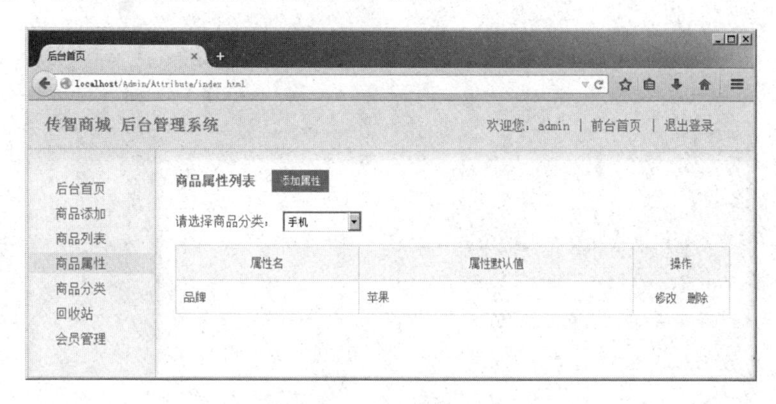

图 8-7　商品属性列表

读者需要注意的是，在“添加属性”时，默认选择商品分类第一项，添加属性时就为该分类添加属性。当分类不存在时，会提示用户并跳转到商品分类添加页面。

8.4.3 商品添加

由于不同商品具有的属性也不相同，所以在添加商品时，选择其所属分类后，才能显示出此类商品所具有的属性，具体实现如例 8-4 所示。

【例 8-4】

① 编写商品控制器，实现商品表的商品添加功能。

创建文件\Application\Admin\Controller\GoodsController.class.php，具体代码如下：

```
1 <?php
2 namespace Admin\Controller;
3 //商品控制器
4 class GoodsController extends CommonController {
5    //添加商品-显示页面
6    public function add() {
7        //获得请求参数
8        $cid = I('get.cid',0,'int');
9        //未选择分类
10       if($cid==0){
11           $this->addNew();
```

```
12          return;
13       }
14       //处理表单
15       if (IS_POST) {
16          $this->addAction($cid);
17          return;
18       }
19       //取得分类名
20       $data['cname'] = M('category')->where("cid=$cid")->getField
         ('cname');
21       //获取指定 cid 下的属性
22       $data['attr'] = D('attribute')->getData("cid=$cid");
23       //cid
24       $data['cid'] = $cid;
25       //视图
26       $this->assign($data);
27       $this->display();
28    }
29    //添加商品-选择分类
30    private function addNew(){
31       //取得分类数据
32       $data['category'] = D('category')->getList();
33       //视图
34       $this->assign($data);
35       $this->display('new');
36    }
37
38    //添加商品-处理表单
39    private function addAction($cid){
40       //添加商品
41       $gid = $this->create('goods','add');
42       if($gid===false){
43          $this->error("添加商品失败");
44       }
45       //保存属性数据;
46       $data = I('post.attr');
47       if($data!=''){
48          $rst = D('goodsAttr')->addData($data,$gid);
49          if($rst===false){
```

```
50              $this->error("添加属性失败");
51          }
52      }
53      //保存上传文件
54      if(!empty($_FILES['thumb']['name'])){
55          $rst = D('goods')->uploadThumb($gid);
56          if($rst!==true){
57              $this->error($rst);
58          }
59      }
60      $this->success('保存成功',U('index',"cid=$cid"));
61  }
62 }
```

上述代码定义了 add()、addNew()和 addAction()三个方法，其中 add()方法用于显示添加商品的页面，在显示时需要接收分类 id，表示即将添加的商品属于哪个分类。当分类 id 不存在时，调用 addNew()方法提示用户选择分类。

② 编写商品模型，实现商品表的字段过滤、自动验证以及文件上传等功能。

创建文件\Application\Admin\Model\GoodsModel.class.php，具体代码如下：

```
1 <?php
2 namespace Admin\Model;
3 use Think\Model;
4 class GoodsModel extends Model {
5     protected $insertFields = 'cid,gname,price,description,stock,identifier,
      status,is_best';
6     protected $updateFields = 'cid,gname,price,description,stock,identifier,
      status,is_best,recycle';
7     protected $_validate = array(
8         array('cid','require','未选择分类'),
9         array('gname','require','商品名不能为空'),
10        array('price','require','商品价格不能为空'),
11        array('description','require','商品描述不能为空'),
12        array('stock','require','商品库存量不能为空'),
13        array('identifier','require','商品编号不能为空'),
14        array('status','require','是否上架不能为空'),
15        array('identifier','0,10','编号位数不合法（最多 10 位）',0,'length'),
16        //实际项目需要更多的验证规则，读者可以自行实现
17    );
18    /**
19     * 上传文件
```

```
20     * @param $gid int 商品ID
21     * @return string 错误信息(成功返回true)
22     */
23    public function uploadThumb($gid){
24       //准备上传目录
25       $file['temp'] = './Public/uploads/temp/';
26       file_exists($file['temp']) or mkdir($file['temp'],0777,true);
27       //上传文件
28       $Upload = new \Think\Upload(array(
29          'exts' => array('jpg'),
30          'rootPath' => $file['temp'],
31          'autoSub' => false,
32       ));
33       $rst = $Upload->upload();
34       if($rst===false){
35          return $Upload->getError();
36       }
37       //生成文件信息
38       $file['name'] = $rst['thumb']['savename'];
39       $file['save'] = date('Y-m/d/')
40       $file['path1'] = './Public/uploads/'.$file['save'];
41       $file['path2'] = './Public/uploads/thumb/'.$file['save'];
42       //创建保存目录
43       file_exists($file['path1']) or mkdir($file['path1'],0777,true);
44       file_exists($file['path2']) or mkdir($file['path2'],0777,true);
45       //生成缩略图
46       $Image = new \Think\Image();
47       $Image->open($file['temp'].$file['name']);
48       $Image->thumb(350,300,2)->save($file['path1'].$file['name']);
         //大图
49       $Image->thumb(176,120,2)->save($file['path2'].$file['name']);
         //小图
50       //删除临时文件
51       unlink($file['temp'].$file['name']);
52       //删除原来的图片文件
53       $this->delImage($gid);
54       //保存缩略图
55       $this->where("gid=$gid")->save(array(
56          'thumb'=> $file['save'].$file['name'],
```

```
57        ));
58        return true;
59    }
60    /**
61     * 删除商品关联图片文件
62     * @param type $gid
63     * @param type $file
64     */
65    private function delImage($gid=0,$file=''){
66        $path = './Public/uploads/';
67        if($file==''){
68            $file = $this->where("gid=$gid")->getField('thumb');
69        }
70        if($file && strlen(trim($file))>4){
71            //删除文件（空目录仍然存在，需要用其他办法清理空目录）
72            unlink($path.$file);
73            unlink($path.'thumb/'.$file);
74        }
75    }
76 }
```

从上述代码可知，商品模型中实现了商品添加字段过滤、自动验证、处理上传图片和删除商品关联图片文件的功能。

其中使用ThinkPHP提供的文件上传类Upload和图像处理类Image对上传图片进行处理，值得一提的是，考虑到上传的图片会很多，因此将图片按照上传时间保存到不同的目录中，以便管理。另外，这里会根据上传图片生成两张图片分别保存，一张为缩略图在商品列表页展示，另一张为商品图片在商品详情页展示。

③ 编写商品属性模型，实现商品属性表的添加功能。

创建文件\Application\Admin\Model\GoodsAttrModel.class.php，具体代码如下：

```
1 <?php
2 namespace Admin\Model;
3 use Think\Model;
4 class GoodsAttrModel extends Model{
5     //添加数据
6     public function addData($data,$gid){
7         //整理数组
8         $data = $this->getAttrArr($data,$gid);
9         //批量添加
10        return $this->addAll($data);
11    }
```

```
12   //获得商品属性信息
13   public function getData($cid,$gid){
14       //拼接完整表名
15       $goodsAttr = C('DB_PREFIX').'goods_attr';
16       $attr =  C('DB_PREFIX').'attribute';
17       //执行 SQL 查询
18       $sql = "select ga.gaid,a.aid,ga.avalue,a.aname,a.a_def_val
19       from $attr as a left join (select gaid,gid,aid,avalue from
20       $goodsAttr where gid=$gid) as ga on ga.aid=a.aid  where a.cid=$cid";
21       $data = $this->query($sql);
22       valToArr($data,'a_def_val');
23       return $data;
24   }
25   //整理数组，将 attr[aid]=>value 转为 []=>array(aid,avalue,gid)
26   private function getAttrArr($data,$gid){
27       $new_data = array();
28       foreach($data as $k=>$v){
29           $new_data[] = array(
30               'aid' => $k,
31                   'avalue' => $v,
32                   'gid' => $gid,
33               );
34           }
35           return $new_data;
36       }
37   }
```

从上述代码可知，在添加商品的同时将该商品 id、属性 id、以及属性值添加到商品属性表中。

其中最为重要的部分就是第 18~20 行的 SQL 语句，该语句涉及联表查询和子查询，作用是从属性表以及商品属性表中将指定商品 id 的商品信息查询出来。

④ 编写商品添加前选择分类的视图文件。

创建文件\Application\Admin\View\Goods\new.html，具体代码如下：

```
1 <div class="title">商品添加 - 请选择分类</div>
2 <div class="data-list clear">请选择商品分类:
3    <select name="cid" onchange="getGoodsByCid(this)">
4       <option value="0">未选择</option>
5       <foreach name="category" item="v">
6       <option value="{$v.cid}" >
7          {:str_repeat('--',$v['deep']).$v['cname']}
```

```
8         </option>
9         </foreach>
10    </select>
11 </div>
12 <script>
13     function getGoodsByCid(obj) {
14         window.location.href = "__ACTION__/cid/" + $(obj).val();
15     }
16 </script>
```

从上述代码可知，当添加商品时未选择商品分类，会跳转到此页面，选择相应的商品分类后自动跳转到商品添加页面，并显示该分类下的所有属性。

⑤ 编写商品添加页面的视图文件。

创建文件\Application\Admin\View\Goods\add.html，具体代码如下：

```
1 <div class="title">商品添加 - {$cname}</div>
2 <div class="data-edit clear">
3     <form method="post" enctype="multipart/form-data">
4     <input type="hidden" value="{$cid}" name="cid" />
5     <table>
6         <tr><th>商品名: </th><td><input type="text" name="gname" /></td></tr>
7         <tr><th>商品编号: </th><td><input type="text" name="identifier" />
          </td></tr>
8         <tr><th>商品价格: </th><td><input type="text" name="price" /></td>
          </tr>
9         <tr><th>商品库存: </th><td><input type="text" name="stock"/></td>
          </tr>
10        <tr><th>商品图片: </th><td><input type="file" name="thumb" />
          </td></tr>
11        <tr><th>是否上架: </th><td><select name="status"><option value=
          "yes">是</option><option value="no">否</option></select></td>
          </tr>
12        <tr><th>首页推荐: </th><td><select name="is_best"><option value=
          "no">否</option><option value="yes">是</option></select></td>
          </tr>
13        <tr><th>商品描述: </th><td><textarea name="description"></textarea>
          </td></tr>
14        <foreach name="attr" item="v">
15            <tr><th>{$v.aname}: </th><td><present name="v.a_def_val.1">
16                <select name="attr[{$v.aid}]">
17                    <option value="0">未选择</option>
```

```
18                <foreach name="v.a_def_val" item="vv">
19                   <option value="{$vv}">{$vv}</option>
20                </foreach>
21             </select>
22          <else/>
23             <input type="text" name="attr[{$v.aid}]" value="{$v.a_def
               _val.0}" />
24          </present></td></tr>
25       </foreach>
26       <tr class="tr_btn center">
27          <td colspan="2"><input type="submit" value="确定" /><input
            type="reset" value="重置" /></td>
28       </tr>
29    </table>
30    </form>
31 </div>
```

从上述代码可知，14~25 行用于获取商品分类下的所有属性，其中通过判断的方式，决定分类属性值是以文本框还是以下拉列表的方式显示。

⑥ 在浏览器中访问商品添加功能，首先看到选择分类页面，如图 8-8 所示。

选择分类后，进入商品添加页面，如图 8-9 所示。

从图 8-9 中可知，手机分类下只有品牌属性，且品牌属性的默认值只有一个“苹果”，若品牌有两个及以上的值（用英文下的逗号分割），则此处为下拉列表形式。

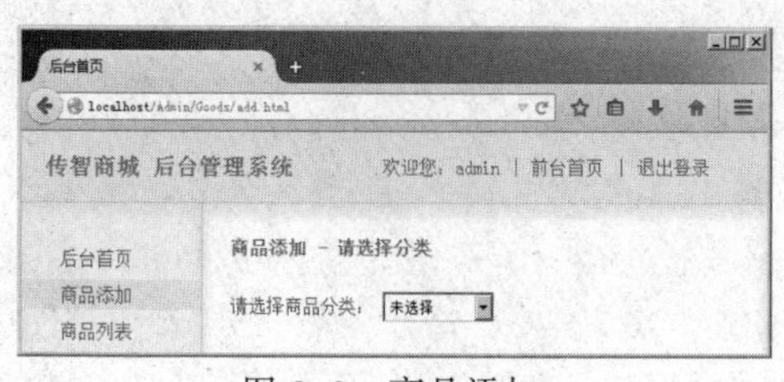

图 8-8　商品添加

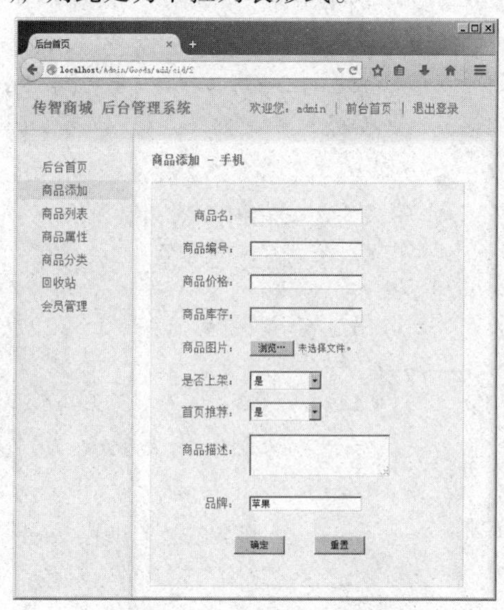

图 8-9　手机分类商品添加

8.4.4　商品列表

传智商城管理员在后台添加完商品后，可查看全部分类下的商品，也可查看某一分类下的全部商品，并可对现有商品进行修改及删除操作，具体实现如下所示：

1. 展示商品列表

【例 8-5】

① 在商品控制器中新增显示商品列表的方法。

打开文件\Application\Admin\Controller\GoodsController.class.php，新增代码如下：

```
1    //商品列表
2    public function index() {
3        //获得请求参数
4        $data['cid'] = I('get.cid',0,'int');
5        //获得分类列表
6        $data['category'] = D('category')->getList();
7        //获得商品列表
8        $data['goods'] = D('goods')->getList(
9            //待查询字段
10           'gid,cid,identifier,status,gname,is_best',
11           //查询条件
12           array('recycle'=>'no','cid'=>$data['cid']),'gid desc'
13       );
14       //视图
15       $this->assign($data);
16       $this->display();
17   }
```

在上述代码中，第 12 行用于指定查询条件，即查询不属于回收站的指定分类下的商品，按 gid 降序排列。

② 在商品模型中增加分页获取商品列表的方法。

打开文件\Application\Admin\Model\GoodsModel.class.php，新增方法如下：

```
1    /**
2     * 获得商品列表
3     * @param array $field 查询字段
4     * @param array $where 查询条件
5     * @param array $order 排序条件
6     * @return array 数据
7     */
8    public function getList($field,$where,$order){
9        //准备查询条件
10       if($where['cid']<=0){
11           unset($where['cid']);
12       }
```

```
13      //查询数据
14      $count = $this->where($where)->count();
15      $Page = new \Think\Page($count,5);
16      $limit = $Page->firstRow.','.$Page->listRows;
17      //取得数据
18      $data['page'] = $Page->show();
19      $data['list'] = $this->field($field)->where($where)->order
        ($order)->limit($limit)->select();
20      return $data;
21  }
```

在上述代码中，15~16 行表示每页显示 5 条商品信息，当商品信息大于 5 条时，该商品列表进行分页显示。

③ 编写商品列表页面视图。

创建文件\Application\Admin\View\Goods\index.html，具体代码如下：


```
1 <div class="title">商品列表</div>
2 <div class="title-btn left"><a href="__CONTROLLER__/add/cid/{$cid}">
  添加商品</a></div>
3 <div class="data-list clear">请选择商品分类:
4    <select name="cid">
5       <option value="0">全部</option>
6       <foreach name="category" item="v">
7          <option value="{$v.cid}" <eq name="v.cid" value="$cid">selected
           </eq> > {:str_repeat('--',$v['deep']).$v['cname']}</option>
8       </foreach>
9    </select>
10   <table border="1">
11      <tr><th width="80">商品编号</th><th>商品名</th><th width="80">
        上架</th><th width="80">推荐</th><th width="120">操作</th></tr>
12      <foreach name="goods.list" item="v">
13      <tr><td>{$v.identifier}</td>
14         <td>{$v.gname}</td>
15         <td class="center"> <a href="__CONTROLLER__/change/status/
           {$v.status}/gid/{$v.gid}/cid/{$cid}"> <eq name="v.status"
           value="yes">是<else/>否</eq></a></td>
16         <td class="center"><a href="__CONTROLLER__/change/is_best/
           {$v.is_best}/gid/{$v.gid}/cid/{$cid}"> <eq name="v.is_best"
           value="yes">是<else/>否</eq></a></td>
17         <td class="center"><a href="__CONTROLLER__/revise/gid/{$v.gid}
           /cid/{$cid}">修改</a> <a href="__CONTROLLER__/del/gid/{$v.
```

```
        gid}/cid/{$cid}">删除</a></td></tr>
18      </foreach>
19    </table>
20    <div class="pagelist">{$goods.page}</div>
21 </div>
22 <script>
23    $("select").change(function(){
24       window.location.href = "__ACTION__/cid/" + $(this).val();
25    });
26    $(function(){
27       $("tr:odd").addClass("odd");
28    });
29 </script>
```

在上述代码中，22~29 行用于当商品分类改变时，动态获取该分类下的所有商品，否则，默认显示全部商品。

④ 在浏览器中访问商品列表页面。运行结果如图 8-10 所示。

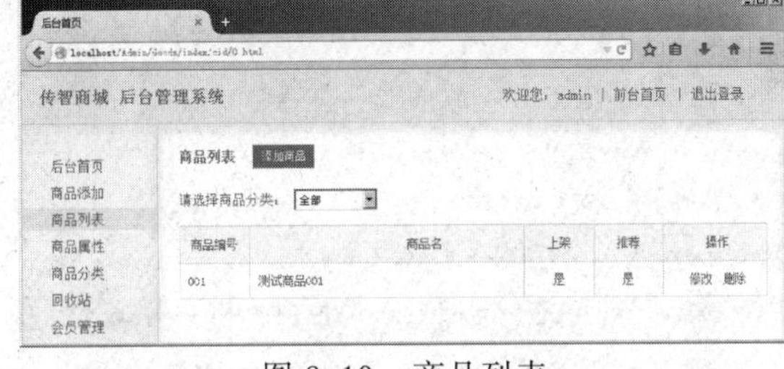

图 8-10　商品列表

2. **修改商品**

【例 8-6】

① 在商品控制器中实现商品修改功能。

打开文件\Application\Admin\Controller\GoodsController.class.php，新增方法如下：

```
1     //修改商品-显示页面
2     public function revise() {
3        //获得请求参数
4        $gid = I('get.gid',0,'int');
5        //处理表单
6        if (IS_POST){
7           $this->reviseAction($gid);
8           return;
9        }
10       //获取商品信息
11       $data['goods'] = D('goods')->where("gid=$gid")->find();
12       //获取商品属性数据
13       $cid = $data['goods']['cid'];
14       $data['attr'] = D('goodsAttr')->getData($cid,$gid);
15       //视图
16       $this->assign($data);
```

```
17      $this->display();
18   }
19   //修改商品-处理表单
20   private function reviseAction($gid){
21      //修改商品基本信息
22      $rst = $this->create('goods','save',2,array("gid=$gid"));
23      if($rst===false){
24         $this->error("修改商品失败");
25      }
26      //修改商品属性
27      $data = I('post.attr');
28      if($data){
29         $rst = D('goodsAttr')->saveData($data,$gid);
30         if($rst===false){
31            $this->error('修改属性失败');
32         }
33      }
34      //保存上传文件
35      if(!empty($_FILES['thumb']['name'])){
36         $rst = D('goods')->uploadThumb($gid);
37         if($rst!==true){
38            $this->error($rst);
39         }
40      }
41      //跳转
42      $cid = I('get.cid',0,'int');
43      $this->success('修改成功',U('Goods/index',"cid=$cid"));
44   }
```

上述代码实现了商品信息的修改。修改时如果没有图片上传，则保留原来的图片。

② 在商品属性模型中新增保存属性的方法。

打开文件\Application\Admin\Model\GoodsAttrModel.class.php，新增方法如下：

```
1    //修改数据
2    public function saveData($data,$gid){
3       //整理数组
4       $data = $this->getAttrArr($data,$gid);
5       //批量修改
6       foreach($data as $v){
7          //判断 gaid
8          $where = array('aid' => $v['aid'],'gid' => $v['gid'],);
```

```
9           $gaid = $this->where($where)->getField('gaid');
10          //gaid 不存在时添加
11          if($gaid==null){
12              $rst = $this->add($v);
13              if($rst===false) return false;
14              continue;
15          }
16          //gaid 存在时保存
17          $rst = $this->where($where)->setField('avalue',$v['avalue']);
18          if($rst===false) return false;
19      }
20      return true;
21  }
```

上述代码在保存商品属性时判断了 gaid 是否存在，这是考虑到该商品所属分类下的属性不是固定不变的，当有新属性时应该在商品属性表中添加该商品属性的值。

③ 编写商品编辑页面视图文件。

创建文件\Application\Admin\View\Goods\revise.html，具体代码如下所示：

```
1 <div class="title">商品修改页面</div>
2 <div class="data-edit clear">
3   <form method="post" enctype="multipart/form-data">
4   <table>
5       <tr><th>商品名：</th><td><input type="text" name="gname" value="
        {$goods.gname}"/></td></tr>
6       <tr><th>商品编号：</th><td><input type="text" name="identifier"
        value="{$goods.identifier}"/></td></tr>
7       <tr><th>商品价格：</th><td><input type="text" name="price" value="
        {$goods.price}"/></td></tr>
8       <tr><th>商品库存：</th><td><input type="text" name="stock" value="
        {$goods.stock}"/></td></tr>
9       <tr><th>商品图片：</th><td><input type="file" name="thumb" /></td>
        </tr>
10      <tr><th>是否上架：</th><td><select name="status">
11          <option value="yes" <eq name="goods.status" value="yes">
            selected</eq> >是</option>
12          <option value="no" <eq name="goods.status" value="no">
            selected</eq>>否</option>
13      </select></td></tr>
14      <tr><th>首页推荐：</th><td><select name="is_best">
15          <option value="yes" <eq name="goods.is_best" value="yes">
```

```
            selected</eq> >是</option>
16          <option value="no" <eq name="goods.is_best" value="no">
            selected</eq>>否</option>
17        </select></td></tr>
18        <tr><th>商品描述: </th><td><textarea name="description" >{$goods.
        description}</textarea></td></tr>
19        <foreach name="attr" item="v">
20          <tr><th>{$v.aname}: </th><td><present name="v.a_def_val.1">
21            <select name="attr[{$v.aid}]">
22              <option value="0">未选择</option>
23              <foreach name="v.a_def_val" item="vv">
24                <option value="{$vv}" <eq name="v.avalue" value=
                "$vv">selected</eq>>{$vv}</option>
25              </foreach>
26            </select>
27          <else/>
28            <input type="text" name="attr[{$v.aid}]" value="{$v.
            avalue}"/>
29          </present></td></tr>
30        </foreach>
31        <tr class="tr_btn center">
32          <td colspan="2"><input type="submit" value="确定" /><input
          type="reset" value="清除" /></td>
33        </tr>
34    </table>
35    </form>
36  </div>
```

④ 在商品列表页面选择“修改”操作，效果如图 8-11 所示。

从图 8-11 可以看出，当选择“修改”操作后，执行控制器中的 revise()方法，展示该商品信息。修改完成后，单击“确定”按钮，执行 reviseAction()方法，将修改后的信息保存到数据库中，执行成功跳转到商品列表页面。

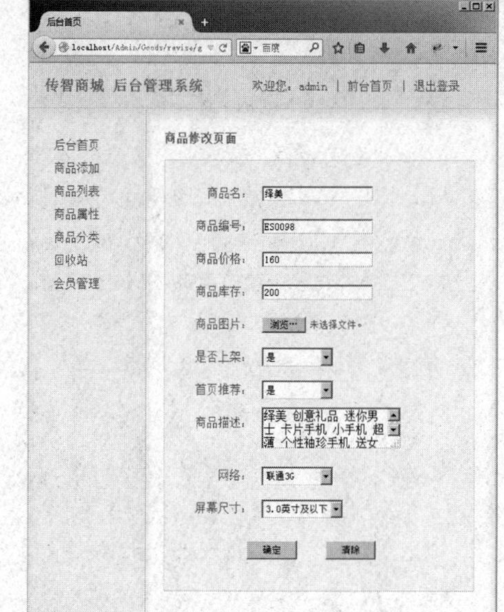

图 8-11 商品修改

多学一招：快捷修改功能

除了上述方法可以修改商品外，还可以在“\Application\Admin\Controller\GoodsController.class.php”文件中新增方法快速修改“上架”和“推荐”，具体如例 8-7 所示。

【例 8-7】

```
1     //快捷修改操作
2     public function change(){
3         //获得请求参数
4         $gid = I('get.gid',0,'int');
5         $action = I('get.');
6         //准备待操作字段
7         $allow_action=array('status','is_best');
8         $field = array();
9         foreach($allow_action as $v){
10            if(isset($action[$v])){
11                $field = array($v => $action[$v]);
12                //反转字段值
13                $field[$v] = $field[$v]=='yes' ? 'no' : 'yes';
14                break;
15            }
16        }
17        if(empty($field)){
18            $this->error('请求参数有误');
19        }
20        //操作数据
21        $rst = M('goods')->where("gid=$gid")->save($field);
22        if($rst===false){
23            $this->error('操作失败');
24        }
25        //跳转
26        $cid = I('get.cid',0,'int');
27        $this->redirect('Goods/index',"cid=$cid");
28    }
```

在浏览器中访问商品列表页面，运行结果如图 8-12 所示。

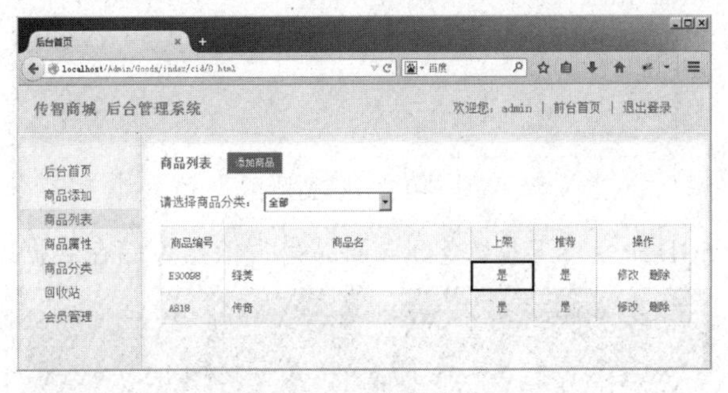

图 8-12　快捷修改

在图 8-12 中，读者只需要直接单击图中黑色粗框中的“是”链接，即可将“绎美”商品修改为下架，“推荐”操作同理。快速修改方式不仅增加了用户体验的友好程度，更加快了操作速度，在实际开发中，读者可多注意这类技巧的使用。

3. 删除商品

在实际的电商项目中，数据是最为重要的资源。通常不会把数据直接删除，而是将其放入“回收站”，这种删除方式称为逻辑删除，具体实现方式如例 8-8 所示。

【例 8-8】

① 在商品控制器中新增删除商品的方法。

打开文件\Application\Admin\Controller\GoodsController.class.php，具体代码如下：

```
1    //删除商品
2    public function del() {
3       //获得请求参数
4       $gid = I('get.gid',0,'int');
5       //操作数据
6       $rst = M('goods')->where("gid=$gid")->save(array('recycle'=>'yes'));
7       if($rst===false){
8          $this->error('删除失败');
9       }
10      //跳转
11      $cid = I('get.cid',0,'int');
12      $this->success('删除成功', U('Goods/index',"cid=$cid"));
13   }
```


在上述代码中，为实现逻辑删除让其在回收站中显示，只需将商品数据表中“recycle”字段设置为“yes”即可。

② 在浏览器中访问商品列表页，单击商品编号为 001 商品后的“删除”链接，该商品将不再显示到商品列表页中。运行结果如图 8-13 所示。

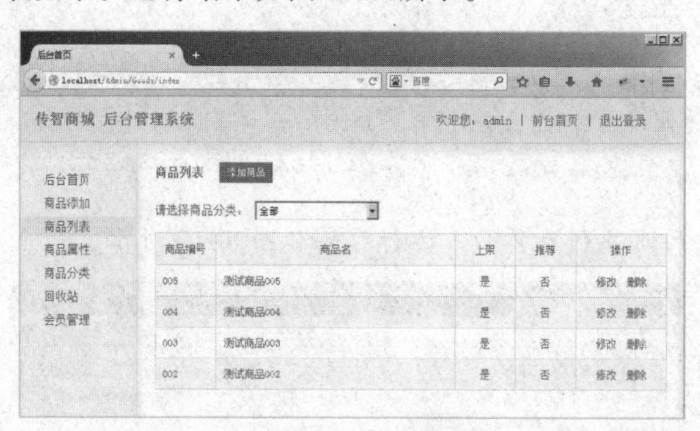

图 8-13　商品删除

删除后，启动 MySQL 命令行工具，查询该商品是否依然存储在数据库中，如图 8-14 所示。

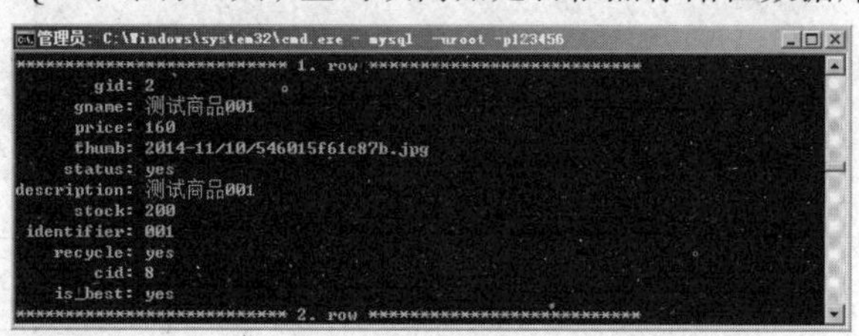

图 8-14　查询商品信息

从图 8-14 中可以看出，商品信息依然保存在数据库中，逻辑删除商品编号为 001 的商品成功。

8.4.5 商品回收站

回收站是用来存放用户临时删除的商品信息，存放在回收站商品可以执行恢复、修改及彻底删除操作，方便商城管理员的日常维护工作。

1. 展示回收商品列表

【例 8-9】

① 在回收站控制器中实现已删除商品列表的展示。

创建文件\Application\Admin\Controller\RecycleController.class.php，具体代码如下：

```
1 <?php
2 namespace Admin\Controller;
3 //回收站控制器
4 class RecycleController extends CommonController {
5     //查看回收站中的商品
6     public function index() {
7         //获得请求参数
8         $data['cid'] = I('get.cid',0,'int');
9         //获得分类列表
10        $data['category'] = D('category')->getList();
11        //获得商品列表
12        $data['goods'] = D('goods')->getList(
13            //待查询字段
14            'gid,cid,identifier,gname',
15            //查询条件
16            array('recycle'=>'yes','cid'=>$data['cid']),'gid desc'
17        );
18        //视图
19        $this->assign($data);
20        $this->display();
21    }
22 }
```

在上述代码中，默认获得所有分类，根据商品数据表中“recycle”字段等于“yes”，查询并显示出放入回收站中的商品列表信息。读者也可选择某一具体分类，获取该分类下放入回收站的商品列表信息。

② 编写商品回收站的视图文件。

创建文件\Application\Admin\View\Recycle\index.html，具体代码如下：

```
1 <div class="title">商品回收站列表</div>
2 <div class="data-list clear">请选择商品分类:
3   <select name="cid">
```

```
4         <option value="0">全部</option>
5         <foreach name="category" item="v">
6            <option value="{$v.cid}" <eq name="v.cid" value="$cid">selected
             </eq> >{:str_repeat('--',$v['deep']).$v['cname']}</option>
7         </foreach>
8      </select>
9      <table border="1">
10        <tr><th width="80">商品编号</th><th>商品名</th><th width="140">
             操作</th></tr>
11        <foreach name="goods.list" item="v">
12        <tr><td>{$v.identifier}</td>
13           <td>{$v.gname}</td>
14           <td class="center"><a href="__CONTROLLER__/undel/gid/{$v.
             gid}/cid/{$cid}">还原</a> <a href="__MODULE__/Goods/revise/
             gid/{$v.gid}/cid/{$cid}" target="_blank" >修改</a> <a href="
             __CONTROLLER__/del/gid/{$v.gid}/cid/{$cid}">删除</a></td>
15        </tr>
16        </foreach>
17     </table>
18     <div class="pagelist">{$goods.page}</div>
19  </div>
20  <script>
21     $("select").change(function(){
22        window.location.href = "__ACTION__/cid/" + $(this).val();
23     });
24     $(function(){
25        $("tr:odd").addClass("odd");
26     });
27  </script>
```

在上述代码中，当商品分类列表改变时执行 21~23 行触发 change 事件，并跳转到 Recycle 控制器中，获取该分类下所有放入回收站中的商品列表。

③ 在浏览器中访问回收站功能，运行结果如图 8-15 所示。

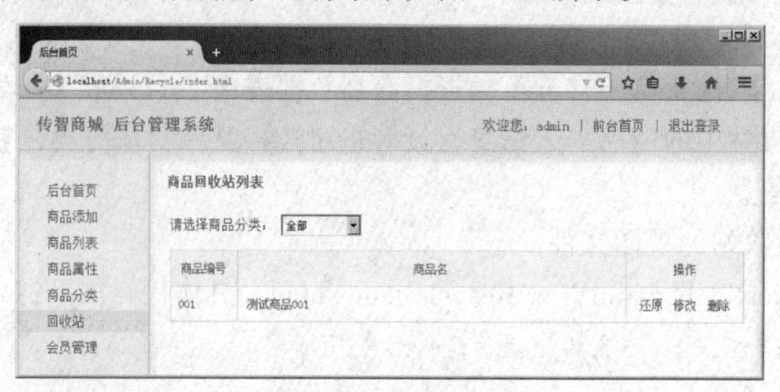

图 8-15　回收站列表

从图 8-15 可知，此时在回收站中，全部分类下，只有编号为“001”的商品。

2. 还原操作

【例 8-10】

① 在回收站控制器中新增还原方法，实现已删除商品的还原。

打开文件\Application\Admin\Controller\RecycleController.class.php，新增方法如下：

```
1    //还原
2    public function undel(){
3        //获得请求参数
4        $gid = I('get.gid',0,'int');
5        //操作数据
6        $rst = M('goods')->where("gid=$gid")->save(array('recycle'=>'no'));
7        if($rst===false){
8           $this->error('还原失败');
9        }
10       //跳转
11       $cid = I('get.cid',0,'int');
12       $this->success('还原成功', U('Goods/index',"cid=$cid"));
13   }
```

从上述代码可知，只需将还原商品的“recycle”字段设置为“no”即可。

② 在浏览器中访问回收站列表，当选择“还原”操作后，该商品从回收站里消失，并显示到商品列表页面中。效果如图 8-16 所示。

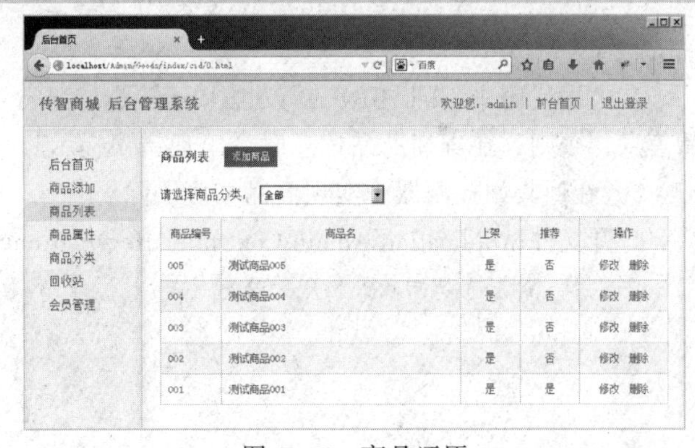

图 8-16　商品还原

3. 彻底删除

【例 8-11】

① 在商品模型中新增彻底删除的方法。

打开文件\Application\Admin\Model\GoodsModel.class.php，新增方法如下：

```
1    /**
2     * 删除商品及关联的文件
3     */
4    public function delAll($gid){
5        //删除商品图片删除
6        $this->delImage($gid);
7        //删除商品
8        return $this->where("gid=$gid")->delete();
```

```
9    }
10       /**
11        * 按照cid删除商品及关联的文件、属性
12        */
13       public function delAllByCid($cid){
14          $data = $this->field('thumb,gid')->where("cid=$cid")->select();
15          if($data == null){
16             return true;
17          }
18          foreach($data as $v){
19             $gids[] = $v['gid'];
20             $this->delImage(0,$v['thumb']);//删除图片文件
21          }
22          if(!empty($gids)){
23             M('goodsAttr')->where(array(
24                'gid'=>array('in',implode(',',$gids))
25             ))->delete();
26          }
27          return $this->where("cid=$cid")->delete();
28       }
```


在上述代码中，delAllByCid()方法用于当删除某分类时，同时删除与该分类相关的所有商品信息，否则，在查询商品信息时会出现错误提示。

② 在回收站控制器中实现商品彻底删除。

打开文件\Application\Admin\Controller\RecycleController.class.php，新增方法如下：

```
1    //删除（从回收站彻底删除）
2    public function del() {
3       $gid = I('get.gid',0,'int');
4       //删除商品
5       $rst = D('goods')->delAll($gid);
6       if($rst===false){
7          $this->error('删除商品失败');
8       }
9       //删除商品属性
10         $rst = M('goodsAttr')->where("gid=$gid")->delete();
11         if($rst===false){
12            $this->error('删除商品关联属性失败');
13         }
14         //跳转
15         $cid = I('get.cid',0,'int');
```

```
16          $this->success('删除成功', U('index',"cid=$cid"));
17      }
```

在上述代码中，当删除某商品时，需要同时删除与该商品相关的上传文件和商品属性关联表中相应的信息。

③ 实现当商品分类删除时自动删除该分类下所有商品。

打开文件\Application\Admin\Controller\CategoryController.class.php，修改 remove()方法如下：

```
1   //AJAX-删除分类
2   public function remove(){
3    $cid = I('get.cid',0,'int');
4    //判断最底层分类、删除分类、删除关联属性
5    ……
6    //删除关联商品
7     //----在商品回收站小节中讲解
8     D('goods')->delAllByCid($cid);
9     //----
10      $this->ajaxReturn(array('flag'=>true));
11    }
```

从上述代码可知，在回收站中删除商品分类时，同时删除该分类的相关属性，执行在商品模型中新增的 delAllByCid()方法删除该分类下的所有商品。

8.5　会员管理模块开发

会员是指使用此商城的用户，会员管理模块用于提供商城用户的管理。通常具有查看会员列表和会员详细信息的功能，接下来本节将针对会员管理模块开发进行讲解，如例 8-12 所示。

【例 8-12】

① 在会员模型中实现分页获取会员列表的功能。

创建文件\Application\Admin\Model\MemberModel.class.php，具体代码如下：

```
1 <?php
2 namespace Admin\Model;
3 use Think\Model;
4 class MemberModel extends Model {
5    /**
6     * 获得会员列表
7     * @param $field array 查询字段
8     * @param $where array 查询条件
9     * @param $order array 排序条件
10    * @return array 数据
11    */
12      public function getList($field,$where,$order){
```

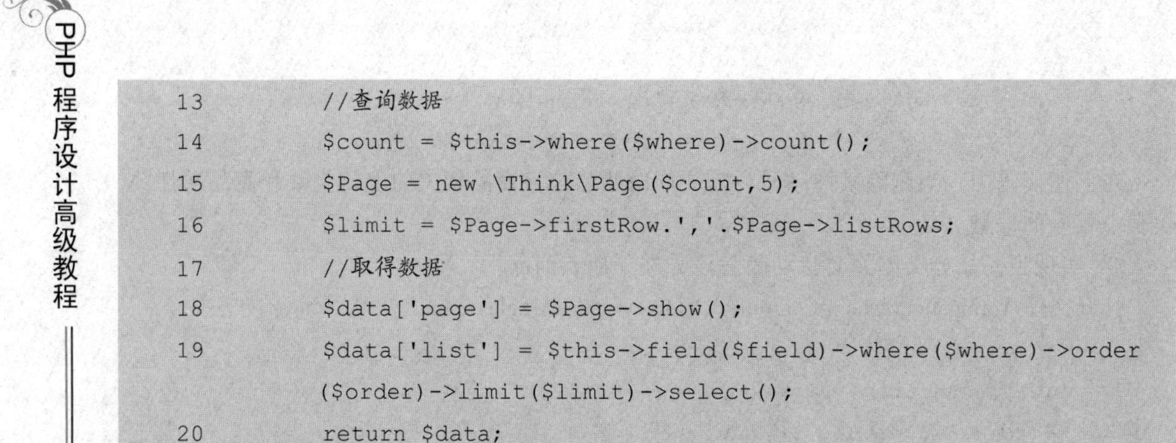

```
13          //查询数据
14          $count = $this->where($where)->count();
15          $Page = new \Think\Page($count,5);
16          $limit = $Page->firstRow.','.$Page->listRows;
17          //取得数据
18          $data['page'] = $Page->show();
19          $data['list'] = $this->field($field)->where($where)->order
            ($order)->limit($limit)->select();
20          return $data;
21      }
22  }
```

② 在会员控制器中实现会员列表和基本信息的查看。

创建文件\Application\Admin\Controller\MemberController.class.php，具体代码如下：

```
1 <?php
2 namespace Admin\Controller;
3 use Think\Controller;
4 class MemberController extends Controller{
5    public function index(){
6        //取出会员信息
7        $data = D('member')->getList(
8           'mid,user,phone,email',
9           array(),'mid desc'
10       );//page: 分页，list: 列表
11       $this->assign($data);
12       $this->display();
13   }
14 }
```

从上述代码可知，7~10行用于显示会员的id、姓名、联系方式、Email和密码信息列表。

③ 编写会员列表的视图文件。

创建文件\Application\Admin\View\Member\index.html，具体代码如下：

```
1 <div class="title">会员列表</div>
2 <div class="data-list clear">
3    <table border="1">
4        <tr><td>会员 ID</td><td>会员昵称</td><td>联系电话</td><td>邮箱</td>
         <td>操作</td></tr>
5        <foreach name="list" item="v">
6        <tr><td>{$v.mid}</td><td>{$v.user}</td><td>{$v.phone}</td>
7           <td>{$v.email}</td><td><a href="#">查看详情</a></td></tr>
8        </foreach>
```

```
9     </table>
10       <div class="pagelist">{$page}</div>
11    </div>
12    <script>
13       $(function(){
14          $("tr:odd").addClass("odd");
15       });
16    </script>
```

④ 在浏览器中访问会员列表，运行结果如图 8-17 所示。

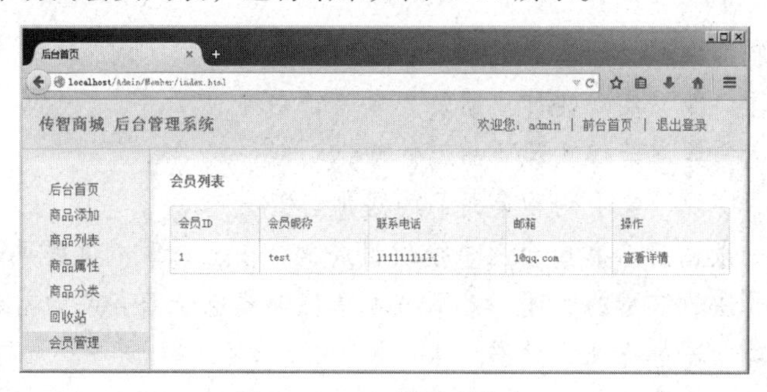

图 8-17 会员列表信息

由于查看会员详细信息操作比较简单，读者可以自行完成。

至此，传智商城的后台模块已经开发完成，读者还可以继续扩展更多的功能，例如后台管理员用户的权限功能、商品信息的模糊查询等。

本章小结

本章首先对电子商务网站进行需求分析和系统分析，然后讲解了数据库的设计，最后讲解了网站后台模块的开发实现，主要包括后台管理管理员模块、后台商品模块、会员管理模块。通过本章的学习，读者应该能够掌握电子商务网站后台基本功能的开发。

思考题

通常在电子商城中，商品的描述内容非常丰富、排版美观，有时还需要添加图片、视频等。在开发传智商城时，使用<textarea>标签显然无法满足这样的需求，请尝试在后台的商品添加和修改功能中增加一个在线编辑器，从而使商品的描述信息更加美观。

说明：思考题参考答案可从中国铁道出版社有限公司网站（http://www.tdpress.com/51eds/）下载。

第9章 电子商务网站项目实战（下）

学习目标

- 掌握分类导航的原理，学会导航菜单功能的实现
- 熟悉会员管理，能够实现会员注册及登录验证功能
- 理解商品筛选原理，能够实现商品属性筛选功能
- 掌握购物车的实现，学会购物车商品的添加与查看

电子商务网站一般由后台和前台两个模块组成的，在上一章中讲解了电子商务网站后台模块对商品以及会员注册信息的管理，接下来本章将围绕电子商务网站前台商品展示、购物以及会员注册登录功能进行详细的讲解。

9.1 前台首页模块开发

当今时代，很多人都非常重视事物的第一印象，第一印象基本上就决定了对某个事物的看法和态度。所以网站前台首页模块的开发显得尤为重要，本节将针对传智商城前台首页的开发进行讲解。

9.1.1 前台首页概述

前台首页出于对用户体验的考虑，为用户提供了一个商品分类导航方便商品搜索，并通过推荐商品为用户提供参考意见，从而提高服务质量，前台首页预览如图 9-1 所示。

图 9-1　前台首页预览图

从图 9-1 中可以看出，商城的前台页面由五部分组成。其中第一部分是商品分类导航菜单，第二部分是推荐商品，第三部分是顶部导航，剩余未标出的首页幻灯片和新闻列表的实现原理与前三部分类似，所以在接下来的章节中就不再对其讲解。

9.1.2 分类导航实现

对于首次登录的用户来说，导航菜单是其了解整个网站商品的最佳途径，所以本商城采用时下最流行的多级联动方式实现导航菜单，其效果如图 9-2 所示。

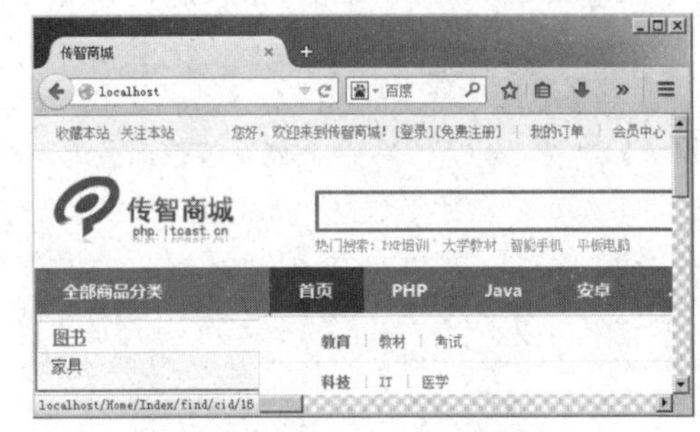

图 9-2 分类导航效果

从图 9-2 可知，要想获得分类导航，首先要取得“图书”所在的一维数组，其次再获得“图书”分类下“教育”所在的二维数组，最后获得“教育”分类下“教材”所在的三维数组，从而通过遍历三维数组的方式得到图 9-2 所示的分类导航，实现步骤如例 9-1 所示。

【例 9-1】

① 在前台 Index 控制器 index 方法中获取分类列表。

打开文件\Application\Home\Controller\IndexController.class.php，具体代码如下：

```
1  <?php
2  namespace Home\Controller;
3  class IndexController extends CommonController {
4      //前台首页
5      public function index(){
6          //获得分类列表
7          $data['cate'] = D('category')->getList();
8          //视图
9          $this->assign($data);
10         $this->display();
11     }
12 }
```

② 创建分类表模型，实现分类查找并限制查找深度。

创建文件\Application\Home\Model\CategoryModel.class.php，具体代码如下：

```
1 <?php
2 namespace Home\Model;
3 use Think\Model;
4 class CategoryModel extends Model {
5     //获得分类列表
6     public function getList($max_deep=3){
7         $data = $this->select();
```

```
8        $data==null && $data = array();
9        return $this->tree($data,0,0,$max_deep);
10       }
11   //递归实现按照父子关系排序分类
12       private function tree(&$list, $pid=0, $deep=0, $max_deep=3) {
13          $result = array();//当前子分类的列表
14          foreach($list as $row) {
15            if ($row['pid'] == $pid) {
16              //判断是否达到最大深度
17              if ($deep < $max_deep-1) {
18                 //递归查找
19                 $row['child'] = $this->tree($list, $row['cid'], $deep +
                   1, $max_deep);
20              }
21              $result[] = $row;
22            }
23          }
24          return $result;
25       }
26   }
```

在上述前台分类模型中，使用 tree 方法获取分类的树形结构数组。与后台的 tree 方法不同的是，这里只需要顶级分类下的三级分类，因此需要增加一个参数$max_deep 以控制递归的深度。

③ 在视图文件中修改分类导航的代码。

打开文件\Application\Home\View\Index\index.html，修改代码如下：

```
1 <div id="slide">
2    <volist name="cate" id="v1" offset="0" length="9"><div class="cate">
3       <div class="cate1 left"><a href="__CONTROLLER__/find/cid/{$v1.cid}"
        >{$v1.cname}</a></div>
4       <div class="subitem" style="display:none;">
5          <present name="v1.child"><volist name="v1.child" id="v2" offset=
           "0" length="7">
6          <dl><dt><a href="__CONTROLLER__/find/cid/{$v2.cid}">{$v2.cname}
           </a></dt><dd>
7             <present name="v2.child"><volist name="v2.child" id="v3"
              offset="0" length="5">
8             |<a href="__CONTROLLER__/find/cid/{$v3.cid}">{$v3.cname}</a>
9             </volist></present></dd>
10            </dl>
11            </volist></present>
```

```
12          </div>
13       </div></volist>
14       <div class="clear"></div>
15    </div>
```

上述视图代码实现了循环输出分类的三维数组，并限制元素个数。其中，顶级分类最多输出9个，二级分类最多输出7个，三级分类最多输出5个。

④ 在浏览器中访问首页，运行结果如图9-3所示。

从图9-3中可以看出，已成功实现首页商品分类导航功能。

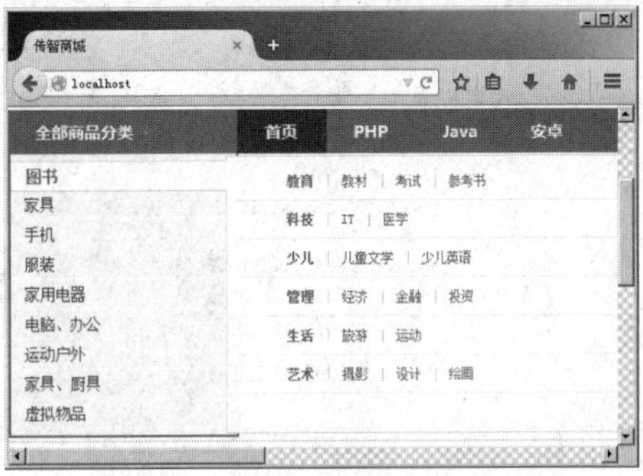

图9-3　例9-1运行结果

9.1.3　商品推荐实现

前台首页商品的推荐为用户购物带来方便的同时，也是网站的一个营销策略，这里通过判断商品数据表中推荐字段的方式实现此功能，具体步骤如例9-2所示。

【例9-2】

① 在前台Index控制器index方法中取出推荐的商品。

打开文件\Application\Home\Controller\IndexController.class.php，具体代码如下：

```
1    //前台首页
2    public function index(){
3       //获得分类列表
4       $data['cate'] = D('category')->getList();
5       //获得推荐商品
6       $data['best'] = M('goods')->field(
7          'gid,gname,price,thumb'   //取出商品id，商品名，商品价格，商品图片
8          )->where(array(
9          'is_best'=>'yes',          //是推荐商品
10         'status'=>'yes',           //已上架
11         'recycle'=>'no',           //不在回收站中
12         ))->limit(5)->select();
13      //视图
14      $this->assign($data);
15      $this->display();
16   }
```

上述代码取出了被推荐的商品信息，且商品是已上架、未被删除的。同时限制只取出前5个符合条件的商品。

② 在视图文件中修改商品推荐的代码。

打开文件\Application\Home\View\Index\index.html，修改代码如下：

```
1 <div id="best">
2    <div class="best-img left">推荐商品</div>
3    <foreach name="best" item="v">
4    <ul class="item left">
5       <li><a href="__CONTROLLER__/goods/id/{$v.gid}" target="_blank">
        <empty name="v.thumb"><img src="__PUBLIC__/image/preview.jpg">
        <else/><img src="__PUBLIC__/uploads/thumb/{$v.thumb}"></empty>
        </a></li>
6       <li class="goods"><a href="__CONTROLLER__/goods/id/{$v.gid}"
        target="_blank">{$v.gname}</a></li>
7       <li class="price">￥{$v.price}</li>
8    </ul>
9    </foreach>
10   <div class="clear"></div>
11   </div>
```

上述代码循环输出了被推荐的商品，同时判断当商品的预览图不存在时，使用默认图片“\Public\image\preview.jpg”。

③ 在后台中将商品推荐到首页，运行结果如图 9-4 所示。

从图 9-4 中可以看出，推荐的商品已经成功在网站首页中展示。没有预览图的商品会显示为“没有预览图”字样的默认图片。

图 9-4　例 9-2 运行结果

9.2　前台会员模块开发

9.2.1　会员注册功能

用户可以以游客身份浏览本系统，但是不可以购买商品，需要注册成为会员才可购物。会员注册页面的主要功能是对新用户注册信息的验证。如果会员信息输入完整且符合要求，则系统会将该用户信息保存到数据库中；否则显示错误原因，以便用户改正，如例 9-3 所示。

【例 9-3】

① 在用户控制器中实现用户注册和验证码。

打开文件\Application\Home\Controller\UserController.class.php，具体代码如下：

```
1    //注册新用户
2    public function register() {
3       if(IS_POST){
4          $this->checkVerify(I('post.captcha'));
5          $rst = $this->create('member','add');
6          if($rst===false){
7             $this->error($rst->getError());
8          }
9          $this->success('用户注册成功',U('Index/index'));
10            return ;
11         }
12         $this->display();
13      }
14      //生成验证码
15      public function captcha() {
16         $verify = new \Think\Verify();
17         return $verify->entry();
18      }
19      //检查验证码
20      private function checkVerify($code, $id = '') {
21         $verify = new \Think\Verify();
22         $rst = $verify->check($code, $id);
23         if($rst!==true){
24            $this->error('验证码输入有误');
25         }
26      }
```

上述代码实现了注册新用户、生成验证码和检查验证码三个方法。当接收提交的表单时，调用公共控制器的 create 方法实现对模型的 add 操作。

② 在会员模型中添加校验规则。

打开文件\Application\Home\Model\MemberModel.class.php，具体代码如下：

```
1 <?php
2 namespace Home\Model;
3 use Think\Model;
4 class MemberModel extends Model {
5    protected $insertFields = 'user,phone,email,pwd,consignee,address';
6    protected $updateFields = 'user,phone,email,pwd,consignee,address';
7    protected $_validate = array(
8       array('user','require','用户名不能为空'),
9       array('pwd','require','密码不能为空'),
```

```
10          array('user','2,20','用户名位数不合法（2~20位）',0,'length'),
11          array('pwd','6,20','密码位数不合法（6~20位）',0,'length'),
12          array('user', '', '用户名已经存在', 1, 'unique', 1),
13          array('email', 'email', '邮箱格式不正确', 1, 'regex', 2),
14          array('phone', 11, '手机号码格式不正确', 1, 'length', 2),
15          //实际项目需要更多的验证规则，读者可以自行实现
16       );
17       //密码加密函数
18       private function password($pwd,$salt){
19          return md5(md5($pwd).$salt);
20       }
21       //插入数据前的回调方法
22       protected function _before_insert(&$data,$option) {
23          $data['salt'] = substr(uniqid(), -6);
24          $data['pwd'] = $this->password($data['pwd'],$data['salt']);
25       }
26    }
```


在上述代码中，password 方法用于为密码进行单向加密，参数$pwd 是待加密的密码，参数$salt 是为增强密码强度而增加的扰乱码。_before_insert 方法是 ThinkPHP 提供的在插入数据前执行的回调方法，用于修改待插入的数据，该方法生成了 6 位数的扰乱码保存到 salt 字段中，然后利用扰乱码对密码进行了加密。

③ 在浏览器中访问用户注册页面，运行效果如图 9-5 所示。

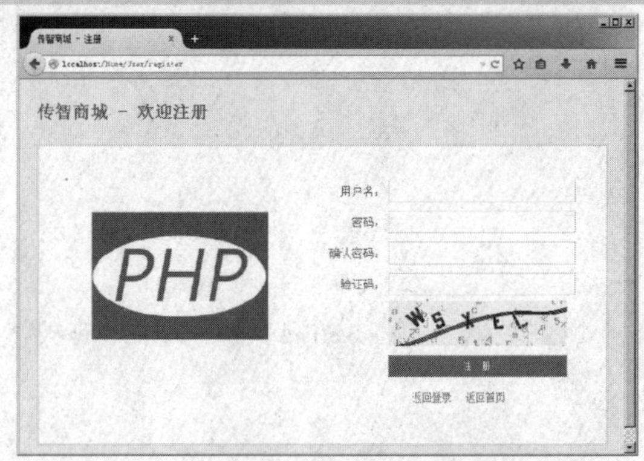

图 9-5　用户注册页面

从图 9-5 中可以看出，用户注册页面已经完成，输入正确的用户名和密码即可成功注册新用户。

9.2.2　会员登录功能

注册为会员后，登录时会对用户名、密码及验证码进行验证操作，具体实现步骤如例 9-4 所示。

【例 9-4】

① 在前台公共控制器的构造方法中检查用户是否登录。

打开文件\Application\Home\Controller\CommonController.class.php，修改代码如下：

```
1    protected $userInfo = false;  //用户登录信息（未登录为 false）
2    //构造方法
3    public function __construct() {
4       parent::__construct();
```

```
5        //登录检查
6        $this->checkUser();
7     }
8     //检查登录
9     private function checkUser(){
10       if(session('?user_id')){
11          $userinfo = array(
12             'mid' => session('user_id'),         //会员 id
13             'mname' => session('user_name'),     //用户名
14          );
15          $this->userInfo = $userinfo;            //保存登录后的信息
16          $this->assign($userinfo);               //为模板分配用户信息变量
17       }
18    }
```

在上述代码中，成员变量$userInfo 用于保存用户登录后的信息，当用户未登录时，该变量的值为 false，当用户已登录时，该变量保存会员 id 和用户名。

② 在用户控制器中实现用户登录。

打开文件\Application\Home\Controller\UserController.class.php，具体代码如下：

```
1 <?php
2 namespace Home\Controller;
3 class UserController extends CommonController {
4    public function __construct() {
5       parent::__construct();
6       $allow_action = array( //指定不需要检查登录的方法列表
7          'login','captcha','register'
8       );
9       if($this->userInfo === false && !in_array(ACTION_NAME,$allow_action)){
10            $this->error('请先登录。',U('User/login'));
11         }
12      }
13      //用户登录
14      public function login() {
15         //处理表单
16         if (IS_POST) {
17            //判断验证码
18            $this->checkVerify(I('post.captcha'));
19            //判断用户名和密码
20            $name = I('post.user','','');
21            $pwd = I('post.pwd','','');
```

```
22            $rst = D('member')->checkUser($name,$pwd);
23            if($rst!==true){
24               $this->error($rst);
25            }
26            $this->success('登录成功，请稍后',U('Index/index'));
27            return;
28         }
29         $this->display();
30      }
31      //退出
32      public function logout(){
33         session('[destroy]');
34         $this->success('退出成功',U('Index/index'));
35      }
36   }
```


在上述代码中，用户控制器继承了公用控制器，但用户控制器中的login、captcha和register方法不需要检查用户是否登录，因此通过第5~11行为这三个方法添加了例外。

③ 在会员模型中实现会员登录验证。

打开文件\Application\Home\Model\MemberModel.class.php，具体代码如下：

```
1    //校验用户名和密码
2    public function checkUser($name,$pwd) {
3       $data = $this->field('mid,user,pwd,salt')->where(array('user'=>
        $name))->find();
4       if($data===null){
5          return '用户名不存在';
6       }
7       if($data['pwd']==$this->password($pwd,$data['salt'])){
8          //密码正确
9          session('user_name',$name);
10         session('user_id',$data['mid']);
11         return true;
12      }
13      return '密码错误';
14   }
```

④ 创建会员登录页面视图。

打开文件\Application\Home\View\User\login.html，具体代码如下：

```
1 {__NOLAYOUT__}<!DOCTYPE html>
2 <html>
3 <head>
4    <meta charset="UTF-8">
```

```
5     <title>传智商城 - 登录</title>
6     <link href="__PUBLIC__/css/member.css" rel="stylesheet" />
7     <script src="__PUBLIC__/js/jquery.min.js"></script>
8  </head>
9  <body>
10 <div id="box">
11    <h1>传智商城 - 欢迎登录</h1>
12    <div id="main">
13       <div class="login-ad left">广告位</div>
14       <form method="post">
15       <table class="login right">
16          <tr><th>用户名: </th><td><input type="text" name="user" /></td>
            </tr>
17          <tr><th>密码: </th><td><input type="password" name="pwd" />
            </td></tr>
18          <tr><th>验证码: </th><td><input type="text" name="captcha" />
            </td></tr>
19          <tr><td> </td><td><img src="__CONTROLLER__/captcha"
            onclick="this.src='__CONTROLLER__/captcha/'+Math.random()
            "/></td></tr>
20          <tr><td> </td><td><input class="button" type="submit"
            value="登  录" /></td></tr>
21          <tr><td colspan="2" class="center"><a href="__CONTROLLER__/
            register">立即注册</a><a href="__APP__/">返回首页</a></td></tr>
22       </table>
23       </form>
24       <div class="clear"></div>
25    </div>
26 </div>
27 </body>
28 </html>
```

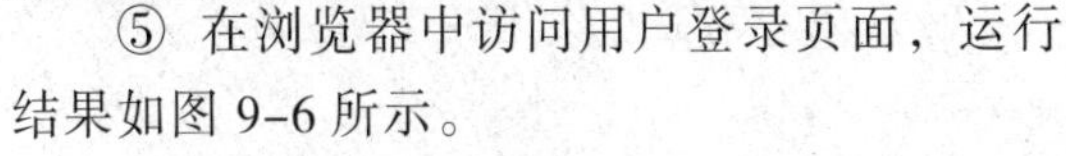

⑤ 在浏览器中访问用户登录页面，运行结果如图 9-6 所示。

图 9-6 用户登录页面

从图 9-6 中可以看出，用户登录页面已经完成，输入正确的用户名密码即可登录。

9.2.3 会员中心功能

会员登录成功后，可进入个人会员信息中心修改会员信息、修改密码等操作，本小节以修改收货地址为例进行讲解，关于会员中心的页面效果如图 9-7 所示。

单击左侧菜单的“收货地址”，效果如图 9-8 所示。

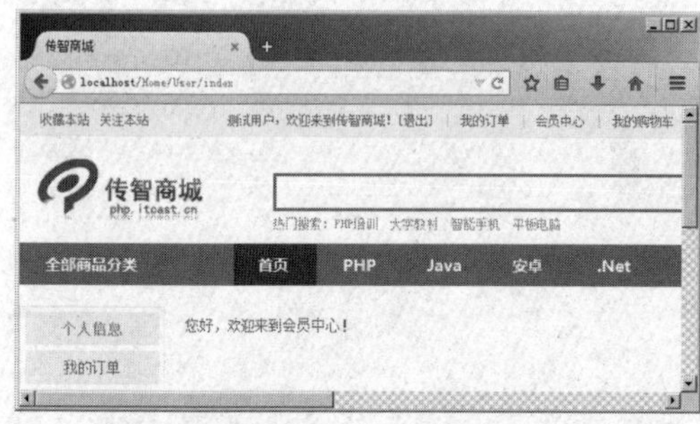

图 9-7　会员中心

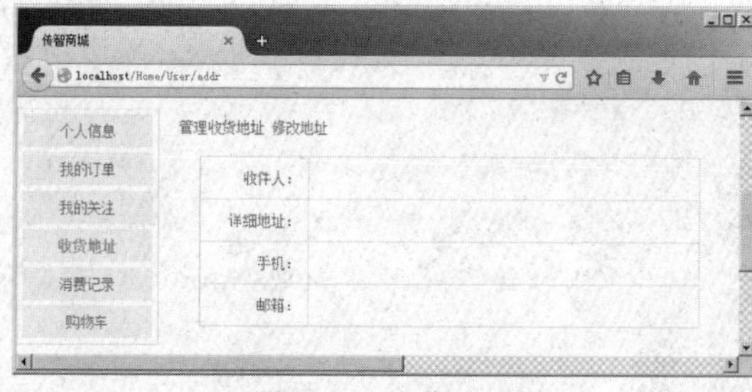

图 9-8　收货地址

从图 9-8 可知，进入到会员中心后，即可修改收货地址，具体实现步骤如例 9-5 所示。

【例 9-5】

① 实现会员中心的页面显示。

打开文件\Application\Home\Controller\UserController.class.php，具体代码如下：

```
1    //会员中心首页
2    public function index(){
3       $this->display();
4    }
```

② 在会员控制器中实现查看收件地址和修改收件地址的方法。

打开文件\Application\Home\Controller\UserController.class.php，具体代码如下：

```
1    //查看收件地址
2    public function addr(){
3       $mid = $this->userInfo['mid'];
4       $data['addr'] = D('member')->getAddr($mid);
5       $this->assign($data);
6       $this->display();
7    }
8    //修改收件地址
9    public function addrEdit(){
10         if(IS_POST){
11            $mid = $this->userInfo['mid'];
12            $rst = $this->create('member','save',2,"mid=$mid");
13            if($rst===false){
14               $this->error('修改失败');
15            }
16            $this->redirect('User/addr');
17            return;
18         }
19         $this->addr();
```

```
20      }
```

在上述代码中，addr 方法用于查看收件地址，addrEdit()方法用于修改收件地址。需要注意的是，第 19 行中的 addrEdit 方法调用了 addr 方法，此时 addr 方法在执行 display 时会显示 addrEdit 的视图。

③ 在会员模型中实现获取收货地址的方法。

打开文件\Application\Home\Model\MemberModel.class.php，具体代码如下：

```
1     //获取收件地址
2     public function getAddr($mid){
3         //取出数据
4         $data = $this->field(
5             'consignee,address,email,phone'  //收件人、收件地址、邮箱、手机号码
6         )->where("mid=$mid")->find();
7         //分割"收件地址"字符串
8         $data['area'] = explode(',',$data['address'],4); //最多分割 4 次
9         if(count($data['area'])!=4){
10                $data['area'] = array('','请选择','请选择','');
11        }
12        return $data;
13    }
```

在上述代码中，第 8 行用于分割收件地址的字符串，当分割后的数组元素不为 4 个时说明地址无效，为地址数组重新赋值。

④ 创建修改收货地址的页面视图。

打开文件\Application\Home\View\User\addrEdit.html，具体代码如下：

```
1 <div class="usercenter">
2 <include file="User:menu" />
3    <div class="content left">管理收货地址
4        <form method="post">
5        <input id="address" type="hidden" value="" name="address" />
6        <table border="1">
7            <tr><th>收件人: </th><td><input type="text" value="{$addr.
             consignee}" name="consignee" /></td></tr>
8            <tr><th>收件地区: </th><td>
9                <select id="province" onchange="toCity()"><neq name="addr.
                 area.0" value=""><option>{$addr.area.0}</option></neq></select>
10               <select id="city" onchange="toArea()"><option>{$addr.
                 area.1}</option></select>
11               <select id="area"><option>{$addr.area.2}</option></select>
12               </td></tr>
13           <tr><th>详细地址: </th><td><input id="addr" type="text"value=
```

```
        "{$addr.area.3}" /></td></tr>
14          <tr><th>手机: </th><td><input type="text" value="{$addr.
        phone}" name="phone" /></td></tr>
15          <tr><th>邮箱: </th><td><input type="text" value="{$addr.
        email}" name="email" /></td></tr>
16          <tr><td colspan="2" class="button center"><input type=
            "submit" value="保存" /> <input type="reset" value="重置"
            /></td></tr>
17      </table>
18      </form>
19   </div>
20   <div class="clear"></div>
21 </div>
22 <script>
23   //在加载事件中载入省份
24   var xmldom = null;  //保存请求到的xml文档信息
25   $(function () {
26      $.ajax({ //利用ajax去服务器端请求xml信息
27         url: '__PUBLIC__/js/ChinaArea.xml',
28         dataType: 'xml',
29         type: 'get',
30         success: function (msg) {
31            xmldom = msg;
32            //msg会以xmldom文档结点对象返回
33            var province = $(msg).find('province');
34            $("#province").append("<option value=0>请选择</option>");
35            province.each(function () {
36               var name = $(this).attr('province');  //获得省份名称
37               var id = $(this).attr('provinceID'); //省份id信息
38               $("#province").append("<option value='" + id + "'>" +
               name + "</option>");
39            });
40         }
41      });
42   });
43   //通过onchange内容改变事件达到"省份和城市"关联效果
44   function toCity() {
45      //获得被切换的省份id信息
46      var pid = $("#province").val();
```

```
47      pid = pid.substr(0, 2);//获得 value 的前两位信息
48      //获得 city 信息，属性 cityID 的前两位是 pid 开始
49      var city = $(xmldom).find("City[CityID^=" + pid + "]");
50      $("#city").empty();
51      $("#city").append("<option value=0>请选择</option>");
52      $("#area").empty();
53      $("#area").append("<option value=0>请选择</option>");
54      //遍历 city 信息，赋值到 select 下拉列表中
55      city.each(function () {
56         var name = $(this).attr('City');
57         var id = $(this).attr('CityID');
58         $("#city").append("<option value='" + id + "'>" + name +
           "</option>");
59      });
60   }
61   function toArea() {
62      var pid = $("#city").val();
63      pid = pid.substr(0, 4);
64      //获得 area 信息，属性 areaID 的前四位是 pid 开始
65      var area = $(xmldom).find("Piecearea[PieceareaID^=" + pid + "]");
66      $("#area").empty();
67      $("#area").append("<option value=0>请选择</option>");
68      area.each(function () {
69         var name = $(this).attr('Piecearea');
70         var id = $(this).attr('PieceareaID');
71         $("#area").append("<option value='" + id + "'>" + name +
           "</option>");
72      });
73   }
74   //提交表单时检查并拼接完整地址
75   $("form").submit(function(){
76      var pro_val = $("#province").find("option:selected").text();
77      var city_val = $("#city").find("option:selected").text();
78      var area_val = $("#area").find("option:selected").text();
79      var addr = $("#addr").val();
80      if(pro_val === '请选择' || city_val === '请选择' || area_val ===
        '请选择' || $.trim(addr)===''){
81         alert('请输入正确的地址');
82         return false;
```

```
83        }
84        $("#address").val(pro_val+','+city_val+','+area_val+','+addr);
85    });
86 </script>
```

在上述代码中，第 23~73 行代码载入了含有全国各地区数据的 XML 文件并显示到下拉列表中，从而实现地区选择的三级联动。XML 文件保存在\Public\js\ChinaArea.xml。第 74~85 行实现了将三级联动的收件地址和用户填写的详细地址进行了拼接，并使用逗号分隔。

⑤ 在浏览器中访问收获地址修改功能，运行结果如图 9-9 所示。

图 9-9　会员中心修改收货地址

⑥ 创建查看收货地址的页面视图。

打开文件\Application\Home\View\User\addr.html，具体代码如下：

```
1 <div class="usercenter">
2 <include file="User:menu" />
3    <div class="content left">管理收货地址 <a href="__CONTROLLER__/addrEdit"
     >修改地址</a>
4       <table border="1">
5          <tr><th>收件人：</th><td>{$addr.consignee}</td></tr>
6          <tr><th>详细地址：</th><td>{$addr.address}</td></tr>
7          <tr><th>手机：</th><td>{$addr.phone}</td></tr>
8          <tr><th>邮箱：</th><td>{$addr.email}</td></tr>
9       </table>
10      </div>
11      <div class="clear"></div>
12   </div>
```

⑦ 在浏览器中访问，运行结果如图 9-10 所示。

从图 9-9 和图 9-10 中可以看出，会员中心的收货地址管理功能已经完成。

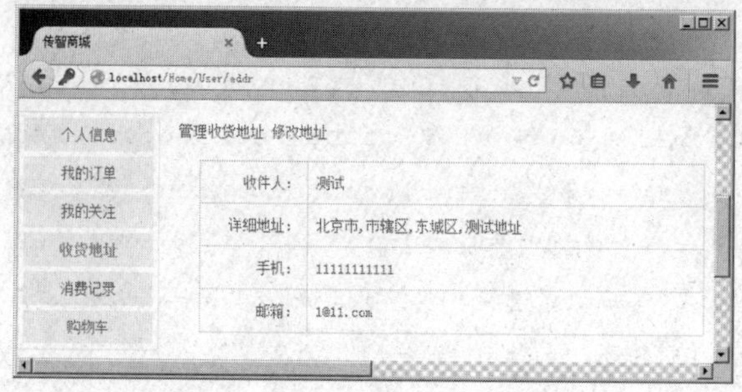

图 9-10　会员中心查看收货地址

9.3　前台商品列表模块开发

对于一个商城来说，商品的数量是庞大的，为了能让用户在最短的时间，用最快捷的方式搜索到满意的商品，不仅需要分页显示商品，还需要添加属性筛选的功能，其实现效果如图 9-11 所示。

图 9-11　商品属性筛选

在图 9-11 中，“价格”和“排序”是基本筛选条件，而“科目”“出版社”是所选分类下的下拉列表单选属性。具体实现步骤如例 9-6 所示。

【例 9-6】

① 在前台 Index 控制器 find 方法中实现商品列表展示。

打开文件\Application\Home\Controller\IndexController.class.php，新增代码如下：

```
1   //前台商品列表页
2   public function find(){
3       //获得请求参数
4       $cid = I('get.cid',0,'int');
5       //利用过滤器获得商品
6       $data = D('Goods')->getByFilter(
7           //待查询字段
8           'gid,gname,price,thumb',
9           //查询条件（不在回收站中，已上架，属于指定分类）
10              array('recycle'=>'no','status'=>'yes','cid'=>$cid)
11          );
12      //获得分类名
13      $data['cname'] = M('category')->where("cid=$cid")->getField
        ('cname');
14      //视图
15      $data['cid'] = $cid;
16      $this->assign($data);
17      $this->display();
18  }
```

上述代码用于显示商品列表，通过调用商品模型的 getByFilter 方法取得商品。需要注意的是，在显示商品列表前，需要先指定商品的分类。

② 在商品模型中实现相关方法。

创建文件\Application\Home\Model\GoodsModel.class.php，具体代码如下：

```
1 <?php
2 namespace Home\Model;
3 use Think\Model;
4 class GoodsModel extends Model {
5    //利用分类获得商品
6    public function getByFilter($field,$where) {
7       //接收 GET 参数并 SQL 转义
8       $filter = array_map(array($this->db,'escapeString'),I('get.'));
9       $cid = $where['cid'];//获得 cid
10      //处理排序参数
11      $order = 'gid desc';//默认为[最早上架]
12      if(isset($filter['order'])){
13         $allow_order = array(
14             'price_asc' => 'price asc',//价格升序
15             'price_desc' => 'price desc',//价格降序
16         );
17         isset($allow_order[$filter['order']]) && $order = $allow_order
           [$filter['order']];
18      }
19      //处理价格参数
20      if (isset($filter['min_p'])) { //价格最小值
21         $where[] = 'price >= '.(int)$filter['min_p'];
22      }
23      if (isset($filter['max_p']) && $filter['max_p'] != '0') {
        //价格最大值
24         $where[] = 'price <= '.(int)$filter['max_p'];
25      }
26      //处理属性参数
27      $data['attr'] = D('attribute')->getData("cid=$cid");
28      foreach($data['attr'] as $v){  //取得参数中的合法过滤属性
29         if(isset($filter['aid'.$v['aid']])){
30             $attr_where[] = "(aid={$v['aid']} and avalue='{$filter
               ['aid'.$v['aid']]}')";
31         }
32      }
33      //取得符合条件的商品数量
34      if(empty($attr_where)){  //属性过滤条件不存在时
35         $count = $this->where($where)->count();
36      }else{  //属性过滤条件存在时
```

```
37          $attr_where_str = implode(' or ',$attr_where);
38          $table_goodsAttr = C('DB_PREFIX').'goods_attr';//表名
39          $attr_sql = "select count(*) from $table_goodsAttr where
            $attr_where_str group by gid having count(*)=".count($attr_
            where);
40          $attr_sql = "select count(*) from ($attr_sql) as total";
41          $count = $this->query($attr_sql);$count = $count[0]['count(*)'];
42      }
43      //实例化分页类
44      $Page = new \Think\Page($count,12);
45      $Page->setConfig('prev','上一页');
46      $Page->setConfig('next','下一页');
47      $limit = $Page->firstRow.','.$Page->listRows;
48      $data['goods']['page'] = $Page->show();//分页链接导航
49      $data['goods']['list'] = '';//商品列表初始值
50      //取得符合属性过滤条件的商品 ID
51      if(!empty($attr_where)){  //属性过滤条件存在时
52          $attr_sql = "select gid from $table_goodsAttr where $attr_
            where_str group by gid having count(*)=".count($attr_where)."
            limit $limit";
53          foreach($this->query($attr_sql) as $row){ //执行 SQL 得到所有
            符合条件的 gid
54              $gids[] = $row['gid'];
55          }
56          if(empty($gids))  return $data; //未找到商品时直接返回
57          $where[] = 'gid in (' . implode(', ', $gids) . ')';
            //拼接查询条件
58          $limit = '';//清空 limit 条件
59      }
60      //取得商品
61      $data['goods']['list'] = $this->field($field)->where($where)->
        order($order)->limit($limit)->select();
62      return $data;
63   }
64}
```

在上述代码中，第 11~18 行通过 GET 参数判断商品列表的排序规则；第 19~25 行通过 GET 参数筛选商品的价格区间；第 26~32 行用于取得指定分类下所有的属性，如果 GET 参数中存在对该属性的筛选，则增加相应的 where 查询条件；第 33~59 行根据有无属性过滤条件进行了不同的操作；最终在第 61 行到商品表中查询了符合条件的商品。

③ 在前台属性模型中实现查询指定分类下的单选属性的方法。

创建文件\Application\Home\Model\AttributeModel.class.php，具体代码如下：

```
1 <?php
2 namespace Home\Model;
3 use Think\Model;
4 class AttributeModel extends Model {
5    //取出属性数据
6    public function getData($where){
7       $data = $this->field('aid,aname,a_def_val')->where($where)->
        select();
8       $data==null && $data= array();
9       //整理数据
10      valToArr($data,'a_def_val',true);
11      return $data;
12   }
13 }
```

在上述代码中，通过valToArr()函数整理属性数据，并过滤掉了文本框型的属性。

④ 在公共函数文件中定义一个函数用于生成过滤项的URL地址。

打开文件\Application\Common\Common\function.php，新增代码如下：

```
1 /**
2  * 商品列表过滤项的URL生成
3  * @param $type 生成的URL类型 (aid*, price, order)
4  * @parma $data 相应的数据当前的值 (为空表示清除该参数)
5  * @return string 生成好的携带正确参数的URL
6  */
7 function mkFilterURL($type, $data='') {
8    $params = I('get.');
9    unset($params['p']);  //清除分页
10   if ($data==''){  //$data为空时清除参数
11      unset($params[$type]);
12   } elseif ($type=='price') { //处理价格参数
13      $price_arr = explode('-', $data);
14      $params['min_p'] = $price_arr[0]==0?null:$price_arr[0];
15      $params['max_p'] = $price_arr[1]==0?null:$price_arr[1];
16   } elseif (substr($type, 0, 3)=='aid') { //处理属性参数
17      $params[$type] = $data;
18   } else { //其他参数
19      $params[$type] = $data;
20   }
```

```
21   return U('Index/find',$params);
22 }
```

上述代码用于生成商品列表中每个属性过滤项的URL地址，当参数$type为price时表示生成价格区间的筛选参数，当$type前三个字符为aid时表示生成指定属性的筛选参数，例如属性id为10，则$type为aid10，表示筛选属性id为10的商品。

⑤ 在商品列表页面实现商品展示。

创建文件\Application\Home\View\Index\find.html，具体代码如下：

```
1 <div class="left" id="find-left">相关分类、相关推荐</div>
2 <div class="left" id="find-right">
3    <ul class="filter">
4       <li class="filter-title">{$cname}分类 商品筛选</li>
5       <li><p>价格: </p><a
6          href="{:mkFilterURL('price', '0-0')}" <if condition="empty
         ($_GET['min_p'])&&empty($_GET['max_p'])">class="curr"</if> >
         全部</a><a
7          href="{:mkFilterURL('price', '0-49')}" <if condition="isset
         ($_GET['max_p'])&&$_GET['max_p']==49">class="curr"</if> >0-49
         </a><a
8          href="{:mkFilterURL('price', '50-99')}" <if condition="isset
         ($_GET['max_p'])&&$_GET['max_p']==99">class="curr"</if> >50-99
         </a><a
9          href="{:mkFilterURL('price', '100-299')}" <if condition="isset
         ($_GET['max_p'])&&$_GET['max_p']==299">class="curr"</if> >100-299
         </a><a
10         href="{:mkFilterURL('price', '300-0')}" <if condition="isset
         ($_GET['min_p'])&&$_GET['min_p']==300">class="curr"</if>
         >300 以上</a></li>
11      <li><p>排序: </p><a
12         href="{:mkFilterURL('order')}" <empty name="Think.get.order">
         class="curr"</empty> >最新上架</a><a
13         href="{:mkFilterURL('order','price_asc')}" <if condition="
         isset($_GET['order'])&&$_GET['order']=='price_asc'">class
         ="curr"</if> >价格升序</a><a
14         href="{:mkFilterURL('order','price_desc')}" <if condition="
         isset($_GET['order'])&&$_GET['order']=='price_desc'">clas
         s="curr"</if> >价格降序</a></li>
15      <foreach name="attr" item="v1"><li><p>{$v1.aname}: </p><a
16         href="{:mkFilterURL('aid'.$v1['aid'])}" <if condition="
         !isset($_GET['aid'.$v1['aid']])">class="curr"</if> >全部
         </a><foreach name="v1.a_def_val" item="v2"><a
17         href="{:mkFilterURL('aid'.$v1['aid'],$v2)}" <if condition="
         isset($_GET['aid'.$v1['aid']])&&$_GET['aid'.$v1['aid']]==
```

```
          $v2">class="curr"</if> >{$v2}</a></foreach>
18      </li></foreach>
19   </ul>
20   <div class="find-item">
21      <foreach name="goods.list" item="v">
22      <ul class="item left">
23         <li><a href="__CONTROLLER__/goods/id/{$v.gid}" target="
           _blank"><empty name="v.thumb"><img src="__PUBLIC__/image/
           preview.jpg"><else/><img src="__PUBLIC__/uploads/thumb/{$v.
           thumb}"></empty></a></li>
24         <li class="goods"><a href="__CONTROLLER__/goods/id/{$v.gid}"
           target="_blank">{$v.gname}</a></li>
25         <li class="price">￥{$v.price}</li>
26      </ul>
27      </foreach>
28      <div class="clear"></div>
29      <div class="pagelist">{$goods.page}</div>
30   </div>
31 </div>
32 <div class="clear"></div>
```

⑥ 在浏览器中访问商品列表页，运行结果如图 9-12 所示。

图 9-12　商品属性筛选

从图 9-12 中可以看出，商品属性筛选功能已经完成，通过单击不同筛选条件，即可列出相关的商品。

9.4　前台商品信息模块开发

当用户点击推荐商品或商品列表中的商品时，会进入到商品详细信息页面，此时可查看该商品的价格，颜色，尺寸，效果图以及评价等相关信息，具体实现步骤如例 9-7 所示。

【例 9-7】

① 在前台 Index 控制器中实现商品信息展示方法，具体代码如下：

打开文件\Application\Home\Controller\IndexController.class.php，具体代码如下：

```
1    //前台商品信息页
2    public function goods(){
3       $gid = I('get.id',0,'int');
4       //得到商品信息
5       $data['goods'] = M('goods')->field(
6          'cid,gname,price,thumb,description,stock,identifier'
7          )->where(array( //根据 gid 取得商品，且该商品未被删除，已上架
8          'gid'=>$gid,'recycle'=>'no','status'=>'yes'
9          ))->find();
10         if(empty($data['goods'])){ //判断商品是否存在
11            $this->error('该商品不存在或已下架！');
12            return;
13         }
14         $cid = $data['goods']['cid']; //取得该商品所在分类
15         //取出商品分类信息
16         $data['pcats'] = D('category')->getPidList($cid);
17         //取出商品属性信息
18         $data['attr'] = D('goodsAttr')->getData($cid,$gid);
19         //视图
20         $data['gid'] = $gid;
21         $this->assign($data);
22         $this->display();
23      }
```

② 在分类模型中实现根据分类 id 向上查找父分类 id 的方法。

打开文件\Application\Home\Model\CategoryModel.class.php，具体代码如下：

```
1    //向上查找父分类
2    public function getPidList($cid){
3       $pcat = array();
4       while($cid){
5          $cat = $this->field('cid,cname,pid')->where("cid=$cid")->find();
6          $pcat[] = array(
7             'cid' => $cat['cid'],
8             'cname' => $cat['cname'],
9          );
10         $cid = $cat['pid'];
11      }
12      return array_reverse($pcat);
13   }
```

③ 在商品属性模型中实现根据商品 id 获取商品属性的方法。

创建文件\Application\Home\Model\GoodsAttrModel.class.php，具体代码如下：

```
1 <?php
2 namespace Home\Model;
3 use Think\Model;
4 class GoodsAttrModel extends Model {
5    //获得商品属性信息
6    public function getData($cid,$gid){
7       //拼接完整表名
8       $goodsAttr = C('DB_PREFIX').'goods_attr';
9       $attr =  C('DB_PREFIX').'attribute';
10      //执行 SQL 查询
11      $sql="select ga.avalue,a.aname from $attr as a
12            left join (select aid,avalue from $goodsAttr where gid=
              $gid) as ga
13            on ga.aid=a.aid  where a.cid=$cid";
14      $data = $this->query($sql);
15      return $data;
16   }
17 }
```

④ 创建商品信息展示视图文件。

打开文件\Application\Home\View\Index\goods.html，具体代码如下：

```
1 <div class="goodsinfo">
2    <div class="now_cat">当前位置: <foreach name="pcats" item="v"> <a
3       href="__CONTROLLER__/find/cid/{$v.cid}">{$v.cname}</a> &gt;
        </foreach> {$goods.gname}</div>
4    <div class="pic left"><empty name="goods.thumb"><img src="__PUBLIC__/
     image/preview2.jpg" /><else/>
5       <img src="__PUBLIC__/uploads/{$goods.thumb}" /></empty></div>
6    <div class="info left"><h1>{$goods.gname}</h1><table>
7       <tr><th>售 价: </th><td><span>￥{$goods.price}</span></td></tr>
8       <tr><th>商品编号: </th><td>{$goods.identifier}</td></tr>
9       <tr><th>累计销量: </th><td>1000</td></tr>
10      <tr><th>评 价: </th><td>1000</td></tr>
11      <tr><th>配送至: </th><td>北京（免运费）</td></tr>
12      <tr><th>购买数量: </th><td>
13         <input type="button" value="-" class="cnt-btn" />
14         <input type="text" value="1" id="num" class="num-btn" />
15         <input type="button" value="+" class="cnt-btn" />（库存:
           {$goods.stock}）</td></tr>
```

```
16        <tr><td colspan="2" class="button"><a href="#">立即购买</a><a
           href="#" onclick="addCart()">加入购物车</a></td></tr>
17        </table></div><div class="clear"></div>
18     <div class="slide left">相关商品</div>
19     <div class="desc left">
20        <div class="attr"><p>商品属性</p><ul>
21           <foreach name="attr" item="v"><li>{$v.aname}: {$v.avalue}
             </li></foreach>
22        <div class="clear"></div></ul></div>
23     {$goods.description|nl2br}</div>
24     <div class="clear"></div>
25  </div>
26  <script>
27     //购买数量加减
28     $(".cnt-btn").click(function(){
29        var num = parseInt($("#num").val());
30        if ($(this).val() === '-') {
31           if ( num=== 1) return;
32           $("#num").val(num-1);
33        }else if ($(this).val() === '+') {
34           if (num === {$goods.stock}) return;
35           $("#num").val(num+1);
36        }
37     });
38     //自动纠正购买数量
39     $("#num").keyup(function(){
40        var num = parseInt($(this).val());
41        if(num<1){
42           $(this).val(1);
43        }else if(num > {$goods.stock}){
44           $(this).val({$goods.stock});
45        }
46     });
47     //添加到购物车
48     function addCart(){
49        var num = $("#num").val();
50        window.location.href = '__MODULE__/Cart/add/gid/{$gid}/num/'+num;
51     }
52  </script>
```

上述代码实现了商品信息、商品属性和商品所属分类的展示，第 27~51 行用于选择购买数量。

⑤ 在浏览器中访问商品信息页面，运行结果如图 9-13 所示。

图 9-13 商品信息展示

从图 9-13 可以看出，商品信息展示页面已经完成。

9.5 购物车模块开发

购物车模块用于管理用户加入购物车的商品，当用户提交订单后，会将购物信息保存在已购订单信息中，同时清空购物车，当货物发出后还可以对订单进行查询操作，这里由于篇幅原因只实现将商品放入购物车的功能，实现步骤如例 9-8 所示。

【例 9-8】

① 创建购物车控制器，实现购物车的查看、添加和删除。

打开文件\Application\Home\Controller\CartController.class.php，具体代码如下：

```
1 <?php
2 namespace Home\Controller;
3 class CartController extends CommonController {
4    public function __construct() {
5       parent::__construct();
6       if($this->userInfo === false){
7          $this->error('请先登录。',U('User/login'));
8       }
9    }
10   //购物车列表
11   public function index(){
12      $mid = $this->userInfo['mid'];
13      $data['cart'] = D('shopcart')->getList($mid);
14      $this->assign($data);
```

```
15        $this->display();
16     }
17     //添加到购物车
18     public function add(){
19        $gid = I('get.gid',0,'int');
20        $num = I('get.num',0,'int');
21        $mid = $this->userInfo['mid'];
22        $rst = D('shopcart')->addCart($gid,$mid,$num);
23        if($rst===false){
24           $this->error('添加购物车失败');
25        }
26        $this->success('添加购物车成功');
27     }
28     //从购物车删除
29     public function del(){
30        $scid=I('get.scid',0,'int');
31        $mid = $this->userInfo['mid'];
32        $rst = M('shopcart')->where("scid=$scid and mid=$mid")->delete();
33        if($rst===false){
34           $this->error('删除失败');
35        }
36        $this->redirect('Cart/index');
37     }
38  }
```

② 创建购物车模型，实现相关方法。

打开文件\Application\Home\Model\ShopcartModel.class.php，具体代码如下：

```
1 <?php
2 namespace Home\Model;
3 use Think\Model;
4 class ShopcartModel extends Model {
5     //添加到购物车
6     public function addCart($gid,$mid,$num){
7        //判断购物车中是否已经有该类商品
8        $rst = $this->where("gid=$gid and mid=$mid")->field('scid,num')
         ->find();
9        if($rst){ //存在时数量增加
10          $num += $rst['num'];
11          return $this->where('scid='.$rst['scid'])->save(array('num'=>
            $num));
12       } //不存在时添加到购物车
```

```
13       return $this->add(array(
14          'mid' => $mid,'gid' => $gid,'num' => $num,
15       ));
16    }
17    //从购物车获得商品信息
18    public function getList($mid){
19       //拼接完整表名
20       $goods = C('DB_PREFIX').'goods';
21       $cart =  C('DB_PREFIX').'shopcart';
22       $sql = "select g.gname,g.price,c.scid,c.addTime,c.gid,c.num
              from $cart as c
23              left join $goods as g
24              on g.gid=c.gid
25              where mid=$mid";
26       return $this->query($sql);
27    }
28 }
```


③ 在浏览器中测试。将商品添加到购物车，运行结果如图 9-14 所示。

图 9-14　购物车

从图 9-14 中可以看出，购物车功能已经开发完成。至此，前台基本模块已经开发完成。

本 章 小 结

本章首先对电子商务网站的前台功能进行分析，然后讲解了前台各个模块的开发实现，主要包括前台首页模块、会员模型、商品列表模块、商品信息模块和购物车模块。通过本章的学习，读者应该能够掌握电子商务网站前台基本功能的开发。

思 考 题

运用 Ajax 技术可以提高网站的用户体验。请尝试对前台的注册功能进行优化，通过 Ajax 验证用户输入的用户名和验证码是否正确，并给出相应提示。

说明：思考题参考答案可从中国铁道出版社有限公司网站（http://www.tdpress.com/51eds/）下载。

第10章 LAMP 环境

学习目标

- 掌握 Linux 常用命令，学会切换、查找、修改权限等操作命令
- 了解 vi 编辑器，学会在命令模式、编辑模式和尾行模式的操作
- 熟悉 LAMP 环境的搭建，会使用源码安装 Apache、PHP 及 MySQL
- 学会在 LAMP 环境上进行项目的部署

LAMP 是 Linux、Apache、MySQL、PHP 的简称，即 PHP 开发的运行环境。由于都是开源程序，并且在项目开发中软件投资成本较低，因此受到整个 IT 界的关注。从网站的流量上来说，70%以上的访问流量是 LAMP 来提供的，LAMP 是最强大的网站解决方案。接下来本章将针对 LAMP 环境的搭建以及部署进行详细的讲解。

10.1 Linux 入门

在学习 LAMP 环境之前，首先了解一下 Linux 操作系统，因为它是 LAMP 开发环境最重要的组成部分，所有的应用和组件都是在 Linux 操作系统平台之上运行。本节将围绕 Linux 的相关知识点进行讲解。

10.1.1 什么是 Linux

Linux 系统是一种源代码开放和自由传播的计算机系统，其目的是建立不受任何商品化软件版权制约、全世界都能自由使用的 UNIX 兼容产品。严格来说，Linux 这个词本身只表示 Linux 内核，但是人们已经习惯使用 Linux 来形容整个基于 Linux 内核，并且使用 GNU 工程各种工具和数据库的操作系统。

现在，Linux 已经成为一种受到广泛关注和支持的操作系统，其原因具有如下几点：

（1）完全免费

用户可以通过网络或其他途径免费获得 Linux 操作系统以及源码，并可根据实际需求，对其进行修改，正是由于这一点，来自全世界的无数程序员参与了 Linux 的修改和编写工作，使得 Linux 不断的发展、壮大，这也是它受到广泛关注和支持的原因之一。

（2）多用户、多任务

Linux 用户对自己的文件有特殊的权利，保证各用户之间互不影响，并且 Linux 可以使多个程序同时独立地运行，这就使其具有多用户、多任务的特点。

（3）良好的界面

Linux 同时具有字符界面和图形界面。在字符界面用户可以通过键盘输入相应的命令进行操作；在图形界面用户可以像在 Windows 操作系统下使用鼠标进行相关操作。

（4）支持多种平台

Linux 可以在多种硬件平台上运行，如 x86、Alpha 等处理器的平台。此外，Linux 还是一种嵌入式操作系统，可以在游戏机、掌上电脑或机顶盒上运行。

10.1.2　Linux 的安装

目前，Linux 有许多发行版本，其中 Ubuntu、fedora 等比较适合个人计算机使用，而 CentOS、RedHat 系列比较适合服务器使用，但是对于初次接触 Linux 的新手来说，开源免费的 CentOS 是最好的选择，所以本书将以 CentOS 6.5-x86_64 版本为例，详细讲解如何安装 Linux。

1. 准备工作

读者需要到网上下载完整版的 ISO 镜像。在安装 CentOS 前须在计算机上安装虚拟机，本书以 VMware 10.0.3 版本为例，读者也可根据实际情况自行选择。

2. 开始安装

对于 VMware 虚拟机软件，读者按照提示进行安装即可，这里就不再赘述。在安装 Linux 前需要在安装好的 VMware 上创建一个虚拟机，具体如下：

打开安装好的 VMware，选择“文件”→“新建虚拟机”命令，根据提示操作，其中需要注意如下几个地方，其余默认单击“下一步”按钮即可完成。

① 在欢迎使用新建虚拟机向导页面时，选择“自定义（高级）”单选按钮，如图 10-1 所示。

② 在安装客户机操作系统时，选择“稍后安装操作系统”单选按钮，如图 10-2 所示。

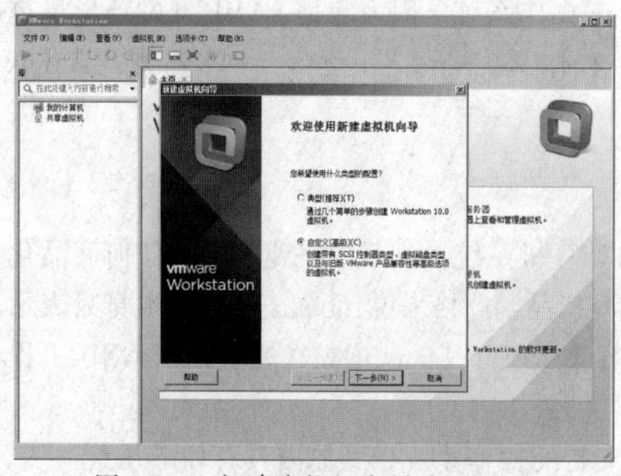

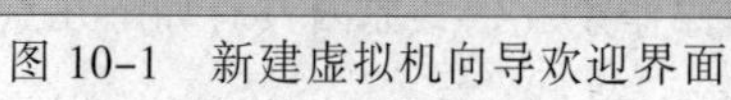

图 10-1　新建虚拟机向导欢迎界面

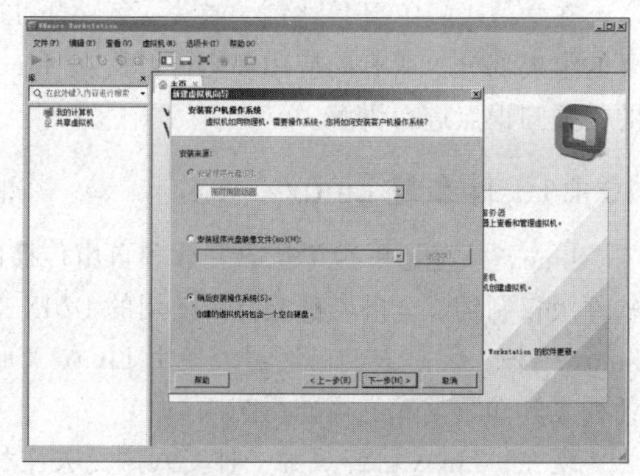

图 10-2　安装客户机操作系统

③ 在选择客户机操作系统时，选择“Linux”→“CentOS”，如图 10-3 所示。

接下来，在新建的虚拟机上安装 Linux，具体步骤如下：

① 选中新建的虚拟机右击，在弹出的快捷菜单中选择“设置”命令，弹出如图 10-4 所示的对话框。

② 选中图 10-4 中“CD/DVD(IDE)”选项，打开虚拟机光盘设置页面，选中“启动时连接”复选框，选择“使用 ISO 映像文件”单选按钮，再单击“浏览”按钮，选择待安装镜像文件单击“打开”按钮，效果如图 10-5 所示。

③ 设置完成后，单击“开启此虚拟机”，选择“Install or upgrade an existing system”，

然后按【Enter】键，开始安装，如图 10-6 所示。

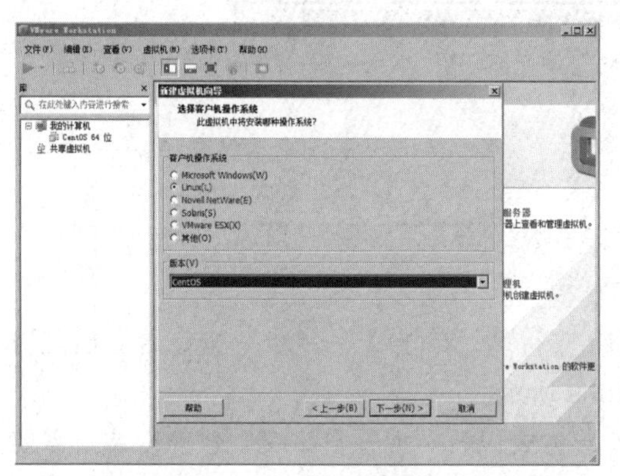

图 10-3　选择客户机操作系统

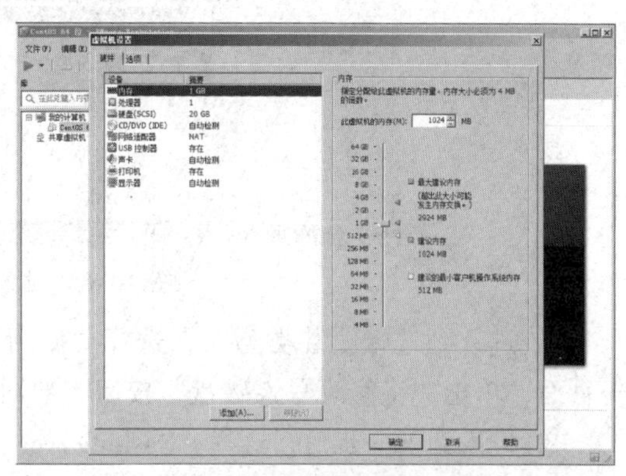

图 10-4　虚拟机设置

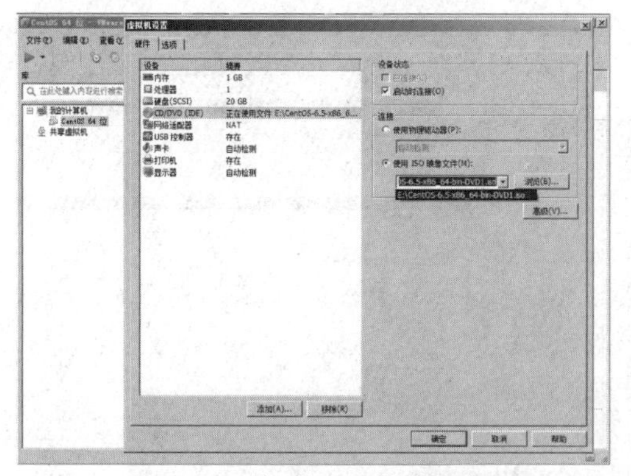

图 10-5　加载 ISO 镜像文件

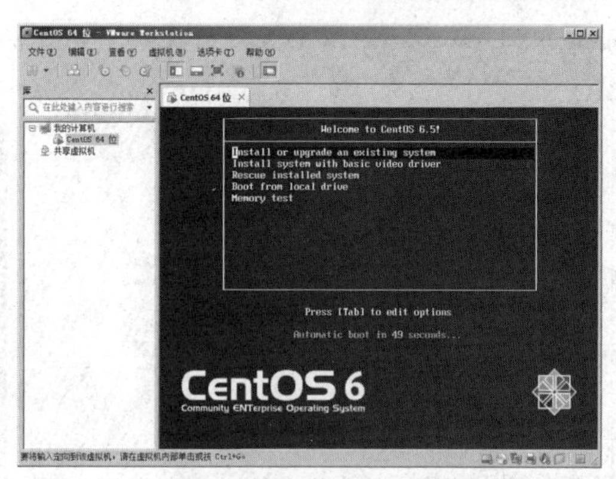

图 10-6　开始安装 Linux 操作系统

④ 媒体检测 Disc Found，使用【Tab】键选择“Skip”即跳过，如图 10-7 所示。

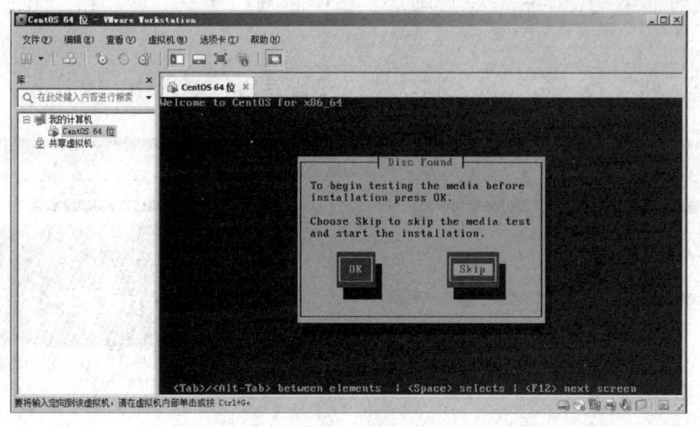

图 10-7　媒体检测

⑤ 进入到下一步后，按照提示进行设置，其中需要注意的是，存储设备选择默认会出现警告提示，选择“是，忽略所有数据”即可。

⑥ 设置管理员（root 用户）的密码，具体如图 10-8 所示。

其中，如果密码设置过于简单，当单击“下一步”按钮时，会出现脆弱密码提示，选择“无论如何都使用”即可。

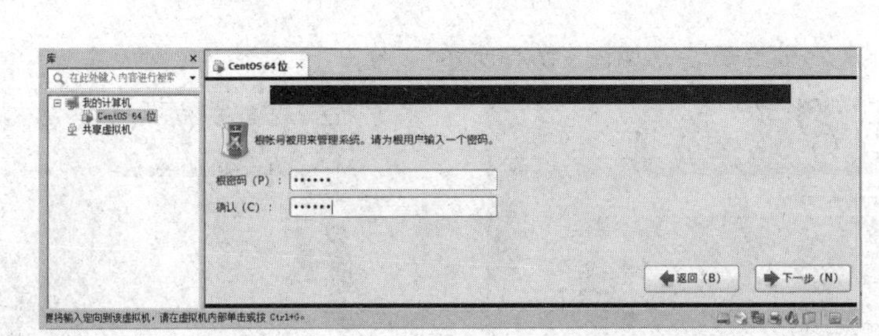

图 10-8　设置 root 用户密码

⑦ 进入到选择安装类型时，选择“使用所有空间”，单击“下一步”按钮后会出现警告页面，单击“将修改写入磁盘”按钮，如图 10-9 所示。

⑧ 进入到下一步后，选择“Basic Server”安装方式以及“现在自定义”软件安装所需要的存储库，如图 10-10 所示。

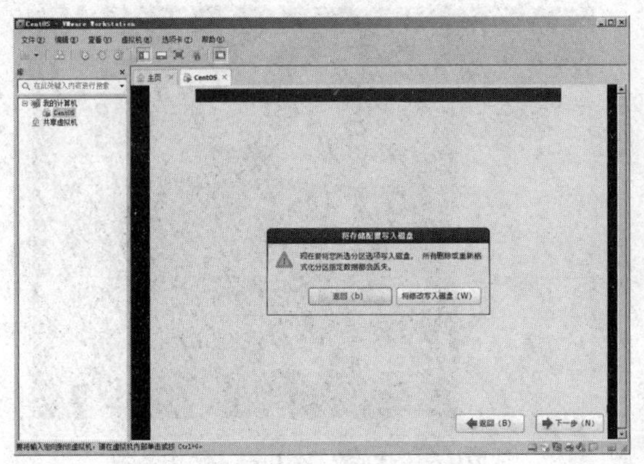

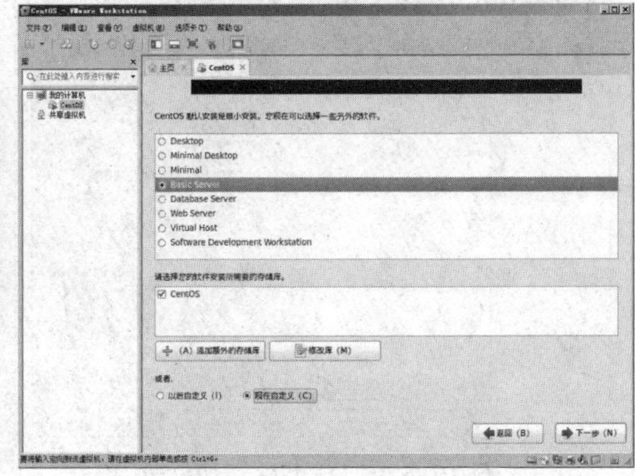

图 10-9　类型安装　　　　　　　　图 10-10　CentOS 安装方式

⑨ 在自定义页面中选择“开发”选项后，选中右侧“开发工具”和“附加开发”复选框，如图 10-11 所示。

⑩ 单击“下一步”按钮后，进入到软件包安装界面，如图 10-12 所示。

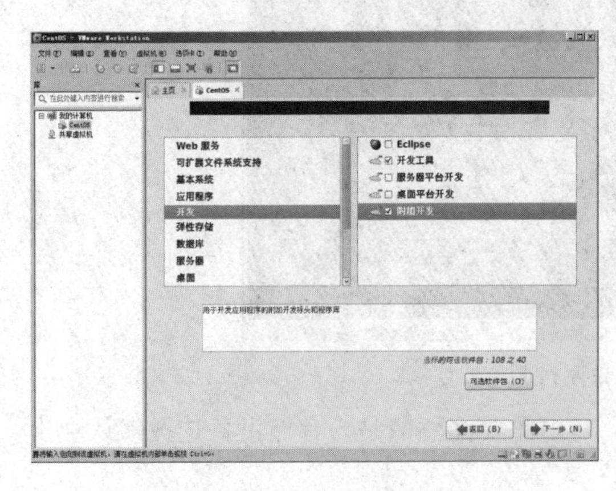

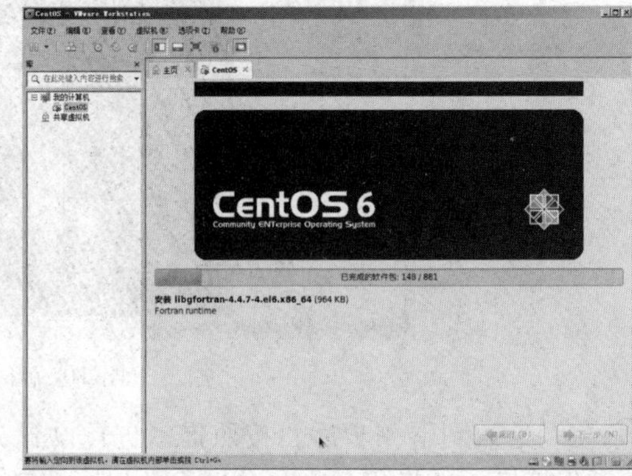

图 10-11　开发存储库选择　　　　　　　　图 10-12　软件包安装

3. 安装后配置

① CentOS 安装完成后，单击“重新引导”按钮，如图 10-13 所示。

② 重新引导后，Linux 系统安装完毕，直接进入登录界面，如图 10-14 所示。

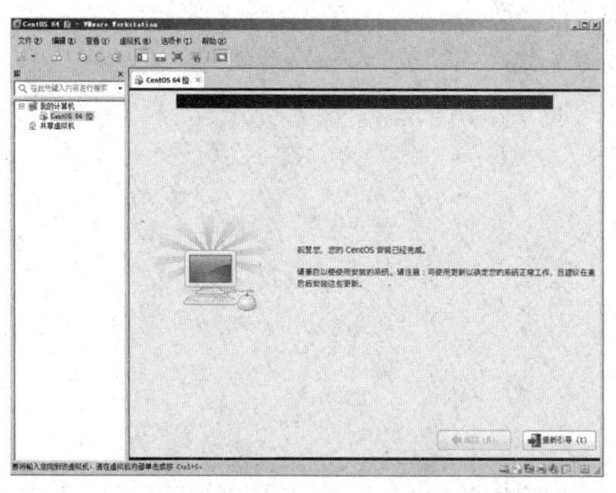

图 10-13　重新引导

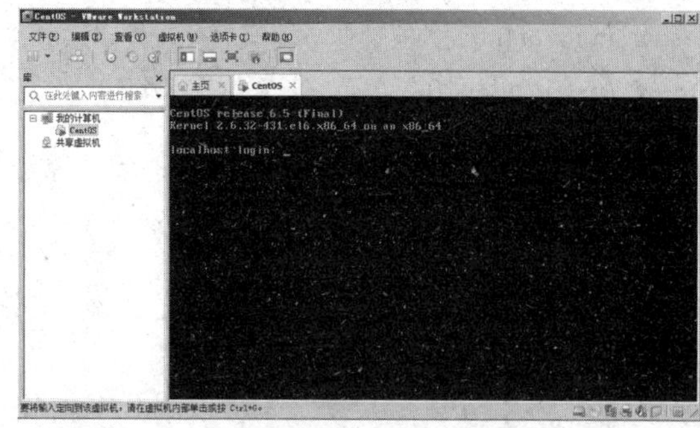

图 10-14　登录页面

10.1.3　Linux 目录结构

由于在 Linux 系统中，所有一切都是从“/”即“根”开始，同时延伸到子目录，并通过“挂载”的方式把所有分区都放置在“根”下的目录里，在系统安装完成后，首先了解一下 Linux 目录结构是必要的。具体如表 10-1 所示。

表 10-1　Linux 目录结构

目　　录	说　　明
bin	命令文件目录
boot	存放系统的内核文件和引导装载程序文件
dev	设备文件目录
etc	存放系统的大部分配置文件和子目录
home	存储普通用户的目录
lib	存放各种编程语言库
lost+found	系统意外崩溃或机器意外关机产生的一些文件碎片
mnt	用来临时挂载文件系统，为某些设备提供默认挂载点
opt	给主机额外安装软件的存放目录
proc	虚拟文件系统目录
root	系统管理员的主目录
sbin	存放系统管理员或者 root 用户的命令文件
srv	服务启动之后需要访问的数据目录
sys	系统运行目录
tmp	存放临时文件（一些命令和应用程序）
usr	存放应用程序和文件的目录
var	存放经常变化的文件

在表 10-1 中，目录 etc 和 var 相当重要，其中，开机与系统数据文件均在 etc 目录之下，若这个目录被破坏，系统就不能正常运行，而目录 var 则记录了常态服务和各类服务的问题，

若系统有问题时，查看此目录的记录文件即可。

在目录 usr 和 etc 中还有一些常用的目录，具体如下所示：

- /usr/bin：用户可以执行的命令程序。
- /usr/include：系统头文件目录。
- /usr/local：用户放置个人安装文件。
- /usr/sbin：管理员使用的程序。
- /usr/src：源代码存放目录。
- /etc/passwd：系统用户文件。
- /etc/group：系统用户组别文件。

10.1.4 Linux 常用命令

Linux 命令是对 Linux 系统进行管理的命令，虽然现在多数 Linux 发行版采用了图形化配置系统，但是命令的使用是每个 Linux 用户必须掌握的，下面介绍几种常用的命令：

1. 基本操作

（1）cd

使用格式：cd [目录名称]

功能说明：cd 命令可以让用户在不同的目录间切换，但是该用户必须拥有足够的权限进入目录。

范例：使用 cd 命令进行目录切换。

```
[root@itcast /]# cd /home
[root@itcast home]# cd /home/czbk
[root@itcast czbk]# cd
[root@itcast ~]# cd ~
[root@itcast ~]#
```

从上述范例可知，cd 后面没有参数或为“~”时会切换到自己的家目录。

（2）pwd

使用格式：pwd

功能说明：立刻获得当前用户所在工作目录的绝对路径名称。

范例：使用 pwd 命令获取当前目录。

```
[root@itcast ~]# pwd
/root
```

（3）ls

使用格式：ls [参数][目录]

功能说明：执行 ls 命令可列出目录的内容，包括文件和子目录的名称。

其中参数可以叠加使用，具体参照表 10-2 所示。

表 10-2 ls 命令常用参数

参　数	说　　明
l	以详细信息的形式展示出当前目录下的文件
a	把当前目录下的全部文件（包括隐藏文件）显示出来

续表

参　　数	说　　　明
t	将文件按照创建时间先后顺序列出
R	列出当前目录下的所有文件信息，并以递归地方式显示各个子目录中的文件和子目录信息

范例：显示 root 用户下 home 目录中所有文件信息。

```
[root@itcast ~]# cd /home
[root@itcast home]# ls -al
总用量 12
drwxr-xr-x.  3 root root 4096 10月 24 00:15 .
dr-xr-xr-x. 26 root root 4096 10月 24 15:13 ..
drwx------. 26 czbk czbk 4096 10月 24 15:14 czbk
```

（4）su

使用格式：su [用户名]

功能说明：执行 su 命令可以变更为其他使用者的身份。

范例：使用 su 命令从 root 用户切换到 czbk 用户。

```
[root@itcast ~]# su czbk
[czbk@itcast root]$
```

需要注意的是，当从普通用户切换到 root 用户时，需要输入密码，其中“root”用户名可以使用“-”代替。

（5）whoami

使用格式：whoami

功能说明：查看当前正在操作的用户信息。

范例：使用 whoami 命令查看当前正在操作的用户信息。

```
[root@itcast ~]# whoami
root
```

从上述操作可知，当前正在操作的是 root 用户，若需要获取登录系统用户的信息，则需要使用“who am i”命令。

（6）init

使用格式：init 级别

功能说明：实现关机、重启、切换模式的操作。

其中 init 命令的运行级别可参照表 10-3 所示。

表 10-3　init 命令运行级别

级　　别	说　　　明
0	停机（切记不能把 initdefault 设置为 0）
1	单用户模式
2	多用户，没有 NFS
3	完全多用户模式（标准的运行级别）即“命令”模式
4	不使用的

续表

级　　别	说　　　　明
5	X11 （xwindow）即“桌面”模式
6	重新启动（切记不能把 initdefault 设置为 6）

范例：在“命令”模式下，使用 init 命令切换到“单用户”模式。

```
[root@itcast ~]# init 1
```

（7）cat

使用格式：cat 文件名称

功能说明：将单个文件信息输出到窗口中。

范例：使用 cat 命令输出 it_test 文件中的信息。

```
[root@itcast ~]# cat it_test
china
welcome to BeiJing!
```


（8）man

使用格式：man 命令名称

功能说明：查看 Linux 命令的使用细节。

范例：查看 grep 命令的使用。

```
    [root@itcast ~]# man grep
GREP(1)                                                    GREP(1)

NAME
       grep, egrep, fgrep - print lines matching a pattern

SYNOPSIS
       grep [OPTIONS] PATTERN [FILE...]
       grep [OPTIONS] [-e PATTERN | -f FILE] [FILE...]

DESCRIPTION
       grep searches the named input FILEs (or standard input if no files are
       named, or if a single hyphen-minus (-) is given as file name) for
       lines containing a  match to the given PATTERN. By default, grep
       prints the matching lines.

       In addition, two variant programs egrep and fgrep are available.
       egrep is the same  as  grep -E.  fgrep  is  the  same  as grep -F.
       Direct invocation as either egrep or fgrep is deprecated, but is
       provided to
       allow historical applications that rely on them to run unmodified.
```

```
OPTIONS
   Generic Program Information
       --help Print a usage message briefly summarizing these command-line
             options and the bug-reporting address, then exit.

       -V, --version
             Print the version number of grep to the standard output  stream.
             This  version  number should be included in all bug reports (see
             below).
```

在上述范例中，第一行表示查看 grep 命令，其余的部分是执行结果，分别有要查询命令的使用格式及描述等详细信息，若读者遇到不会使用的命令时，可通过 man 命令查询其相关的使用方式。

2. **目录操作**

（1）mkdir

使用格式：mkdir [-p][-m][-v][目录名称]

功能说明：创建目录，其中可选参数-p 表示若所要创建目录的上层目录目前尚未创建，则会一并建立上层目录，若已有则直接在上层目录中创建目录；-m 可选参数用于设置目录的权限；-v 可选参数用于每次创建目录都显示信息。

范例：在一个已有目录 loc 中创建一个 yt 目录并显示创建信息。

```
[root@itcast ~]# mkdir -p -v loc/yt
mkdir: 已创建目录 "loc/yt"
```

（2）mv

使用格式：mv 源目录/文件 目标目录/文件

功能说明：移动或重命名现有的文件或目录。

范例：将目录 yt 重命名为 itcast。

```
[root@itcast loc]# mv yt itcast
```

需要注意的是，若目标目录或文件是已存在目录，mv 命令就是移动操作，否则，mv 命令就是重命名操作。

（3）cp

使用格式：cp [-R] 源目录/文件 目标目录/文件

功能说明：复制文件或目录，其中参数-R 可以将指定目录下的所有文件与子目录一并进行递归处理。

范例：将一个目录 learn 复制到 loc 目录下。

```
[root@itcast ~]# cp -R learn loc
```

需要注意的是，目录复制都需要使用-R 参数。

（4）rmdir

使用格式：rmdir [-p] 目录

功能说明：删除目录，其中参数-p 表示当删除指定目录后，若该目录的上层目录已变成空目录，则将其一并删除。

范例：删除 fruit 目录下的 banana 目录。

```
[root@itcast ~]# rmdir  fruit/banana
```

3. **文件操作**

（1）创建文件

使用格式：touch 文件名/路径

功能说明：创建文件或在指定路径下创建文件。

范例：在 loc/itcast 下创建一个 intro.txt 文件。

```
[root@itcast ~]# touch loc/itcast/intro.txt
```

（2）添加内容

功能说明：将内容以覆盖或追加的方式添加到指定的文件中，其中，“>”实现覆盖方式和“>>”实现追加方式。

范例：这里以 echo 命令为例，实现覆盖和追加的方式，分别将“I come from czbk”和“very good”内容添加到 intro.txt 文件中。

```
[root@itcast itcast]# echo "I come from czbk" > intro.txt
[root@itcast itcast]# echo "very good" >> intro.txt
```


在上述命令中，使用符号“>”和“>>”将原本输出到屏幕上的内容重定向到 intro.txt 文件中。

（3）查看文件

① more

使用格式：more filename

功能说明：通过【Enter】键逐行查看文件 finename 中的内容，有百分比显示。

范例：使用 more 命令查看 etc 目录下的 passwd 文件。

```
[root@itcast itcast]# more /etc/passwd
```

② less

使用格式：less filename

功能说明：通过“上下左右”键逐行查看文件 filename 中的内容，输入“q”退出。

范例：使用 less 命令查看 etc 目录下的 passwd 文件。

```
[root@itcast itcast]# less /etc/passwd
```

③ head

使用格式：head -n filename

功能说明：查看 filename 文件中的前 n 行内容。

范例：使用 head 命令查看 etc 目录下 passwd 文件中前两行内容。

```
[root@itcast itcast]# head -2 /etc/passwd
```

④ tail

使用格式：tail -n filename

功能说明：查看 filename 文件中的最后 n 行内容。

范例：使用 tail 命令查看 etc 目录下 passwd 文件后三行内容。

```
[root@itcast itcast]# tail -3 /etc/passwd
```

⑤ grep

使用格式：grep 内容 filename

功能说明：查看 filename 文件中符合条件的字符串。

范例：使用 grep 命令查看 loc 目录下 yt 文件中含有“e”的内容。

```
[root@itcast ~]# grep e loc/yt
welcome to BeiJing!
```

⑥ find

使用格式：find [-maxdepth <目录层级>][-mindepth <目录层级>][-name <范本样式>]

功能说明：查看文件或目录，其中参数-maxdepth 和-mindepth 表示对查找目录最深层次和最浅层次进行限制，-name 是通过文件名字进行查找。

范例：使用 find 命令查看 root 用户的家目录下名字中含有“let”的文件。

```
[root@itcast ~]# find -name "*let*"
```

从上述范例可知，使用-name 参数模糊查找名字中含有 let 的文件。

（4）删除文件

使用格式：rm [参数] filename

功能说明：删除文件或目录，其中当参数为“-r”时，递归处理指定目录下的所有文件及子目录；当参数为“-rf”时，以递归方式强制删除任何文件或目录。

范例：假设 itcast 目录下有 intro.txt 和 it_test 文件，使用 rm 命令强制删除 itcast 目录。

```
[root@itcast loc]# rm -rf itcast
```

4. 用户和组别操作

在 Linux 系统中，根据系统管理的需要将用户账号分为不同的类型，其拥有的权限、担任的角色也各不相同，主要包括对主机拥有全部操作权限的超级用户 root，权限受到一定限制的普通用户以及仅用于维持系统或某个程序正常运行的程序用户。下面详细介绍与用户相关的命令：

（1）添加用户

使用格式：useradd –g 组编号 –d 家目录地址 –u 用户编号 用户名

功能说明：建立用户账号。

范例：建立一个名字为 chuanzbk 的用户，要求：用户编号为 211，组别编号为 500，家目录地址为/var/chuanzbk。

```
[root@itcast ~]# useradd -g 500 -u 211 -d /var/chuanzbk chuanzbk
```

需要注意的是，使用 useradd 命令所建立的账号，实际上是保存在/etc/passwd 文本文件中。例如可以使用如下方式查看 chuanzbk 用户的信息：

```
[root@itcast /]# cat /etc/passwd
```

（2）修改用户

使用格式：usermod –g 组编号 –d 家目录地址 –u 用户编号 –l 新用户名 旧用户名

功能说明：修改用户账号。

范例：将用户 chuanzbk 的名称改为 it_cast，用户编号改为 200，组编号改为 89。

```
[root@itcast /]# usermod -g 89 -u 200 -l it_cast chuanzbk
```

需要注意的是，如果对家目录地址进行修改，需要手动创建对应的目录。

（3）删除用户

使用格式：userdel [–r] 用户账号

功能说明：删除用户账号，其中若不加参数-r，则仅删除用户账号，而不删除相关文件。

范例：彻底删除 it_cast 用户。

```
[root@itcast /]# userdel -r it_cast
```

（4）为用户设定密码

使用格式：passwd 用户名称

功能说明：为用户设定密码。

范例：为一个已有用户 php0421 创建一个登录密码。

```
[root@itcast /]# passwd php0421
更改用户 php0421 的密码 。
新的密码:
无效的密码: 过于简单化/系统化
无效的密码: 过于简单
重新输入新的密码:
passwd: 所有的身份验证令牌已经成功更新。
```


上面详细的地介绍了 Linux 中用户的操作，而涉及的组就是基于某种特定关系多个用户在一起形成的集合，组编号就是表示该组内所有用户的账号，接下来，具体介绍一下如何添加、修改和删除组。

（1）添加组

使用格式：groupadd [-g] [-r] 组名称

功能说明：建立新的组，其中参数-g 用于设置组编号预设最小不得小于 500，而 0~499 用来表示参数-r 建立的系统账号。

范例：创建一个名为 learn 的学习组。

```
[root@itcast /]# groupadd learn
```

需要注意的是，若在创建用户时，没有指定用户组，则系统会自动创建一个与用户名称相同的用户组。

（2）修改组

使用格式：groupmod [-g 组编号] [-n 新组名称] 旧组名称

功能说明：更改组编号或名称。

范例：将 test 组的名称和编号修改为 new_group 和 508。

```
[root@itcast /]# groupmod -g 508 -n new_group test
```

（3）删除组

使用格式：groupdel 组名称

功能说明：删除组。

范例：删除名称为 new_group 的组。

```
[root@itcast /]# groupdel new_group
```

5. **权限操作**

在 Linux 系统中可以对操作文件和目录的用户进行权限的设置。其中，用户可分为文件或目录的拥有者、同组用户、其他组用户和全部用户；用户的权限可以分为读取权限（read）、写入权限（write）和执行权限（execute），其中权限的设置可分为字母相对方式和数字绝对方式。接下来对权限的操作进行详细的讲解。

（1）字母相对方式

使用格式：chmod [u+/-rwx],[g+/-rwx],[o+/-rwx] 文件或目录名称

功能说明：变更文件或目录的权限，其中“+”表示添加权限，“-”表示取消权限。

范例：为 it_test 文件设置权限，要求：用户自己拥有读取、写入及执行权限，同组用户拥有读取和执行权限，其他组用户拥有读取权限。

```
[root@itcast ~]# chmod u+rwx,g+rx,o+r it_test
```

需要注意的是，若要对所有用户的权限进行相同的设置，可以使用如下的方式：

chmod [a+/-rwx] 文件或目录名称

范例：为所有用户设置 loc 目录的读取权限。

```
[root@itcast ~]# chmod a+r loc
```

（2）数据绝对方式

使用格式：chmod [数字代号] 文件或目录名称

在上述使用格式中，数字代号的说明如表 10-4 所示。

表 10-4　权限数字代号说明

数字代号	说　　明	数字代号	说　　明
0	没有任何权限	4	读取权限
1	执行权限	5	读取、执行权限
2	写入权限	6	读取、写入权限
3	写入、执行权限	7	读取、写入、执行权限

范例：为 learn 目录设置权限，要求：用户自己拥有读取、写入及执行权限，同组用户拥有读取和执行权限，其他组用户拥有读取权限。

```
[root@itcast ~]# chmod 754 learn
```

建议读者在设置权限时，若权限变动比较大使用数字绝对方式设置，若权限变动比较小则使用字母相对方式设置。

6. 光驱挂载

所谓挂载是操作系统盘符与硬盘分区建立联系的过程，由于 Linux 系统中不支持盘符这种方式，所以它是通过“文件”与硬件建立联系，如同 Windows 下的 G 盘符，而 Linux 系统中的挂载又分为自动挂载和手动挂载，这里的光驱挂载是手动挂载，接下来对光驱挂载进行详细讲解。

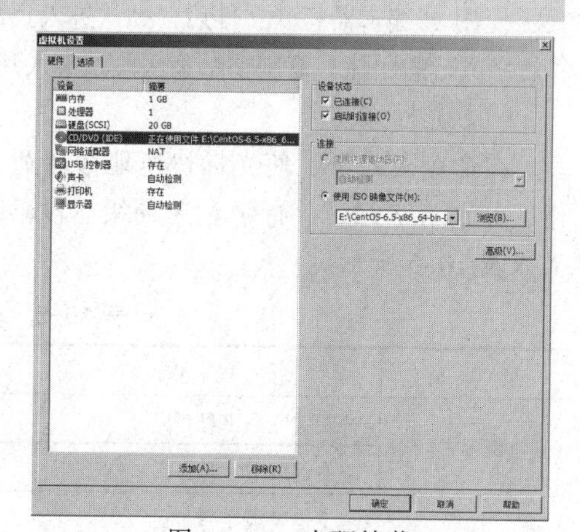

图 10-15　光驱挂载

首先，在虚拟机设置中选择“CD/DVD(IDE)”选项，在连接中选择“使用 ISO 映像文件”加入 CentOS，具体如图 10-15 所示。

其次，在普通用户 itcast 的家目录下创建一个目录，如下所示：

```
[itcast@localhost ~]$ mkdir rom
```

最后，进行光驱挂载，具体操作命令如下所示：

```
[root@itcast home]# mount /dev/cdrom ./itcast/rom
```

在上述命令中，/dev/cdrom 是光驱硬件设备，在操作成功后会出现如下友好提示：

```
mount: block device /dev/sr0 is write-protected, mounting read-only
```

若想要卸载光驱磁盘，可以使用如下命令：

```
[root@itcast home]# umount /dev/cdrom
```

或

```
[root@itcast home]# umount ./itcast/rom
```

若操作完成后，想要弹出磁盘，可以使用如下命令：

```
[root@itcast home]# eject
```

这时，到虚拟机的设置中查看“CD/DVD(IDE)”，若设备连接状态已断开，说明执行成功，要想进行光驱操作，需要重复以上步骤。

10.1.5 vi 编辑器

vi 编辑器是 Linux 系统下标准的编辑器，它的强大不逊色于任何的文本编辑器，一般将 vi 编辑器分为命令模式（command mode）、编辑模式（insert mode）和尾行模式（last line mode）三种状态，首先学习如何使用 vi 编辑器打开要编辑的文件：

范例：使用 vi 编辑器打开复制到 root 家目录下的 passwd 文件。

```
[root@itcast ~]# cp /etc/passwd passwd
[root@itcast ~]# vi passwd
```

在上述范例中，使用 cp 命令将/etc 目录中的 passwd 文件复制到 root 用户的家目录下，并命名为 passwd，再使用 vi 命令打开此文件。

接下来，这里简单地介绍一下 vi 编辑器的三种模式及常用命令的用法，具体如下：

1. 命令模式

使用 vi 编辑器打开文件后，默认进入到命令模式下，命令模式可以控制屏幕光标的移动，字符、字或行的删除、复制粘贴某区段及进入到编辑模式和尾行模式下。下面分别介绍其相关命令。

（1）光标移动

在命令模式下，使光标快速地移动到想要的位置上，大致可以分为 6 个常用的级别操作，分别为字符级、行级、单词级、段落级、屏幕级与文档级，各个级别的具体操作及含义如表 10-5 所示。

表 10-5 光标移动操作说明

级　别	操 作 符	说　明
字符级	“左键”或字母“h”	使光标向字符的左边移动
	“右键”或字母“l”	使光标向字符的右边移动
行级	“上键”或字母“k”	使光标移动到上一行
	“下键”或字母“j”	使光标移动到下一行
	符号“$”	使光标移动到当前行尾
	数字“0”	使光标移动到当前行首

续表

级　别	操　作　符	说　　明
单词级	字母“w”	使光标移动到下一个单词的首字母
	字母“e”	使光标移动到本单词的尾字母
	字母“b”	使光标移动到本单词的首字母
段落级	符号“}”	使光标移至段落开头
	符号“{”	使光标移至段落结尾
屏幕级	字母“H”	使光标移至屏幕首部
	字母“L”	使光标移至屏幕尾部
文档级	字母“G”	使光标移至文档尾行
	n+G	使光标移至文档的第 n 行

（2）删除

当需要删除文件中的某些内容时，具体操作如表 10-6 所示。

表 10-6　删除操作说明

操　作　符	说　　明
字母“x”	删除光标所在的单个字符
字母“dd”	删除光标所在的当前行
n+dd	删除包括光标所在行的后边 n 行内容
d+$	删除光标位置到行尾的所有内容

（3）复制与粘贴

当需要复制、粘贴文件中的某些内容时，具体操作如表 10-7 所示。

表 10-7　复制与粘贴操作说明

操　作　符	说　　明
字母“yy”	复制光标所在当前行
n+yy	复制包括光标所在行的后边 n 行内容
y+e	从光标所在位置开始复制直到当前单词结尾
y+$	从光标所在位置开始复制直到当前行结尾
y+{	从光标所在位置开始复制直到当前段落开始的位置
p	将复制的内容粘贴到光标所在位置

需要注意的是，在命令模式下还有如下几种常见的操作：

① 字母“u”：撤销命令。

② 符号“.”：重复执行上一次命令。

③ 字母“J”：合并两行内容。

④ r+字符：快速替换光标所在字符。

通过以上的介绍读者大致了解了在命令模式下的常见操作，下面讲解如何从命令模式进

入到编辑模式和尾行模式。

（1）切换至编辑模式

当需要进入编辑模式时，其相关操作如表 10-8 所示。

表 10-8　切换至编辑模式

操　作　符	说　　明
字母“a”	光标向后移动一位进入编辑模式
字母“i”	直接进入编辑模式（内容与光标没有任何变化）
字母“s”	删除光标所在字母进入编辑模式
字母“o”	在当前行之下新起一行进入编辑模式
字母“A”	光标移动到当前行末尾进入编辑模式
字母“I”	光标移动到当前行行首进入编辑模式
字母“S”	删除光标所在行进入编辑模式
字母“O”	在当前行之上新起一行进入编辑模式

（2）切换至尾行模式

在命令模式下若想要进入尾行模式进行相关操作，可执行“:”或“/”操作，若想要从尾行模式返回到命令模式可按【Esc】键、连续两次按【Esc】键或清空尾行内容。

2. **编辑模式**

只有在编辑模式下可以进行文字输入，编写程序代码，如同在 Windows 操作系统下操作记事本，编辑完成后按【Esc】键可返回到命令模式。同时需要注意的是，在编辑模式下不能直接切换到尾行模式，反之亦然。

3. **尾行模式**

尾行模式可以对文件进行保存、退出 vi 编辑器、查找替换字符或设置行号等操作，下面分别介绍其常用命令的使用。

① :set number 或:set nu ：为编辑器设置行号。

② :set nonumber 或:set nonu ：取消编辑器行号的设置。

③ :n ：使光标跳转到第 n 行。

④ :/xx/ 或 /xx ：在文件中查找 xx 内容，其中可以使用小写字母“n”查找下一个“xx”内容，使用大写字母“N”查找上一个“xx”内容。

⑤ 内容替换。尾行模式下，内容替换操作，如表 10-9 所示。

表 10-9　内容替换操作说明

操　作　符	说　　明
:s/被替换内容/替换内容/	替换光标所在行的第一个目标
:s/被替换内容/替换内容/g	替换光标所在行的全部目标
:%s/被替换内容/替换内容/g	替换整个文档中的全部目标
:%s/被替换内容/替换内容/gc	替换整个文档中的全部目标，但是每替换一个内容时都有相应的提示

⑥ 保存与退出。对文件执行完成后，若想要保存文件或退出 vi 编辑器，具体相关操作如表 10-10 所示。

表 10-10　保存与退出操作说明

操　作　符	说　　　明
:q	退出 vi 编辑器
:w	保存编辑后的内容
:wq	保存并退出 vi 编辑器
:q!	强行退出 vi 编辑器，不保存对文件的修改
:w!	对于没有修改权限的用户强行保存对文件的修改，并且修改后的文件的主人和组别都有相应的变化
:wq!	强行保存文件并退出 vi 编辑器

10.1.6　网络配置

Linux 操作系统与 Windows 操作系统一样，在使用时常常需要手动修改 IP 地址，这里只介绍其中两种修改方式。

（1）setup 方式

使用 root 身份登录，然后使用 setup 命令打开配置工具，选择“网络配置”→“设备配置”，打开要配置的网卡“eth0”，具体设置如图 10-16 所示。

从图 10-16 可以看出，只需要配置 Static IP（静态 IP）、Netmask（子网掩码）、Default gateway IP（默认网关）、Primary DNS Server（主域名服务器），其中 IP 地址、默认网关和主域名服务器的网段与虚拟网卡 VMware Network Adapter VMnet8 的网段一致。

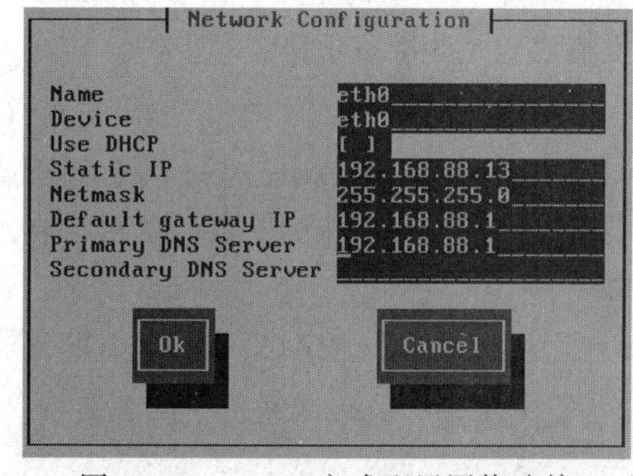

图 10-16　setup 方式配置网络连接

按照上述步骤配置完成后需使用 service network start 命令使网络连接生效，若重启服务则需要使用 service network restart，最后在本机与 Linux 上进行互 ping 测试，若能 ping 通，则表示网络连接已配置成功，否则，读者可尝试关闭本机防火墙，重复上述互 ping 操作即可。

（2）修改底层网络配置文件

使用 vi 编辑器打开如下文件：

```
[root@itcast ~]# vi /etc/sysconfig/network-scripts/ifcfg-eth0
```

注意，为了防止配置出错，最好在配置之前备份此文件。

打开文件后，在此文件中设置 BOOTPROTO、ONBOOT、IP 地址及子网掩码，具体如下所示：

```
DEVICE=eth0
TYPE=Ethernet
ONBOOT=yes
NM_CONTROLLED=yes
BOOTPROTO=static
IPADDR=192.168.88.13
NETMASK=255.255.255.0
```

```
GATEWAY=192.168.88.1
DNS1=192.168.152.1
IPV6INIT=no
USERCTL=no
```

从上述内容可知，将 BOOTPROTO 设置为 static（静态 ip），ONBOOT 设置为 yes（系统启动后自动激活网络），IP 地址设置为 192.168.88.13（与网关同在一个网段上即可）以及将子网掩码设置为本机默认值即可。其余步骤同 setup 设置方式相同，这里就不再赘述。

在完成上述网络连接后，读者可以根据安装提示在本机上安装 SecureCRT 软件，实现终端操作 Linux 系统。

10.2　LAMP 环境搭建

10.2.1　环境搭建前的准备工作

通过 10.1 节的学习，读者对 Linux 的常见操作有了一定的认识，接下来需要为 LAMP 环境搭建做一些准备工作。

安装 FTP

由于后面的章节中需要上传自己下载的安装软件，所以在此之前，需要先搭建 FTP 服务器把本地的文件上传到 Linux 服务器中，而 vsftpd 是一款小巧易用的 FTP 软件，其具体步骤如下：

① 利用如下命令找到在 CentOS 光驱挂载点 rom/Packages 目录中的 vsftp 软件安装包：

```
[root@itcast Packages]# ls  -l|grep vsftp
-r--r--r--. 2 root root  154576 3月  1 2013 vsftpd-2.2.2-11.el6_4.1.x86_64.rpm
```

② 使用 Linux 中 rpm 方式安装 vsftpd-2.2.2-11.e16_4.1.x86_64.rpm，具体如下：

```
[root@itcast Packages]# rpm -ivh vsftpd-2.2.2-11.el6_4.1.x86_64.rpm
warning: vsftpd-2.2.2-11.el6_4.1.x86_64.rpm: Header V3 RSA/SHA1 Signature,
key ID
 c105b9de: NOKEY
Preparing...             ########################################### [100%]
   1:vsftpd              ########################################### [100%]
```

上述命令中，在安装时只需输入软件名称 vsftpd，然后按【Tab】键即可将文件名称补全。

③ 安装完成后使用如下命令查看是否安装成功：

```
[root@itcast Packages]# rpm -q vsftpd
vsftpd-2.2.2-11.el6_4.1.x86_64
```

其中，若想要卸载安装好的软件可以使用如下命令：

```
[root@itcast Packages]# rpm -e vsftpd
```

④ 由于 FTP 软件是服务软件，所以安装完成后需要开启对应的服务才可以提供使用支

持，具体如下：

```
[root@localhost Packages]# service vsftpd start
Starting vsftpd for vsftpd: [  OK  ]
```

为了让读者更好地理解并使用 FTP 上传文件，接下来通过本机向 Linux 中传递后面章节需要安装的软件，具体操作如下：

- 在本机上安装 FTP 软件 WinSCP，建立会话，其中主机名是 Linux 的 IP，端口号是 21，具体如图 10-17 所示。

若会话登录不成功，则需要使用 setup 命令设置 Linux 的防火墙允许 FTP 协议通过，并针对 FTP 目录的安全规则 SELinux 进行设置，具体如下：

```
[root@localhost itcast]# setsebool -P ftp_home_dir 1
[root@localhost itcast]# service vsftpd restart
```

- 在普通用户 itcast 的家目录下创建一个文件夹 tar，在本机上选择后面章节需要用到的软件，上传即可，具体如图 10-18 所示。

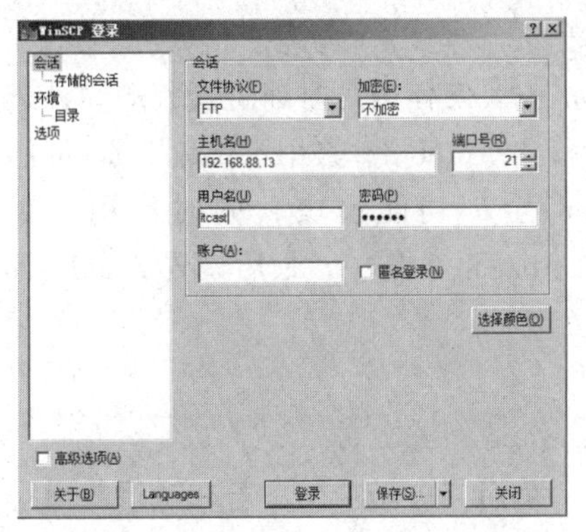

图 10-17　WinSCP 建立会话

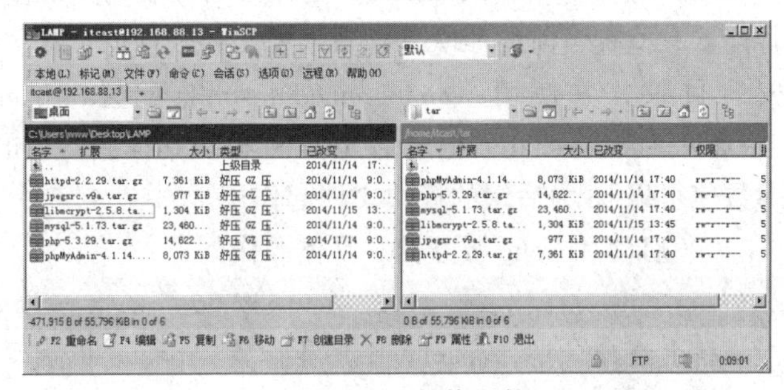

图 10-18　上传文件

从图 10-18 可知，读者需要到网上下载 phpMyAdmin-4.1、php-5.3、mysql-5.1、jpegsrc.v9a、libmcrypt-2.5 及 httpd-2.2 软件。其中在文件上传时，若不能正确执行，则可使用 ll 命令查看 tar 目录的权限，为其他组用户添加写权限即可得到如图 10-18 的结果。

注意：

① FTP 服务默认不允许 root 用户访问，需要修改/etc/vsftpd/ftpusers 和/etc/vsftpd/user_list 两个文件，注释 root 用户即可。

② 在 FTP 服务中，默认普通用户可以操作其他用户的家目录，为了让普通用户只允许操作自己的家目录，需要在/etc/vsftpd/vsftpd.conf 文件中，打开 chroot_list_enable=YES 和 chroot_list_file=/etc/vsftpd/chroot_list 的注释，并在/etc/vsftpd 目录下创建一个 chroot_list 的文件，添加只允许访问自己家目录的普通用户。

10.2.2 Apache 服务器的安装

在准备工作完成后就可以正式的搭建 LAMP 环境，首先安装拥有牢靠可信美誉的 Apache 服务器，具体步骤如下所示：

① 切换到 Apache 所在的上传文件目录。

```
[root@localhost Packages]# cd /home/itcast/tar
```

② 使用解压缩命令进行解压。

```
[root@localhost httpd-2.2.29]# tar -zxvf httpd-2.2.29.tar.gz
```

在上述命令中，tar -zxvf 命令是解压“.tar.gz”后缀的压缩包文件，而对于“.tar.bz2”后缀的压缩文件需要使用 tar -jxvf 命令进行解压。

③ 切换到解压后的文件。

```
[root@localhost httpd-2.2.29]# cd httpd-2.2.29
```

④ 对软件进行配置，并将编译后的可执行程序文件复制到系统指定目录中，具体命令如下所示：

```
[root@localhost httpd-2.2.29]# ./configure --prefix=/usr/local/http2  \
>--enable-modules=all \
>--enable-mods-shared=all \
>--enable-so
[root@localhost httpd-2.2.29]# make && make install
```


在上述命令中，./configure 是源代码安装的第一步，主要的作用是对即将安装的软件进行配置，检查当前的环境是否满足要安装软件的依赖关系。--prefix 参数用于设置 Apache 的安装目录，并使用--enable-modules=all 配置 Apache 全部功能模块，同时使用参数--enable-mods-shared 把全部 Apache 模块编译到当前的 Apache 软件中，最后设置 enable-so 参数使得以 so 为后缀的模块文件起作用。

⑤ 启动 Apache 服务器，具体操作如下：

```
[root@localhost bin]# /usr/local/http2/bin/apachectl start
```

在上述命令中，apachectl 用于设置 Apache 的启动、重启与关闭功能，若在执行时出现以下提示：

```
httpd: Could not reliably determine the server's fully qualified domain
name, using
localhost.localdomain for ServerName
```

只需要打开 Apache 的配置文件/usr/local/http2/conf/httpd.conf，在配置文件中添加 ServerName *:80 即可。

⑥ 查看 Apache 服务是否启动，具体如下：

```
[root@localhost http2]# ps -A | grep httpd
```

在上述命令中，“|”是 Linux 中的管道符号，实现前面的输出作为后面的输入。ps 命令获取开启的 Apache 进程，若看到如下内容，说明 Apache 服务已启动成功。

```
24507 ?        00:00:00 httpd
24543 ?        00:00:00 httpd
24544 ?        00:00:00 httpd
24545 ?        00:00:00 httpd
24546 ?        00:00:00 httpd
24547 ?        00:00:00 httpd
```

⑦ 设置防火墙允许 HTTP 协议通过，并使用浏览器访问“192.168.88.13”，运行结果如

图 10-19 所示。

注意：

若软件安装错误，需要将软件卸载重新安装，首先删除全部安装后的文件，如：/usr/local/http2，然后删除解压后的文件，如：httpd-2.2.29，最后重新执行软件的安装步骤。

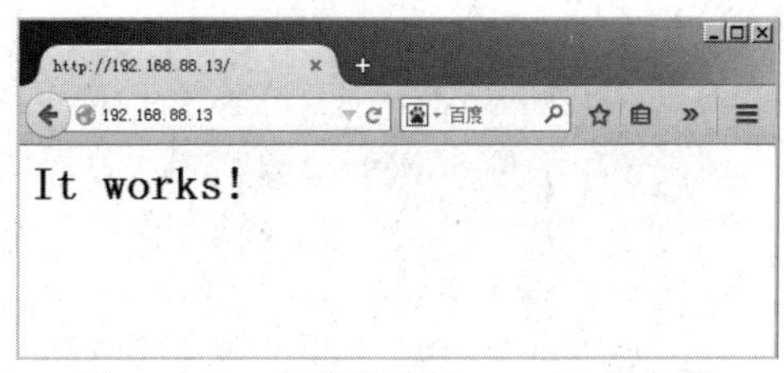

图 10-19　浏览器访问 Apache 服务器

10.2.3　PHP 的安装

PHP 的配置在 LAMP 中起决定性作用，它是建立 Apache 与 MySQL 之间的桥梁，但在安装 PHP 时需要安装图形库，由于在当前系统中已经安装了 zlib、libxml2、libpng、freetype 等依赖包，所以接下来只需安装 jpeg、libmcrypt 及 PHP 即可，具体步骤如下所示：

1. 安装 jpeg9

安装 jpeg9，使 PHP 能够处理 jpeg 格式的图片，具体安装命令如下所示。

```
[root@localhost libxml2-2.7.2]# cd /home/itcast/tar
[root@localhost tar]# tar -zxvf jpegsrc.v9a.tar.gz
[root@localhost tar]# cd jpeg-9a
[root@localhost jpeg-9a]# ./configure --prefix=/usr/local/jpeg \
> --enable-shared --enable-static
[root@localhost jpeg-9a]# make && make install
```

在上述命令中，--enable-shared 参数表示把 jpeg 需要的函数库程序都编译到该软件里，而--enable-static 参数是静态方式函数处理，即需要什么函数，就马上使用 include 包含进来。

2. 安装 libmcrypt

PHP 程序员在编写程序时，除了要保证程序的高性能之外，还需要保障程序的安全性，mcrypt 扩展库可以实现明文加密，也可以实现密文还原，但是在安装 mcrypt 之前需要先安装它的依赖包 libmcrypt，具体安装命令如下所示。

```
[root@localhost jpeg-9a]# cd /home/itcast/tar
[root@localhost tar]# tar -zxvf libmcrypt-2.5.8.tar.gz
[root@localhost tar]# cd libmcrypt-2.5.8
[root@localhost libmcrypt-2.5.8]# ./configure
[root@localhost libmcrypt-2.5.8]# make && make install
```

3. 安装 PHP

PHP 安装前所需的软件安装完毕后，现在就可以开始安装 PHP，具体步骤如下所示：

① 切换到 PHP 所在的上传文件目录。

```
[root@localhost libmcrypt-2.5.8]# cd /home/itcast/tar
```

② 使用解压缩命令进行解压。

```
[root@localhost tar]# tar -zxvf php-5.3.29.tar.gz
```

③ 切换到解压后的文件。

```
[root@localhost tar]# cd php-5.3.29
```

④ 对软件进行配置，并将编译后的可执行程序文件复制到系统指定目录中，具体命令如下所示：

```
[root@localhost php-5.3.29]# ./configure --prefix=/usr/local/php \
> --with-apxs2=/usr/local/http2/bin/apxs \
> --with-mysql=mysqlnd \
> --with-pdo-mysql=mysqlnd \
> --with-mysqli=mysqlnd \
> --with-zlib \
> --with-gd \
> --with-freetype-dir \
> --with-jpeg-dir=/usr/local/jpeg \
> --with-mcrypt \
> --enable-mbstring=all \
> --enable-mbregex \
> --enable-shared
[root@localhost php-5.3.29]# make && make install
```

在上述配置中，参数--with-apxs2 用于自动给 Apache 生成对应的 PHP 模块并在 Apache 配置文件中将其引入，参数值 mysqlnd 会使得 PHP 在未安装 MySQL 时使用本地 MySQL 驱动， --enable-mbstring 参数用于开启对宽字节函数库的支持，而 --enable-mbregex 参数提供了 PHP 对正则表达式的支持并使用参数--enable-shared 把需要的函数库编译到本身软件中。

⑤ 将 php.ini-development 修改为 PHP 的配置文件，具体如下：

```
[root@localhost php-5.3.29]# cp php.ini-development /usr/local/php/lib/php.ini
```

在上述命令中，使用 cp 命令将 php.ini-development 文件复制到/usr/local/php/lib/目录中，并重命名为 php.ini。

10.2.4 MySQL 的安装

MySQL 是一个源代码开放、多用户、多线程的 SQL 数据库服务器软件，它可以通过编程语言如 PHP 来存储或取回数据，接下来搭建 LAMP 环境的最后一个软件，具体步骤如下所示：

① 切换到 MySQL 所在的上传文件目录。

```
[root@localhost php-5.3.29]# cd /home/itcast/tar
```

② 使用解压缩命令进行解压。

```
[root@localhost tar]# tar -zxvf mysql-5.1.73.tar.gz
```

③ 切换到解压后的文件。

```
[root@localhost tar]# cd mysql-5.1.73
```

④ 对软件进行配置，并将编译后的可执行程序文件复制到系统指定目录中，具体命令如下所示：

```
[root@localhost mysql-5.1.73]# ./configure --prefix=/usr/local/mysql/  \
> --localstatedir=/usr/local/mysql/data/  \
> --with-charset=utf8  \
> --with-extra-charsets=gbk,gb2312,binary
[root@localhost mysql-5.1.73]# make && make install
```

在上述配置中，将 MySQL 安装到“/usr/local/mysql”目录中，并使用--localstatedir 设置 MySQL 的数据存储目录，将其默认字符集设置为 utf-8，额外可以使用的字符集为 GBK、GB2312 和 binary，也可根据实际需求进行配置。

10.2.5 LAMP 后续配置

LAMP 环境所需要的软件虽然安装完成，若要使用还需进行相关的配置，具体如下：

1. PHP 安装后的配置

① 在 Apache 主配置文件中增加对 PHP 文件的解析，具体如下：

```
AddType application/x-httpd-php .php
```

② 修改 PHP 配置文件，将时区修改为 PRC（即中国时区），具体如下：

```
date.timezone = PRC
```

执行完上述操作后，重新启动 Apache 服务。需要注意的是，PHP 的时间依赖于系统时间，可以使用命令“ntpdate asia.pool.ntp.org”更新系统时间（ntp 是用来使计算机时间同步化的一种协议，ntp.org 是提供这种服务的一家网站）。

③ 测试配置是否成功

在 Apache 默认站点文件目录中创建一个 phpinfo.php 文件，具体如下：

```
<?php
phpinfo();
```

在本机浏览器中输入“http://192.168.88.13/phpinfo.php”，运行结果如图 10-20 所示。

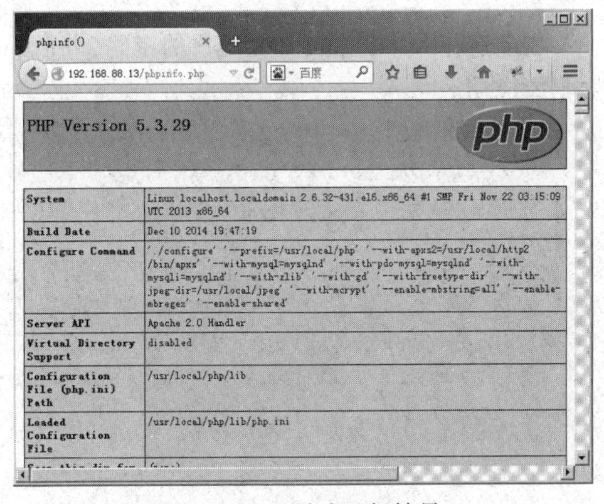

图 10-20　测试运行结果

2. MySQL 安装后的配置

进入到 MySQL 的安装目录“/usr/local/mysql”下，对其进行如下配置：

① 创建一个 mysql 组。

```
[root@localhost mysql]# groupadd -r mysql
```

② 在 mysql 组下创建一个 mysql 用户。

```
[root@localhost mysql]# useradd -g mysql -r mysql
```

③ 为 mysql 用户分配对/usr/local/mysql 目录操作的权限。

```
[root@localhost mysql]# chown -R mysql /usr/local/mysql/
```

④ 为 mysql 组分配对/usr/local/mysql 目录操作的权限。

```
[root@localhost mysql]# chgrp -R mysql /usr/local/mysql/
```

⑤ 创建测试数据库和系统数据库。

```
[root@localhost mysql]# bin/mysql_install_db --user=mysql \
> --datadir=/usr/local/mysql/data
```

在上述命令中，mysql 用户创建的数据库都存放在“/usr/local/mysql/data”目录下。其中可执行文件 mysql_install_db 用于创建数据库，参数--user 用来指定创建数据库的用户，

--datadir 用来设置数据库存放目录。

⑥ 将 MySQL 的配置文件复制到系统指定目录中。

```
[root@localhost mysql]# cp ./share/mysql/my-medium.cnf /etc/my.cnf
```

在执行上述命令时，会出现“是否覆盖”的选项，输入“yes”选择覆盖即可。其中，medium 是为中型服务器准备的配置文件。根据实际需求，还可选择 my-small.cnf、my-large.cnf 及 my-huge.cnf。

⑦ 启动 MySQL 服务。

```
[root@localhost mysql]# bin/mysqld_safe --user=mysql &
```

在上述命令中，mysqld_safe 是启动 MySQL 服务的可执行文件，其中“&”表示在后台运行 MySQL 服务。

⑧ 查看 MySQL 服务是否启动。

```
[root@localhost mysql]# ps -A |grep mysql
```

⑨ 为 root 用户设置密码。

```
[root@localhost mysql]# ./bin/mysqladmin -u root password '123456'
```

在上述命令中，mysqladmin 是可执行文件，利用 password 命令为 root 用户设置密码。

⑩ 登录 MySQL 数据库。

```
[root@localhost mysql]# mysql -uroot -p
Enter password:
```

在上述命令中，输入 root 用户的密码，按【Enter】键，出现如下所示代码说明登录 MySQL 数据库成功。

```
Welcome to the MySQL monitor.  Commands end with ; or \g.
Your MySQL connection id is 7
Server version: 5.1.73-log Source distribution

Copyright (c) 2000, 2013, Oracle and/or its affiliates. All rights reserved.

Oracle is a registered trademark of Oracle Corporation and/or its
affiliates. Other names may be trademarks of their respective
owners.

Type 'help;' or '\h' for help. Type '\c' to clear the current input statement.

mysql>
```

3. 服务开机自启动

由于在 Linux 服务器启动后，每次都需要手动启动 Apache、MySQL 和 FTP 服务，在实际开发中会造成许多不必要的麻烦，接下来就对这些服务进行开机自启动的设置，具体步骤如下：

① 在/etc/rc.d/rc.local 文件中增加启动的命令：

```
/usr/local/http2/bin/apachectl start
/usr/local/mysql/bin/mysqld_safe --user=mysql &
service vsftpd start
```

② 重启 Linux 系统

```
[root@localhost htdocs]# reboot
```

到目前为止，我们可以在已搭建成功的 LAMP 环境上进行项目的开发、部署等操作。

10.3 项 目 部 署

10.3.1 phpMyAdmin 的安装

phpMyAdmin 是一个以 PHP 为基础，以 BS 方式架构在网站主机上的 MySQL 数据库管理工具，让管理者能够方便的建立、修改、删除数据库及资料表等操作。具体安装命令如下所示：

```
[root@localhost /]# cp /home/itcast/tar/phpMyAdmin-4.1.14.6-all-languages.tar.gz \
> /usr/local/http2/htdocs
[root@localhost /]# cd  /usr/local/http2/htdocs
[root@localhost shop]# tar -zxvf phpMyAdmin-4.1.14.6-all-languages.tar.gz
[root@localhost shop]# mv phpMyAdmin-4.1.14.6-all-languages phpMyAdmin
```

从上述命令可知，将 phpMyAdmin 压缩包复制到站点根目录中，解压缩后，为解压缩文件重命名方便以后访问，在浏览器中输入“192.168.88.13/phpMyAdmin”进入 phpMyAdmin 登录页，效果如图 10-21 所示。

在图 10-21 中，输入数据库的用户名和密码即可进入 phpMyAdmin 对 MySQL 数据库进行操作。

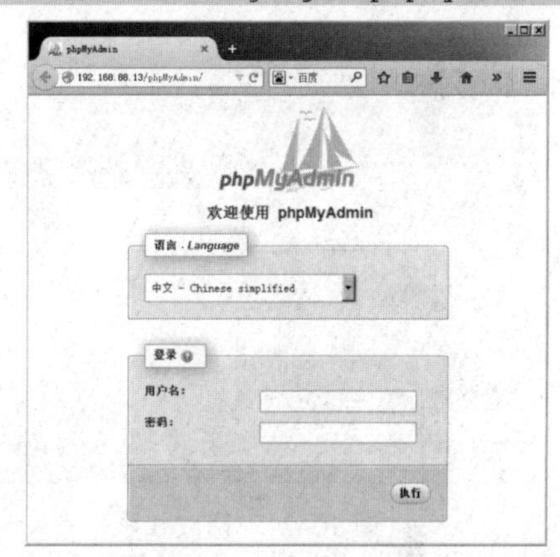

图 10-21 访问 phpMyAdmin

10.3.2 项目部署

在搭建好的 LAMP 平台上进行项目部署，以传智商城项目为例，在此之前需要将项目配置文件中的调试模式关闭，并且将 Runtime 目录下所有缓存文件删除，具体部署步骤如下所示：

① 将项目传到服务器上，如图 10-22 所示。

从图 10-22 可知，将传智商城项目成功的上传到站点根目录中，另外建议删除其他不必要的文件，如图 10-22 中 index.html、phpinfo.php 和 phpMyAdmin 压缩包。

② 导入数据库，如图 10-23 所示。

在图 10-23 中，首先使用 phpMyAdmin 创建一个名为 itcast_shop 的数据库，在此数据库中执行导入传智商城数据库的操作，执行成功后如图 10-23 所示。

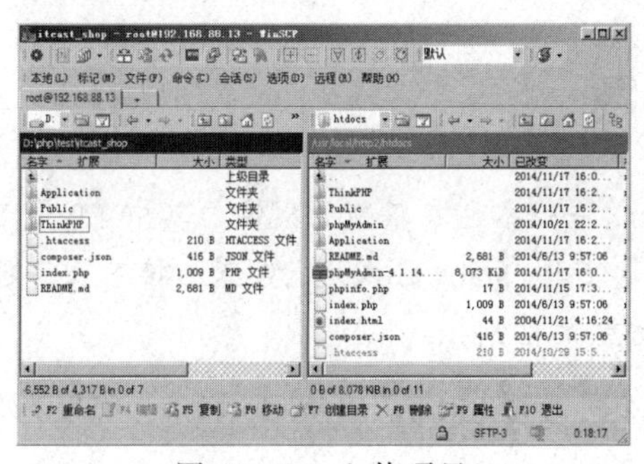

图 10-22 上传项目

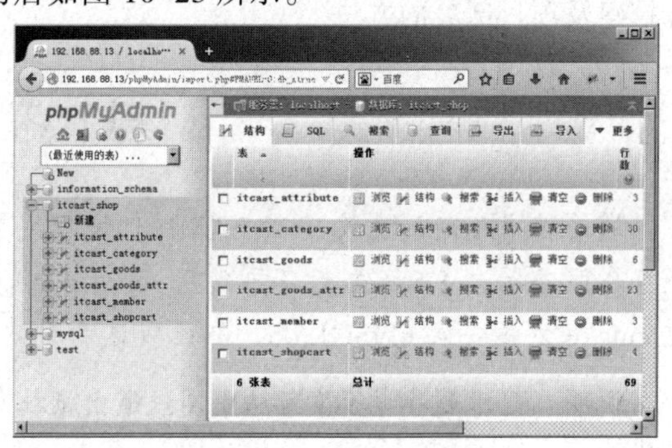

图 10-23 导入数据库

③ 由于“\Application\Runtime”和“\Public\uploads”目录需要写入权限，以Runtime目录为例，修改权限的方法如图10-24所示。

从图10-24可知，首先选中Runtime，右击后在弹出的快捷菜单中选择“属性”命令，然后将权限值设置为777，最后选中“循环设定组、拥有者和权限”复选框。

④ 启用Apache服务器的分布式配置文件。

修改配置文件“/usr/local/http2/conf/httpd.conf”，具体配置如下：

```
<Directory "/usr/local/http2/htdocs">
  ……
  AllowOverride All
</Directory>
```

修改完成后重启Apache服务器即可。

⑤ 在浏览器中访问传智商城首页，如图10-25所示。

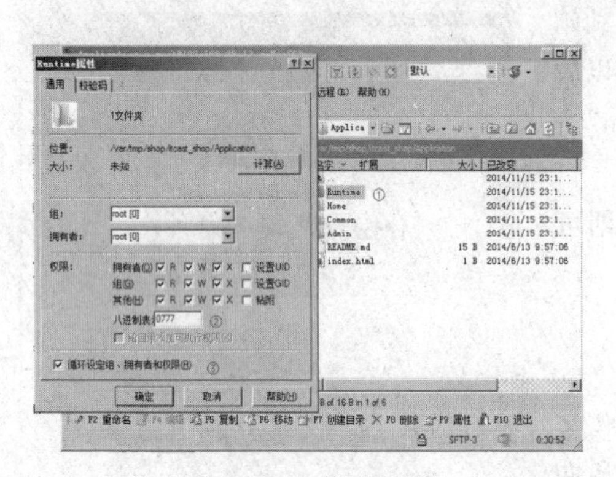

图10-24　修改权限

图10-25　传智商城首页

从图10-25可知，在LAMP环境上部署传智商城成功。

本章小结

本章首先介绍了Linux的安装以及常见命令的操作、网络连接和光驱挂载的方式，然后讲解了LAMP环境的搭建，主要包括Apache的安装、PHP的安装以及MySQL的安装。最后讲解了项目部署。通过本章的学习读者应该能够了解Linux的基本操作，重点掌握LAMP环境搭建及项目部署的方法。

思考题

随着技术不断的发展，在LAMP环境下安装的软件版本也在不断的提高，其中MySQL数据库服务器自5.5版本后不再使用./configure，而是使用cmake方式进行安装，接下来请通过cmake方式安装MySQL5.5，并比较这两种安装方式的区别。

说明：思考题参考答案可从中国铁道出版社有限公司网站（http://www.tdpress.com/51eds/）下载。